机械工程系列精品教材

立体词典:UGNX6.0注塑模具设计

主　编　吴中林　朱生宏　谌丽容

副主编　张学良　王翠凤　郭伟刚

ZHEJIANG UNIVERSITY PRESS
浙江大学出版社

图书在版编目(CIP)数据

立体词典:UGNX6.0注塑模具设计/吴中林等编著.
—杭州:浙江大学出版社,2012.7(2021.9重印)
ISBN 978-7-308-10161-5

Ⅰ.①立… Ⅱ.①吴… Ⅲ.①注塑—塑料模具—计算
机辅助设计—应用软件—高等学校—教学参考资料 Ⅳ.
①TQ320.66-39

中国版本图书馆 CIP 数据核字(2012)第 141593 号

内容简介

本书以 UG NX6.0 为蓝本,详细介绍了注塑模设计基础知识及应用 UGNX6.0 进行模具设计的相关
技巧。全书共 9 章,包括:塑模设计基础知识(第 1 章)、UGNX6.0 注塑模设计入门(第 2~8 章)、UG 注塑
模设计应用实例(第 9 章)等。本书有机地融合了 UGNX 软件应用与注塑模设计基础知识,并穿插大量的
操作技巧和实例,可以帮助读者切实掌握运用 UGNX 软件的 MoldWizad 模块进行模具设计的方法和
技巧。

针对教学的需要,本书由浙大旭日科技配套提供全新的立体教学资源库(立体词典),内容更丰富、形
式更多样,并可灵活、自由地组合和修改。同时,还配套提供教学软件和自动组卷系统,使教学效率显著
提高。

本书适合作为本科、高职高专、中职等相关院校的模具设计教学用书,还可作为各类技能培训的教材,
也可供企业模具工程技术人员的培训自学教材。

立体词典:UGNX6.0注塑模具设计

主　编　吴中林　朱生宏　谌丽容
副主编　张学良　王翠凤　郭伟刚

责任编辑　杜希武
封面设计　刘依群
出版发行　浙江大学出版社
　　　　　(杭州市天目山路 148 号　邮政编码 310007)
　　　　　(网址:http://www.zjupress.com)
排　　版　杭州好友排版工作室
印　　刷　广东虎彩云印刷有限公司绍兴分公司
开　　本　787mm×1092mm　1/16
印　　张　22.25
字　　数　541 千
版 印 次　2012 年 7 月第 1 版　2021 年 9 月第 5 次印刷
书　　号　ISBN 978-7-308-10161-5
定　　价　58.00 元

《机械工程系列精品教材》
编审委员会

前　言

作为目前世界范围内最为普及的三维 CAD/CAM/CAE 应用系统之一，UG NX 软件问世以来，就广泛应用于机械、航天、汽车、通讯、电子、家电等各个领域。UG NX 软件有很多个模块组成，包括常见的建模、装配、制图、Moldwizard 等模块。Moldwizard 模块是注射模向导设计模块，它采用装配文件结构，并且创建的装配部件之间具有关联性，随时随地都可以进行修改，大大提高了生产效率，缩短了生产周期。Moldwizard 模块可以和装配模块、建模模块共存，即模块内的命令在某个环境下可以相互使用，这样大大延伸了 Moldwizard 模块的功能，与实际生产更为贴近，更易于生产设计。

本书是综合了模具设计基础知识、UGNX Moldwizard 模块使用和模具设计实例。首先，本书以一个简单的实例来引导读者快速了解 Moldwizard 模块设计模具的大致流程，然后才是模块功能的讲解和实例，因而上手更容易，学习起来更轻松。其次，本书先讲解模具设计的基础知识，为新手做准备，然后才是 Moldwizard 模块的使用方法的介绍，并重点空出实际应用中最为有用的命令，使读者能很快掌握 Moldwizard 的使用，并能直接应用到实际中去。再次，本书以实例操作并配合丰富的图形讲解功能，不仅能避免了只讲命令的枯燥，而且能避免只知道命令但不知道何用的尴尬，让读者真正理解并掌握命令的用法。最后，本书提供实例文件及多媒体演示文件，以供读者学习与练习。本书还穿插了大量提示、注意等特色段落，提醒读者应特别注意的技术细节。

此外，我们发现无论是用于自学还是用于教学，现有教材所配套的教学资源库都远远无法满足用户的需求。主要表现在：1）一般仅在随书光盘中附以少量的视频演示、练习素材、PPT 文档等，内容少且资源结构不完整；2）难以灵活组合和修改，不能适应个性化的教学需求，灵活性和通用性较差。

为此，我们提出了一种全新的教学资源。称为立体词典。所谓"立体"，是指资源结构的多样性和完整性，包括视频、电子教材、印刷教材、PPT、练习、试题库、教学辅助软件、自动组卷系统、教学计划等等。所谓"词典"，是指资源组织方式。即把一个个知识点、软件功能、实例等作为独立的教学单元，就象词典中的单词。并围绕教学单元制作、组织和管埋教学资源，可灵活组合出各种个性化的教学套餐，从而适应各种不同的教学需求。

实践证明，立体词典可大幅度提升教学效率和效果，是广大教师和学生的得力助手。

本书由吴中林（杭州浙大旭日科技有限公司）、朱生宏（温州机电技师学院）、谌丽容（湖南科技工业职业技术学院)、张学良(杭州科技职业技术学院)、王翠凤(福建信息职业技术学院)、郭伟刚(杭州职业技术学院)等编写。限于编写时间和编者的水平,书中必然会存在需要进一步改进和提高的地方。我们十分期望读者及专业人士提出宝贵意见与建议,以便今后不断加以完善。请通过以下方式与我们交流:

- 网站:http://www.51cax.com
- E-mail:service@51cax.com,book@51cax.com
- 致电:0571−28852522,0571−87952303

杭州浙大旭日科技开发有限公司为本书配套提供立体教学资源库、教学软件及相关协助,在此表示衷心的感谢。

最后,感谢浙江大学出版社为本书的出版所提供的机遇和帮助。

编　者

2012 年 6 月

目　　录

第1章　注塑模设计理论基础知识

本章重点内容

➢ 注塑模概述
➢ 注塑模基本组成
➢ 模具设计思路与一般流程
➢ 模具设计要点

本章学习目标

简单了解模具行业现今的发展状况和趋势,熟悉注塑模具的基本组成结构,理解注塑模具成型工艺中的参数含义,掌握常见模具设计技术要点。

1.1　注塑模概论

注塑成型又称为注塑模具,是热塑性塑料制件的一种主要成型方法,并且能够成功地将某些热固性塑料注塑成型。注塑成型可成型各种形状的塑料制品,其优点包括成型周期短,能一次成型外形复杂、尺寸精密、带有嵌件的制品,且生产效率高,易于实现自动化,因而广泛应用于塑料制品生产当中。图1-1是一款常见的注塑模的立体图。

1.1.1　注塑模概述

由于注塑模具有塑件成型适用性广、成型制品精度高、成型周期短、生产效率高、便于实现自动化操作、便于大批量生产等多种特点,使它得到广泛时的应用。

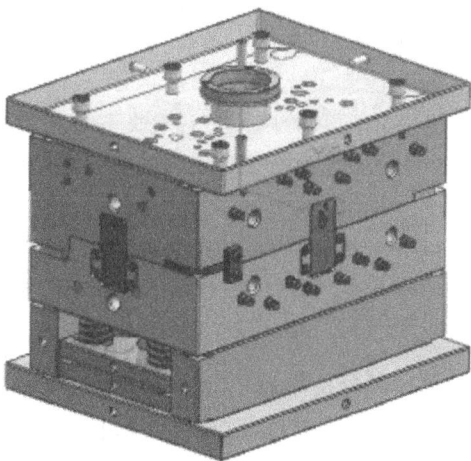

图 1-1

在塑料原材料、塑料制品设计及注射成型工艺确定以后,注射模对制品质量与产量就起着决定性的影响。决定塑件质量的优劣及生产效率的高低中,模具因素约占80%。模具的设计水平与制造水平,常可标志一个国家工业化的发展程度。

一、注射模的简单定义

塑料注射成型所用的模具称为注射成型模,简称注射模(注塑模)。它是实现注射成型工艺的重要工艺装备。它由注射机的螺杆或活塞,使料筒内塑化熔融的塑料,经喷嘴、浇注系统,注入型腔,固化成形所用的模具。见图1-2。

成型产品尺寸、形状的模具型腔由型腔与型芯组成。一般型腔为产品的外表面,型芯为产品的内表面。注射模安装在注射机上,通常的注射成型过程如下:

(1)合模(由注射机的合模机构来保证模具分型面的闭合);

(2)注射(由注射机的塑化装置将塑料高温熔化,再由注射装置施加压力将熔化后的塑料通过模具的浇注系统填充模腔);

图 1-2

(3)保压(为了弥补由于塑料收缩特性带来的缺料问题);

(4)冷却(由注射机的控温装置通过模具的冷却系统来保证产品顺利脱模所需的顶出温度);

(5)开模(由注射机开合模装置提供所需开模力);

(6)顶出(由注射机的顶出装置驱动模具顶出系统将塑料制品顶出);

(7)开模停留时间(有时为了下个成型周期做准备,需要延长开模时间)。

通常对冷却系统定义其实并不是很准确。因为有些塑料的模具成型温度很高,需要加热装置才能满足成型要求,应该定义为了保证特定模具成型温度的温度调节系统。

以上的冷却阶段仅描述有此特定的时间段为了冷却。其实在接通模具温度调节系统开始,模具上的冷却通道是一直在流动的,也就是说模具不管处在注射成型过程中的哪个阶段都一直在冷却。

成型周期可定义为从一次注射的合模瞬间到下一次合模瞬间之间的时间间隔长短,通常以秒为单位。但人们在衡量产品生产率时,通常以每分钟(或每小时)生产的数量来表示,而不是秒。成型周期的长短是衡量模具性能好坏的重要因素之一。

二、特种工艺的注射模

随着人们对塑料制品使用要求、性能要求、经济要求等不断提高,传统普通的注射成型工艺很难满足实际特定的要求。随着工业化整体技术水平的不断提高,注射模相继出现了很多新工艺、新技术,如:

- 气体辅助注射成型
- 热固性注射模
- 共注射成型
- 反应注射成型
- 低发泡塑料注射成型

由于在实际生产中,特种工艺注射模主要针对特定的条件,一般都具有自己的个性,使用不是很普遍。本书主要针对注射模共性的问题展开讨论、分析,也就是介绍传统普通的注射模。

1.1.2 注塑模现状与发展趋势

一、注塑模现状

(1)产品水平

随着生产量的高速增长,我国塑料注射模水平有很大提高。国内目前已能生产单套重量达 60 吨的大型模具、型腔精度达 $0.5\mu m$ 的精密模具、一模 7800 腔的多腔模具等。模具寿命也有很大改善,已可以达到 100 万模次以上。比较能反映水平的典型例子如下:

- 大型模具:整体仪表盘、汽车保险杠、大屏幕彩色电视机、大容量洗衣机等。
- 精密模具:手机、小模数齿轮、光盘、导光板、车灯、音像设备等。
- 复杂模具:气体辅助注射成型、热流道、多色注射、多层注射、低压注射、模内转印、蒸汽注射等。

(2)技术水平

除了产品水平有很大提高外,目前我国模具企业生产技术水平的也得到很大提高,如:
- CAD/CAM 技术已在行业中得到基本普及;
- CAE 技术及 CAD/CAE/CAM 一体化技术已在部分企业中应用;
- PDM、CAPP、ERP 等信息化技术已在部分重点骨干企业中应用;
- RP/RT、高速加工、复合加工、逆向工程、并行工程、虚拟网络等技术已在少数企业开始应用。
- pdm:产品数据管理
- capp:计算机辅助工艺过程设计
- erp:企业资源计划
- rp/rt:快速原型(RP)与快速模具(RT)

二、注塑模发展趋势

(1)生产周期的重要性

模具的质量、周期、价格、服务四要素中,已有越来越多的用户将周期放在首位,要求模具尽快交货,因此模具生产周期将继续不断缩短,更侧重于效率之争。

(2)技术的发展

模具 CAD/CAE/CAM/PDM 正向集成化、三维化、智能化、网络化和信息化方向发展。快捷高速的信息化时代将带领模具行业进入新时代。

(3)大力提高研发能力

将研发工作尽量往前推,直至介入到模具用户的产品开发中去,甚至在尚无明确的用户对象之前进行开发,变被动为主动。

(4)加工工艺水平的提高

高速加工、复合加工、精益生产、敏捷制造及新材料、新工艺、新技术将不断得到发展。

(5)整个模具工业水平的提高

随着模具企业设计和加工水平的提高,过去以钳工为核心,大量依靠技艺的现象已有了很大变化。在某种意义上说,"模具是一种工艺品"的概念正在被"模具是一种高新技术工业产品"所替代,模具"上下模单配成套"的概念正在被"只装不配"的概念所替代。模具正从长期以来主要依靠技艺而变为今后主要依靠技术。这不但是一种生产手段的改变,也是一种生产方式的改变,更是一种观念的改变。这一趋向使得模具标准化程度不断提高,模具精度越来越高,生产周期越来越短,钳工比例越来越低,最终促使整个模具工业水平不断提高。

（6）企业的发展方向

模具产品将向着更大型、更精密、更复杂及更经济快速方向发展;模具生产将朝着信息化、无图纸化、精细化、自动化方向发展;模具企业将向着技术集成化、设备精良化、产品品牌化、管理信息化、经营国际化方向发展。

1.2　注塑模基本组成

注射模的结构是由塑件的复杂程度和注射机的形式等因素决定的。注射模具都由动模和定模两大部分组成,定模部分安装在注射机的固定模板上,动模部分安装在注射机的移动模板上。注射时动模与定模闭合构成浇注系统和型腔;开模时动模与定模分离,取出塑件。图1-3和图1-4分别是一副支架模的动模和定模组立图。

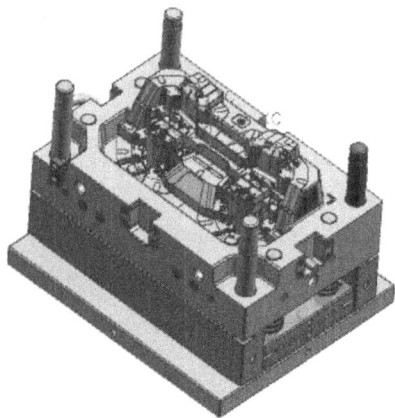

图1-3　　　　　　　　　　　　　　　　　图1-4

不管模具结构如何复杂,结构如何的多,注射模具的总体结构大致有以下几个部分或系统组成。

1.2.1　成型部分

成型部分是指与塑件直接接触,成型塑件内表面和外表面的模具部分。它由凸模(型芯)、凹模(型腔)以及嵌件和镶块等组成。作为塑件的几何边界,包容塑件,完成塑件的结构和尺寸等的成型。如图1-5和图1-6。

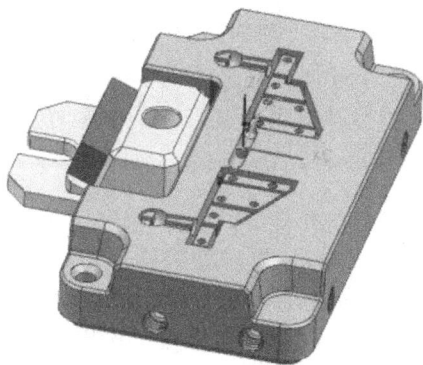

图 1-5

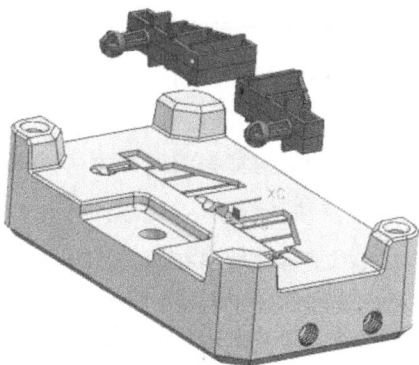

图 1-6

1.2.2　排气系统

在注射成型过程中，为了将型腔内的气体排出模外，通常需要开设排气系统。排气系统通常是在分型面上有目的地开设几条排气槽，另外许多模具的推杆或活动型芯与模板之间的配合间隙可起排气作用。对于一些高精度大型模具需要开设排气槽。如图 1-7 镶件排气槽。

1.2.3　结构件

结构件包括模架、支承柱、限位钉等。模架分为定模和动模，其中定模包括面板、热流道板、定模板（A板）；动模包括动模板（B 板）、推板、托板、方铁、面针板、底针板、底板、支承柱等。限位件如定距分型机构、限位块、先复位机构、复位弹簧、复位杆等。

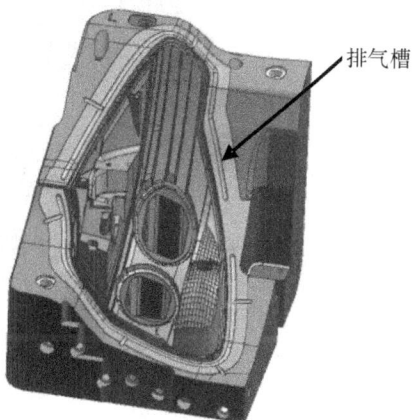

排气槽

图 1-7

1.2.4　导向定位系统

为了保证动模、定模在合模时的准确定位，模具必须设计有导向机构。导向机构分为导柱、导套导向机构与内外锥面定位导向机构两种形式。如图 1-8 和图 1-9 所示导柱、导套。

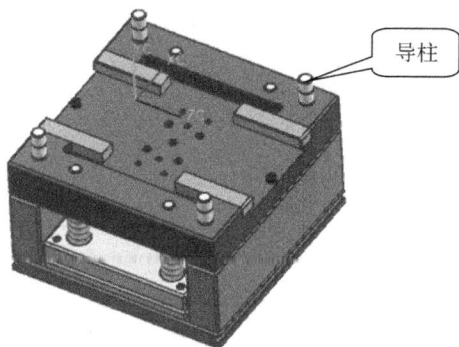

导柱

图 1-8

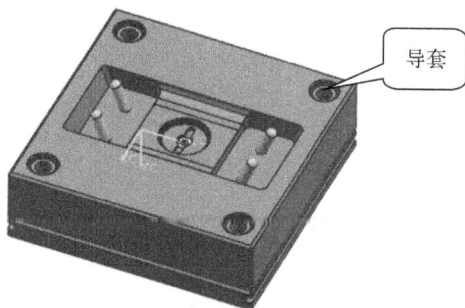

导套

图 1-9

1.2.5 侧向分型与抽芯机构

塑件上的侧向如有凹凸形状的孔或凸台,就需要有侧向的型芯或成型块来成型。在塑件被推出之前,必须先推出侧向型芯或侧向成型块,然后才能顶离脱模。带动侧向型芯或侧向成型块移动的机构称为侧向分型与抽芯机构。

1.2.6 浇注系统

浇注系统是熔融塑料在压力作用下充填模具型腔的通道(熔融塑料从注射机喷嘴进入模具型腔所流经的通道)。浇注系统由主流道、分流道、浇口及冷料穴等组成。浇注系统对塑料熔体在模内流动的方向与状态、排气溢流、模具的压力传递等起到重要作用。

如图 1-10 浇注系统(侧浇口)

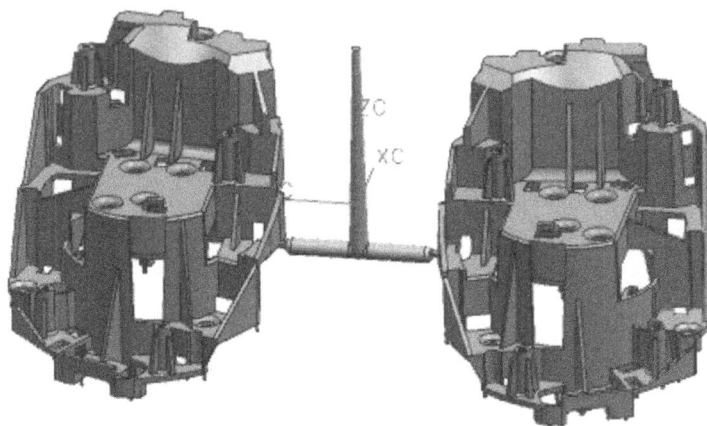

图 1-10

1.2.7 推出机构

推出机构是将成型后的塑件从模具中推出的装置。推出机构由推杆、复位杆、推杆固定板、推板、主流道拉料杆、推板导柱和推板导套等组成。

1.2.8 温度调节系统

为了满足注射工艺对模具的温度要求,必须对模具的温度进行控制,模具结构中一般都设有对模具进行冷却或加热的温度调节系统。模具的冷却方式通常是在模具上开设冷却水道;加热方式通常是在模具内部或四周安装加热元件。

1.3 注塑模设计知识点

1.3.1 成型零件、型腔布局设计

一、成型零件概念

注塑模可分成动模和定模两部分,见图 1-11 和图 1-12。而模具中按零件作用可分为成型零件与结构零件。一般常常将模架与内模成型零件分开,目的是为了加工和维修方便,降

低成本,并保证模具有足够的寿命。模架采用普通钢材(45♯),以降低成本;成型零件采用优质模具钢,以提高模具强度、刚度和耐磨性,保证模具使用寿命。

模具生产时用来填充塑料熔体、成型制品的空间叫型腔,构成注塑模模具型腔的模具零件通称为成型零件,又叫内模镶件。成型零件具体包括由型芯(成型塑件内部形状),型腔(成型塑料外部形状),成型杆,镶块等构成。除此之外,成型零件还包括侧向抽芯机构、斜顶块及推出机构等。

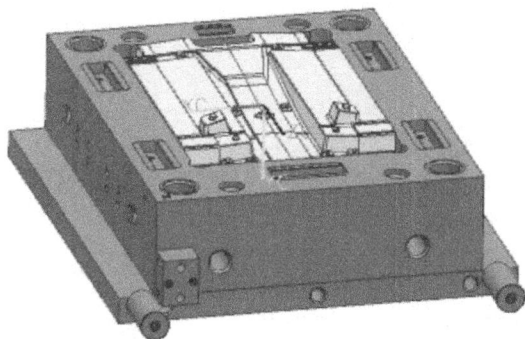

图 1-11

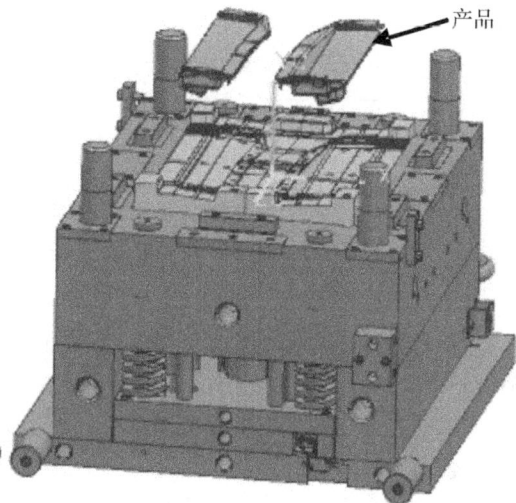

图 1-12

二、成型零件设计

(1)成型零件工作条件

成型零件工作时,直接与塑料熔体接触,承受熔体料流的高压冲刷、脱模摩擦等。

(2)成型零件基本要求

成型零件不仅要求有正确的几何形状,较高的尺寸精度和较低的表面粗糙度,而且还要求有合理的结构,较高强度、刚度及较好的耐磨性。

(3)成型零件设计一般步骤

①确定模具型腔数量。

②确定制品分型线和分型面。

③确定是否要侧向抽芯机构。

④计算型芯、型腔的成型尺寸,确定脱模角度。

⑤排位确定成型零件的大小。

⑥确定成型零件的组合方式和固定方式。

三、型腔布局设计

(一)型腔数量的确定

型腔数量的确定主要有以下影响因素:

(1)制品重量(包括浇注系统凝料)与注塑机的额定注塑量:(各腔塑料制品总重+浇注

系统凝料)≤注塑机额定注塑量＊80％(用于校核)

注意：算出的数值不能四舍五入，只能向大取整数。

(2)由注塑机的额定锁模力确定各产品(包括凝料)在分型面上的投影面积＊型腔平均压力≤注塑机额定锁模力＊80％(用于校核)

注意：塑料形状和精度不同时，可选用的型腔压力如表1-1所示。型腔平均压力由该表确定。

表 1-1

条　件	型腔平均压力/MPa	举　例
易于成型的制品	25	聚乙烯、聚苯乙烯等厚壁均匀用品、容器类
普通制品	30	薄壁容器类
高黏度、高精度制品	35	ABS、聚甲醛等机械零件、高精度制品
黏度和精度特别高制品	40	高精度的机械零件

(2)制品的生产批量：根据客户提供的生产批量，决定型腔的个数。

(3)制品精度、颜色：每增加一个型腔，其成型制品的尺寸精度就下降5％。

(4)经济效益(每模的生产值)：模具中型腔数量越多，其制造费用越高，制造难度也越大，模具质量很难保证。

(5)成型工艺：型腔数量增多后，分流道长度必然增加，这样会导致注射压力及熔体热量会有较大损失。

(6)保养和维修：型腔数量越多，故障发生率也越高，而任何一腔出了问题，都必须立即修理，否则将会破坏模具原有的压力平衡和温度平衡。

(二)型腔布局原则

(1)保证模具的压力平衡和温度平衡

型腔压力分为两个部分：一是指平行于开模方向的轴向压力；二是指垂直于开模方向的侧向压力，如图1-13所示。

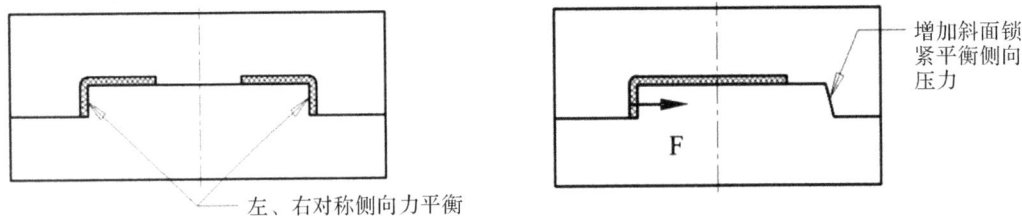

图 1-13

保证模具的压力和温度平衡，可以采用将制品对称排位或对角排位。

①对称排位

● 一模出一件，制品形状完全对称或近似对称

● 一模出多件，制品相同，腔数位双数

● 一模出多件，制品不同，腔数均为双数，见图1-14所示

②对角排位

● 一模出两件，制品相同，但制品不对称，俗称鸳鸯模

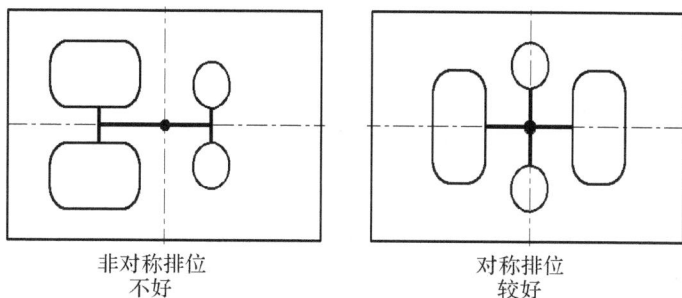

非对称排位
不好

对称排位
较好

图 1-14

- 一模出两件，制品大小形状不同
- 一模出多腔（两腔以上），各腔大小形状不同，尽量采用较大的和较大的对角摆放，较小的和较小的对角摆放

（2）浇口位置统一原则

浇口位置统一原则是指一模多腔中，相同制品要从相同的位置进胶。目的就是保证各制品收缩率一致，使其具有互换性。

（3）进料平衡原则

进料平衡原则是指熔体在基本相同的条件下，同时充满各型腔，以保证各腔制品的精度。

① 采用平衡式（如图 1-15 所示）

主流道到各型腔的分流道长度相等。适用于制品相同或近似。

② 按"大制品靠近主流道、小制品远离主流道"排位，再调整流道、浇口尺寸。适用于各制品不同或差异较大。

注意：当大小制品质量之比大于 8 时，应同客户协商调整。

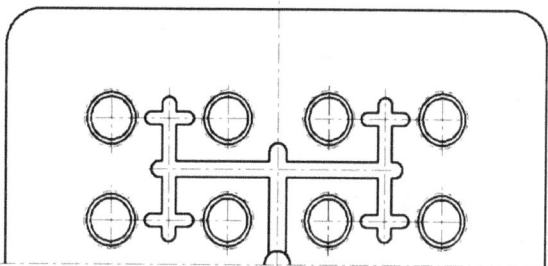

图 1-15

（4）分流道最短原则

浇注系统的分流道越短，流道凝料越少，模具排气负担越轻，熔体在分流道内的压力和温度损失越少，成型周期也越短。可以通过计算流程比，检查是否满足注射工艺要求。

（5）成型零件尺寸最小原则

成型零件的尺寸越小，模架的尺寸就越小，模具的制造成本就越低，与之匹配的注射机就越小。小型的注射机运转费用低，且运转速度快。

1.3.2　分型面设计

一、模具分模面（PL 面）的定义

为了将成品与凝固流道从模穴中取出，模穴必须分一个或几个主要部分，这些可以分离部分的接触表面通称为分模面。

从使用功能角度出发，模具分模面（PL 面）通常由五部分组成：

- 封胶面
- 定位面

● 承压面

● 撬模位

● 排气槽

设计时在充分考虑到模具动态精度的条件下要有机灵活的进行组合。

二、分型面设计一般原则

分模面除受排位的影响外，还受塑件的形状、外观、精度、浇口位置、行位、顶出、加工等多种因素影响。合理的分模面是塑件能否完好成型的先决条件。一般应从以下几个方面综合考虑：

(1)符合胶件脱模的基本要求，就是能使胶件从模具内取出，分模面位置应设在胶件脱模方向最大的投影边缘部位。

(2)确保胶件留在后模一侧，并利于顶出且顶针痕迹不显露于外观面。

(3)分模线不影响胶件外观，分模面应尽量不破坏胶件光滑的外表面。

(4)确保胶件质量。例如，将有同轴度要求的胶件部分放到分模面的同一侧等

(5)分模面选择应尽量避免形成侧孔、侧凹，若需要行位成形，力求行位结构简单，尽量避免前模行位。

(6)合理安排浇注系统，特别是浇口位置。

(7)满足模具的锁紧要求，将胶件投影面积大的方向放在前、后模的合模方向上，而将投影面积小的方向作为侧向分模面，另外，分模面是曲面时，应加斜面锁紧。

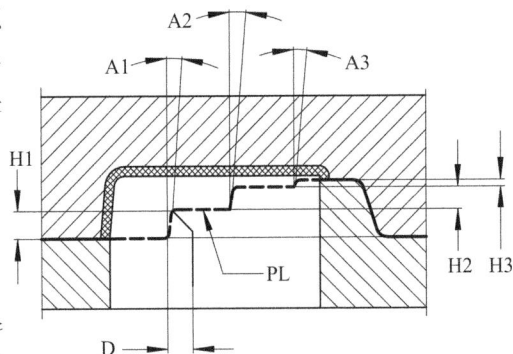

图 1-16

(8)有利于模具加工。

三、分型面设计注意事项及要求

(1)台阶型分模面

一般要求台阶顶面与根部的水平距离 D≥0.25，如图 1-16 所示。为保证 D 的要求，一般调整夹角"A"的大小，当夹角影响产品结构时，应同相关负责人协商确定。当分模面中有几个台阶面，且 H1≥H2≥H3 时，角度"A"应满足 A1≤A2≤A3，并尽量取同一角度方便加工。角度"A"尽量按下面要求选用：当 H≤3mm，斜度 A≥5°；3mm≤H≤10mm，斜度 A≥3°；H>10mm，斜度 A≥1.5°；某些胶件斜度有特殊要求时，应按产品要求选取。

(2)曲面型分模面

当选用的分模面具有单一曲面(如柱面)特性时，要求按图 1-18 所示的型式即按曲面的曲率方向伸展一定距离建构分模面。否则，则会形成如图 1-17 所示的不合理结构，产生尖钢及尖角形的封胶面，尖形封胶位不易封胶且易于损坏。

当分模面为较复杂的空间曲面，且无法按曲面的曲率方向伸展一定距离时，不能将曲面直接延展到某一平面，这样将会产生如图 1-19 所示的台阶及尖形封胶面，而应该延曲率方向建构一个较平滑的封胶曲面，如图 1-20 所示。

图 1-17

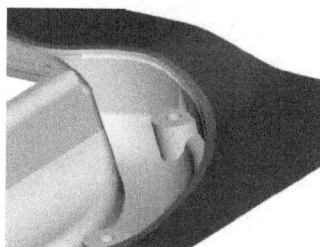

图 1-18

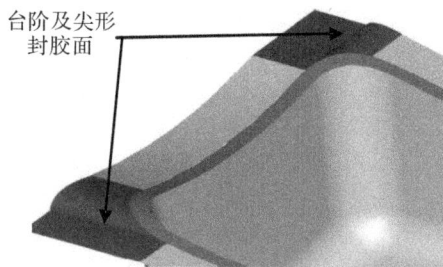

图 1-19

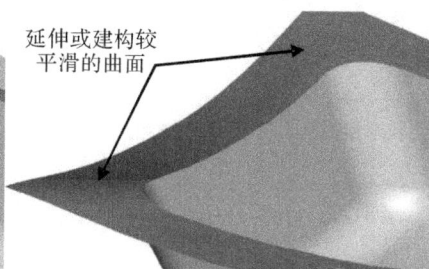

图 1-20

（3）避免设计成尖角

如图 1-21 所示避免设计成尖角，因尖角不利于加工，钳工 FIT 模及容易损坏，须作圆弧过渡化处理。

（4）封胶距离

通常封胶面宽度 b 设计为 30mm，外侧作避空 1.5mm 处理，减小接触面积以减小钳工的 FIT 模时间，如图 1-22 所示。

注意：避空面一般设置在定模侧。

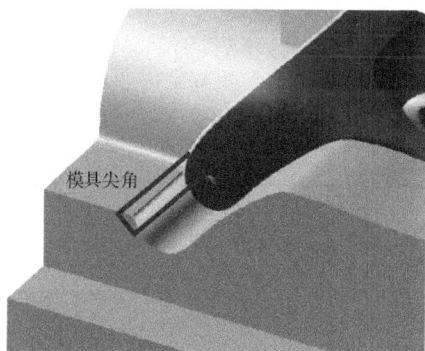

图 1-21

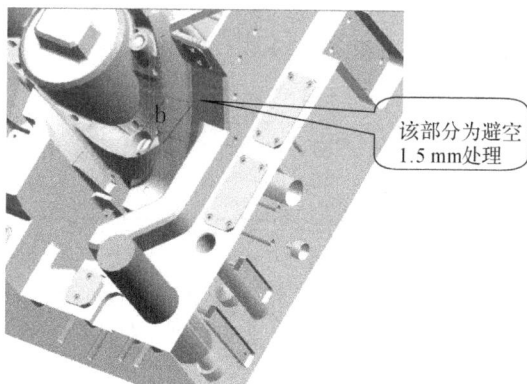

图 1-22

（5）平衡侧向压力－定位面

由于型腔产生的侧向压力不能自身平衡，容易引起前、后模在受力方向上的错动，一般采用增加斜面锁紧，利用前后模的刚性，平衡侧向压力，如图 1-23 所示，锁紧斜面在合模时要求完全贴合。

定位面的角度 A 一般为 10°，斜度越大，平衡效果越差。

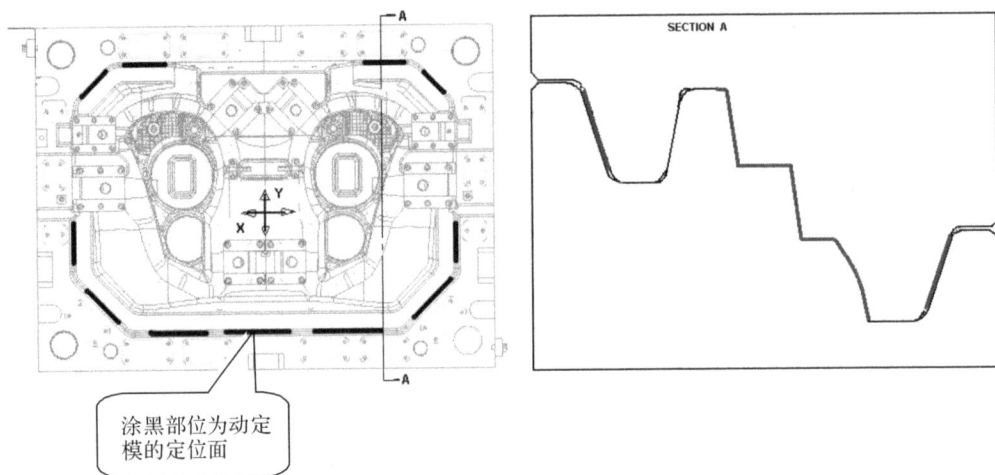

图 1-23

（6）承压面

承压面的作用：因模具长期在锁模力的周期作用下，为保持 PL 面的接触间隙在许用溢边值范围内，在模面须设置足够的承压面来承担塑机锁模力。不能由 PL 面来承担锁模力而出现变形破坏失效。

承压面的计算：根据模具生产用的塑机的锁模力，确定模具的最小承压面积。

考虑到表面承担长期脉动载荷容易产生接触疲劳，钢材表面许用压力常取抗拉强度的 1/12。

例：2312 钢表面许用压力取 79MPa；S50C 钢表面许用压力取 50MPa；

案例：一套在 450TON 塑机上生产的模具，其模架钢材为 P20（2312），请计算该套模具所需的最小承压面积。

计算得：

最小承压面积＝450000×9.8÷79＝55823mm^2＝558cm^2

（7）分型面避空设计

分型面避空位按表 1-2 设计。

表 1-2

避空部位	示意图		参数	作用
分型面		小模		减少配合面面积，缩短研磨时间，降低加工成本
		中模	20～40	
		大模	40～60	
枕位		小模	8～20	
		中模	20～40	
		大模	40～60	

1.3.3 浇注系统设计

一、浇注系统概述

浇注系统设计包括主流道的选择、分流道截面形状及尺寸的确定、浇口的位置的选择、浇口形式及浇口截面尺寸的确定。当利用点浇口时,为了确保分流道的脱落还应注意脱浇口装置的设计。

二、浇注系统设计思路

根据产品的结构、大小、形状以及制品批量大小,首先确定是采用冷流道浇注系统还是热流道浇注系统。

(1)冷流道浇注系统设计思路

①浇口的设计:确定浇口的形式、位置、数量及大小。

②分流道的设计:确定分流道的形状、截面尺寸及长短。

③主流道的设计:确定主流道的位置及尺寸。

④冷料穴的设计:确定冷料穴的位置及尺寸。

(2)热流道浇注系统设计思路

①热流道选择:确定开放式还是针阀式热喷嘴。

②进料方式:确定单点进料还是多点进料。

③选择热流道组件:单点进料确定热喷嘴;多点进料确定热喷嘴及热流道板。

三、热流道浇注系统与冷流道浇注系统的区别

热流道浇注系统与冷流道浇注系统的区别如表 1-3 所示。

表 1-3　热流道浇注系统与冷流道浇注系统的区别

流道系统	优　点	缺　点
热流道浇注系统	①注射周期短 ②制件的表面质量较好 ③材料的剪切少 ④消除流道废料 ⑤降低模具磨损 ⑥对平衡流道的敏感度较低 ⑦浇口位置能灵活选择	①一般模具结构更为复杂 ② 一般模具成本更高 ③更高的维修成本 ④工艺建立程序较难 ⑤材料可能会发生热降解 ⑥更难改变颜色 ⑦温度控制苛刻
冷流道浇注系统	①模具结构较简单 ②模具成本较低 ③塑料较稳定 ④颜色更改较热流道方便	①注射周期长 ②流道凝料多 ③材料的剪切力大,压力损失较多 ④成型制品质量相对于热流道较低

四、冷流道浇注系统设计及经验数据

(1)浇口设计

浇口设计经验数据如表 1-4 所示。

表 1-4

		浇口设计		
类型	适用场合	经验数据		
侧浇口	细而长的桶形制品不宜用	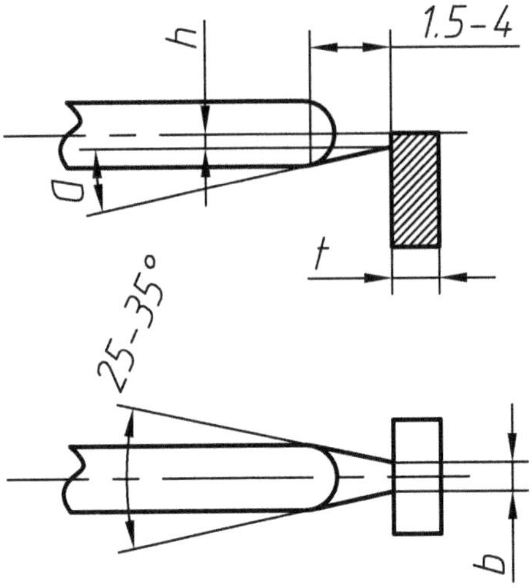	$b=nt$ $b=\dfrac{n\sqrt{A}}{30}$ n—胶料系数 A—型胶投影面积 $h=\dfrac{1}{3}\sim\dfrac{1}{2}t$	 胶料 / n PE、PS / 0.6 PC、PP、POM / 0.7 PVC、PC / 0.9
点浇口	应用于三板模，对于平板制品可设置多个入水	2:1	$d=0.8\sim2$ $a=1°\sim3°$ $b=20°\sim40°$ $C=0.2°\sim0.4°$ $E=0.8\sim1.2$	

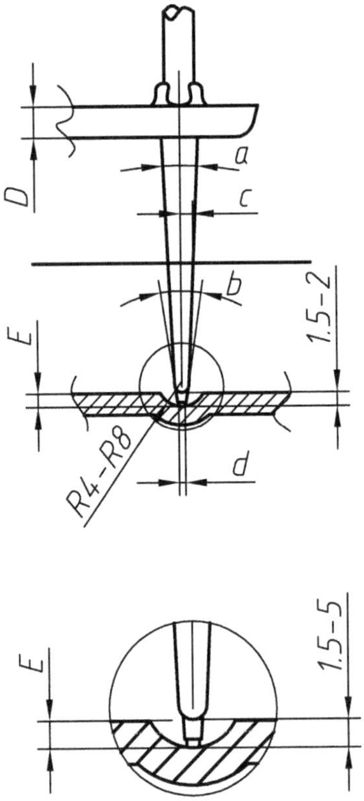

类型	适用场合	经验数据	
潜伏式浇口	适用于高度不大的盒形、壳形、桶形等制品	潜后模	
		潜前模	$d=03.~2$ $a=15°~20°$ $e=1~3$ $L=10°~15°$ $A=25°~60°$
		推板潜水口形式	
护耳式浇口	制品表面不允许留下明显喷痕和气纹;高透明度平板类制品;要求变形很小的制品	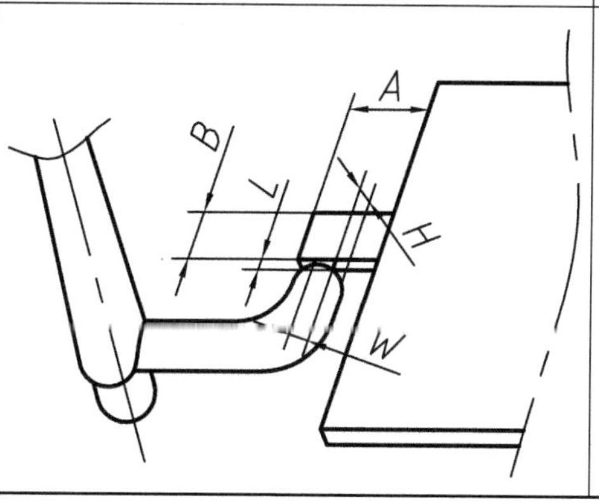	$A=10~13mm,$ $B=6~8mm,$ $L=0.8~1.5mm,$ $H=0.6~1.2mm,$ $W=2~3mm$

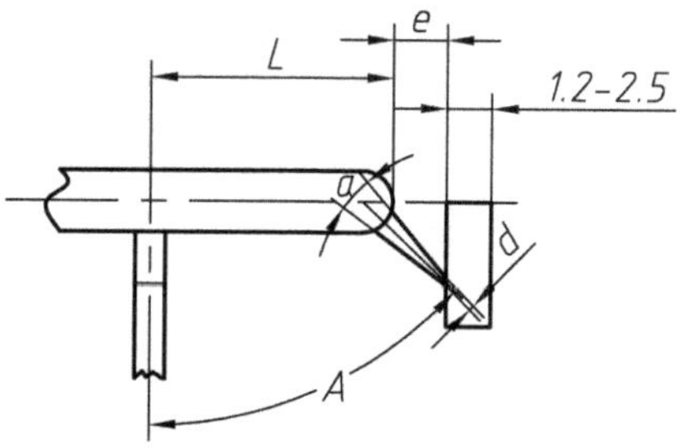

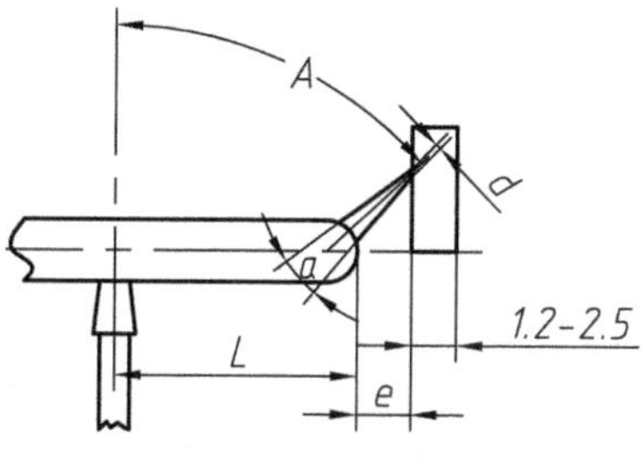

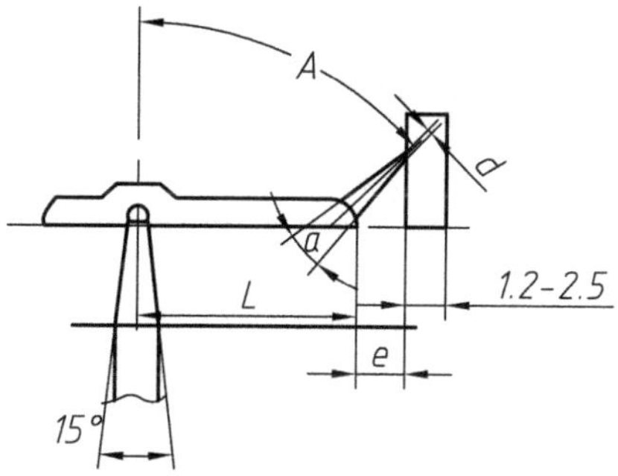

浇口设计

续表

类型	适用场合	经验数据
搭接式浇口	适用于平板类制品,浇口表面不允许产生气纹、震纹、蛇纹等留痕	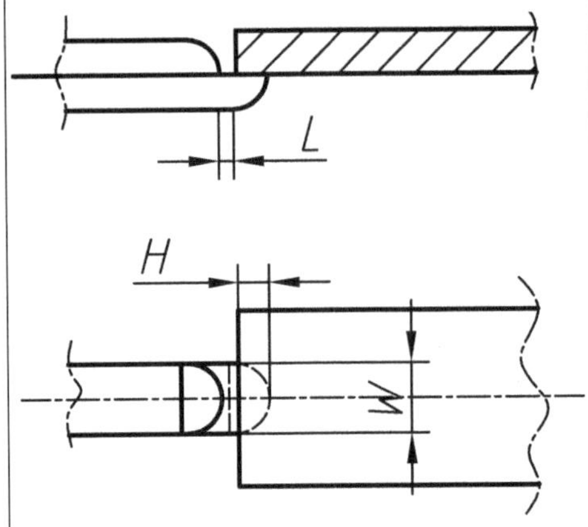 $W=$分流道直径 $L=0.5\sim2mm$ $H=0.5t$(t 为产品的壁厚)
直接浇口	适用于单型腔、深腔壳形箱形制品。	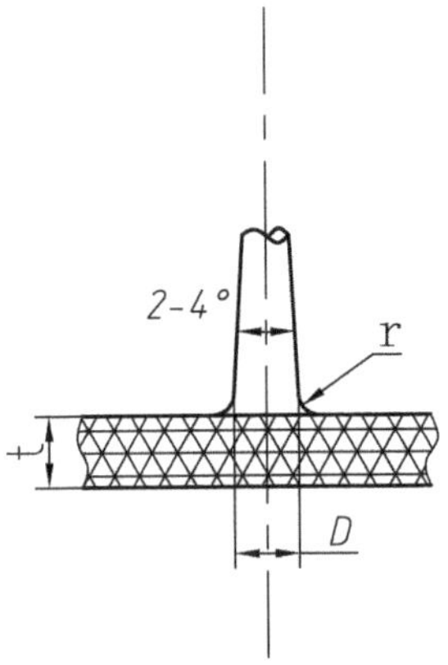 $D\leqslant2t$ $r=1\sim2$
扇形浇口	适用于平板类、壳形或盒形制品,可减少流纹和定向应力	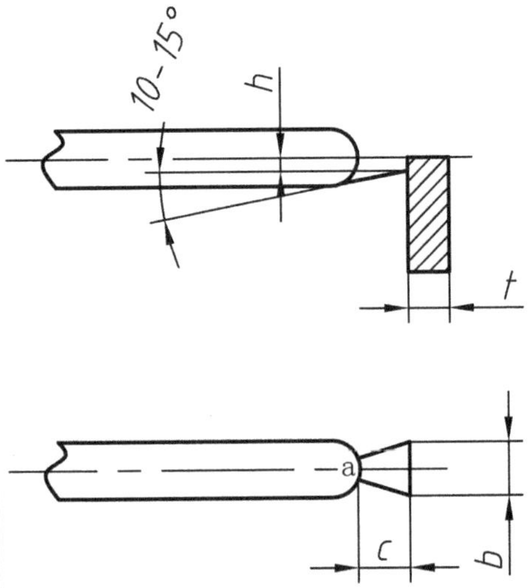 $b\geqslant8mm$ $h=1/3\sim1/2t$ $a=20°\sim30°$ $c=1.5\sim4$

		浇口设计
类型	适用场合	经验数据
圆弧形浇口	外表面不允许有进浇口,而内表面又无筋、柱且无顶杆。	
备注: (以上数据仅供参考)	浇口数量确定	①浇口数量取决于熔体流程 L 与制品胶位厚度 T 的比值,一般每个进料点应控制 L/T 不大于 150。 ②在实际设计工作中,浇口数量还得根据制品结构形状,塑料熔融后的粘度等因素加以调整。 ③在满足注塑要求的情况下,浇口的数量越少越好。
	浇口位置确定	①浇口位置尽量选择在分型面上。 ②浇口位置距型腔各部位距离尽量相等,并使流程最短。 ③浇口位置应有利于模具排气。 ④浇口位置不能影响制品外观和功能。

（2）分流道设计

①分流道的布置形式

对于多腔布置,要尽量用平衡式分流道,即保证每个型腔浇口位置相同且分流道长短一致。图 1-24 所示为多腔模的分流道的常见布置形式。

②分流道截面尺寸的确定

对于 PS、ABS、SAN 等塑料制品,其分流道直径根据制品的重量及壁厚由表 1-5 查得。

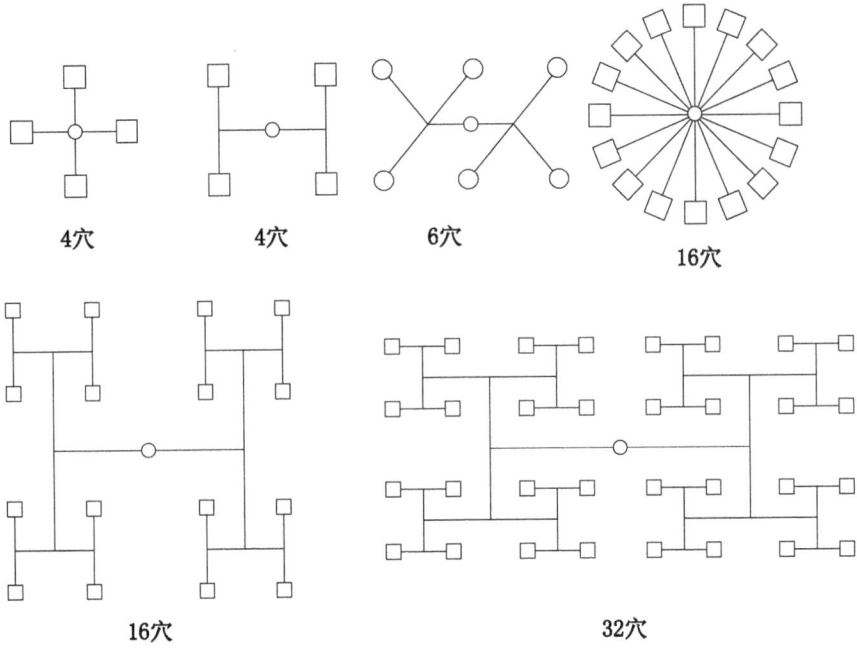

图 1-24

表 1-5

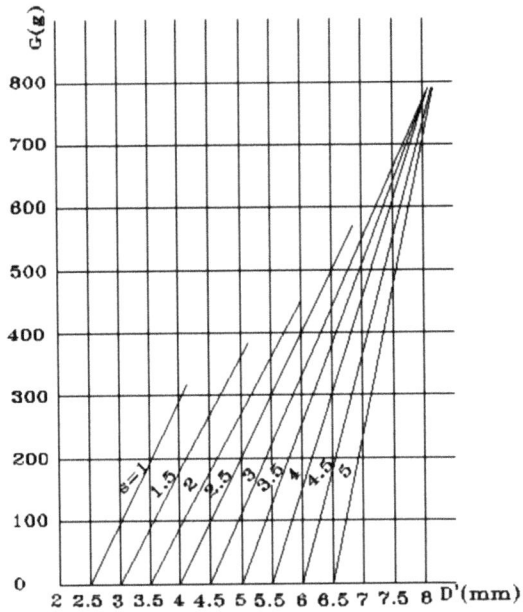

分流道直径尺寸曲线

D'—分流道直径 G—制品重量 S—制品壁厚

PE、PP、PA、PC、POM、等塑料制品，其分流道直径根据制品的重量及壁厚由中表 1-6 查得。

表 1-6

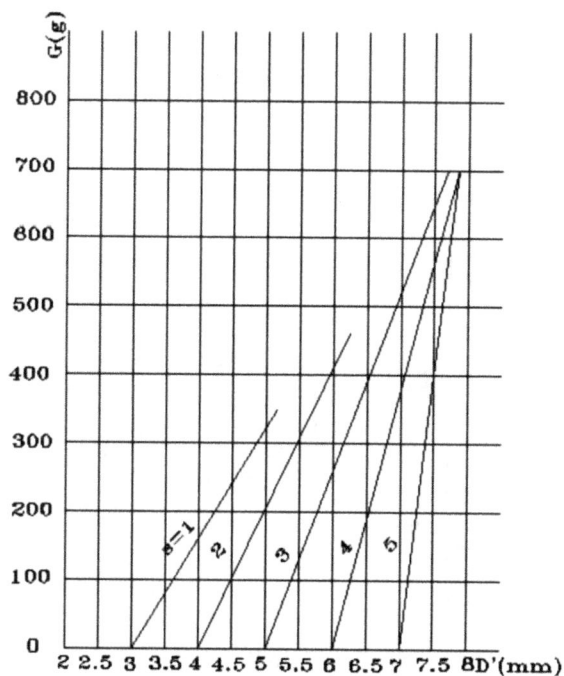

分流道直径尺寸曲线

D'—分流道直径　G—制品重量　S—制品壁厚

从表 1-5 和表 1-6 中查出分流道截面直径后,再根据分流道长度 L,从表 1-7 中查出修正系数 fL,则分流道直径 D＝D＊fL。

表 1-7

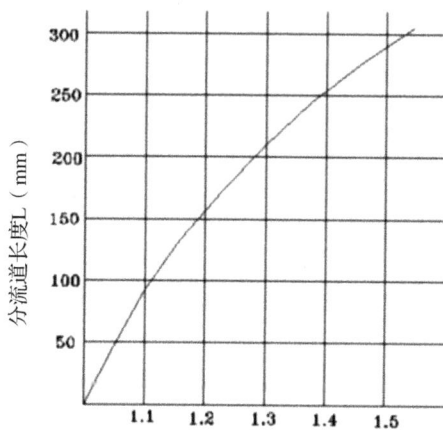

分流道直径尺寸的修正系数

（3）主流道设计

主流道形状由浇口套决定，为了便于脱模，主流道在设计上大多采用圆锥形，两板模主流道锥度 $2°\sim4°$，三板模主流道锥度可取 $5°\sim10°$。主流道设计经验数据如表1-8所示。

表 1-8

	经验数据
主流道设计	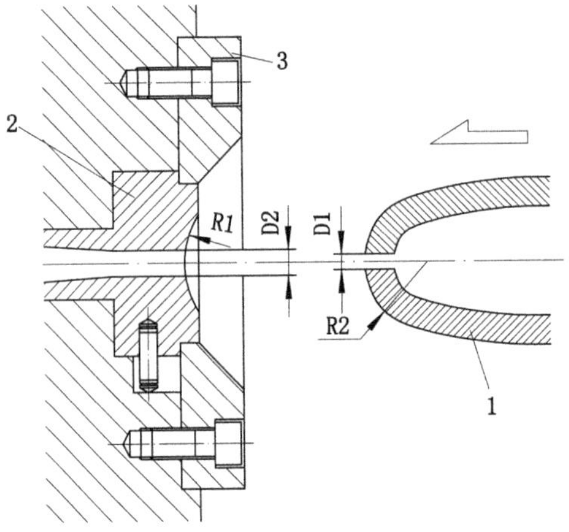 1-料筒喷嘴；2-浇口套；3-定位圈	①D2 比 D1 要大 $0.5\sim1$mm ②一般情况，D2=$3.2\sim4.5$mm ③大端直径比分流道最大直径大 $10\%\sim20\%$ ④一般浇口套大端设置圆角 R1 $\sim$R3

（4）冷料穴设计

冷料穴设计经验数据如表1-9所示。

表 1-9

	经验数据
主流道冷料穴设计	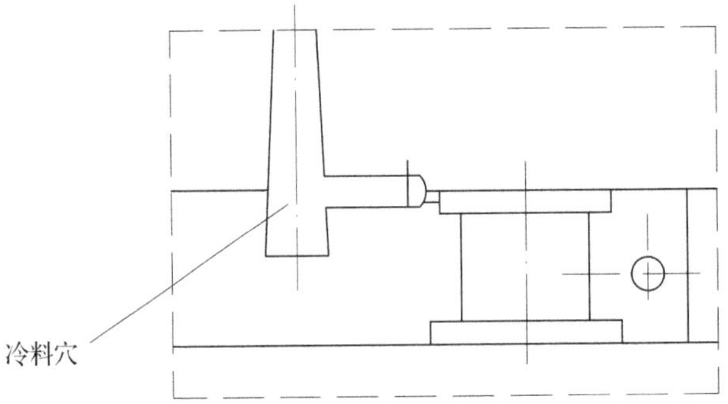 冷料穴	冷料穴圆柱体的直径为 $5\sim6$mm，深度为 $5\sim6$mm，对于大型制品，冷料穴的尺寸可适当放大。

经验数据	
分流道冷料穴设计	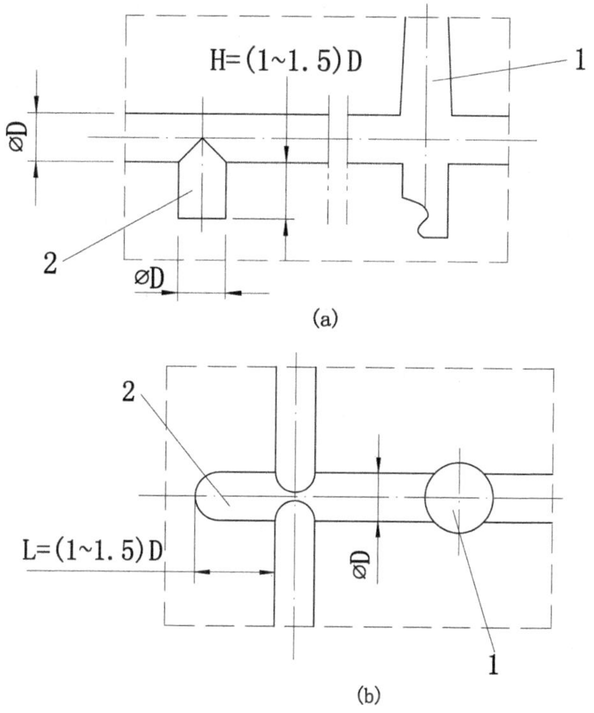 1. 主流道　2. 分流道	将冷料穴做在动模的深度方向,如图(a)所示或者将分流道在分型面上延伸成为冷料穴,如图(b)所示。

五、热流道浇注系统设计

(1)热流道系统的基本组成

热流道浇注系统一般由热嘴、分流板、温控箱和附件等几部分组成。图 1-25 所示为多点式热流道浇注系统的结构图。

(2)热流道常见供应商

● MOLD－MASTERS 加拿大(一般应用于高档次的模具)

● SYNVENTIVE 荷兰(一般应用于高档次的模具)

● INCOE 美国(一般应用于高档次的模具)

● YUDO 韩国(一般应用于中等档次的模具)

(3)热流道热射嘴的分类

热流道的热射嘴分为针阀式热射嘴和开放式热射嘴。

①针阀式热射嘴具有以下特点:

● 阀针由气动或液压控制,能有效缩短成型周期,提高注塑速度,

● 制品无浇口痕迹,能有效提高表面质量,广泛应用于精细表面的加工,

● 对注塑材料有良好的适应性,能加工难成型材料,并达到最佳注塑效果。

②开放式热射嘴主要通过温度来控制,成型周期相对于针阀式的长,对塑料的成型性能

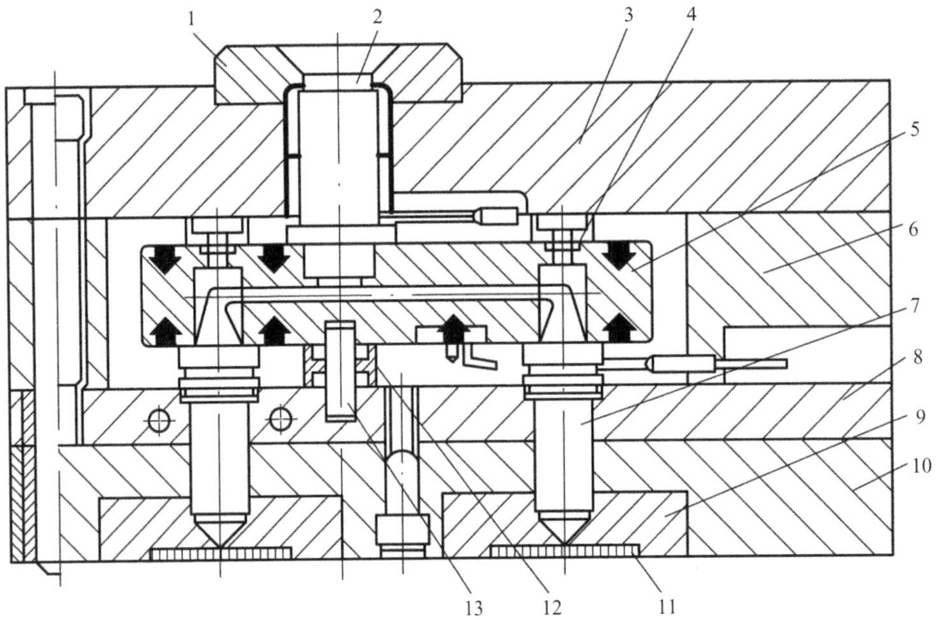

1-定位圈;2-一级热射嘴;3-面板;4-隔热垫片;5-热流道板;6-撑板;7-二级热射嘴;8-垫板;9-凹模;
10-定模 A 板;11-制品;12-中心隔热垫片;13-中心定位销

图 1-25

有较高的要求。

六、浇注系统标准件的选用

(1)定位圈的选用

定位圈可采用自制或外购标准件,常用的规格有 100mm,120mm,150mm 规格。定位圈的其中一种安装方式如图 1-26 所示。

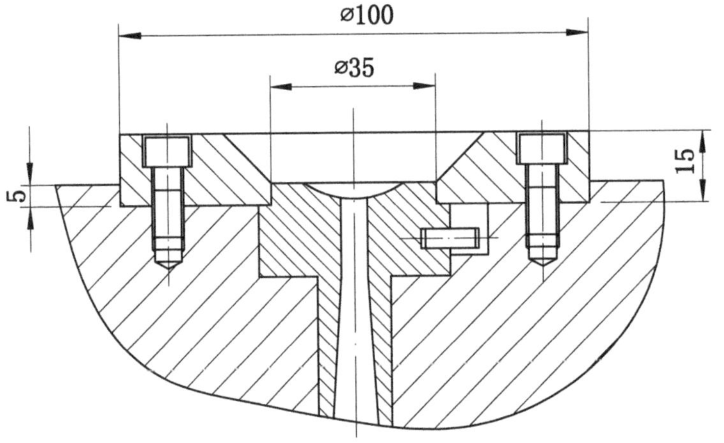

图 1-26

(2)浇口套的选用

①二板模浇口套的选用

二板模浇口套是标准件,通常根据模具所成型制品所需塑料重量的多少、所需浇口套的长度来选用。浇口套的锥度根据浇口套的长度的不同来选取,二板模浇口套的锥度一般为2°～4°,如图 1-27 所示。

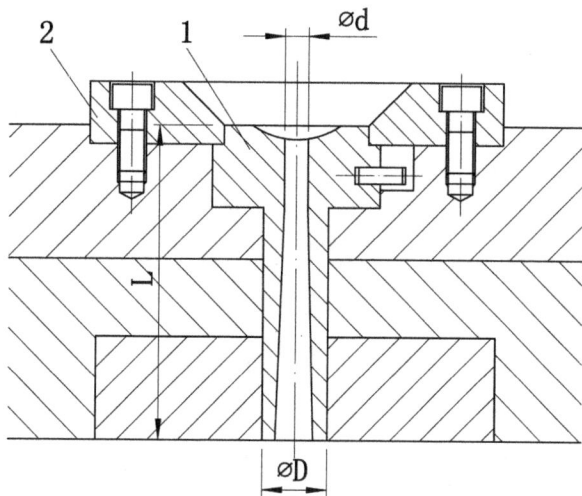

图 1-27

②三板模浇口套的选用

三板模浇口套较大,主流道较短,浇口套与流道推板的锥面配合角度为 90°。主流道的锥度一般为 5°～100°,如图 1-28 所示。直径 D 和二板模定位圈的直径相同。

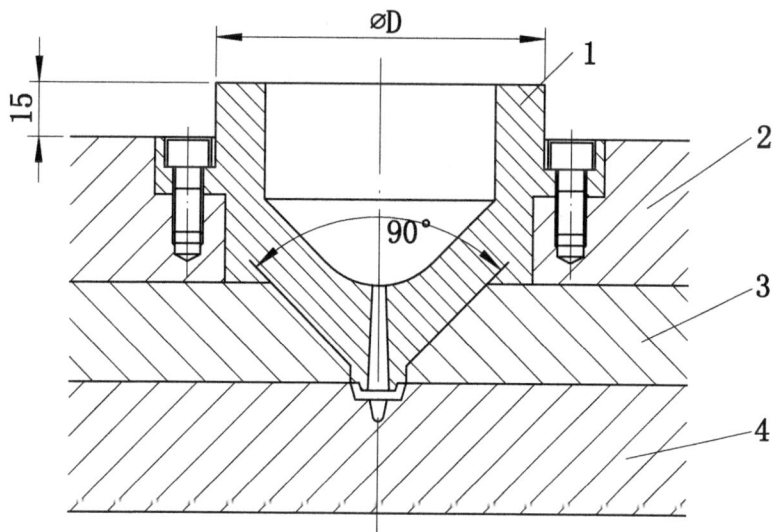

1-浇口套;2-面板;3-分流道板;4-定模板

图 1-28

1.3.4 侧向分型机构设计

一、侧向分型机构设计分类

当注射成型侧壁带有孔、凹穴、凸台等的塑料制件时,模具上成型该处的零件一般都要制成可侧向移动的零件,以便在脱模之前先抽掉侧向成型零件,否则就可能无法脱模。带动侧向成型零件做侧向移动(抽拔与复位)的整个机构称为侧向分型与抽芯机构。常见侧向分型机构分类:1 滑块设计、2 斜顶机构设计。

二、滑块设计

(一)基本分类

(1)典型滑块＋斜导柱侧抽机构的设计要点

①工作原理是利用成型的开模动作,使斜撑梢与滑块产生相对运动趋势,使滑块沿开模方向及水平方向的两种运动形式,使之脱离倒勾。如图 1-29 所示:

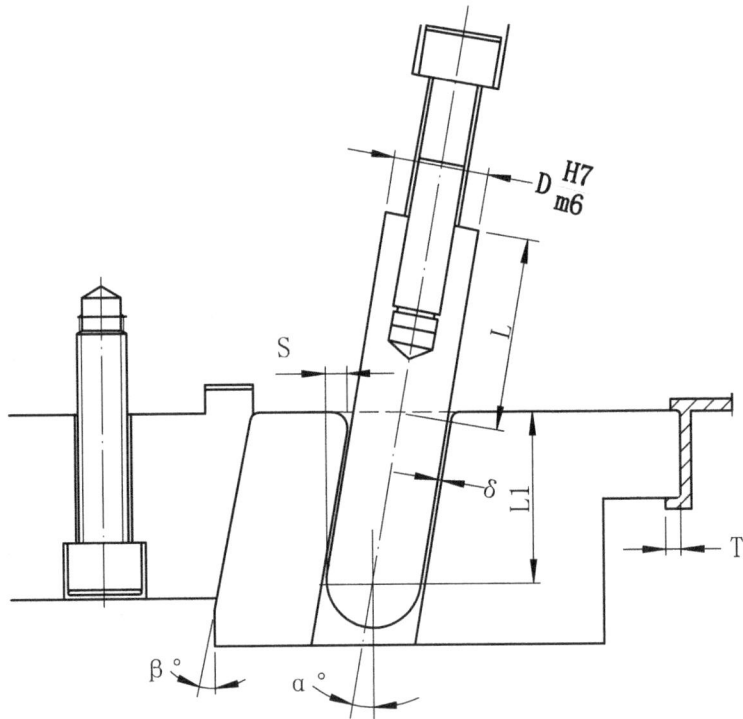

图 1-29

上图中:

$\beta = \alpha + 2° \sim 3°$(防止合模产生干涉以及开模减少摩擦)

$\alpha \leqslant 25°$(α 为斜撑销倾斜角度)

$L = 1.5D$(L 为配合长度)

$S = T + (2 \sim 3mm)$(S 为滑块需要水平运动距离;T 为成品倒勾)

$S = (L1 * \sin\alpha - \delta)/\cos\alpha$($L1\delta$ 为斜撑梢与滑块间的间隙,一般为 0.5mm;

$L1$ 为斜撑梢在滑块内的垂直距离)

②斜导柱锁紧方式及使用场合

斜导柱锁紧方式及使用场合如表 1-10 所示。

表 1-10

简　图	说　明
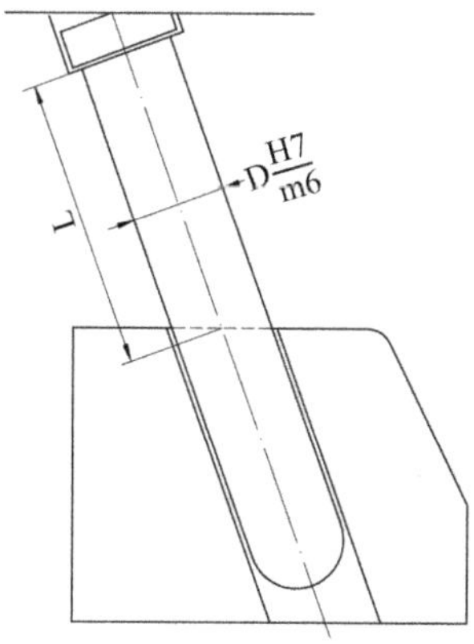	适宜用在模板较薄且上固定板与母模板不分开的情况下配合面较长,稳定较好
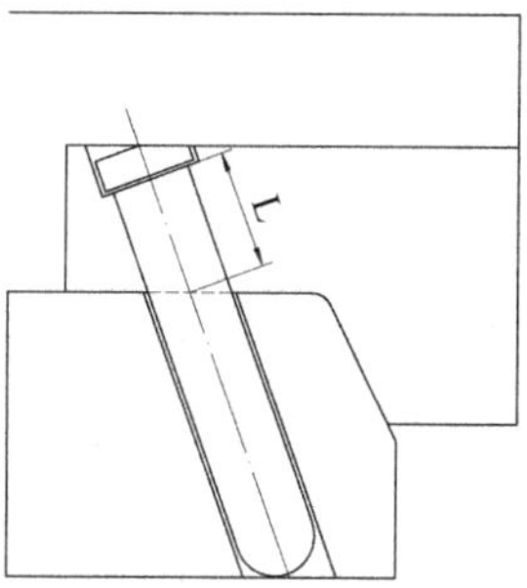	适宜用在模板厚、模具空间大的情况下且两板模、三板板均可使用 配合面 $L \geqslant 1.5D$(D 为斜撑销直径)稳定性较好
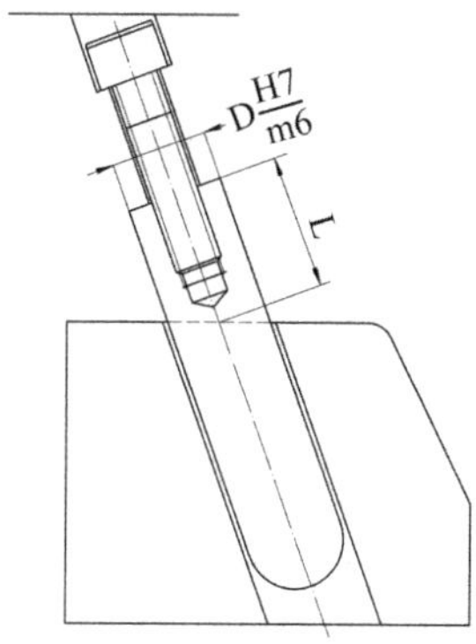	适宜用在模板较厚的情况下且两板模、三板板均可使用,配合面 $L \geqslant 1.5D$(D 为斜撑销直径)稳定性不好,加工困难。

续表

简　图	说　明
	适宜用在模板较薄且上固定板与母模板可分开的情况下配合面较长，稳定较好

（2）拔块侧抽机构动作原理及设计要点

动作原理是利用成型机的开模动作，使拔块与滑块产生相对运动趋势，拨动面 B 拨动滑块使滑块沿开模方向及水平方向的两种运动形式，使之脱离倒勾。

如下图 1-30 所示：

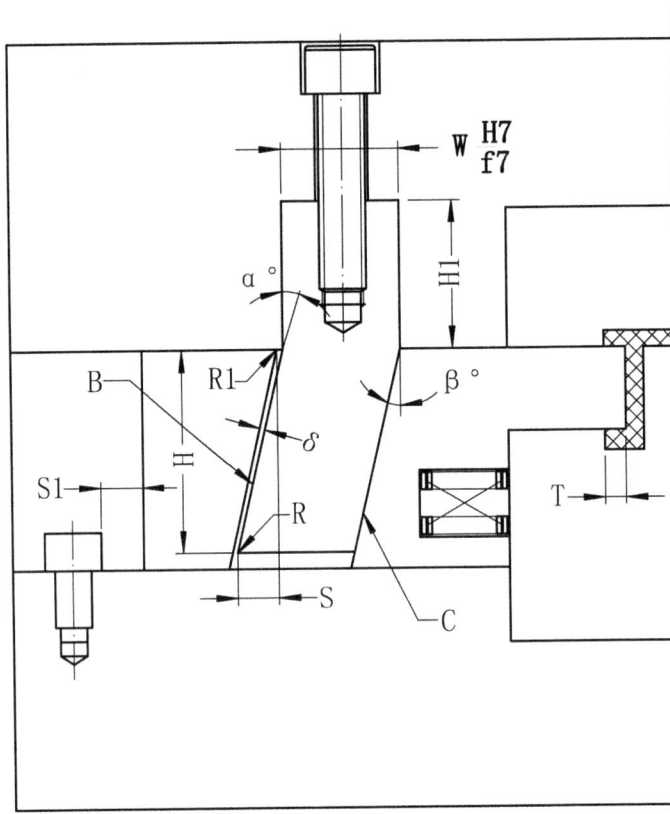

图 1-30

上图中：

$\beta = \alpha \leqslant 25°$（$\alpha$ 为拔块倾斜角度）

$H1 \geqslant 1.5W$（$H1$ 为配合长度）

$S = T + 2 \sim 3mm$（S 为滑块需要水平运动距离；T 为成品倒勾）

$S = H * \sin\alpha - \delta/\cos\alpha$（$\delta$ 为斜撑梢与滑块间的间隙，一般为 0.5mm；H 为拔块在滑块内的垂直距离）

C 为止动面，所以拔块形式一般不须装止动块（不能有间隙）

（3）滑块设计注意要点

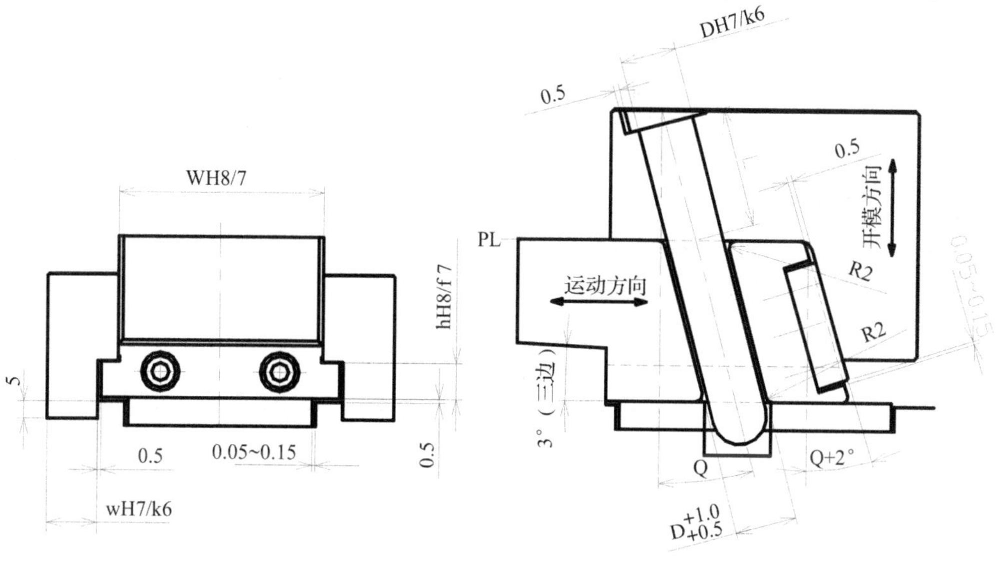

图 1-31

如图 1-31 所示：

①斜导柱和滑块运动法线方向的夹角 $\alpha < 25°$，最大不得超过 30°。锁紧面的角度比斜导柱大 2°。

②斜导柱固定部长度 L＝1.5D，其配合为过渡配合，配合公差为 H7/k6。

③滑块滑动的配合（除封胶位）为间隙配合，其配合公差均为 H8/f7。

④滑块封胶面（分型面除外）均为 3°斜度。如图所示：如是隧道滑块则封胶面均为 3°斜度。

⑤滑块压板与固定槽的配合为过渡配合，其配合公差为 H7/k6。定位配合深 5。如图所示。

⑥滑块配合面表面糙度 Ra 不大于 0.8。非配合面但有接触相互移动的面的表面粗糙度 Ra 不大于 1.6，其余 Ra 不大于 6.3。

⑦滑块非配合面的间隙为 0.5。

⑧耐磨板的单边间隙 0.05～0.15。

⑨滑块的滑动配合面均需作耐磨处理。

⑩斜导柱与滑块斜导柱孔的配合间隙 0.5～1.0。如图所示。

⑪11 滑块斜导柱孔两端均倒 R2 圆角。如图所示。

（二）常用计算与校核

典型滑块＋斜导柱侧抽机构的计算与校核通常包括斜导柱直径计算、斜导柱工作长度计算、锁模块强度校核以及弹簧设计校核等内容。下面对其进行探讨。

（1）斜导柱直径和数量的确定

斜导柱直径的确定。通常有理论计算和经验数据两种方法，在实际的设计应用中普遍使用经验数据的方式。经验数据又有两种方式，分别是根据滑块重量和滑块宽度，到底选择哪种方式根据实际情况而定。下面分别列出斜导柱直径的经验数据值供设计参考。

①根据滑块宽度的斜导柱直径经验数据，具体见表 1-11 所示。

表 1-11

滑块宽度(mm)	20～30	30～50	50～100	100～150	150～200	200～250
斜导柱直径(mm)	8～12	12～16	16～20	20～25	25～30	30～35

通常情况下当滑块宽度≥150mm 时，就应加中心导向条；当滑块宽度≥250mm，且宽度小于导向长度时，就应设计两根斜导柱；当滑块宽度≥350mm 时，除用两根斜导柱外，还需用两个导向条，来防止滑块的转动，保证滑动精度、稳定性、可靠性。

②根据滑块重量的斜导柱直径经验数据，具体见表 1-12 所示。

表 1-12

滑块重(kg)	≤2	≤6	≤12	≤22	≤40	≤60	≤80	≤100
斜导柱直径(mm)	12	16	20	25	30	35	40	50

表 1-12 说明：

①当滑块重量大于 100kg 时，斜导柱直径 $D=5\sqrt{G}$（G 滑块重量 kg），并取跟它接近的标准供应商规格（mm）；

②当滑块用两根斜导柱时，斜导柱直径 $D=3.5\sqrt{G}$，（G：滑块重量 kg），并取跟它接近的标准供应商规格（mm）；

③主要针对中型和大型模具。

注意：当斜导柱数量为两根（需采用两根）时，可用小一档的斜导柱规格；当滑块高度很高时（例如大于 120mm），最好用高一档的斜导柱规格。

（2）限位弹簧设计经验数据

弹簧弹力设计与滑块抽芯方向关系的经验数据见表 1-13 所示，供设计参考。

表 1-13

滑块抽芯方向	模具天侧	模具操作侧或非操作侧	模具地侧
弹力与滑块重量(G)的关系式	(1.5～2)G	(1.2～1.5)G	(1～1.2)G

注意：上述弹力指的是滑块滑到位后保持的力。在计算弹簧的弹力时，必须严格按照供应商提供的技术参数去设计。

（三）滑块的锁紧及定位方式

由于制品在成型机注射时产生很大的压力，为防止滑块与活动芯在受到压力而位移，从而会影响成品的尺寸及外观(如跑毛边),因此滑块应采用锁紧定位,通常称此机构为止动块或后跟块。常见的锁紧方式如表 1-14 所示。

表 1-14

简图	说明	简图	说明
	滑块采用镶拼式锁紧方式,通常可用标准件,可查标准零件表,结构强度好,适用于锁紧力较大的场合。		采用嵌入式锁紧方式,适用于较宽的滑块。
	滑块采用整体式锁紧方式,结构刚性好但加工困难脱模距小,适用于小型模具。		采用嵌入式锁紧方式,适用于较宽的滑块。
	采用拨动兼止动稳定性较差,一般用在滑块空间较小的情况下。		采用镶式锁紧方式,刚性较好,一般适用于空间较大的场合。

(四)滑块的定位方式

滑块在开模过程中要运动一定距离,因此,要使滑块能够安全回位,必须给滑块安装定位装置,且定位装置必须灵活可靠,保证滑块在原位不动,但特殊情况下可不采用定位装置,如左右侧跑滑块,但为了安全起见,仍然要装定位装置。

常见的定位装置如表 1-15 如示。

表 1-15

简　图	说　明
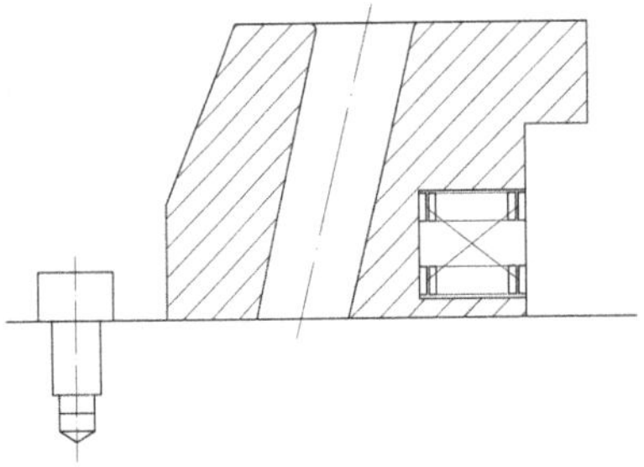	利用弹簧螺钉定位,弹簧强度为滑块重量的1.5~2倍,常用于向上和侧向抽芯。
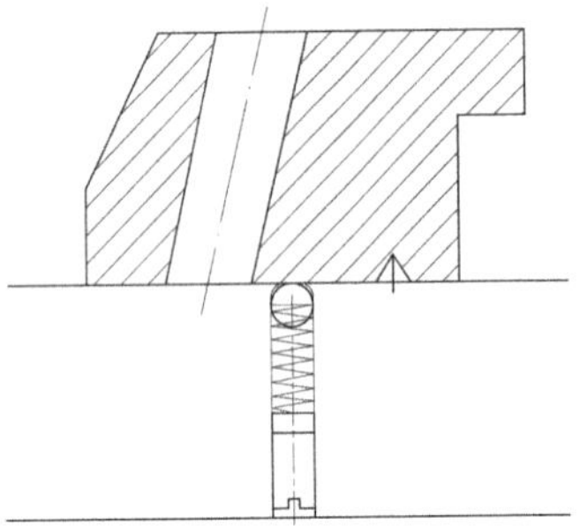	利用弹簧钢球定位,一般滑块较小的场合下,用于侧向抽芯。
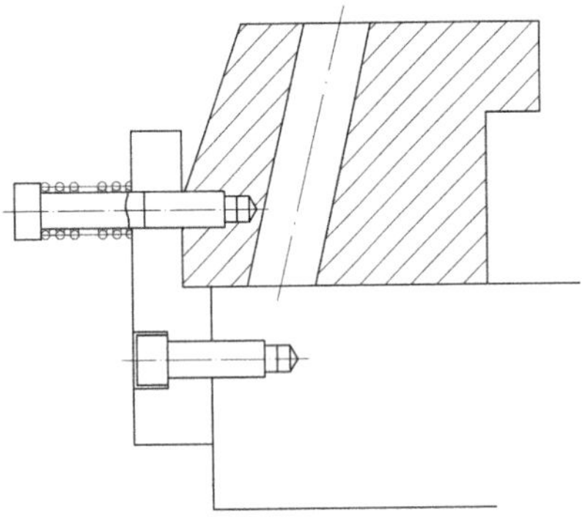	利用弹簧螺钉和挡板定位,弹簧强度为滑块重量的1.5~2倍,适用于向上和侧向抽芯。
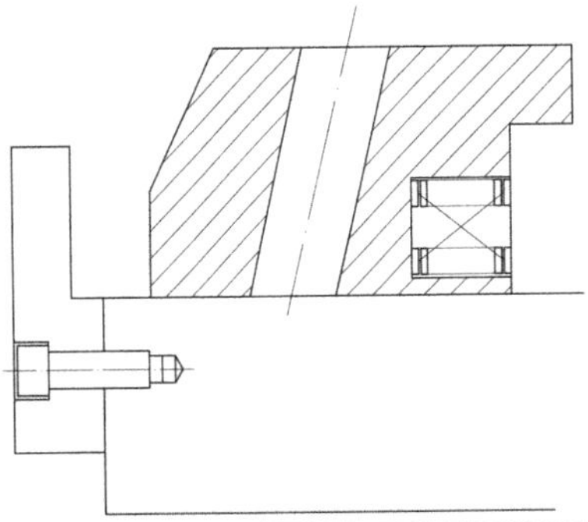	利用弹簧挡板定位,弹簧的强度为滑块重量的1.5~2倍,适用于滑块较大、向上和侧向抽芯。

（五）滑块入子的连接方式

滑块头部入子的连接方式由成品决定,不同的成品对滑块入子的连接方式可能不同,具体入子的连接方式大致如表 1-16 所示。

表 1-16

简图	说明	简图	说明
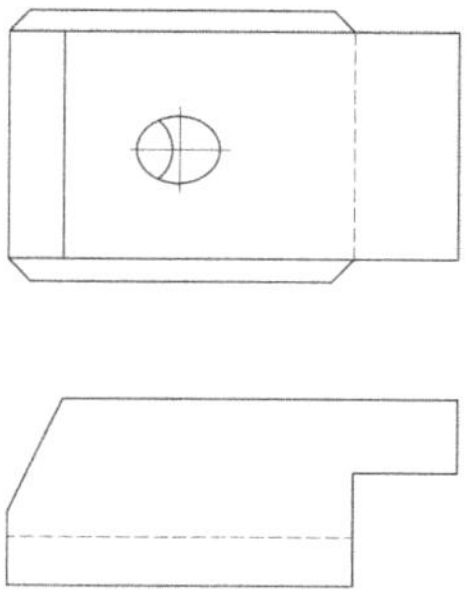	滑块采用整体式结构,一般适用于型芯较大,强度铰好的场合。	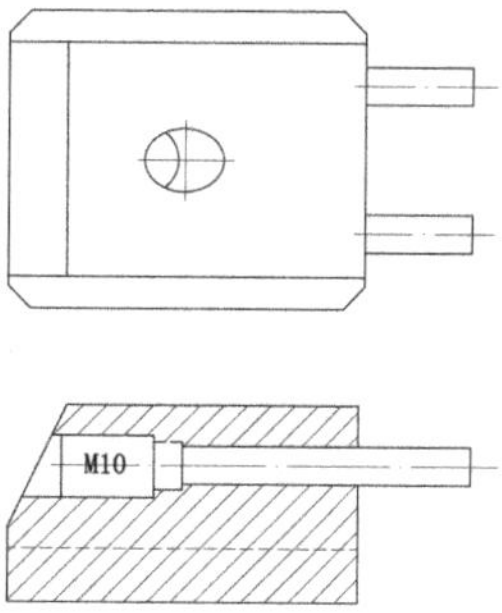	采用螺钉固定,一般型芯或圆形,且型芯较小场合。
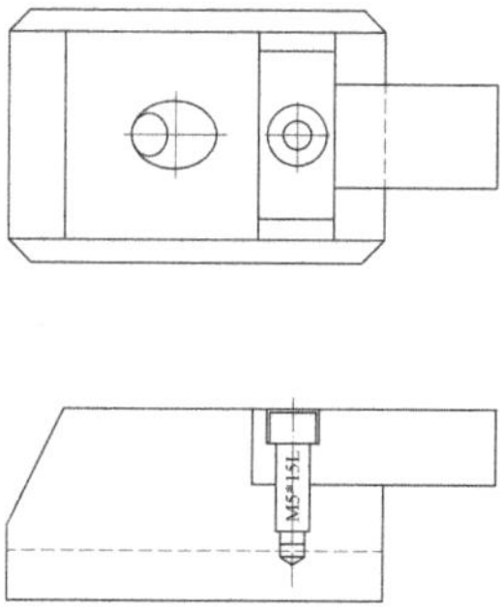	采用螺钉的固定形式,一般型芯成方形结构且型芯不大的场合下。	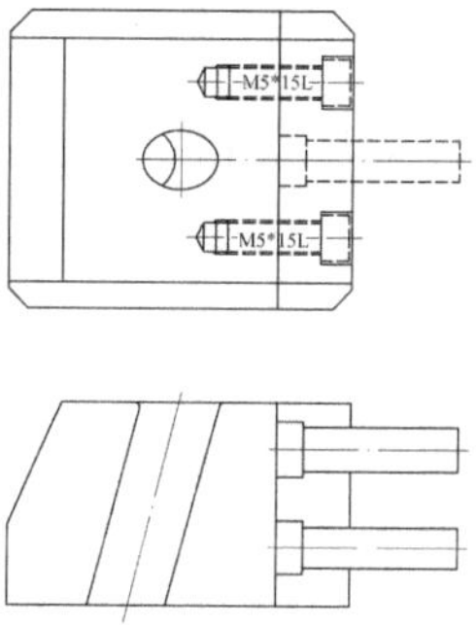	采用压板固定,适用固定多型芯。

（六）滑块的导滑形式

滑块在导滑中,活动必须顺利、平稳,才能保证滑块在模具生产中不发生卡滞或跳动现象,否则会影响成品质品,模具寿命等。

常用的导滑形式如下表 1-17 所示。

表 1-17

简图	说明	简图	说明
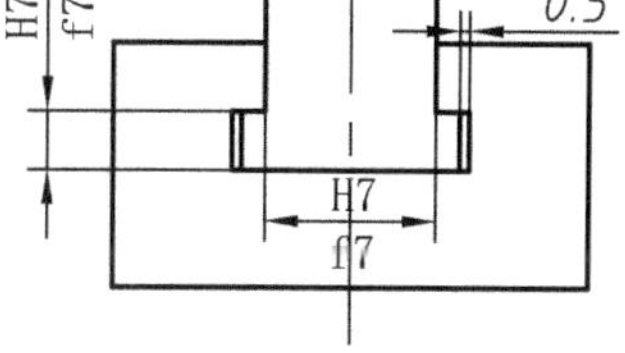	采用整体式加工困难,一般用在模具较小的场合。	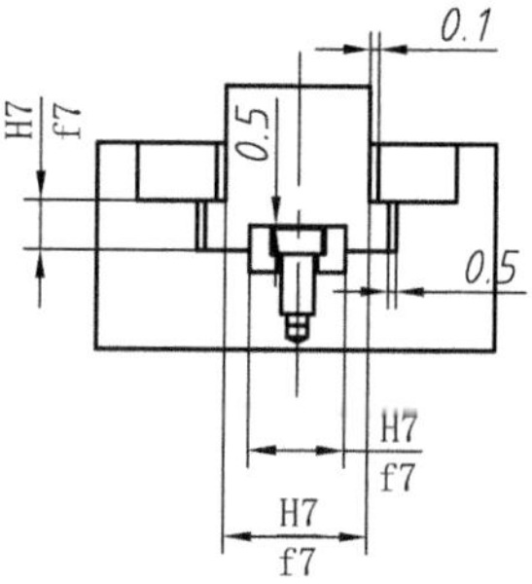	采用压板,中央导轨形式,一般用在滑块较长和模温较高的场合下。

续表

简图	说明	简图	说明
	用矩形的压板形式,加工简单,强度较好,应用广泛,压板规格可查标准零件表。		采用"T"形槽,且装在滑块内部,一般用于容间较小的场合,如跑内滑块。
	采用"7"字形压板,加工简单,强度较好,一般要加销孔定位。		采用镶嵌式的 T 形槽,稳定性较好,加工困难。

（七）倾斜滑块参数计算

由于成品的倒勾面是斜方向,因此滑块的运动方向要与成品倒勾斜面方向一致,否侧会拉伤成品。

（1）滑块抽芯方向与分型面成交角的关系为滑块抽向动模.如下图 1-32 所示：

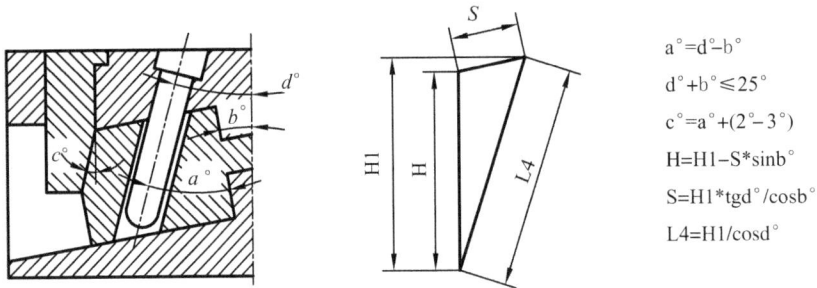

$$a° = d° - b°$$
$$d° + b° \leqslant 25°$$
$$c° = a° + (2° - 3°)$$
$$H = H1 - S * \sin b°$$
$$S = H1 * tgd° / \cos b°$$
$$L4 = H1 / \cos d°$$

图 1-32

（2）滑块抽芯方向与分型面成交角的关系为滑块抽向定模。如下图 1-33 所示。

三、斜顶机构设计

斜顶主要是用于成形制品内侧的倒勾。

（1）基本结构

斜顶基本结构如图 1-34 所示。

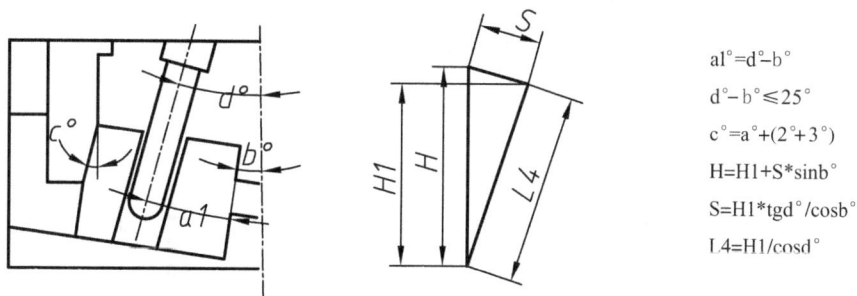

$$a1° = d° - b°$$
$$d° - b° \leqslant 25°$$
$$c° = a° + (2° + 3°)$$
$$H = H1 + S \ast \sin b°$$
$$S = H1 \ast tgd° / \cos b°$$
$$L4 = H1 / \cos d°$$

图 1-33

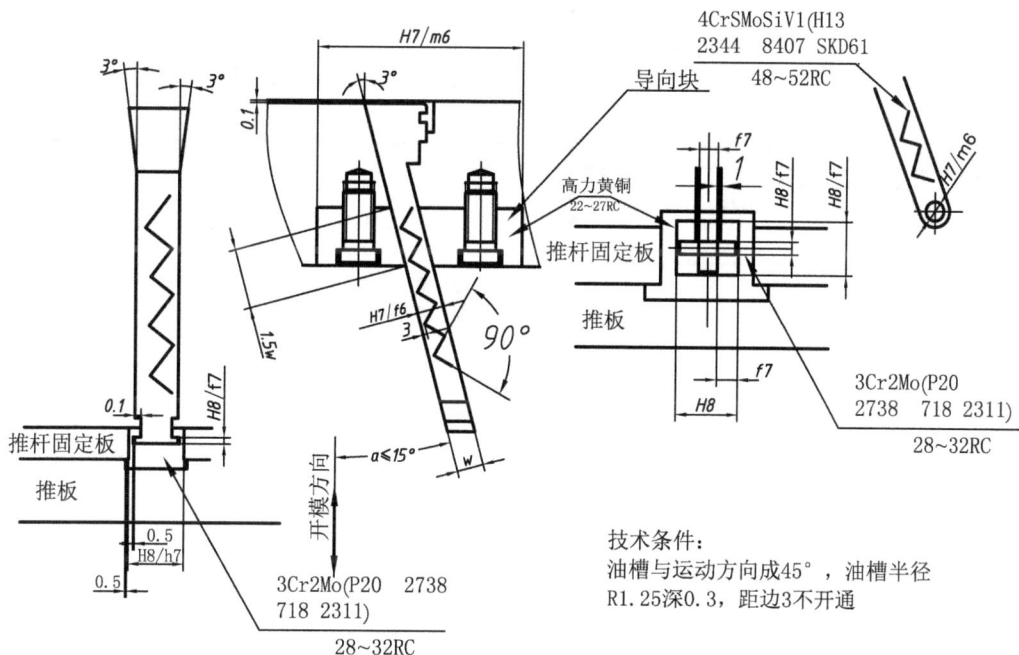

技术条件：

油槽与运动方向成45°，油槽半径
R1.25深0.3，距边3不开通

图 1-34

（2）设计要点

斜顶各参数图 1-35 所示：

①根据斜顶的运动方向，可行空间决定斜度。斜顶角度不要大于 12°，一般取 5° 左右。

②注意防止方向，避免挂斜顶。

③注意行程，在可行空间内，行程＝扣位＋1.5mm 以上。

④斜顶过长时（通过 B 板）要加青铜导滑板。

33

⑤斜顶太过细小时要尽量做短及淬火加硬。

⑥做短斜顶用推杆连顶针板时，B板的推杆孔及斜顶底面不可避空。

⑦滑动面需加工油槽（油槽不要超出顶出范围，避免带出油垢，如图 1-36 所示）。

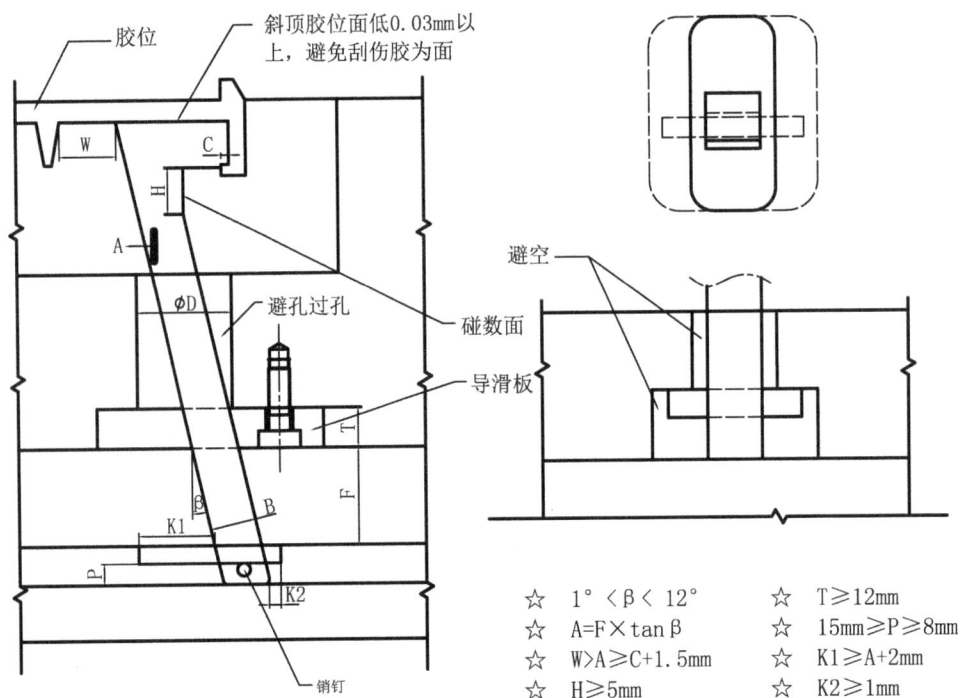

☆ 1° ＜ β ＜ 12°　　☆ T≥12mm
☆ A=F×tan β　　☆ 15mm≥P≥8mm
☆ W＞A≥C+1.5mm　　☆ K1≥A+2mm
☆ H≥5mm　　☆ K2≥1mm

图 1-35

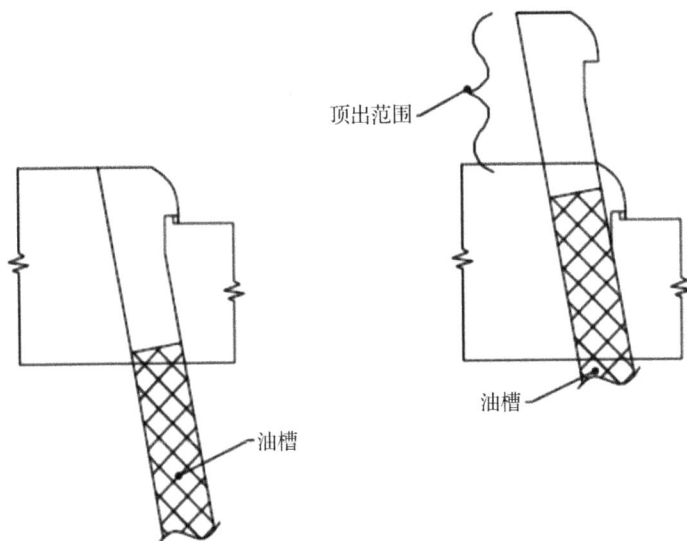

图 1-36

⑧成品顶出过程中斜顶同时横向移动,存在的脱模力可能连带产品一起走动,致使倒扣位不能完全脱离,此时需要做成品的定位设计,如图 1-37 所示。可做凸高顶针定位成品(一般凸 0.15mm～0.3mm)。

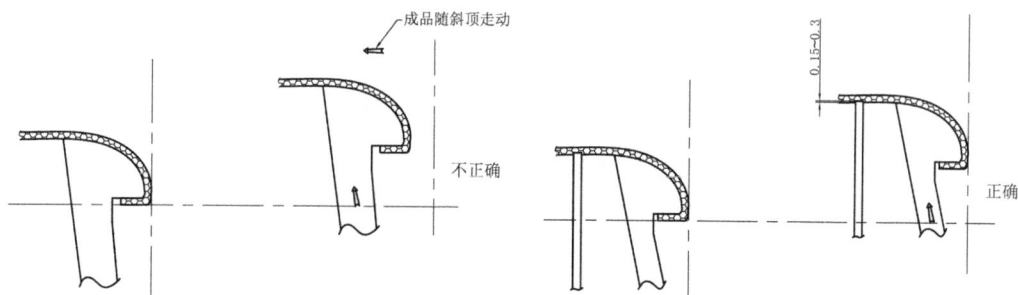

图 1-37

⑨使用斜顶扣、销时须注意高度与顶出量的关系。如图 1-38 所示,确保可安装。

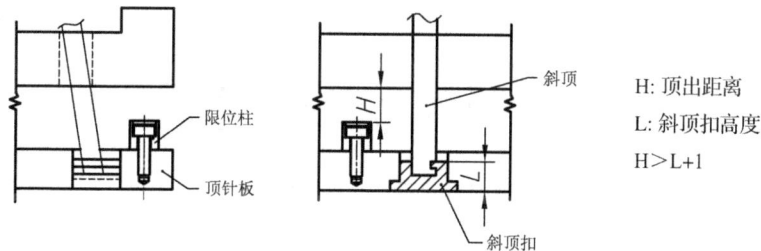

图 1-38

⑩斜顶顶针(当斜顶较大,成品有粘斜顶趋势时采用),如图 1-39 所示。

1.3.5 温度调节系统设计

一、目的

满足塑料成型要求。

缩短成型周期。

控制模具热膨胀不均。

二、设计原则

模具各部温度均匀(成型面温差±10°)。

三、设计思路

根据塑料的特性等,先确定是采用冷却系统还是加热系统,最后再确定冷却系统(加热系统)中的各个参数。

四、冷却系统设计

确定采用怎样的冷却形式(普通冷却、铍铜冷却、水井冷却等)。

根据产品壁厚选择合适的水路直径。

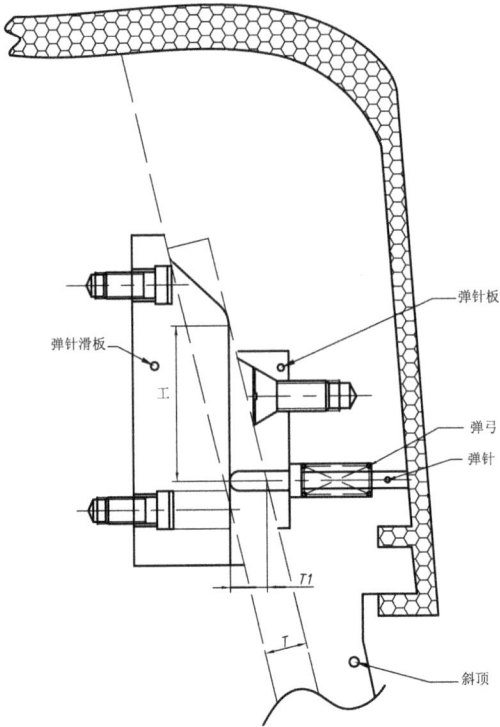

弹针板

弹针滑板

弹弓

弹针

斜顶

☆　H:顶针相对于成品保持不动时斜顶的行程

☆　T1:弹针行程

☆　T≥T1+0.3

图 1-39

确定水路的分布位置。

进出水口的设计。

对应标准零部件的选用(堵头、快速接头等)。

(1)方式确定

根据实际情况,选择合适的冷却类型。

表 1-18

类别	示意图	备注
普通冷却	 浇口 出　进 进　出	最常见的冷却方式,分为平行冷却和连续冷却。

续表

类别	示意图	备注
内模转模坯冷却	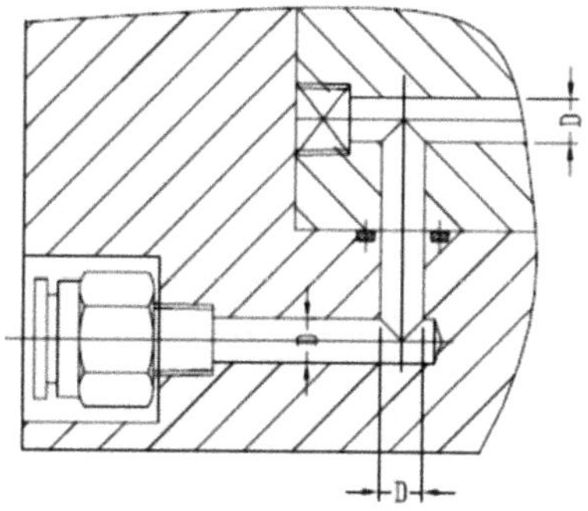	当内模镶件冷却时,可采用此法。镶件之间不要通冷却水。
隔水片冷却	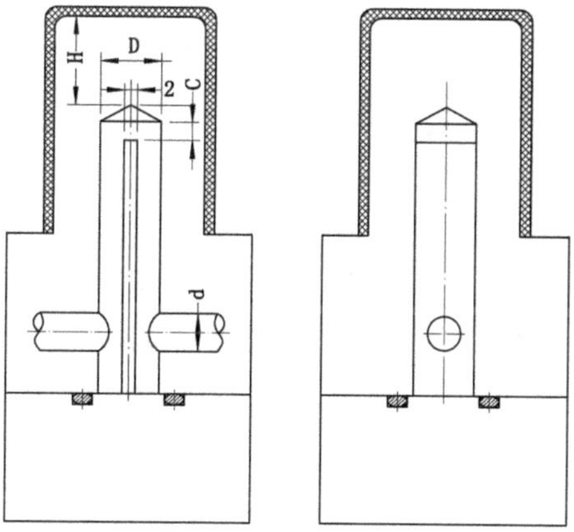	深腔模具和大型型芯(型芯直径 30～40mm)
喷泉式冷却	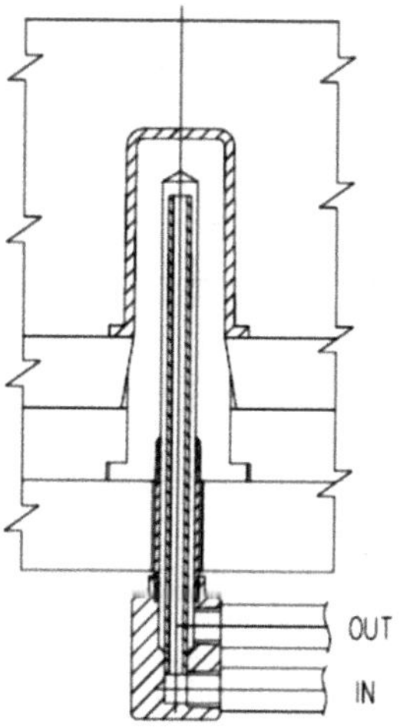	与隔水片冷却方式类似

类别	示意图	备注
平面环形冷却	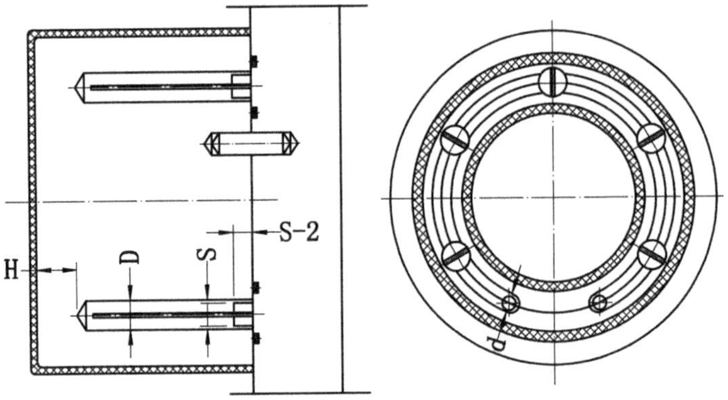	型芯直径大于40mm，但高度不高（小于10mm），可在下端面冷却。
立体环形冷却	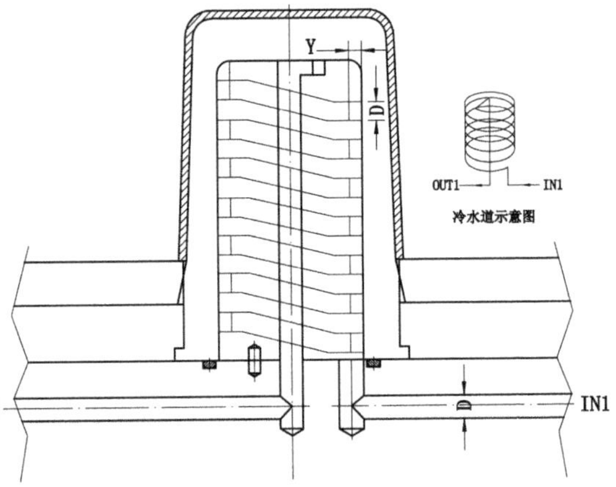	深腔模具和大型型芯
铍铜冷却	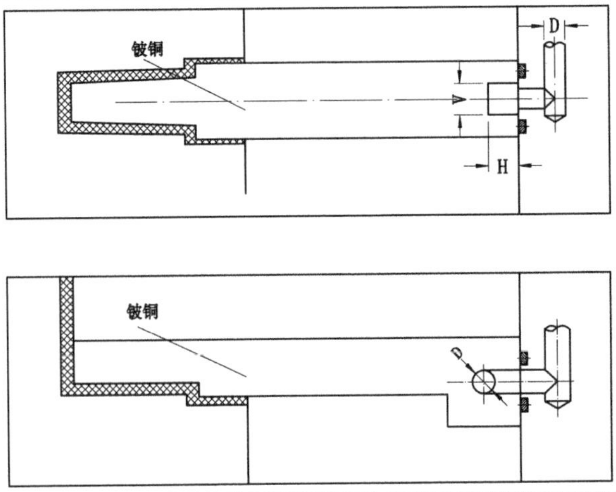	对于细长的型芯，不能加工冷却水孔。加工冷却水孔后严重影响型芯强度

续表

类别	示意图	备注
螺旋式冷却	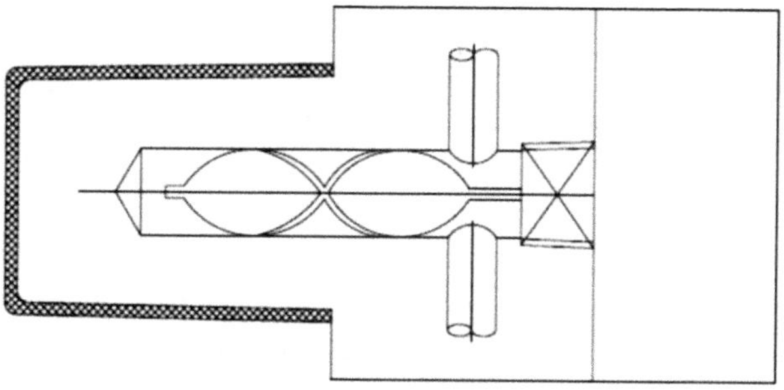	用于细长型芯的冷却,效果极佳
型芯内钻削冷却水孔	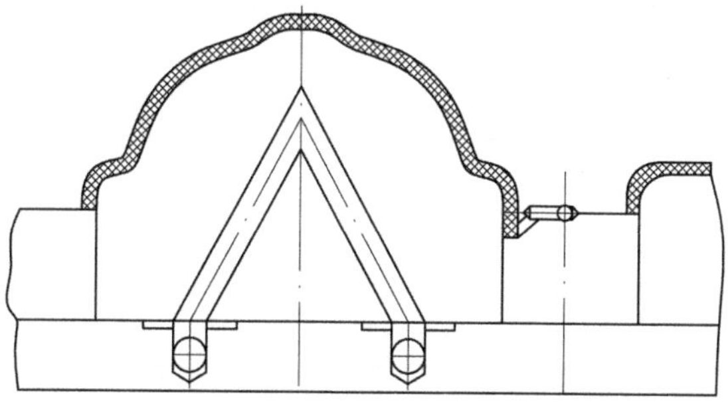	型芯直径大于50mm,水路走向按制品形状
滑块/斜顶等水路	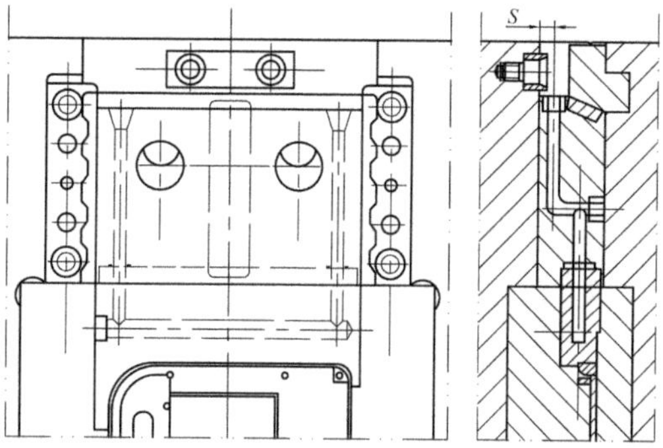	用于成型接触面积过大(滑块大于100mm);S应大于15mm,便于安装水管。

(2)水孔设计

①水孔直径选用

水孔直径参照表1-19选用。

表 1-19

产品壁厚 mm(inch)	冷却水路直径 mm(inch)	水路直径优先系列 mm
1.5(0.06)	5—8(0.19—0.31)	
2(0.08)	8—10(0.31—0.40)	
2—4(0.08—0.16)	10—12(0.40—0.47)	6、8、11、14
4—6(0.16—0.24)	12—14(0.47—0.55)	

② 水孔位置确定

水孔位置按表 1-20 确定。

表 1-20

示意图	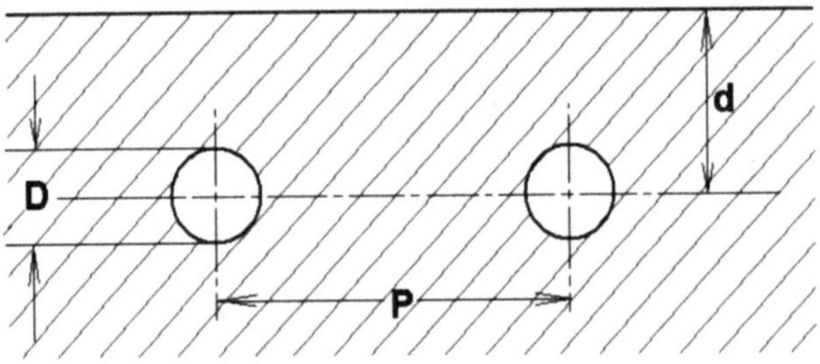
参数	$d=2D \sim 3D$（水路孔边至镶件边缘要求大于 10mm） $P=3D \sim 5D$ 冷却水道与顶针、镶针、螺丝等间距至少 4mm

③ 水路布置

水路按表 1-21 布置。

表 1-21

示意图	说　明
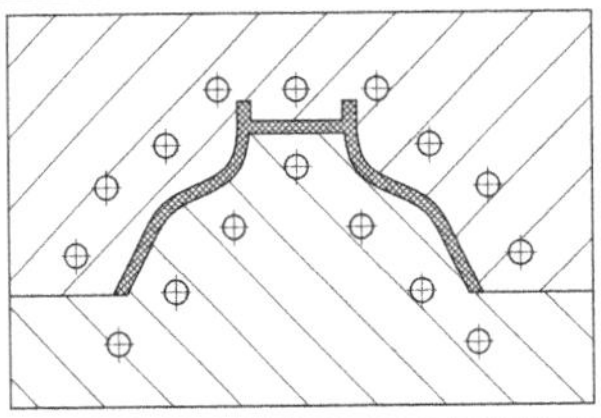	制品壁厚均匀时,水路布置按产品轮廓形状布置,间距相等;制品壁厚不均时,壁厚处应加强冷却。
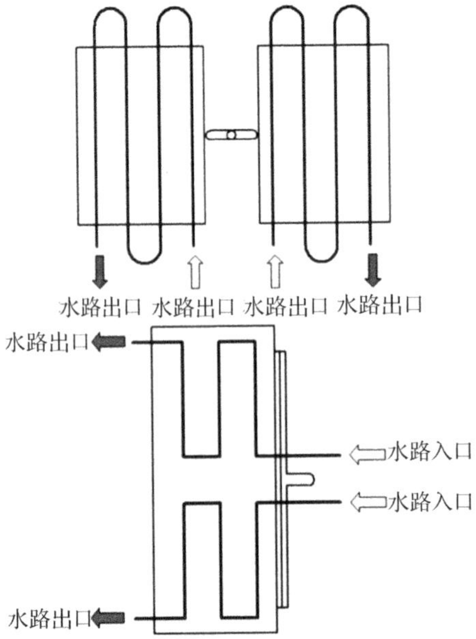	浇口附近应加强冷却。

续表

示意图	说　明
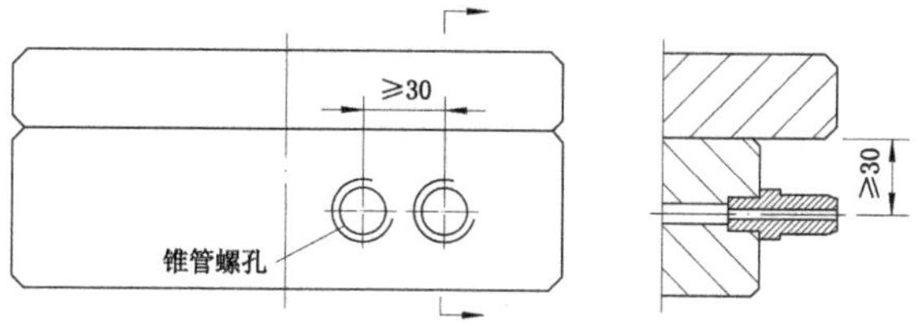	快速接头间距不能过小,防止安装水管不方便。
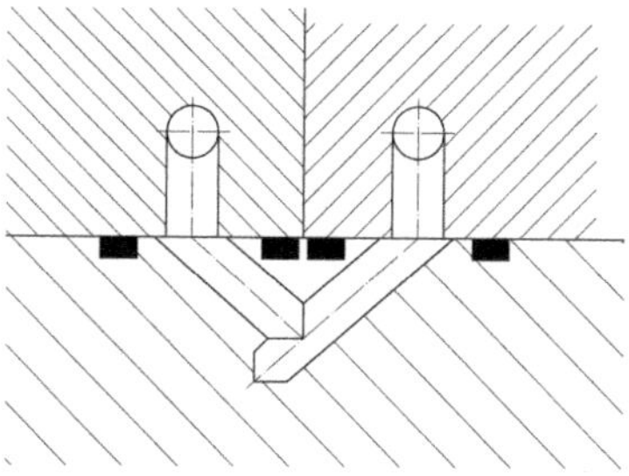	冷却水路最好不要通过镶件接缝处,防止漏水,可以通过模架过渡。
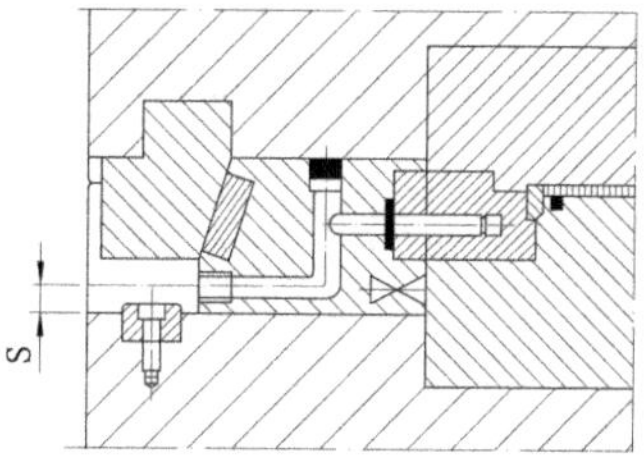	大型滑块需要设置冷却水路,并且 S 不小于 15mm。
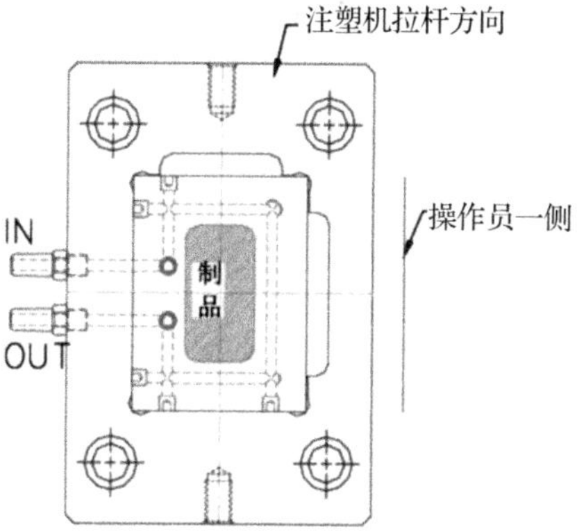	快速接头应该设置在非操作侧。
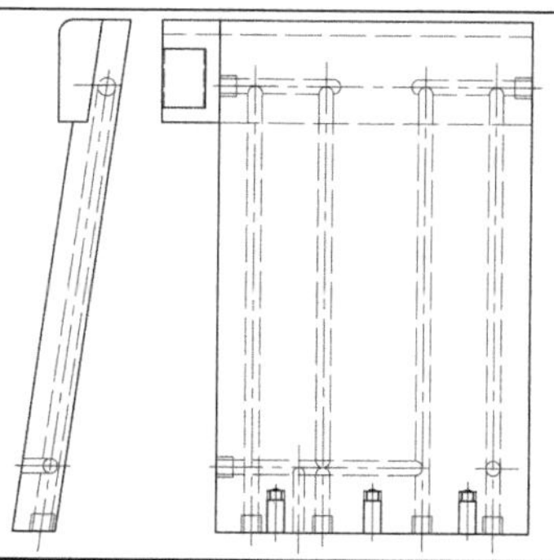	斜推杆过长且成型接触面积过大时

（3）零件设计

①水井与隔水片

水井与隔水片规格如表 1-22 所示。

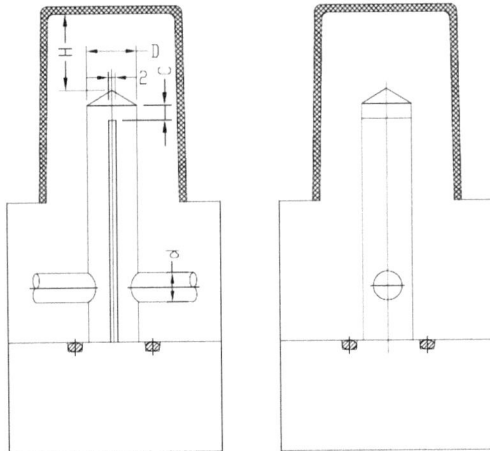

表 1-22

d	D	C	H
8	14	3	
11	16	4	1.5D
14	20	5	

②快速接头

快速接头规格如表 1-23 所示。

表 1-23

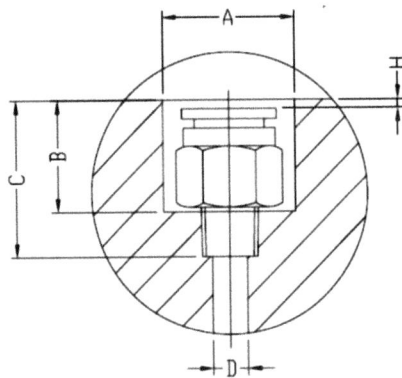

螺纹规格	A	B	C	D	H
1/8"PT	25	25	32	8	
1/4"PT	30	25	35	11	2
3/8"PT	30	25	36	14	

③喉塞和中途喉塞

喉塞和中途喉塞规格如表 1-24、表 1-25 所示。

表 1-24

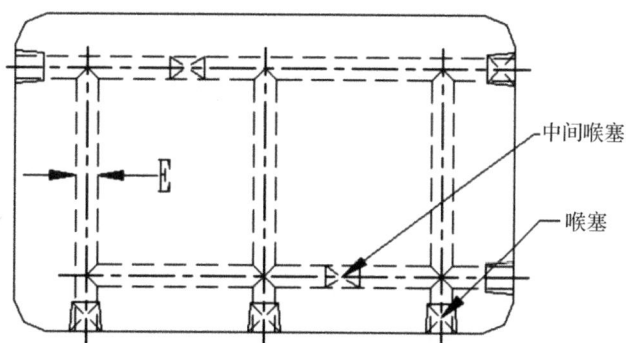

喉塞						
示意图	名称	螺纹规格	每英寸螺纹数	S	L	E
	BP-10	1/8"NPT	27	4.76	6.35	5/16"
	BP-20	1/4"NPT	18	6.35	10.31	7/16"
	BP-40	3/8"NPT	18	7.94	10.31	9/16"

表 1-25

中途喉塞						
示意图	名称	螺纹规格	D	S	L	E
	TBP-10	1/8"NPT	8.73	1.98	12.7	5/16"
	TBP-10-0S	1/8"NPT	9.13	1.98	12.7	5/16"
	TBP-20	1/4"NPT	11.11	3.18	14.22	7/16"
	TBP-20-0S	1/4"NPT	11.51	3.18	14.22	7/16"
	TBP-40	3/8"NPT	14.29	3.18	15.75	9/16"
	TBP-40-0S	3/8"NPT	14.68	3.18	15.75	9/16"

④密封圈

密封圈规格如表 1-26 所示。

表 1-26

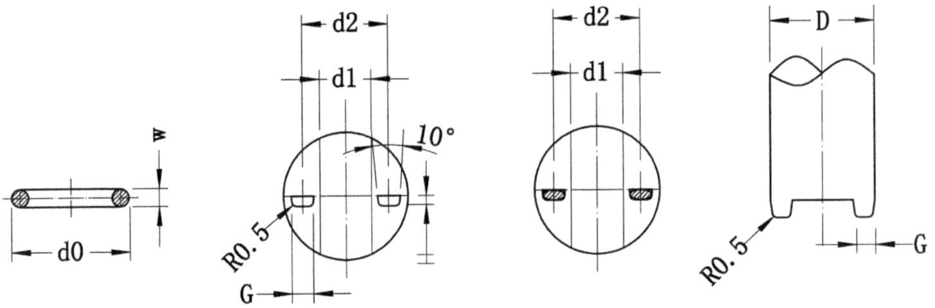

| 密封圈 | 密封圈槽 | 密封圈装配 | 密封圈槽专用刀具 |

密封圈规格	外径 d0	线径 w	冷却水孔直径 d1	密封圈槽中心径 d2	密封圈槽宽度 G	密封圈槽深度 H	密封圈槽专用刀具	
							刀具外径 D	刀具刃宽 G
OD14×2.4	φ14	φ2.4	φ6	φ11.6	3	1.9	φ14	3
OD16×2.4	φ16	φ2.4	φ8	φ13.6	3	1.9	φ16	3
OD20×2.4	φ20	φ2.4	φ11	φ17.6	3	1.9	φ20	3
OD25×3.1	φ25	φ3.1	φ14	φ21.6	3.9	2.5	φ25	3.9
OD25×3.1	φ25	φ3.1	φ16	φ21.6	3.9	2.5	φ25	3.9
OD30×3.1	φ30	φ3.1	φ20	φ21.6	3.9	2.5	φ30	3.9

⑤相关螺纹标准资料

相关螺纹标准资料如表 1-27 所示。

表 1-27

GB	英制	美制	日本	ISO	螺纹形式
R2	R		PT		与圆锥内管螺纹配合的55°密封圆锥外管螺纹
Rc	Rc(BSPT)		PT		55°密封圆锥内管螺纹
R1					与圆柱内管螺纹配合的55°密封圆锥外管螺纹
Rp	Rp(BSPP)BSP			Rp	55°密封圆柱内管螺纹
G A	A	A		PF	55°非密封圆柱外管螺纹
G	G			PF	55°非密封圆柱内管螺纹
NPT		NPT			60°密封圆锥管螺纹
NPS		CNP			SC60°密封圆柱内管螺纹

五、加热系统

加热冷却功率的计算：

由于塑胶材料不一致,因此对生产时模具温度的要求也不一致,有一部分塑料在成型前模具需加温,而有一部分塑料在成型时通入冷却水即可。

(1)成型前需加热的模具,只计算成型前需加热模具所需模温机(或用加热棒,不含外加热器的计算)的功率。

$$P = K \times M \times (T-20)/(140 \times t)$$

P：功率（W）。

K：每千克模具所需加热功率（W/kg），见图 1-40。

M：隔热板内模具质量（kg）。

T：正常成型时的模温（C°）。

t：达到成型温度所需时间（小时）。

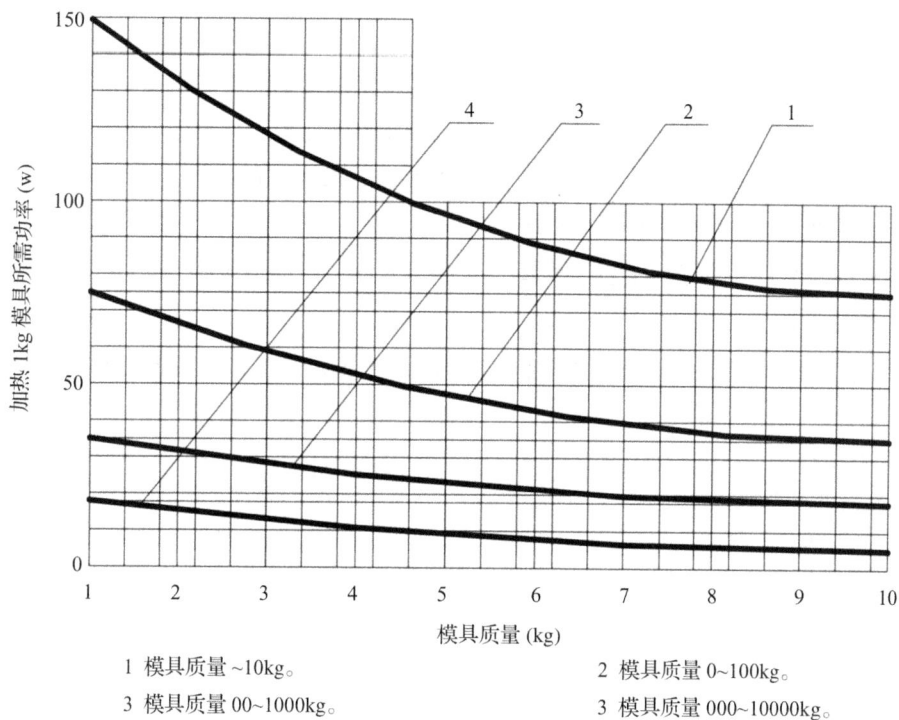

图 1-40

1 模具质量 ~10kg。   2 模具质量 0~100kg。

3 模具质量 00~1000kg。   3 模具质量 000~10000kg。

（2）而在成型后开模温机冷却的模具，则计算模具需带走的热量。

$Q = 0.75 \times G \times q / t$

Q：成型时塑料制品每秒释放的热量（kJ/s）。

G：每次注塑质量（kg）。

q：单位质量塑料熔体在成型过程中放出的热量（kJ/kg）。

t：成型周期（s）。

表 1-28

塑料品种	q：kJ/kg	塑料品种	q：kJ/kg
ABS	310~400	LDPE	590~690
POM	420	HDPE	690~810
PMMA	290	PP	590
醋酸纤维素	390	PC	270
PA	650~750	PVC	160~360

1.3.6 脱模系统设计

一、脱模系统概述

在塑胶模具中,为使产品、流道和废料从模具中顺利脱出,保证生产的持续进行所设置的相关机构。(如侧向分型抽芯、推杆、拉料杆、推块、推管及为脱模所作的皮纹、抛光等。)

设计基本要求:

(1)设置推杆、推块、推管等的位置要符合产品要求,如外观、标记、刻字等。

(2)推杆、推块等设置的数量和规格要使产品顶出受力基本平衡,保持产品不因顶出而变形。

(3)脱模机构的导向复位可靠。

(4)各脱模机构零件尽可能选用标准系列的优选系列。

(5)设置位置应是塑件包紧力较大及塑件刚度和强度较大的位置。

(6)顶针和司筒外径尽可能选$\geqslant \phi 8$。

(7)推杆长度 $L < 500\phi / \sqrt{P}$(P:成型压力,单位 MPa。ϕ 推杆直径。)

二、设计思路

目的:合理设计模具的顶出系统,保证成型后的制品及浇注系统凝料安全无损坏地被推出模具。

设计思路:

(1)确定顶出方向。

(2)确定顶出距离。

(3)估算顶出力。

(4)选择顶出方式。

(5)设计顶出零部件。

三、顶出系统设计

(1)顶出方向

模具的顶出方向可以分为:定模顶出、动模顶出或动、定模同时顶出。

①定模顶出。

如图 1-41 所示。

a. 制品外表面不允许有任何进料口的痕迹,此类产品包括托盘、茶杯、DVD、电脑或收音机的面盖等。

b. 动模成型内表面、定模成型外表面,但外表面结构比内表面结构复杂,开模后由于定模侧的抱紧力大于动模侧而留在定模的。

②动模顶出

大部分产品都采用动模顶出。

a. 塑件成型冷却后动模侧的包紧力大于定模侧的包紧力。

b. 采用动模顶出,模具的结构相对于定模顶出简单。

③动、定模同时顶出

当定模推出后,产品还留在动模侧型腔内时,则需要动、定模同时顶出,如图 1-42 所示。

工作原理:开模时,在弹簧的作用下,首先使面板与推板弹开 L 距离,型芯固定在面板

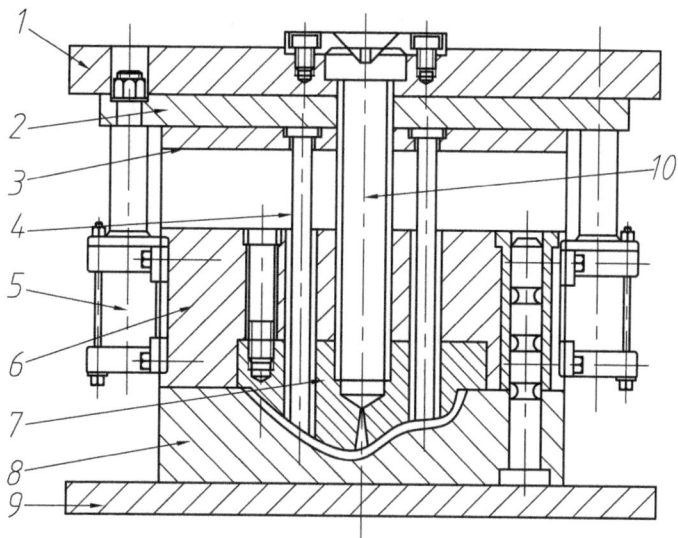

1-面板；2-推杆底板；3-推杆固定板；4-推杆；5-液压缸；
6-定模板；7-定模型芯；8-动模板；9-底板；10-热射嘴

图 1-41

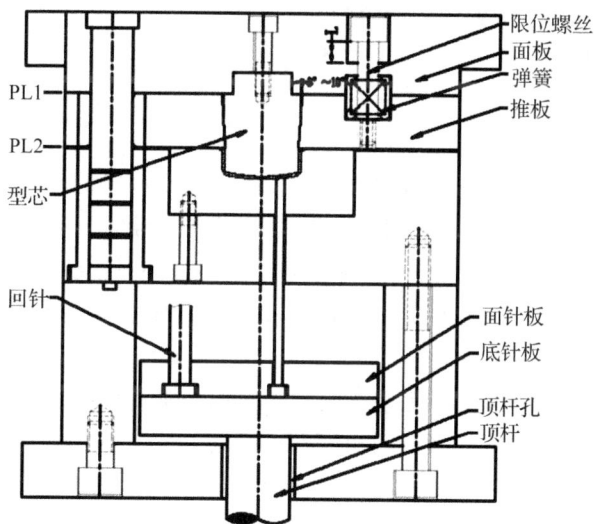

图 1-42

不动,使啤件留在后模。PL2 开模后,在啤机顶杆的作用下,推动底针板,带动顶针把啤件顶出。

（2）顶出距离

顶出行程一般规定被顶出的制品脱离模具 5～10mm,如图 1-43 所示。

在成型一些形状简单且脱模角度较大者的桶形制品也可使顶出行程为成品深度的 2/3,如图 1-44 所示。

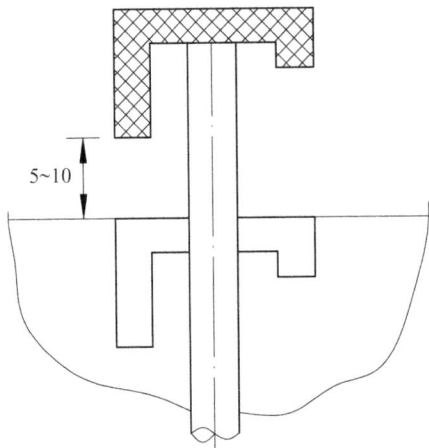

图 1-43

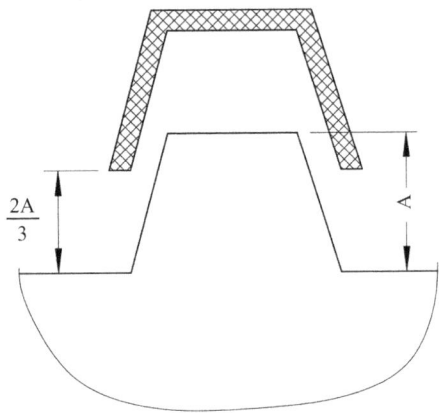

图 1-44

（3）顶出力预估

①制品壁厚越厚，型芯长度越长，垂直于推出方向制品的投影面积越大，则脱模力越大。

②制品收缩率越大，弹性模量 E 越大，则脱模力越大。

③制品与型芯摩擦力越大，则推出阻力越大。

④推出斜度越小的制品，则推出阻力越大。

⑤透明制品模制品对型芯的包紧力较大。

（4）顶出方式选用

顶出装置的种类有以下几种：

● 圆顶杆：圆顶杆为最普遍最简单的顶出装置，圆顶杆及圆顶杆孔都易加工，因此已被作为标准件而广泛使用，顶针需淬火处理，使其具有足够的强度和耐磨性。

● 扁顶杆：在成品内部有加强筋时，常需采用扁顶杆的方法比较有效。

● 推管：推管用于细长螺丝柱处的推出最多，但对于柱高小于 15mm 或壁厚小于 0.8mm 的螺丝柱，则不宜用推管，尽量采用双推杆。

● 顶出块：在中大型的模具中为使成品易于脱模经常使用顶出配合顶针的顶出机构。

● 斜顶：当成型制品的内表面有倒扣时，通常采用斜顶杆顶出。

● 气顶：气顶方式不论是在公模侧或母模侧部分，其顶出都很方便，需要安装推板。在顶出过程中，整个制品的底部均受同样的压力，所以即便是软的塑料，也可以在不发生变形的条件下脱模。

四、顶出零部件设计

（1）圆推杆设计

①圆推杆位置设计

a.推杆应布置在制品包紧力大的地方，推杆不能太靠边，要保持 1～2mm 的钢厚，如图 1-45 所示。

b.长度大于 10mm 的实心柱下应加推杆，如图 1-46 所示。

c.顶螺丝柱：低于 15mm 以下的螺丝柱，如果旁边可以设置推杆的话可以不用推管，如

图 1-47 所示。

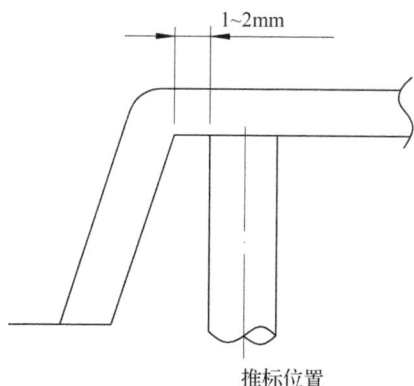 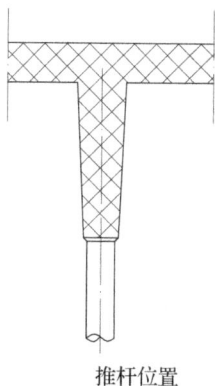 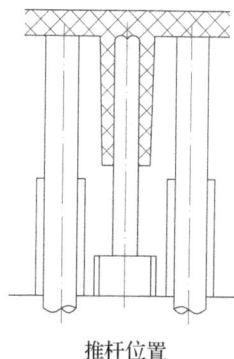

推标位置 推杆位置 推杆位置

图 1-45 图 1-46 图 1-47

d. 推杆可以推加强筋。

e. 尽量避免在斜面上布置推杆。

②圆推杆规格大小设计

圆推杆直径应尽量取大些,这样脱模力大而平稳,尽量避免使用 1.5mm 以下的推杆。推杆直径在 2.5mm 以下而且位置足够时要做有托推杆(使用时要注明托长),大于 2.5mm 都做无托推杆。

(2)扁顶杆设计

如图 1-48 所示是扁顶杆的装配图,其配合长度 B 如表 1-29 所示。

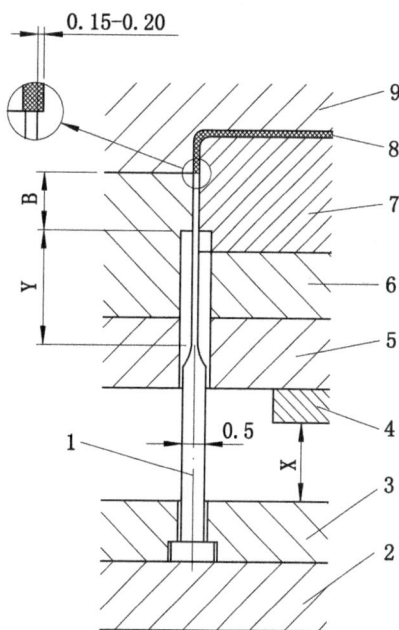

表 1-29　　　　(mm)

扁推杆宽	B	扁推杆宽	B
<0.8	10	1.5~1.6	18
0.8~1.2	12	1.8~20.0	20
1.2~1.5	15		

1-扁推杆;2-推杆底板;3-推杆固定板;4-限位块;
5-B 板;6-凸模;7-动模镶件;8-制品;9.凹模

图 1-48

(3)推管设计

①推管直径确定

推管型芯直径要大于或等于螺丝柱位内孔直径,推管外径要小于或等于螺丝柱外径,并取标准。即见图 1-49。

②推管长度 L

推管长度取决于模具大小和制品的结构尺寸,外购时在装配图的基础上加 5mm 左右,取整数。

(4)推块设计

推块周边必须做 3°~5°斜度;推块离胶位内边必须有 0.1~0.3mm 以上距离(一般为 0.2mm),以免顶出时推块与型芯摩擦,如图 1-50 所示。

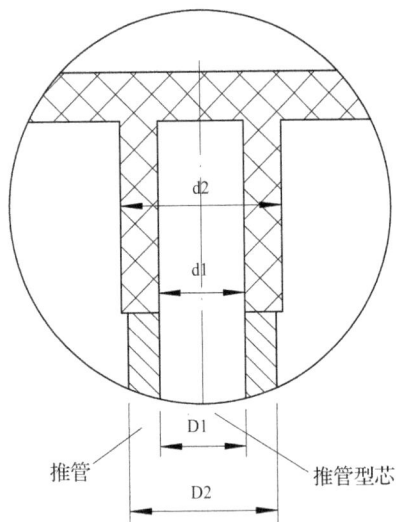

图 1-49

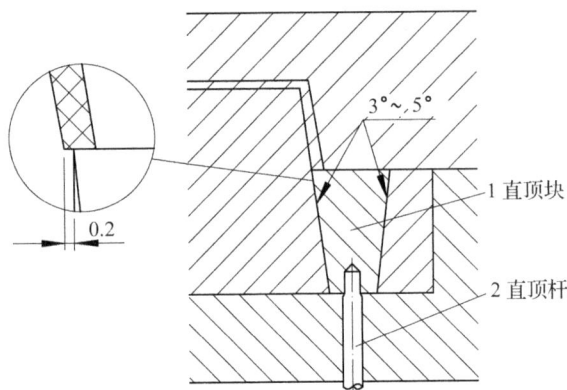

图 1-50

五、顶出系统导向

顶出系统里面的导向系统主要包括推板导柱及推板导套,推板导柱及导套在导向定位系统设计的课程中讲解。

六、顶出系统复位

我们通常顶出系统复位主要是指弹簧辅助回位杆使顶针快回位。

模具中常用的弹簧是矩形弹簧,矩形弹簧压缩比与寿命如表 1-30 所示。

表 1-30

	作动 弹簧	100 万次（自由长 （L）之％）	50 万次（自由长 （L）之％）	30 万次（自由长 （L）之％）	最大型缩量 （自由长（L）之％）
1	轻小荷重 TF（黄）	40％	45％	50％	58％
2	轻荷重 TL （蓝）	32％	36％	40％	48％
3	中荷重 TH （红）	25.6％	28.8％	32％	38％
4	重荷重 TH （绿）	19.2％	21.6％	24％	28％
5	极重荷重 TE（棕）	16％	18％	20％	24％

弹簧长度的确定:

自由长（L）* P（压缩比）=压缩量

顶出行程（S）=压缩量－预压量

七、其他标准件

(1) 支撑柱

当成型较大制品时由于顶板的尺寸较大,使得模脚之间的间距随之增大,当射出压力较高时公模板可能会变形而导致模具产生溢料,甚至会导致顶针运动不顺畅或卡死,为解决此问题,除增加动模板厚度外,可以在动模板及动模固定板之间增加支撑柱。

支撑柱的数量越多、直径越大,效果越好。直径大小一般在 25～60mm 之间。

（2）顶针固定板

顶针固定板按照标准模架进行设计。

（3）推板

推板与顶针固定板相同，按照标准模架设计。

（4）垃圾钉

垃圾钉大端直径一般取 $\phi 10mm$，$\phi 15mm$ 和 $\phi 20mm$。限位钉的数量设计则取决于模具大小，模长小于 350mm 以下取 4 个，模长在 350～550mm 之间取 6～8 个，模长在 550mm 以上时宜取 10～12 个。当限位钉数量为 4 个时，其位置就在复位杆下面；当数量大于 4 个时，限位杆除复位杆下 4 个外，其余尽量平均布置于推杆底板的下面。

（5）K.O 孔

K.O 孔就是模具的顶棍孔，顶辊孔大小的设计一般按客户提供的资料加工，正常情况下顶辊孔为 1 个，有时也可以设计多个。

八、标准件选用

顶出系统里选择的标准件通常有：直推杆、阶梯推杆、扁推杆、推管。上述标准件的长度由实际情况决定。

● 圆推杆大小：直径为 4～6mm 的推杆用得较多，制品较大时可用 12mm，或使用更大的推杆。

● 阶梯推杆：当圆推杆直径较小时，为了增加顶杆的强度，通常选用阶梯推杆，其直径一般小于 3mm。

● 扁推杆：扁推杆一般用于产品加强筋的推出，扁顶杆头部宽度大小一般比加强筋的壁厚小 0.3～0.4mm。

● 推管：推管的大小主要由推管型芯的直径决定。

顶出系统的标准件可参考 PUNCH 公司的标准件，详细参见标准件数据。

1.3.7 模架、成型镶件、结构件

一、模架设计

（1）模架设计思路

选用何种模架应由制品的特点和模具型腔的数量来决定。模架选用之前首先得确定成型镶件的尺寸。

模架选用的基本原则有以下几点：

① 在满足强度的条件下应尽量选择较小的规格。

② 选择时应考虑所用注塑的容模量，一般情况下优先选择工字模架，如果大于注塑机容模量时可选择直身模架。

③ 根据制品进浇方式和模具结构需求来选择合理的模架类型，优先选用大水口模架，不能满足要求时选择细水口或简化型细水口模架。

④ 模架选择时尽量用标准型号，对于非标准模架一定要在图纸中注明。

（2）模架型号的选用

① 中小型模架的选用

a. A/B 板尺寸的确定

A/B 板各种尺寸如图 1-51、图 1-52 所示。

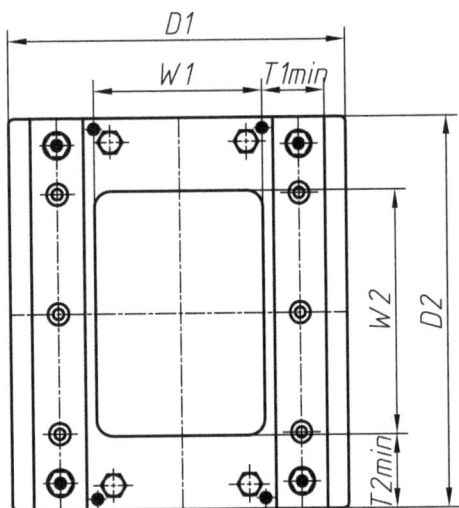

图 1-51

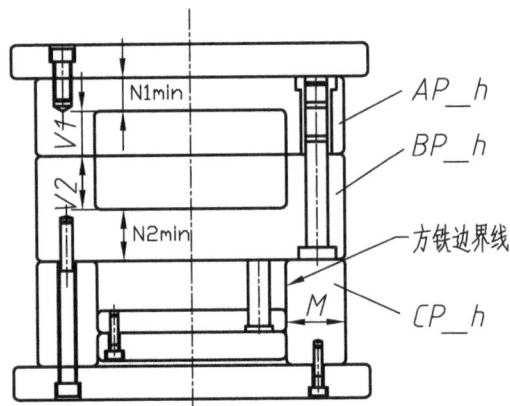

图 1-52

A/B 板各种尺寸

D1＝W1＋2T1　　　D2＝W2＋2T2　　　H1＝V1＋N1　　　H2＝V2＋N2

D1：A/B 板宽度尺寸　　　　　　　　D2：A/B 板长度尺寸

H1：A 板厚度尺寸　　　　　　　　　H2：B 板厚度尺寸

W1：内模的宽度尺寸　　　　　　　　W2：内模的长度尺寸

T1min：模架宽向最小壁厚　　　　　　T2min：模架长向最小壁厚

V1：定模板的开框深度尺寸　　　　　V2：动模板的开框深度尺寸

N1min：A 板开框深度方向最小壁厚　　N2min：B 板开框深度方向最小壁厚

注意：一般情况下，内模宽度 W1 不宜超过模脚边界线；模脚的尺寸"M"可查标准模架相关资料。

A/B 板各尺寸的经验参考值如表 1-31 所示。

表 1-31

W1	T1min	W2	T2min	V1	N1min	V2	N2min
＜150	40	＜200	50	＜30	20	＜30	30
150～250	50	200～300	60	30～40	35	30～40	40
＞250	65	＞300	70	＞40	40	＞40	50

b. C 板尺寸的确定

模脚的高度 H 必须能顺利推出制品，并使推杆固定板离定模板或托板间有 10mm 左右的间隙，不可以当推杆固定板碰到动模板时才能推出制品。

方铁高度 H＝顶针面板厚度＋顶针底板厚度＋限位钉高度＋顶出距离＋10～15mm

注：顶针面板厚度和顶针底板厚度由模架大小确定，限位钉高度通常为 5mm。

顶出距离≥制品需顶出高度＋5～10mm

上式中 10～15mm 和 5～10mm 都是安全距离。

②大型模架的选择

a. 模架与镶块尺寸的确定

模具的大小主要取决于塑件的大小和结构,对于模具而言,在保证足够强度的前提下,结构越紧凑越好。模架与镶块尺寸的确定如图 1-53 所示。

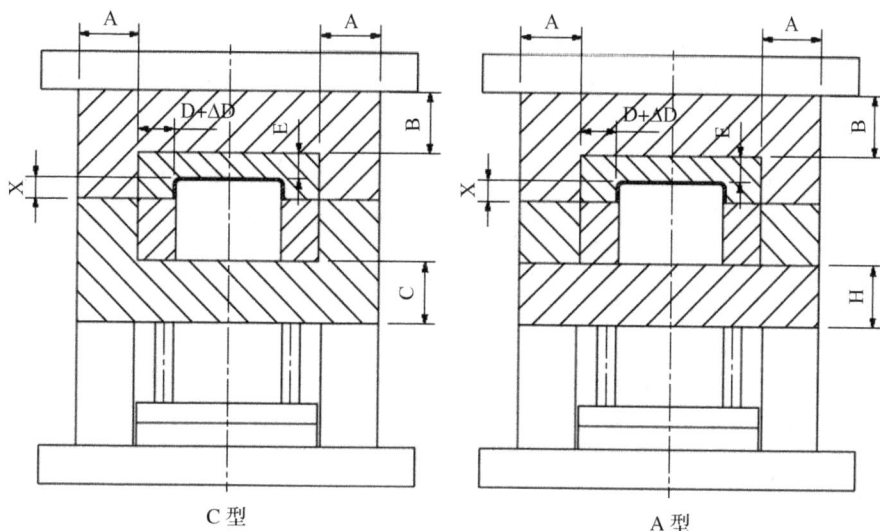

C 型   A 型

A:镶件侧边到模板侧边的距离;B:定模镶件底部到定模板底面的距离
C:动模镶件底部到动模板底面的距离;D:产品到镶件侧边的距离 E:产品最高点到镶件底部的距离;
H:表示动模支承板的厚度(当模架为 A 型时)X:表示产品高度。

图 1-53

根据产品的外形尺寸(平面投影面积与高度),以及产品本身结构(侧向分型滑块等结构)可以确定镶件的外形尺寸,确定好镶件的大小后,可大致确定模架的大小了。

普通塑件模具模架与镶件大小的选择,可参考表 1-32 中的经验数据。

表 1-32

产品投影面积 S(mm²)	A	B	C	H	D	E
100－900	40	20	30	30	20	20
900－2500	40－45	20－24	30－40	30－40	20－24	20－24
2500－6400	45－50	24－30	40－50	40－50	24－28	24－30
6400－14400	50－55	30－36	50－65	50－65	28－32	30－36
14400－25600	55－65	36－42	65－60	65－80	32－36	36－42
25600－40000	65－75	42－48	80－95	80－95	30－40	42－40
40000－62500	75－85	48－56	95－115	95－115	40－44	48－54
62500－90000	85－95	56－64	115－135	115－135	44－48	54－60

续表

产品投影面积 S(mm²)	A	B	C	H	D	E
90000－122500	95－105	64－72	135－155	135－155	48－52	60－66
122500－160000	105－115	72－80	155－175	155－175	52－56	66－72
160000－202500	115－120	80－88	175－195	175－195	56－60	72－78
202500－250000	120－130	88－96	195－205	195－205	60－64	78－84

以上数据,仅作为一般性结构塑件摸架参考,对于特殊的塑件应注意以下几点:

● 当产品高度过高时(产品高度 X≥D),应适当加大"D",加大值 ΔD＝(X－D)/2;

● 有时为了冷却水道的需要对镶件的尺寸做以调整,以达到较好冷却效果;

● 结构复杂需做特殊分型或顶出机构,或有侧向分型结构需做滑块时,应根据不同情况适当调整镶件和模架的大小以及各模板厚度,以保证模架的强度。

b.方铁高度尺寸的确定

大型模架方铁高度尺寸的确定与小型模架方铁高度尺寸的确定一样。

(3)模架整体结构的确定

在基本选定模架之后,应对模架整体结构进行校核,看所确定的模架是否合适所选定或客户给定的注塑机,包括模架外形的大小、厚度、最大开模行程、顶出方式和顶出行程等。

二、成型镶件设计

(1)镶拼运用情况和注意事项

①要镶拼的情况符合客户意愿,合理的加工工艺设计,以得到良好的产品品质。

以下情况需要镶件(针)

● 客户要求

● 表面特别处理的位置

● 产品边角要求利口

● 胶位细、薄、深(如筋板)无法做电极或无法抛光

● 顶出困难须做扁顶针

● 困气

● 胶位狭窄无法粘胶纸进行喷沙蚀纹

● 容易损坏的小型芯或高出分型面很多不易合模时,应该做镶件

②镶件制作注意事项

● 尽量采用直身镶法,非特殊情况下不用斜镶法

● 镶件材料一般与模仁材料相同

● 镶件尽量不做在产品边口

(2)成型镶件的安装方式

①内模镶件的固定

内模镶件一般采用以下几种形式与模架板固定连接:

● A 型　A、B板用于装配内模镶件的孔不通,内模镶件通过螺钉紧固在动、定模板上,见图 1-54。这种形式最常用。

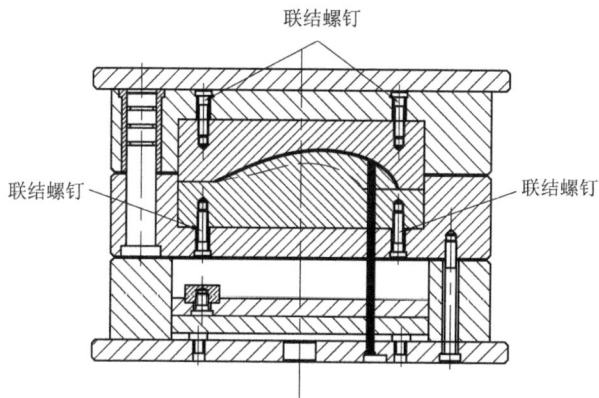

图 1-54

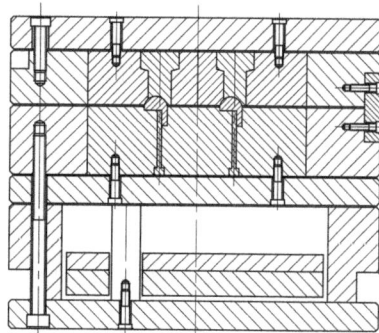

图 1-55

● B 型　动、定模板采用开方形通框形式,常用于开框深度很深的模具。见图 1-55。开框深度很深时,需要两边加上,或线切割加工,否则,开框时因让刀会导致方框出现喇叭口现象。

● C 型　采用台阶(义称介子脚)固定,常用于圆形镶件,或尺寸较小的方形镶件。圆形镶件开通框便于加工和防转,见图 1-56。

● D 型　内模镶件采用压块固定,常用于内模镶件比较大.比较重的模具,以方便拆装。详见图 1-57。

②内模镶件压块的设计要点:

● 动、定模都要设置压块。

● 模板与压块之间不能留有间隙。

● 在压块和模板的相应位置上扣上记号,防止装错。

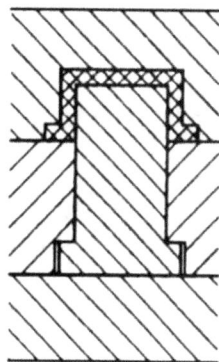

图 1-56

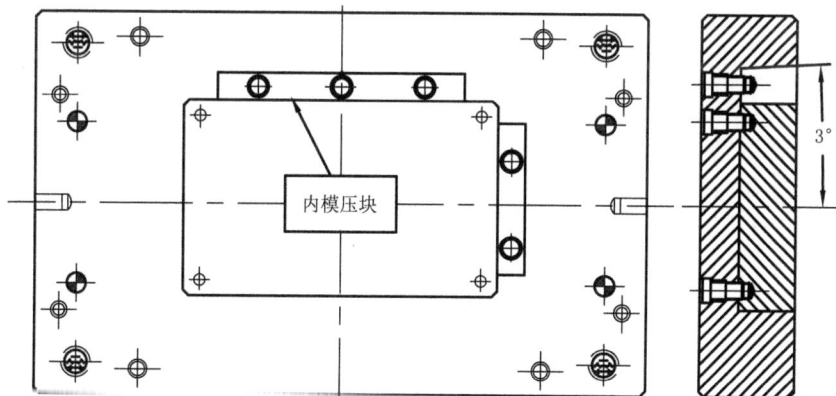

图 1-57

- 内模镶件压块一侧为 3°度。
- 压块底下不能有间隙。
- 固定压块的螺钉从分模面装拆。
- 在压块的正面要有螺孔，便于压块的取出。
- 在基准面的两个对面设置。

（3）成型镶件设计的经验值

内模的大小主要取决于塑料制品的大小和结构。对于内模而言，在保证足够强度的前提下，内模越紧凑越好。

根据产品塑料制品的外形尺寸，以及产品塑料制品本身高度，可以确定内模的大致外形尺寸，可参考表 1-33 数据。

"长"-表示塑料制品最大长度方向尺寸；

"宽"-表示塑料制品最大宽度方向尺寸（宽≤长）；

"高"-表示塑料制品最大高度方向尺寸；

"A"-表示塑料制品最大外形边到模芯边的距离；

"B"-表示塑料制品最高点到前模芯底面的距离；

"C"-表示塑料制品到后模芯底面的距离。

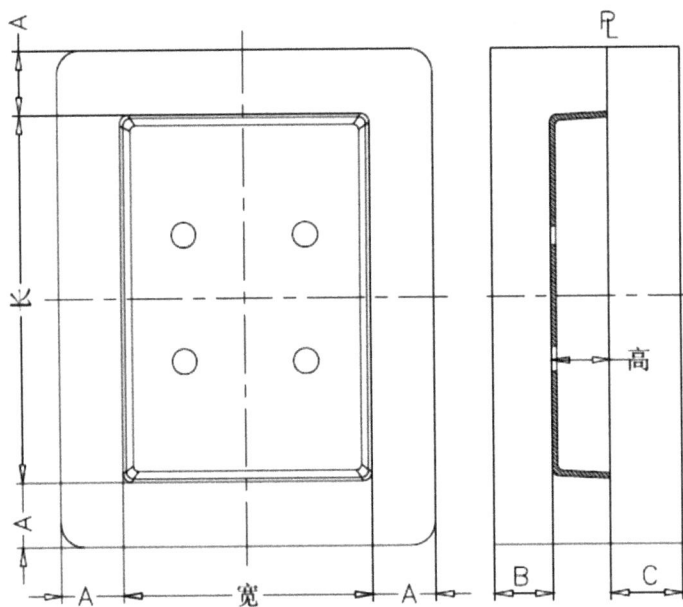

表 1-33

长	高	A	B	C
0—150	0—30	20—25	20—25	20—30
150—250		25—30		
100—350		25—30		
0—200	30—80	25—30	25—35	30—40
200—250		25—30		
250—300		30—35		
0—300	45—60	35—40	35—40	35—45
300—450		35—45		
400—450		40—50		
0—500	60—75	45—60	40—55	50—70
500—550				
550—600				

三、结构件

（1）承压块

承压块如表 1-34 所示。

表 1-34

安装示意及尺寸	校核最小承压面积
	锁模力/承压面积≥材料许用压力（许用压力一般取抗拉强度的 1/12） P20 取 79MPa；S50C 取 50MPa。

(2)吊环

吊环如表 1-35 表示。

表 1-35

类别	示意及尺寸
参数标注位置	
吊环尺寸	
选用参考	

d	螺纹长度	承载重量(kg)	容许模具重量范围(kg)
M12	24	180	<300
M16	29	480	300～530
M20	33	63	530～730
M24	41	930	730～1100
M30	49	1500	1100～1750
M36	59	2300	1750～2650
M42	70	3400	2650～4000
M48	75	4500	4000～6500
M64	95	9000	6500～1500

备注：

(1)标注模架吊环孔可以根据龙记的标准确定。

(2)A、B板吊环孔的尺寸要考虑整副模具的重心位置,同时也要兼顾分开吊装时的平衡。

(3)A、B板上下需各设计两个吊环孔时,间距 W1:D<W1<2D

(4)当 B/A＝2 时,A、B板左右侧需各设计两个吊环,间距 W2:D<W2<2D

(5)吊环孔应避免与模架上的其他螺丝,水管等干涉。

（3）螺钉

螺钉如表 1-36 所示。

表 1-36

螺丝类别	螺丝参数
杯头螺丝	 单位：mm

工程尺寸 (d)	M3	M4	M5	M6	M8	M10	M12	M14	M16	M20	M24	M30
ds	3	4	5	6	8	10	12	14	16	20	24	30
d	4	5	6	7	9	11	13	15	17	22	26	32
dk	5.5	7	8.5	10	13	16	18	21	24	30	36	45
D	6.5	8	9.5	11	14	17	19	22	25	32	38	47
K	3	4	5	6	8	10	12	14	16	20	24	30
H	4	5	6	7	9	11	13	15	17	21	25	31
d2	2.6	3.4	4.3	5.1	6.9	8.6	10.4	12.2	14.2	17.7	21.2	26.7

螺丝类别	螺丝参数
平头螺丝	 单位：mm

公称尺寸 (d)	M4	M5	M6	M8	M10	M12
ds	4	5	6	8	10	12
d	5	6	7	9	11	13
dk	8	8	12	16	20	24
D	9.6	10.6	13.6	17.8	22	26
k	2.3	2.3	3.3	4.4	5.5	6.5
H	2.3	2.3	3.3	4.4	5.5	6.5
d2	3.2	4	4.8	6.4	8	9.6

续表

螺丝类别	螺丝参数
无头螺丝	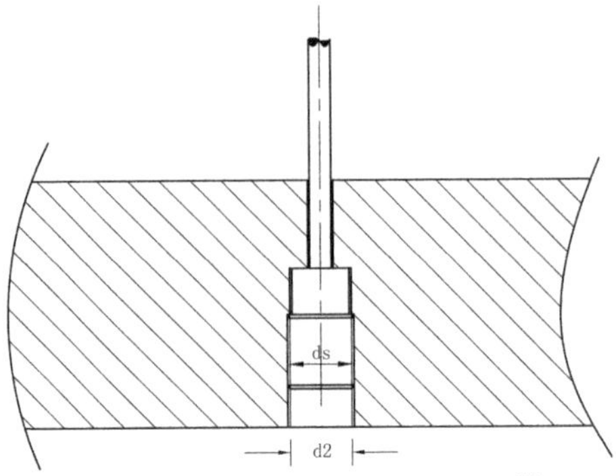 单位：mm 公称尺寸(d)｜M3｜M4｜M5｜M6｜M8｜M10｜M12｜M16 ds｜3｜4｜5｜6｜8｜10｜12｜16 d2｜2.4｜3.2｜4｜4.8｜6.4｜8｜9.6｜12.8

（4）限位柱

限位柱如表 1-37 所示。

表 1-37

示意图	参数(直径 D)	备注
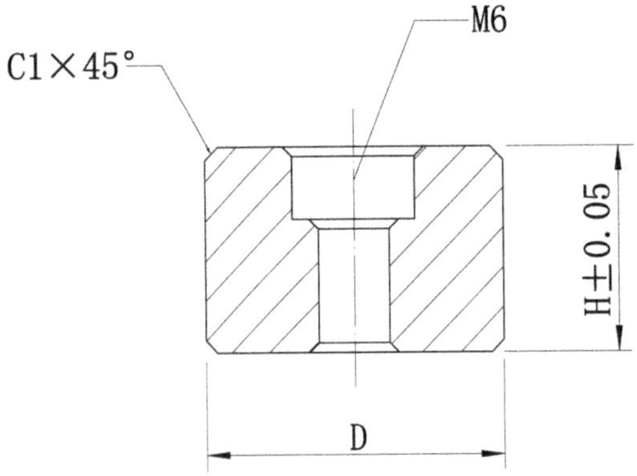	20、25、30、35、40	（1）材料为 45 或 40Cr （2）限位块尽量放在顶出孔相对位置上 （3）未注倒角 1×45°

（5）定位销

定位销如表 1-38 所示。

表 1-38

示意图	设计参数
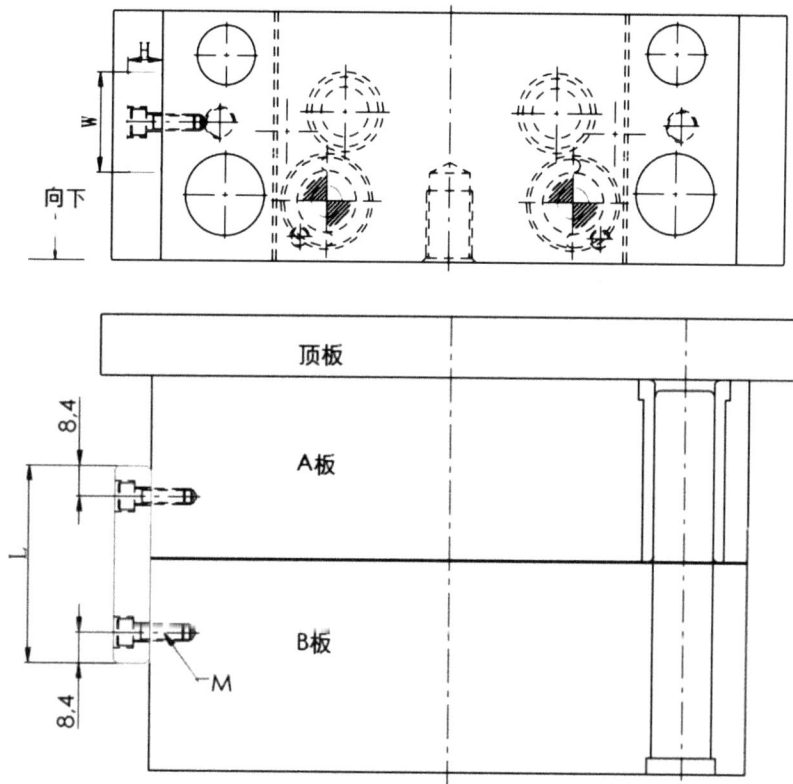	（1）标准模架按照龙记的标准使用 （2）模架尺寸 3030 以下，$d=12$mm （3）模架尺寸 3030～6060 以下，$d=16$mm （4）模架尺寸 6060 以上，$d=20$mm $h=1.5$～2d；$s=1$

（6）锁模板

锁模板如表 1-39 所示。

表 1-39

模宽（mm）	技术参数（mm）	备　注
＜300	H＝15,W＝25,M＝M8,L＝80,L1＝15	选用标准件,可以参考此参
≥300,＜650	H＝20,W＝35,M＝M12,L＝120,L1＝20	数选择标准锁模板
≥650	H＝25,W＝40,M＝M16,L＝120,L1＝20	

1.3.8　注塑模导向定位系统

一、学习目的

根据模架规格,掌握导向定位系统的设计,包括导柱、推板导柱、边锁、导柱辅助器、斜导位定位器、模架原身定位的设计。

二、设计思路

先确定模架的规格,选择导向定位零部件的类型,然后选择规格并决定尺寸大小。

三、注塑模导向定位系统基础知识

(1)导向定位系统的定义

①导向系统:使模具上的活动零(部)件按照既定的轨迹运动的结构。模具上的活动零部件包括:侧向抽芯机构、二板模模架中的动模部分、三板模中除定模座板以及固定于座板上的浇口套、导柱和拉料杆以外的全部零件。

②定位系统:注塑模中承受侧向力,保证动、定模之间及各种活动零件之间相对位置精度,防止模具在生产过程中变形错位的结构。

③导向定位系统:注塑模中用于保证各活动零件在开、合模时准确复位,以及在注射过程中不会错位变形的那部分机构。

(2)导向定位系统的重要性

①模具要反复开、合。开合模时,模具都要有精确的导向和定位,以保证成型零件每次合模后的配合精度,最终保证成型制品精度的稳定性和延续性。

②模具要承受高压。模具在生产过程中,受到强大的锁模压力和熔体胀型力的作用,没有良好的导向定位机构则无法保证其强度和刚度。

③模具要承受高温。在生产过程中,模具温度会升高,会带来热胀冷缩的变形,需要导向定位机构保证成型零件在温度升高后仍能保持其相对位置。

④模具是一种精度要求很高的生产工具。为了保证模具的装配精度,必须有良好的导向定位机构。

⑤模具寿命要求高。为了保证模具的长寿命要求,必须有良好的导向定位机构。

(3)注塑模导向定位机构的分类

①导向系统

a. 导柱导套类导向机构(见图1-58)。

b. 侧向抽芯机构中的导向槽(见图1-59)。

②定位系统(见图1-60)

a.定模板、动模板之间的定位机构。

b.内模镶件之间的定位机构。

c.侧向抽芯机构的定位机构。主要有:弹簧＋滚珠;弹簧＋斜销;斜顶的定位。

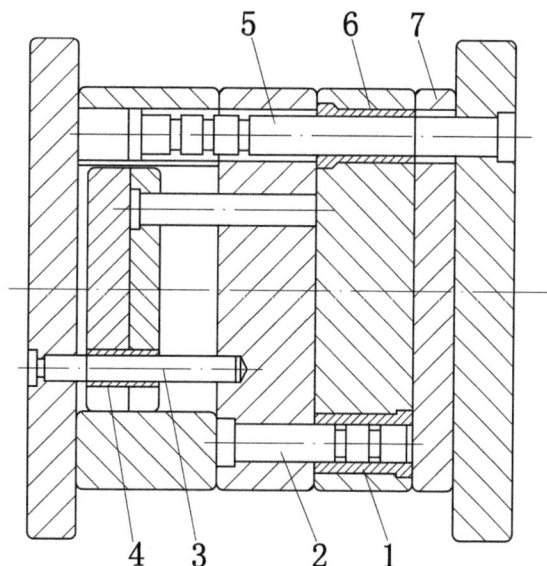

1-A、B板导套;2-定模板、动模板导柱;3-推杆板导柱;4-推杆板导套;5-流道推板导柱;6-板导套;7-流道推板导套

图 1-58

(4)注塑模中导向定位机构的作用

①定位作用:模具闭合后,保证动、定模位置正确,保证型腔的形状和尺寸精度;便于模具的装配和调整。

②导向作用:合模时,首先是导向零件接触,引导动、定模准确闭合,避免型芯先进入型腔造成成型零件的损坏。

③承受一定的侧向压力:塑料熔体在充模过程中可能产生单向侧向压力或受成型设备精度低的影响,导柱将承受一定的侧向压力,以保证模具的正常工作。

④承受模具重量:模具上的活动件,开模时及开模后都悬挂在导柱上,靠导柱来承受其重量。

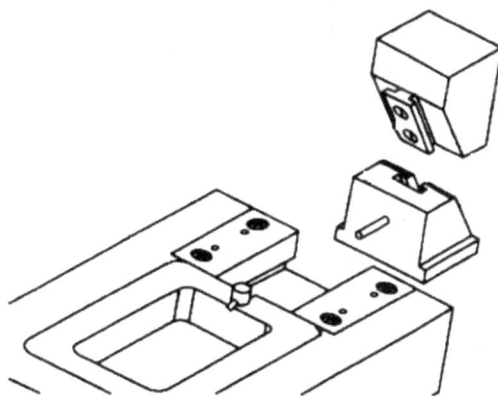

图 1-59

四、导向系统的设计

(1) A、B板之间的导柱导套设计

①导柱导套的装配方式

导柱的安装一般有如图 1-61 所示的四种方式。

- a 型:常用
- b 型:定模板较厚,为减小导套的配合长度。
- c 型:动模板较厚及大型模具,为了增强模具强度。
- d 型:定模镶件落差大,制品较大,为了便于取出制品。

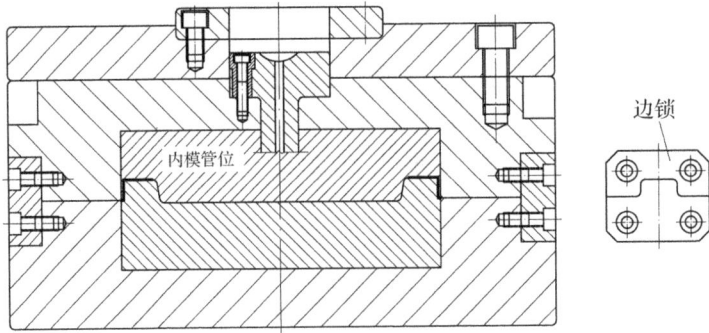

图 1-60

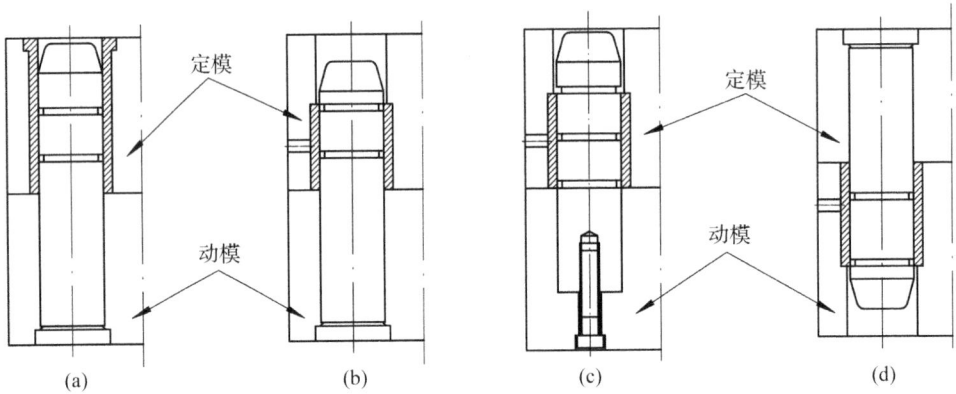

(a)　　　　(b)　　　　(c)　　　　(d)

图 1-61

②导柱长度的设计

定模板、动模板之间导柱的长度一般应比型芯端面的高度高出 A＝15～25mm，一般情况下导柱长度如图 1-62 所示。

当有侧向抽芯机构或斜滑块时导柱的长度应满足 B＝10～15mm，有侧向抽芯时导柱长度如图 1-63 所示。

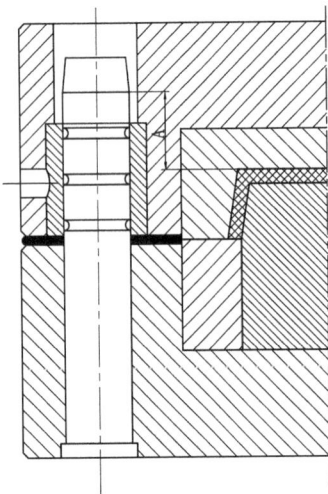

图 1-62

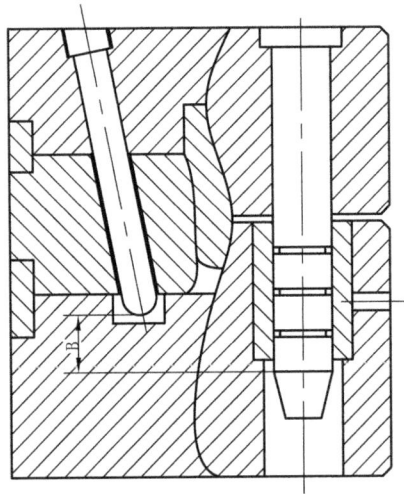

图 1-63

当模具动模部分有推板时,导柱必须装在后模动模板内,导柱导向部分的长度要保证推板在推出制品时,自始至终不能离开导柱,有推板导柱的长度如图1-64所示。

③导柱导套的数量及布置

定模板、动模板之间的导柱导套数量一般为四根,合理均布在模具的四角,导柱中心至模具边缘应有足够的距离,以保证模具强度(导柱中心到模具边缘距离通常为导柱直径的1～1.5倍)。为确保合模时只能按一个方向合模,可采用等直径导柱不对称布置或不等直径导柱对称布置的方式。龙记模架采用等直径导柱,其中有一个导柱导套不对称布置的方法,以防止动、定模装错。

(2)流道推板及A板的导柱导套设计

流道推板及定模板的导柱又叫水口边或拉杆,它安装在点浇口模架的面板上,导套安装在流道推板及定模板上。只用于点浇口模架及简化点浇口模架,见图1-65。

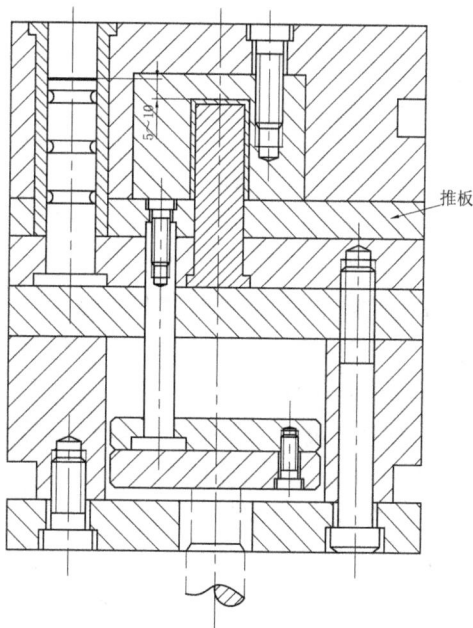

图1-64

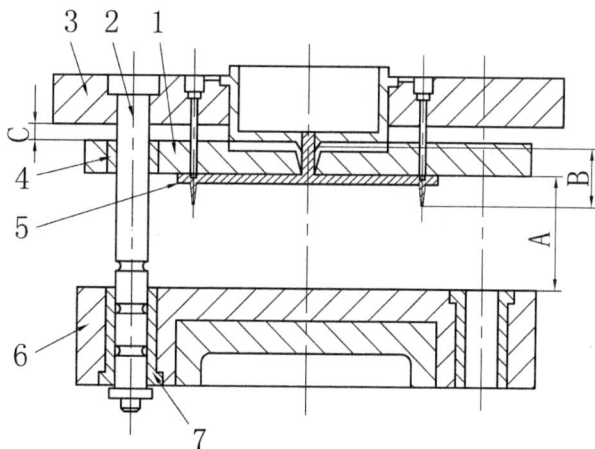

流道推板导柱
1-流道推板;2-导柱;3-面板;4-直身导套;5-流道凝料;6-定模A板;7-有托导套
图1-65

(1)流道推板导柱长度

①导柱长度＝面板厚度＋流道推板厚度＋定模板厚度＋面板和流道推板的开模距离C＋流道推板和定模板的开模距离A。

● 面板和流道推板的开模距离C一般取6～10mm。

● 流道推板和定模板的开模距离 A＝流道凝料总高度＋30mm。其中 30mm 为安全距离，是为了流道凝料能够安全落下，防止其在模具中"架桥"。另外，为了维修方便，以及防止流道凝料卡滞在定模板和流道推板之间，(流道凝料的总高度＋30mm)至少要取 100mm(取料或维修方便)。

● 上式计算数值再往上取 10 的倍数。

②流道推板导柱直径

流道推板导柱的直径随模架已经标准化，一般情况下无须更改，但因为导柱要承受定模板和流道推板的重量，所以在下列情况下，导柱应该加粗 5mm 或 10mm，防止导柱变形。

● 定模板很厚，支撑定模板重量的流道推板导柱容易变形。

● 定模板厚度一般以上，但它在导柱上的滑动距离较大。

● 定模板厚度一般以上，但模架又窄又长(如长宽之比为 2 倍左右)。

● 流道推板导柱的直径加大后，其位置也要做相应改动。

(2)推杆板导柱的设计

①推杆板导柱的作用

● 承受推杆板的重量和推杆在推出过程中所承受的扭力。

● 对推杆固定板和推杆底板起导向定位作用。

● 减少复位杆、推杆、推管或斜推杆等零件和动模内模镶件的摩擦。

②推杆板导柱的使用场合

很多情况下，模具上不加推杆板导柱导套，但下列情况必须加推杆板导柱导套。

a. 模具浇口套偏离模具中心。如图 1-66 所示，主流道偏心会导致注射机推推杆板的顶棍 1 相对于模具偏心，在顶棍推动推杆板时，推杆板会承受扭力的作用，采用推杆板导柱 2 可以分担这一扭力，以提高复位杆和推杆等的使用寿命。

b. 直径小于 2.0mm 的推杆数量较多时。推杆直径越小，承受推杆板重量后越易变形，其至断裂。

c. 有斜推杆的模具。斜推杆和后模的摩擦阻力较大，推出制品时推杆板会受到较大的扭力的作用，需要用导柱导向。

d. 精密模具。精密模具要求模具的整体刚性和强度很好，活动零件要有良好的导向性。

e. 制品生产批量大，寿命要求高的模具。

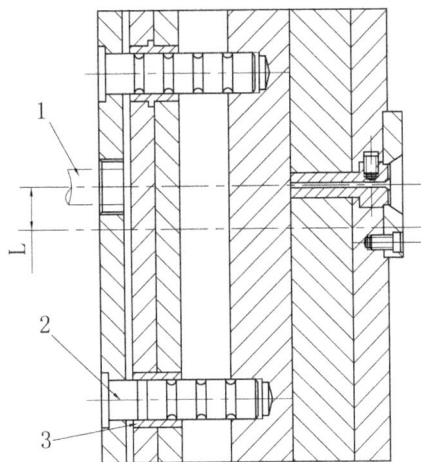

主流道偏离模具中心
1-顶棍；2-推杆板导柱；3-推杆板导套
图 1-66

f. 有推管的模具。推管中间的推杆型芯通常较细，若承受推杆板的重量则很易弯曲变形其至断裂。

g. 用双推板的二次推出模。此时推板的重量加倍，必须由导柱来导向。

h. 制品推出距离大，方铁需要加高。因力臂加长，导致复位杆和推杆承受较大的扭矩，必须增加导柱导向。

i. 模架较大，一般情况下，模架大于 350mm 时，应加推杆板导柱来承受推杆板的重量，增加推杆板活动的平稳性和可靠性。

使用推杆板导柱时,必须配置相应的铜质导套。

③推杆板导柱的装配

推杆板导柱的装配通常有三种方式。

装配方式(一):导柱固定于动模底板上,穿过推杆板,插入动模托板或动模板,导柱的长度以伸人托板或动模板深 H=10~15mm 为宜(图1-67)。这种方式最为常见,用于一般模具。

装配方式(二):导柱固定于动模托板上,穿过两块推杆板,不插入底板,见图 1-68。

装配方式(三):导柱固定于动模底板上,穿过推杆板,但与装配方式(一)不同的是它不插人动模托板或动模板,见图 1-69。

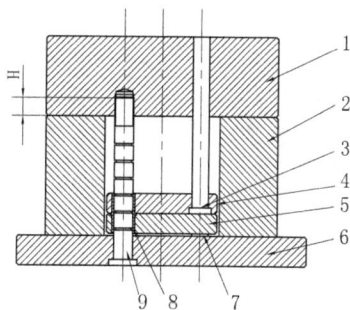

推杆板导柱的装配方式(一)

1-动模板;2-方铁;3-复位杆;4-推杆固定板;

5-推杆底板;6-动模底板;7-限位钉;

8-推杆板导套;9-推杆板导柱

图 1-67

装配方式(二)和(三)常用于模温高及压铸模具中。

④推杆板导柱的数量和直径

推杆板导柱的直径一般与标准模架的复位杆直径相同,但也取决于导柱的长度和数量。如果方铁加高,则导柱的直径应比复位针直径大 5~10mm。

推杆板导柱的数量按以下方式确定(见图1-70)。

a. 对于宽 400mm 以下的模架,采用 2 支导柱即可,B1=复位杆之间距离的一半,此时导柱直径可取复位杆直径,也可根据模具大小取复位杆直径加 5mm。

b. 对于宽 400mm 以上的模架,采用 4 支导柱,A1=复位杆至模具中心的距离,推杆板导柱位置参数 B2 参见表 1-40,此时导柱直径取复位杆直径即可。

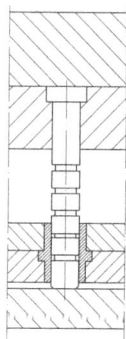

推杆板导柱的装配方式(二)

图 1-68

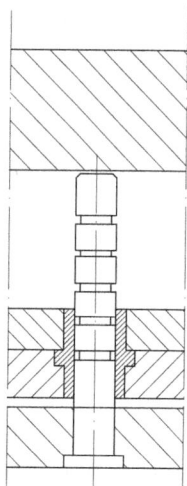

推杆板导柱的装配方式(三)

图 1-69

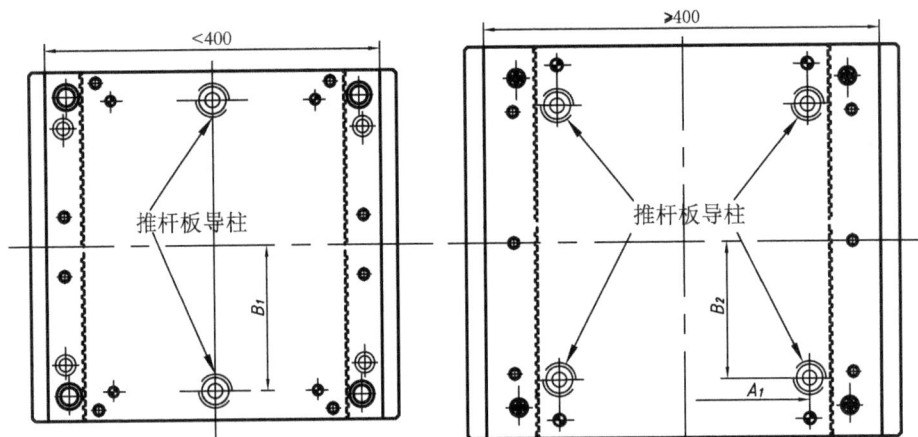

推杆板导柱的数量和位置

图 1-70

表 1-40

模架	4040	4045	4050	4055	4060	4545	4550	4555	4560	5050	5060	5070
B2/mm	126	151	176	201	226	168	168	193	218	168	218	268

五、定位系统的设计

（1）定位系统的作用

①保证凹、凸模在合模时精确定位。

②分担导柱所承受的侧面压力，提高模具的刚度刚度和配合精度，减少模具合模时所产生的误差，让动模及内模镶件的摩擦力降至最低。

③帮助模具在注塑时不因胀型力而产生变形，提高模具的寿命

（2）定模板、动模板之间的定位机构设计

定模板、动模板之间的定位机构常用于模宽 400mm 以上的模具，承担模具在生产时的侧向压力，提高模具的配合精度和生产寿命。这种机构又包括锥面定位块，锥面定位柱，边锁和定模板、定模板原身定位角。

注：其中锥面定位块、锥面定位柱、边锁都是标准件，设计时参考标准件手册。

①锥面定位块

装配于动模板、定模板之间，使用数量 4 个，对称或对角布置效果最好。其装配图和外形图见图 1-71，锥面定位块两斜面的倾斜角度取 $5° \sim 10°$。

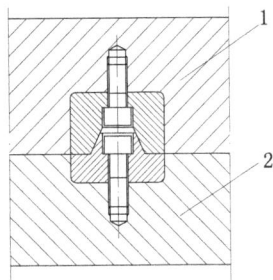

1-定模 A 板；2-动模 B 板
图 1-71

②锥面定位柱

锥面定位柱的装配位置、作用以及使用场合与锥面定位块完全相同,数量 2～4 个。其装配图和外形图见图 1-72。

③边锁

边锁装于模具的四个侧面,藏于模板内,防止碰坏或压坏。边锁有锥面锁和直身锁两种,见图 1-73。常用于大型模具或精密模具,用于提高定模板、动模板的配合精度及模具的整体刚度。

④模架原身定位

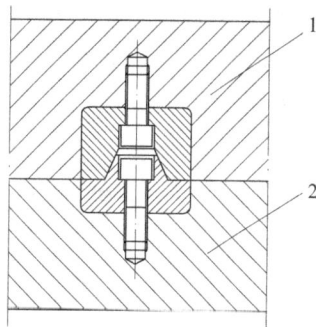

1-定模 A 板;2-动模 B 板

图 1-72

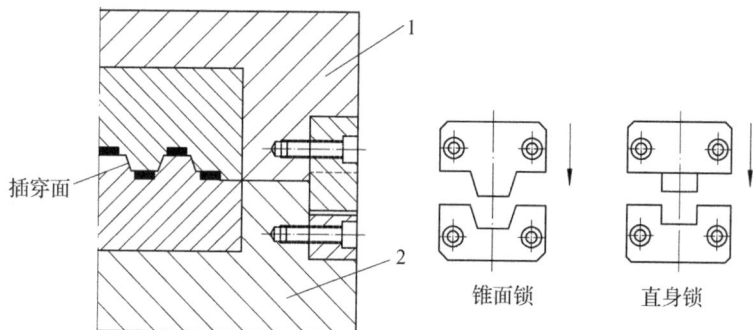

1-定模板;2-动模板

图 1-73

锥面定位块和锥面定位柱常用组合式,但大型模具要承受较大的侧向力时,一般采用模架原身定位效果最好,见图 1-74。

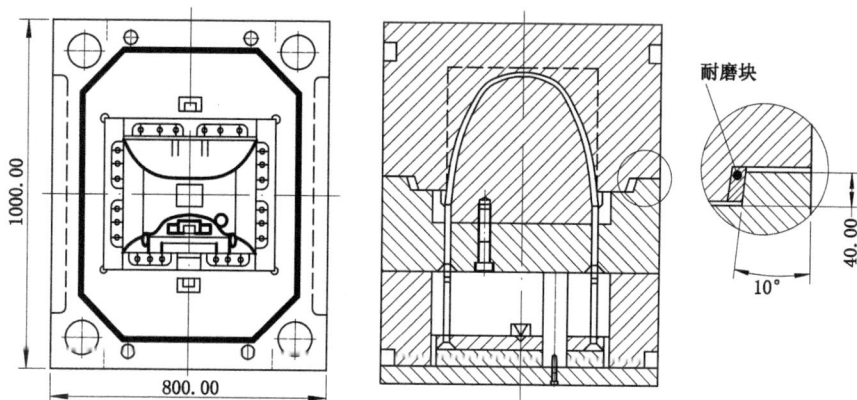

图 1-74

（3）内模镶件之间的定位机构设计

内模镶件之间的定位机构又叫内模管位。常设计于内模镶件的四个角上，用整体式，定位效果好，见图1-75。

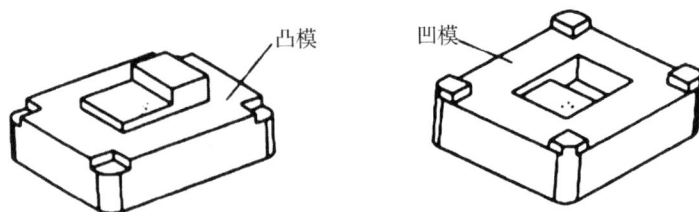

图1-75

这种结构常用于精密模具，分型面为复杂曲面或斜面的模具，以及制品严重不对称，在生产中产生大侧向力的模具。内模定位角定位尺寸可根据镶件长度来取（见图1-76）。

当 L＜250mm 时，W 取 15～20mm，H 取 6～8mm；当 L≥250mm 时，W 取 20～25mm，H 取 8～10mm。

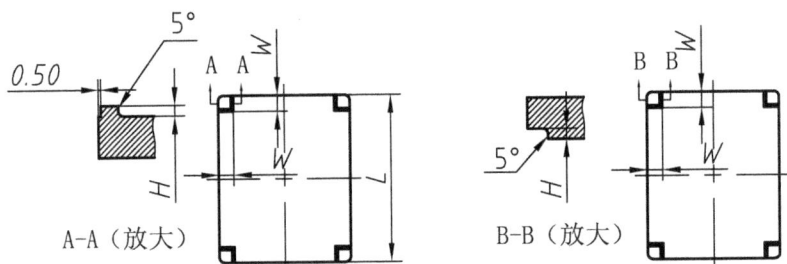

图1-76

1.3.9　排气系统设计

排气槽的作用：作为一通道给型腔内的空气或塑料被注塑时所产生的气体，在注塑时可流出型腔。

排气槽的设计要点：

（1）排气槽尺寸以塑料品种不同选择。

（2）在流道的冷料槽末端须设计排气槽。

（3）根据 CAE 的分析，在产品的流动末端要设计排气槽，针对于排气困难的筋位须设计镶件加排气。

（4）镶针及司筒根据需要加排气槽。

（5）所有排气槽要驳通模胚外排气或驳通顶针孔。

（6）排气槽尽可能用铣床加工，不能用手工打磨；铣床加工后用 320♯ 砂纸抛光。

PL 面排气槽的设计标准如图 1 77 所示。

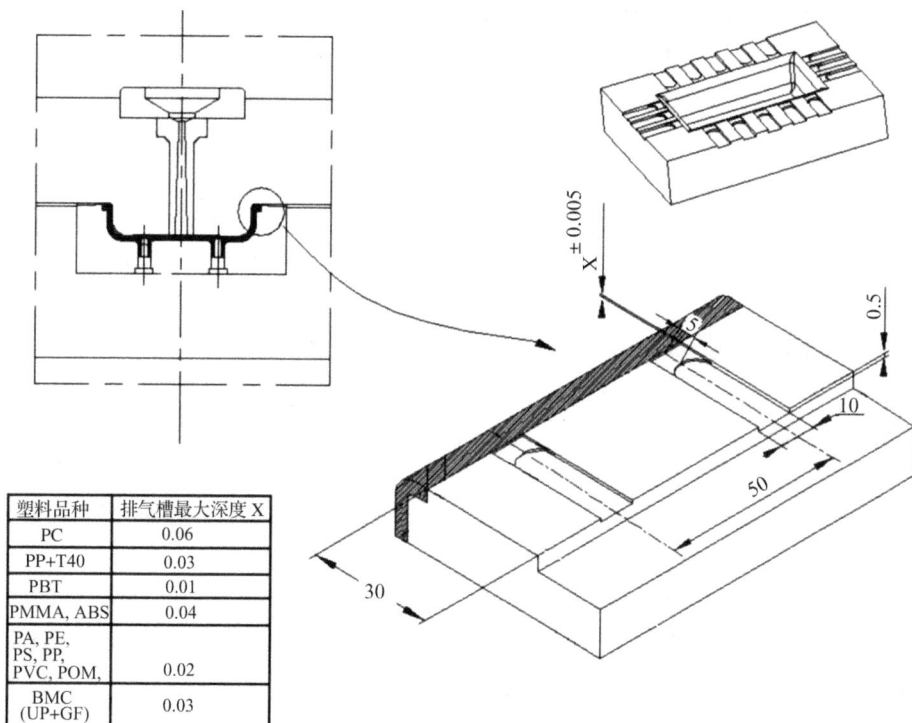

塑料品种	排气槽最大深度 X
PC	0.06
PP+T40	0.03
PBT	0.01
PMMA, ABS	0.04
PA, PE, PS, PP, PVC, POM,	0.02
BMC (UP+GF)	0.03

图 1-77

1.4 模具设计思路与流程

1.4.1 模具设计基本要求

在模具设计时必须考虑模具在使用过程中的各种要求,这些要求对于模具来说是最基本的。模具设计者在设计中如果没考虑到这些问题,那么模具在日后的加工和使用过程中将会有很多不必要的麻烦。在模具设计过程中经常要考虑的对模具的基本要求有:精度要求、生产率、物理强度、耐磨性、操作的安全性、保养和互换性、在注塑机上安装、模具的性价比。

(1)精度要求

对于模具最基本的要求是其模塑的制品符合使用要求,即尺寸精度在公差范围内且产品外观符合要求。而影响精度最主要的原因是塑料的收缩率。

在进行模具设计之前必须先弄清客户所提出的对于产品的精度的要求,对于一些不合理的精度要求必须在设计之前就与客户沟通。这里必须注意的是产品上所有的修改都要经过客户同意之后才可进行。对于一些精度要求较高的安装部位在设计时最好是做成镶件以便于日后调整。

(2)生产率

一副模具被制造出来就是用于生产产品的,对用于批量生产的模具,模具在产品成本中所占的比例是很小的,而模具的生产率对产品成本的影响却是非常大的。所以在设计模具时就要根据产量来设计合理的生产率。

有很多因素都会影响到模具的生产率,一般要考虑的有以下几点:

① 模腔个数:由于模具的成本在产品总成本里所占的比例是非常小的,所以制造多腔模具来批量生产相同数量的产品对产品成本的增加是非常小的,但是这里却可以节省很多其余的成本,如注塑机机时与折旧费用。例如我们将一幅模具从一模一腔改成一模两腔,并且其余成型条件都一致,模具的成本的增加一般在 60% 左右,但其生产相同数量的产品的时间将会缩短将近一半,对于批量生产的产品,这段时间将会是非常可观的。

② 模具冷却效果:模具冷却效果越好,成型周期越短,模具的生产率就越高。

③ 顶出速度和时机:顶出时间实际上是时间上的一种浪费,比如在模具完全打开之后再顶出,那模具就要停在那里一段时间直到制品顶出,而这段时间就是浪费掉的时间,所以顶出时要选好时机,尽量让这段时间更短,最好的情况是模具一到打开状态,顶出就已经完成。但是这种情况是很难达到的,对于顶出后由人工或机械手取走制品的模塑,模具停在打开状态就是必需的。

④ 模具的抗疲劳强度:如果由于模具设计或制造不当而引起模塑厂生产中断,将会给模塑厂造成巨大的损失。而这些由于模具设计和制造而引起的后果,责任是由模具设计者和制造者承担的,并且这对于模具设计者或制造者的声誉将有非常大的影响。一般来说,设计制造出的模具除了偶然状况之外应该经久耐用。

⑤ 模具安装和启动的速度:对于常年参与生产产品的模具,这一点对生产率的影响可忽略不计,但是对于在注塑机上运行时间较短的模具,模具的安装和启动速度就非常重要了,因为模具在安装和启动或者从注塑机上卸下的过程是始终占用注塑机的,但是注塑机在这段时间里并不能进行正常的生产。

(3)物理强度

设计人员在模具设计时要熟悉各种应用材料的性能,保证设计的零件在使用过程中不会突然失效。模具的强度主要考虑以下一些因素:模具材料选择的合理性、零件的设计强度是否足够、对疲劳强度的考虑、避免应力集中、合适的热处理、钢材的晶粒取向、零件加工的切屑方向。

一般物理强度有以下三大类:拉伸强度、压缩强度、弯曲强度。任何一幅模具在生产过程中都是受变化载荷的作用,这一变化的载荷一直都是从零到最大载荷再到零的循环作用,这样的作用对钢材来说是较为恶劣的工作条件。一般的,如果钢材承受 200 万次这种循环载荷之后不失效,那么我们就认为它不会出现疲劳失效。

(4)耐磨性

模具在注塑生产过程中会造成零件磨损的有以下四点:零件相对滑动造成的磨损、微动磨损、塑料的腐蚀和磨蚀、锈蚀。

①零件相对滑动造成的磨损

这种磨损是模具上最明显的磨损,一般的模具设计师都会考虑到相对滑动所造成的磨损,常见的影响相对滑动磨损剧烈程度的因素有:

● 模具零件的材料:做相对滑动的零件表面必须有不同的晶态、晶粒或表面结构。一般的相对滑动的零件选取不同的材料即可解决此问题,有时使用不同的热处理方法也是可行的。

● 零件表面特殊处理:对相同材料的零件的表面进行一些特殊处理将会减少磨损,如对表面进行氮化或化学沉积,从而使得其中一个零件的表面与另一个零件的表面结构出现非常大的差异。

● 磨损件:对于一些磨损件可采用非铁材料,如铜和塑料。这些材料本身较软,比压较低,可保证较持久的使用,但是相对的成本较高。

● 零件表面粗糙度与切屑方向:对于磨损件的表面其光洁度一定要足够的高,并且最好做到相互摩擦表面的加工痕迹都与滑动方向平行,否则两边的表面将会像锉刀一样剧烈的磨损配合面。

● 零件表面的润滑程度:在滑动面之间添加润滑剂将会在很大程度上减小摩擦,但是添加润滑剂至少要满足以下两个条件:注塑生产过程中必须能很方便地添加润滑剂或可以自动添加润滑剂。润滑剂必须不会污染制品,特别是对于食品和医药方面的。

② 微动磨损

微动磨损是零件在很短的距离甚至很小的压力下出现的一种磨损,这种磨损的机理还不完全清楚,有可能是金属表面的一种疲劳失效,以上所述的减少零件相对滑动磨损的方法对微动磨损都是无效的,所以在设计时要尽量避免这类小运动在模具中出现。

③ 塑料的腐蚀和磨蚀

一般的腐蚀和磨蚀可以通过选择合适的材料和热处理来减缓磨损,例如对于腐蚀性特别大的选用不锈钢做模腔材料或对材料进行镀铬处理。由于在注射过程中塑料通过浇口的压力最大,所以浇口的磨损是最为明显和严重的,这点在设计过程中要特别注意,最好将浇口做成便于更换的镶件,同样的,对于一些磨损量很大的零件最好都做成便于更换的镶件结构。

有些塑料在注塑过程中会产生有腐蚀性的气体,由于气体必须从排气口排出,所以对整个模板都会有腐蚀,若模具需要较高的寿命,那么建议使用不锈钢来作为模板的材料。

④ 锈蚀

锈蚀就是模具钢材在使用过程中发生了氧化反应的一种对钢材的腐蚀。造成锈蚀最主要的原因是模塑工厂不良的环境和管理,对此,模具设计者能做的就是提出一些减少锈蚀的建议。每副模具在停产时必须进行适当的保养。

有时会在模具的表面涂上油漆以防止表面生锈,但是这样做对模具内部的锈蚀并没有作用,模具内部的防锈可通过镀镍或者更改模具材料来实现,更换更好的材料要通过客户同意,因为更改材料所增加的成本必须由客户负责。内部锈蚀最常见的是成型表面和冷却管道,成型表面锈蚀会通过磨光来清除,但这将会影响到制品的精度;冷却管道的锈蚀造成的直接后果是降低模具的冷却效率,一般可用镀镍来防止锈蚀。总的来说解决锈蚀的最好的办法是使用不锈钢材料,但是这会增加很多模具成本,所以在模具设计过程中要综合考虑,设计出最理想的模具。

(5)操作安全性

模具操作的安全性一般有模具的安全和人身安全。

模具安全指模具在注塑过程中,模具零件不会意外损坏。要避免在模塑过程中损坏模具零件,设计师在设计时就要考虑到可能发生的故障并尽量避免故障发生,因为一个零件出现严重损坏,其他零件可能就会同时被损坏。

人身安全是指模具在注塑过程中要保证模塑车间所有人员的安全。人身安全也是要求设计师在模具设计过程中就考虑清楚,要消除所有安全隐患。无法通过设计消除的隐患要有非常显眼的标记,常见的安全隐患有:

① 模具厂在向模塑厂交付时,缺少适当的技术交流与指导性文件,如模具操作手册、铭牌、图纸等。

② 对于一些较小的模具模塑工可能会手工起重。

③ 模具外部的弹簧失效断裂飞出。

④ 熔融的塑料溢出。

⑤ 压缩空气或液压油溢出。

⑥ 螺杆断裂后头部飞出。

⑦ 模具零件有尖锐的边角。

⑧ 裸露在模具外的高温零件。

⑨ 电线接头未做绝缘措施。

⑩ 模具的一些零件超出注塑机安全门的范围或者一些结构需要打开安全门调整其运动。

(6)保养和互换性

因为模具是一个用于成批生产产品的工具,所以设计制造出的模具必须便于维护保养,而且要有良好的互换性,以使模具能够长期使用。

要让模具便于保养,在设计过程中就要将经常要维护和保养的零件设计成便于拆卸和安装。常见的需要经常保养的对象有:热流道浇口的清洁、更换热嘴的加热器、有锥度配合的部位、要防止溢料的部位等。

原则上除成型部位之外模具的所有零件都应该有互换性,但是有很多时候都行不通。但是一些较易损坏的或常用的标准件最好都有良好的互换性,有时客户会指定其特定的标准件供应商,这时应用到的标准件都要按客户指定的供应商。

(7)在注塑机上安装

模具制造出来后需要安装在注塑机上生产制品,所以要求模具能方便的按要求安装在注塑机上。一些重点考虑的问题有:

① 注塑机压板使用率:注塑机压板尺寸应该要和模具尺寸相适应,一般情况下模具将压板覆盖的面积应该在 50% 以上。

② 注塑机的拉间距:模具起吊安装在注塑机上时最好不会与拉杆干涉,这样模具在安装时将会简单很多。

③ 注塑机吨位:注塑机的额定吨位应绝对满足模具的需要,但是不要选择过大吨位的注塑机,以免造成浪费。

④ 顶出孔的形式:这主要是当模具需要在不同的注塑机上安装生产时所考虑的问题,顶出孔的形式必须符合需要用到的所有注塑机,或者可直接采用油缸顶出来解决此问题。

⑤ 注射和塑化能力:注塑机的注射和塑化能力应满足产品生产的工艺要求,主要参数是循环周期和注射量。

⑥ 移出制品:制品顶出后是自由落下还是机械手移出或者是人工取件？要为各种移出

方式留有充足的空间。

(8)模具性价比

设计任何一幅模具首先要满足客户的生产要求,同时又要让模具厂获得足够的利润。这就要求模具设计者设计出高性价比的模具。而在计算模具成本时应将其加入到产品成本中计算,而且在模具设计过程中应时时考虑模具对制品成本的影响。对于小量生产的模具可进行适当的简化以减小成本。但是用于大批量生产的模具,模具的各个细节都要考虑清楚,以减少停工,最重要的一点是将成型周期降到最低,因为对于大批量生产的产品,增加成型周期对制品的成本增加是非常明显的。模具成本可成有以下七类组成:

① 模具设计成本。

② 模具加工成本。

③ 成型部件、模架、各类零件的材料成本。

④ 装配成本。

⑤ 调试成本。

⑥ 企业管理成本。

⑦ 利润。

1.4.2 模具设计的一般流程

对于模具设计项目流程的讨论,里面有很大的技术学问,需要长期不断地总结、更新来提高效率与竞争力。并且每个企业都会有适应自己公司的标准流程。下面所描述的是一般通用简化的流程(仅作参考)。

一般模具设计项目流程说明:上述流程图是按一位技术全面的模具设计师单独完成而排布,并且未包括设计过程中与加工有关的环节,例如长周期物料采购、供应商沟通、模具价格预算、设计数据下发加工等。然而有很多的企业是把 3D、2D 以及分析拆分开单独小组,分工协作来完成,其中有模具分析组、3D 设计组、2D 设计组。两种方法都有各自的优缺点,一般企业会根据自身的条件进行选择。由于里面牵涉内容太多,在这里就不再做讨论了。

(1)接受客户资料

在接收客户资料后,填写《模具设计资料表》来验证资料的完整性与可行性。召开模具项目开发会议,确定模具结构草案,向市场部提供《模具价格预估表》。

(2)产品详细分析

客户资料确定后,对产品进行详细分析,填写《产品数据检讨表》发客户沟通、确认。同时需对产品进行初步 CAE 分析,完成《初步流动分析报告》。

(3)2D 结构草图

客户资料确定后,根据资料要求按公司标准绘制 2D 结构草图,以《结构草图审核表》内部审核后,发客户确定。

(4)3D 初步设计

按 2D 结构草图方案与公司设计标准,进行 3D 初步设计,可依据《3D 设计审核表》对设计内容进行内部审核后,根据客户要求进行详细的成型、结构、运动分析,出《成型分析报告》、《结构分析报告》、《运动分析报告》,并发客户确定。

(5)3D 最终设计

经客户确认 3D 初步设计方案后,进行 3D 详细设计,再按《3D 设计审核表》进行内部审

1. 接收客户资料	在接收客户资料后，填写《模具设计资料表》来验证资料的完整性与可行性。召开模具项目开发会议，确定模具结构草案，向市场部提供《模具价格预估表》。
2. 产品详细分析	客户资料确定后，根据资料要求按公司标准绘制2D结构草图，以《结构草图审核表》内部审核后，发客户确定。
3. 2D结构草图	客户资料确定后，对产品进行详细分析，填写《产品数据检讨表》发客户沟通、确认。同时需对产品进行初步CAE分析，出《初步流动分析报告》。
4. 3D初步设计	按2D结构草图方案与公司设计标准，进行3D初步设计，可依据《3D设计审核表》对设计内容进行内部审核后，根据客户要求进行详细的成型、结构、运动分析，出《成型分析报告》《结构分析报告》《运动分析报告》，并发客户确定。
5. 3D最终设计	经客户确认3D初步设计方案后，进行3D详细设计，再按《3D设计审核表》进行内部审核后，发客户确定。
6. 绘制2D图	经客户确认3D详细设计方案后，按公司2D绘制标准进行2D设计，并按《2D设计审核表》进行内部审核。
7. 模具设计总结	对模具所有最终数据整理、汇总，并出《模具使用说明书》。对流程、设计内容各环节按《模具总结模板》进行总结经验来提升设计水平。

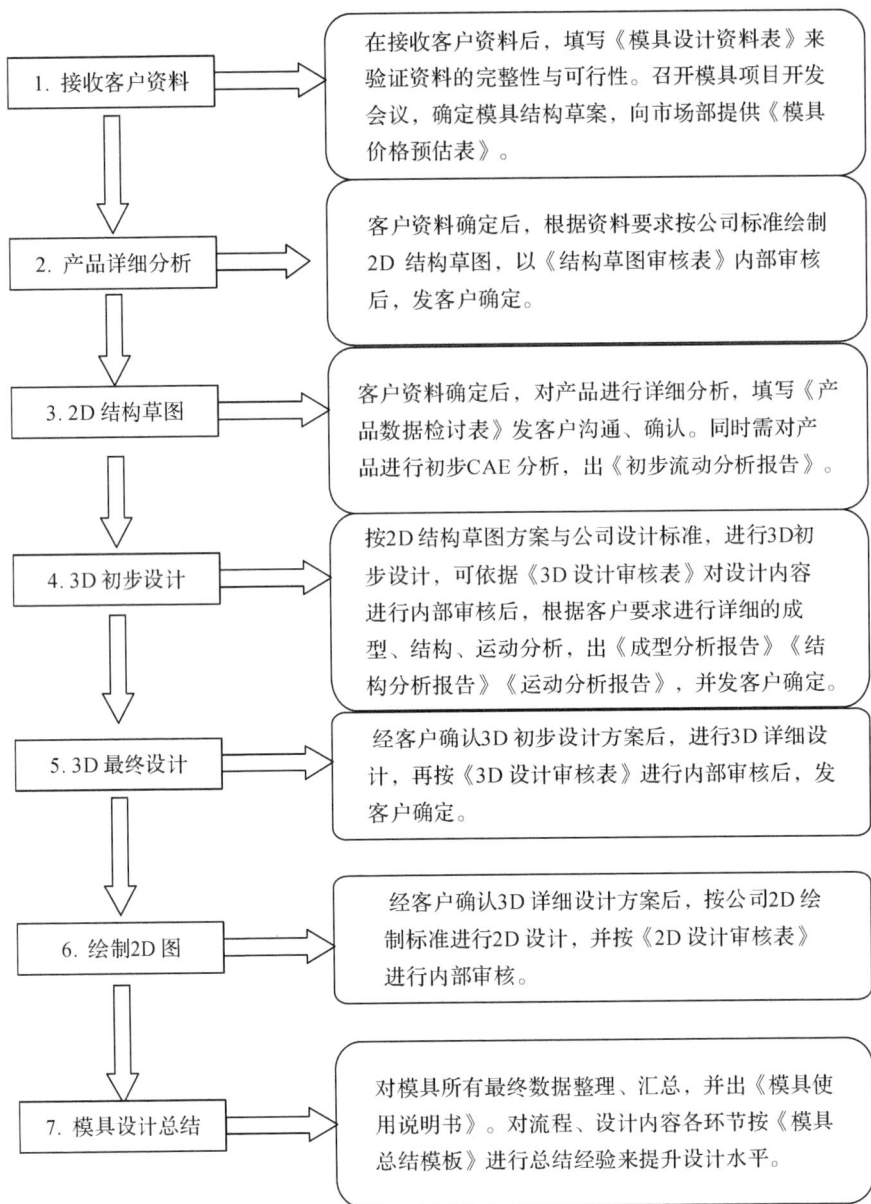

核后，发客户确定。

（6）绘制2D图

经客户确认3D详细设计方案后，按公司2D绘制标准进行2D设计，并按《2D设计审核表》进行内部审核。

（7）模具设计总结

对模具所有最终数据整理、汇总，并出《模具使用说明书》。对流程、设计内容各环节按《模具总结模板》进行总结经验来提升设计水平。

1.4.3　模具设计流程节点概述

（1）设计数据输入

模具设计师从市场部或客户那里得到相关设计数据和信息的过程。必须保证所得到的数据和信息都是最新的。

以下信息必须在设计之前得到:产品的 3D 数模或 2D 图纸、产品基本信息、模具基本信息、生产设备信息等。

(2)详细模塑化分析

对产品进行可成型性分析,并制作分析报告发送给客户确认。对于发现问题的部位,原则上应由客户修改,但是为了缩短沟通时间,可先自行修改后发送给客户确认。这里必须注意的是对产品的所有修改都要经过客户的确认。

(3)注塑机型号选定

有时客户会指定某一注塑机进行生产,这样模具设计师就必须按照客户所指定的注塑机进行模具设计,若客户指定的注塑机不合理,需马上与客户沟通,获得客户同意之后方可更改注塑机并根据新的注塑机设计模具。

有时客户并不会指定某一台注塑机,而是提供一组注塑机资料由模具设计师来选择注塑机,在选择好注塑机之后需经客户确认之后才最终确定。

(4)确定收缩率

根据客户所提供的塑料收缩率,在 3D 设计软件上对产品数模进行缩放得到制品注塑后收缩前的尺寸,这也就是模腔的尺寸。

(5)分型面设计

在放过收缩的产品 3D 数模上找出产品的分型线,并在此分型线的基础上设计分型面。

(6)侧向分型与抽芯确定

设计所有的侧向分型与抽芯机构,先设计侧向分型与抽芯机构主要是为了能更准确的确定模架大小和顶出距离。

(7)型腔排布

对于一模出多件的模具,设计好分型面和侧向分型与抽芯机构之后需要进行型腔的排布,型腔个数一般由客户确定,排布方式最好在第一步(模具设计输入)时就与客户沟通确定。若前面未确定,在排布好之后需经客户确定后再进行下面的工作。

(8)导向、定位机构

设计导向、定位机构,确定其具体的类型、大小、数量和位置,有些导向或定位零件可在设计好模架之后再确定准确位置。

(9)模架与镶件设计

选定合适的模架,并且设计出成型部位的大小镶件。利用已经设计好的分型面拆分出动定模腔,在此动定模腔上设计合理的镶块。

(10)浇注系统设计

设计模具的浇注系统,一般情况下注射形式会在第一步(模具设计输入)时由客户确定,若客户未指定浇注形式,那么模具设计师在设计好浇注系统之后必须经客户确认后方可采用。

(11)顶出系统设计

设计模具的顶出系统,顶出系统的设计包括顶出方式的选择、顶出元件的排布和顶出距离的确定。确定顶出距离时需兼顾考虑斜顶之类的侧向分型机构,排布顶出元件时要兼顾冷却管道的设计。

(12)温度调节系统设计

设计模具的冷却或加热系统,这里的主要工作是冷却或加热管道的排布,难点是冷却水流量、压力和冷却管道流经长度的确定。因温度调节系统对成型周期也就是模具的生产率有直接的影响,所以设计时要特别注意。

(13)设计方案分析

对以上步骤所设计出的模具大致方案进行分析优化,以期得到更加合理的模具设计方案,一般这一步会有上级设计人员参与讨论。

(14)流动、结构和运动分析

对进过确定和优化的模具进行流动分析、结构强度分析和运动分析,得到分析报告后可根据分析报告进一步模具设计方案。

(15)结构零部件及细节设计

在进行流动分析、结构强度分析、运动分析并优化了设计之后,开始设计除了前面已经设计的结构之外的所有零部件,并将所有零件的细节设计完毕。

(16)排气系统的设计

其实在设计镶块,顶针时就已经间接的在设计排气系统了,这里所说的排气系统设计是指在分型面上设计排气槽或在模板上开设排气管道。开设排气槽和排气管道最好的依据是模流分析报告。

(17)绘制装配图

根据已设计的模具 3D 数模,在 3D 设计软件内按要求绘制装配图,亦可在 3D 软件内做好视图之后转到 AUTO CAD 中按要求绘制装配图。

(18)详细设计检查和审阅

对已设计完成的模具进行详细的检查和审核,一般会有一个评审会议,相关出席人员有:设计人员、制造工、模塑工、相关技术领导。

(19)设计更改

对检查和审阅出的问题点进行修改,并将相应的 2D 装配图进行适当的修改。

(20)物料采用确定

对装配图中各个非标零件使用的材料和标准件供应商及型号进行审核确认。

(21)物料采购

根据已确认的装配图明细栏制作物料采购单,做成采购单后下发采购部采购相应材料和标准件。

(22)绘制零件图

根据最终确定的 3D 数模绘制各个非标零件的零件图。

(23)向客户发送数据

整理数据,将 3D 数模、2D 装配图、2D 零件图、采购单等相关数据发送给客户。若公司自己制造模具,那么就将数据下发至生产部。

(24)数据反馈

跟踪客户或生产部是否对数据有修改,若有修改需及时要求其反馈。

(25)整理最终数据与说明书

数据由客户反馈并最终确定后,将所有数据进行整理,整理只需将最终数据保存下,已经没用的数据可直接删除。整理好数据后撰写模具说明书并发送给客户。

(26)设计总结

对本次设计的模具进行总结,撰写总结报告用于经验积累。

1.5 注射模具的基本结构

在注射模实际生产应用中,按浇注系统不同类型的分类方法最普遍。常分为两板模、三板模和热流道模。

1.5.1 单分型面注射模

单分型面注射模又称二板式注射模,是注射模中最简单、最常见的一种结构形式。单分型面注射模只有一个分型面,典型结构如图 1-78 所示。

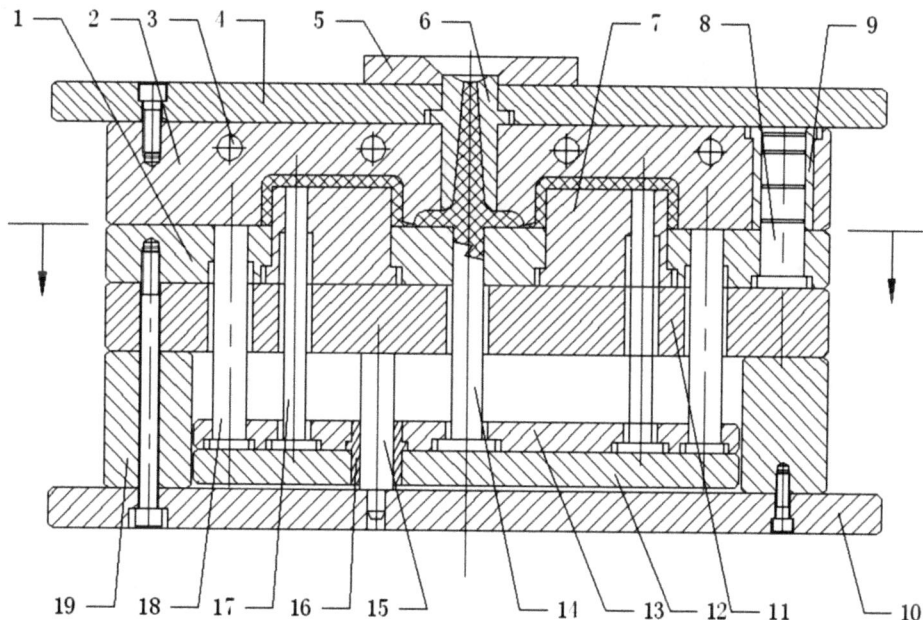

1-动模板;2-定模板;3-水路孔;4-面板;5-定位圈;6-浇口套;7-凸模;8-导柱;9-导套;10-底板;11-托板;
12-底针板;13-面针板;14-拉料杆;15-推板导柱;16-推板导套;17-顶杆;18-复位杆;19-模脚

图 1-78

其工作原理如下所述:合模时,在导柱 8 和导套 9 的导向和定位作用下,注射机的合模系统带动动模部分向前移动,使模具闭合,并提供足够的锁模力锁紧模具。在注射液压缸的作用下,塑料熔体通过注射机喷嘴经过模具浇注系统进入型腔,待熔体充满型腔并经过保压、补缩和冷却定型后开模;开模时,注射机合模系统带动动模向后移动,模具从动模和定模分型面分开,塑料包在凸模 7 上随动模一起后移,同时拉料杆 14 将浇注系统主流道凝料从浇口套中拉出,开模行程结束,注射机液压顶杆推动顶出底针板 12,推出机构开始工作,推杆 17 和拉料杆 14 分别将塑件及浇注系统凝料从凸模 7 和冷料穴中推出,至此完成一次注射过程。合模时,复位杆使推出机构复位,模具准备下一次注射。

1.5.2 双分型面注射模

双分型面注射模具又称三板式注射模,其结构特点是有两个分型面,通常用于点浇口浇注系统的模具,如图1-79所示。

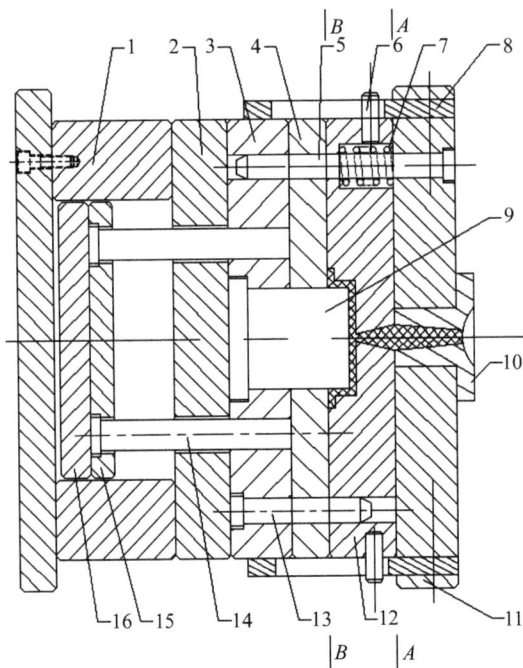

1-模脚;2-托板;3-动模板;4-推板;5-拉杆导柱;6-限位销;7-弹簧;8-定距拉板;9-型芯;10-浇口套;11-面板;
12-定模板;13-导柱;14-复位杆;15-面针板;16-底针板

图 1-79

其工作原理如下所述:开模时,动模部分向后移动,由于弹簧7的作用,模具首先在A分型面分型,中间板(定模板)12随动模一起后退,主流道凝料从浇口套10中随之拉出。当动模部分移动一定距离后,固定在定模板12上的限位销6与定距拉板8左端接触,使中间板停止移动,A分型面分型结束。动模继续后移,B分型面分型。因塑件抱紧在型芯9上,这时浇注系统凝料在浇口处拉断,然后在B分型面之间自行脱落或人工取出。动模部分继续后移,当注射机的顶杆接触顶出底针板16时,推出机构开始工作,脱料板在推杆14的推动下将塑件从型芯9上推出,塑件在B分型面自行落下。

1.5.3 热流道注塑模具

由于快速自动化注射成型工艺的发展,热流道注塑模具正被逐渐推广使用,合模状态如图1-80所示、开模状态如图1-81所示。它与一般注塑模具的区别是注射成型过程中浇注系统内的塑料是不会凝固的,也不会随塑件脱模,所以这种模具又称为无流道模具。

这种模具的主要优点有两个:其一是基本上实现了无废料加工,既节约了原材料,又省去了切除冷料工序;其二是减少进料系统压力损失,充分利用注射压力,有利于保证塑件质量。因此,热流道注塑模具结构复杂、成本高,对模温的控制要求严格,适合于大批量生产。

如图 1-80 典型热流道模所示。除了浇注系统采用热流道形式外,其他的系统机构组成与两板模完全一样。同样由于热流道模有很多优缺点,从而决定采用它的影响因素也很多。其中在实际生产应用中模具成本、塑件成本和成型产品质量要求等因素起着决定性的作用。

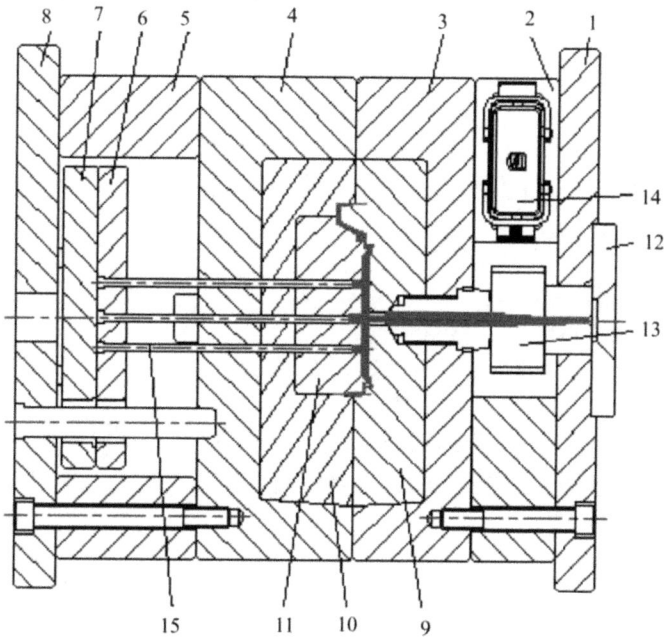

1-定模座板;2-热流道板;3-定模板;4-动模板;5-模脚;6-顶针固定板;7-顶针垫板;
8-动模座板;9-型腔;10-型芯;11-型芯镶块;12-定位圈;13-热流道系统;14-插座;15-顶针

图 1-80

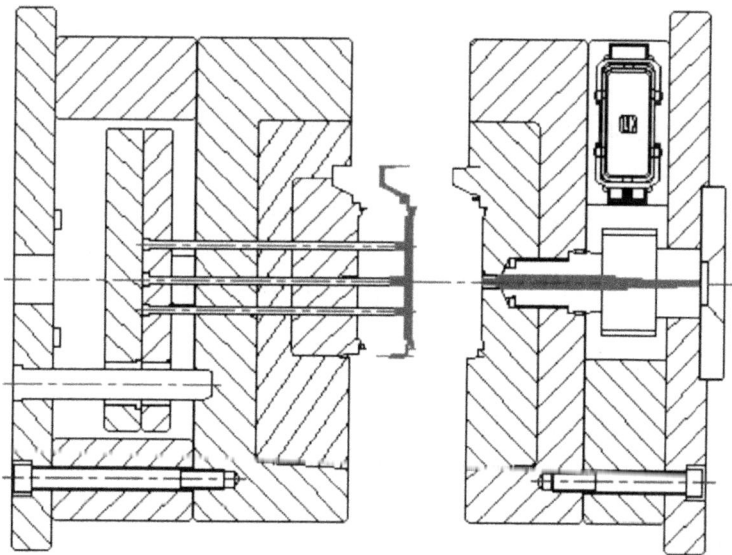

图 1-81

第 2 章　UGNX6.0 注塑模设计入门

本章重点内容

➤ 装配文件的组成结构
➤ 注射模向导界面
➤ 注射模向导创建模具的一般过程

本章学习目标

　　熟悉注射模向导创建模具时所调用的装配文件结构，了解注射模向导创建模具的一般原理，并且通过一个简单的入门实例，熟悉注射模向导创建模具的一般过程以及用到的一些命令。

2.1　UGNX6.0 模具设计概述

2.1.1　什么是 MoldWizard

　　MoldWizad 是 UG 软件中设计注射模的专业模块，可以提供快速的、全相关的、3D 实体的解决方案。MoldWizard 为模具设计的型芯、型腔、滑块、推杆、嵌件等提供了进一步的建模工具，使模具设计变得更加简捷、容易，它的最终结果是创建出与产品参数相关的三维模具，并能用于加工。

　　MoldWizard 的模架库及其标准件库包含参数化的模架装配结构和模具标准件，模具标准件中还包括滑块(Slides)、内滑块(Lifters)，并通过 Standard Parts 功能用参数控制所选用的标准件在模具中的位置。用户还可根据需要自定义和扩展 MoldWizard 的库，并不需要编程的基础知识。

　　要有效的使用注射模向导，必须熟悉模具的设计，并且掌握以下 UG 模块与工具等应用知识，包括：

- 特征建模(Feature Modeling)
- 自由曲面造型(Free Form Modeling)
- 曲线(Curves)
- 层(Layers)
- 装配及装配导航器(Assemblies and the Assembly Navigator)
- 改变显示部件和工作部件(Changing the Display and Work Part)
- 加入和新建装配部件(Adding and Creating Components)

● 链接几何体(Wave Geometry Link)

2.1.2 注射模具向导的结构组成

MoldWizard 创建的文件是一个装配文件，这个自动产生的装配结构是克隆了一个隐藏在 MoldWizard 内部的种子装配，该种子装配是用 UG 的高级装配和 WAVE 链接器所提供的部件间参数关联的功能建立的，专门用于复杂模具装配的管理。其结构见图 2-1 所示。

图 2-1 所示的装配结构中"Mobile－phone"是产品模型的文件名；其余特定文件的命名形式为"Mobile－phone_部件或节点名称"。如"Mobile－phone_top_000"是整个装配文件的顶层文件，包含了完整模具所需的全部文件。各部件或节点的含义见表 2-1 所示。

☑ Mobile-phone_top_000
　☑ Mobile-phone_var_003
　☑ Mobile-phone_cool_001
　☑ Mobile-phone_fill_004
　☑ Mobile-phone_misc_002
　☑ Mobile-phone_layout_009
　　☑ Mobile-phone_prod_010
　　　☑ Mobile-phone
　　☑ Mobile-phone_shrink_012
　　☑ Mobile-phone_parting_017
　　☑ Mobile-phone_core_013
　　☑ Mobile-phone_cavity_011
　　☑ Mobile-phone_trim_016
　　☑ Mobile-phone_molding_018
　　☑ Mobile-phone_prod_side_a_014
　　☑ Mobile-phone_prod_side_b_015

图 2-1

表 2-1

节点名称	描　　述
Layout 节点	Layout(布局)节点用于排列"prod"节点的位置，"prod"节点包含型腔型芯在模架中的位置。多腔模的 Layout 节点有多个分支来安排每一个"prod"节点。
Misc 节点	Misc 节点用于安排没有定义到单独部件的标准件。Misc 节点下的组件为模架上的组件如：定位环，锁模块，支撑柱。 Misc 节点分开为两部分，side_a 对应的是模具定模(a-side)侧的组件，side_b 对应的是动模(b-side)侧的组件。这样可以同时让两个设计者在同一个工程上设计。
Fill 节点	Fill(充填)节点用于创建浇道和浇口的实体。这些实体用于在模架板和型腔型芯上用创建腔体(Create Pockets)功能来生成腔体。
Cool 节点	Cool(冷却)节点用于创建冷却管道的实体。这些实体用于在模架板和型腔型芯上用创建腔体(Create Pockets) 功能来生成腔体。冷却管道的标准件也会默认使用该节点。 Cool 节点分开为两部分，side_a 对应的是模具定模(a-side)侧的组件，side_b 对应的是动模(b-side)侧的组件。这样可以同时让两个设计者在同一个工程上设计。
Prod 节点	Prod (product)(产品)节点将单独的特定部件文件集合成一个装配的子组件。特定部件文件包括收缩件(shrink)，型腔，型芯，以及顶针节点。多腔模可以使用 Prod 节点的阵列，来再利用所有 prod 节点下已经作好的子组件。Prod 节点也可以放置与塑胶产品部件相关的特定部件的标准组件，如：顶针，镶针，滑块及斜顶等。 Prod 节点分开为两部分，side_a 对应的是模具定模(a-side)侧的组件，side_b 对应的是动模(b-side)侧的组件。这样可以同时让两个设计者在同一个工程上设计。
产品模型	注塑模向导使用一个全相关的几何链接克隆装配，能保持产品模型的原始定位。
Molding 部件	Molding(建模)部件包含一个产品模型的几何链接的复制件。模具特征(如拔模斜度，分割面，边倒圆等)都会添加到该组件里，以使产品模型具有成型性。如果有新版本的产品交换进来，甚至产品模型由别的 CAD 系统转入，这些模具特征不会受到如收缩率改变的影响并保持完全相关性。

续表

节点名称	描述
Shrink 部件	Shrink 部件包含一个产品模型的几何链接复制件。通过比例功能给链接体加入一个收缩系数。可以在任何时候修改该收缩系数。
Parting 部件	Parting 部件包含一个收缩体的几何链接复制件，以及一个用于创建型腔型芯块的工件（work piece）。分型面将在该部件里生成。
Cavity 部件	Cavity（型腔）部件是收缩部件的几何链接的一部分。
Core 部件	Core（型芯）部件是收缩部件的几何链接的一部分。
Trim 部件	Trim（裁减）节点包含用模具修剪（Mold Trim）功能得到的几何体。在裁减部件里的型腔型芯的链接区域，用于裁减电极和镶块，滑块面等等。
Var 部件	Var（变量）部件包含模架和标准件里用到的表达式。标准件里用到的标准数值如螺纹孔径会存储在该部件里。

2.1.3　UGNX6.0 注射模具设计解决方案

只使用建模模块下的工具命令创建模具分型面的方式称之为手动分模；运用注射向导进行的分模操作称之为自动分模。在实际生产过程中，往往单独运用一种方式来进行分模是不合实际的，因此一般都是手动分模和自动分模相结合。图 2-2 所示的是用 Moldwizard 创建模具与用建模模块创建模具这两种方式之间的关联，以便读者能够更好的理解 Moldwizard 创建模具的方式。

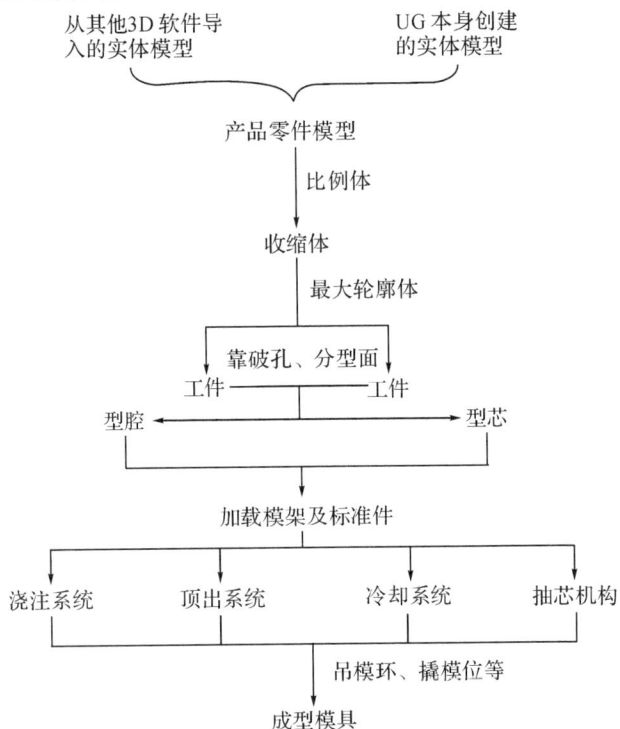

图 2-2

2.1.4　MoldWizard 的安装说明

（1）当完成 UGNX 主程序的安装后，先双击 UGNX 图标，确保能够顺利打开主程序，见图 2-3 所示。

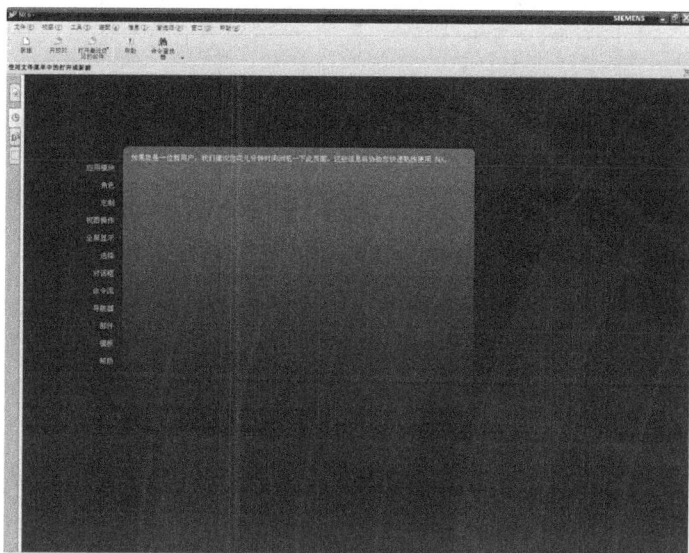

图 2-3

（2）由于在安装主程序的时候，注射模向导模块的文件并没有被安装，因此在调用模架等标准件的时候会出现无法加载标准件的提示。

（3）从购买的 UG 安装光盘中找到 MoldWizard 的压缩包，用 WINRAR 软件把安装文件从压缩包中解压出来，见图 2-4 所示。

图 2-4

（4）把刚解压出来的文件夹复制，并粘贴到主程序安装目录的 NX6.0 目录下，覆盖原有的 MoldWizard 文件夹，见图 2-5 所示，至此，注射模向导模块安装完成，重新打开主程序，单击【模架】命令，即可弹出如图 2-6 所示的【模架管理】对话框。

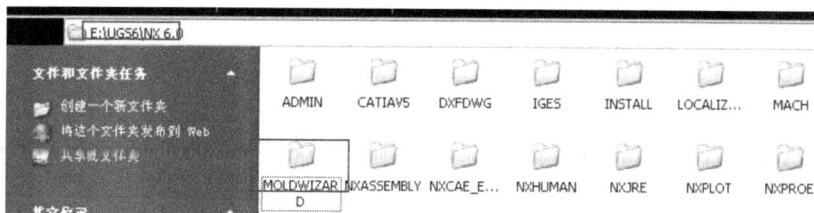

图 2-5

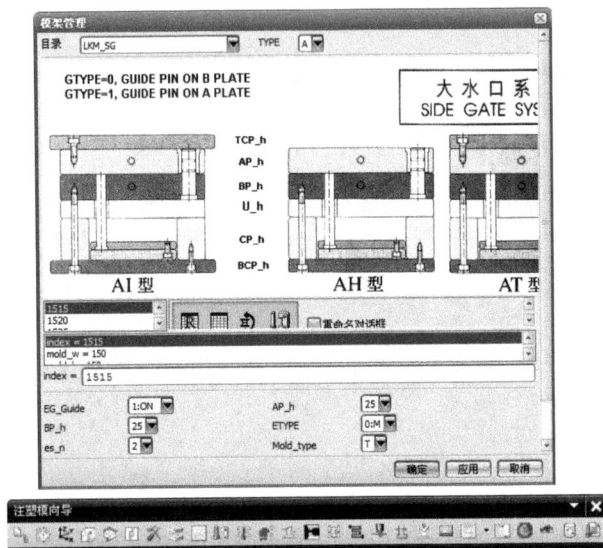

图 2-6

2.1.5 UGNX6.0 系统配置

一、硬件配置

要流畅地运行 UGNX6.0 的计算机硬件配置如表 2-2 所示。

表 2-2

硬件	规格
CPU	P4 2.4 以上
内存	至少 512M
显卡	至少显存 128M
硬盘	5G 以上

二、注射模向导配置

(1)为了便于以后在创建模具的时候减少每次设置的麻烦,可以在用户默认设置中先行设置。双击 UG 图标,打开 UG 主程序,选择【文件】|【实用工具】|【用户默认设置】命令,弹出【用户默认设置】对话框,见图 2-7 所示。

(2)拖动【用户默认设置】对话框的滚动条,在左边一栏中找到【注射模向导】,用鼠标单击,则对话框右侧便显示模具向导的有关选项,见图 2-8 所示。

(3)选择【常规】|【项目设置】|【项目单位】,确保其【与产品模型相同】,并确认【部件单位】为【公制】,见图 2-9 所示。

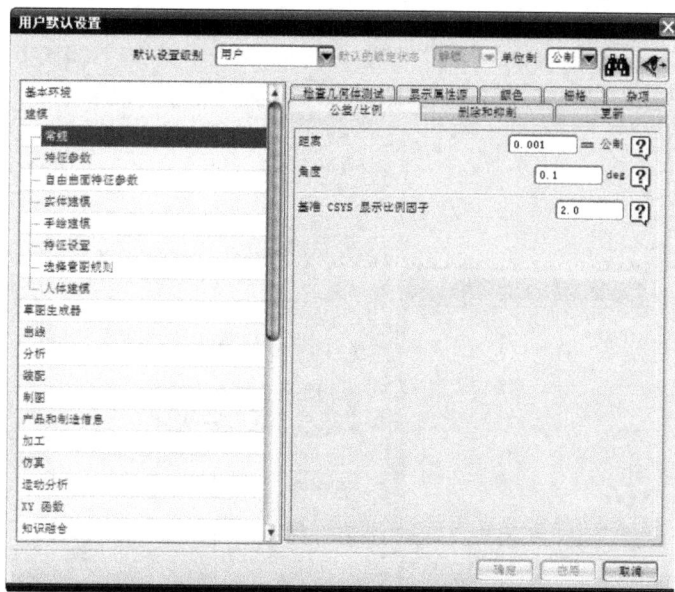

图 2-7

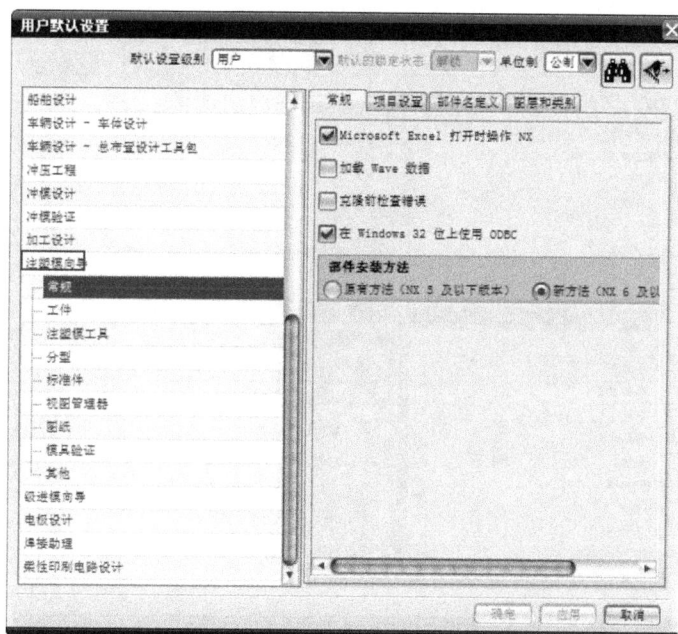

图 2-8

(4)选择【注射模工具】|【常规】选项,为了顺利创建型芯和型腔,修改【公差】,具体修改内容见图 2-10 所示。

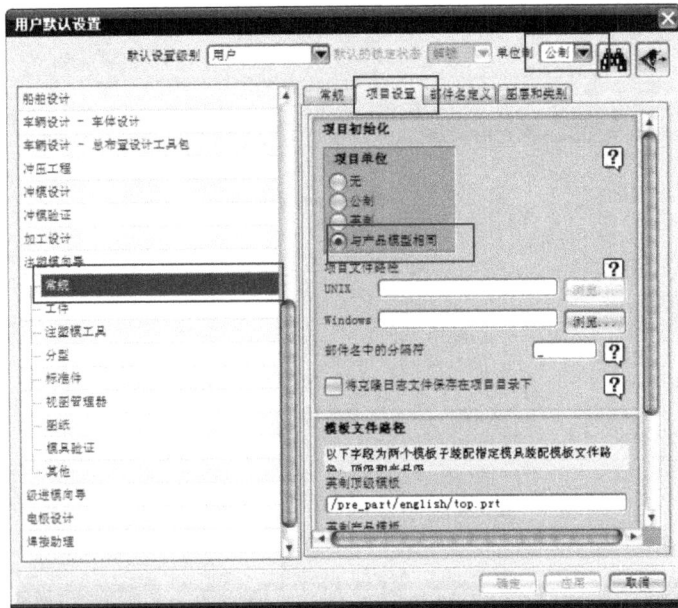

图 2-9

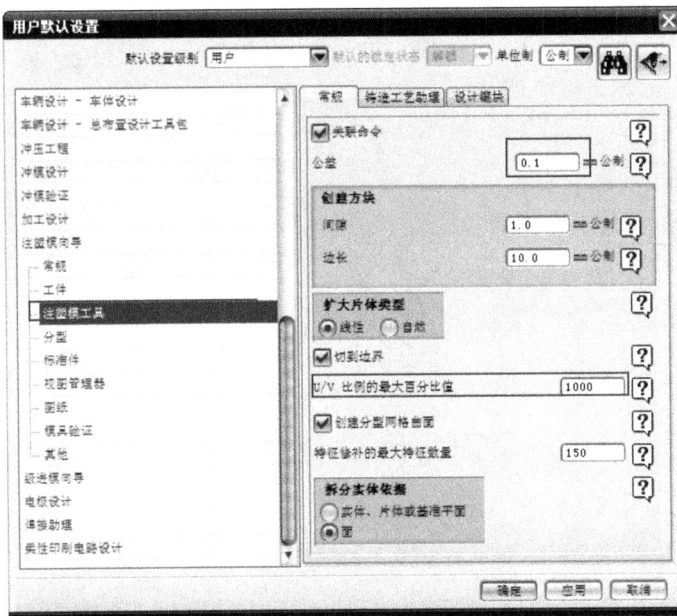

图 2-10

(5)选择【其他】|【冷却】、【电极】选项，把设计方式改为【从对话框中选择】，见图 2-11 所示。

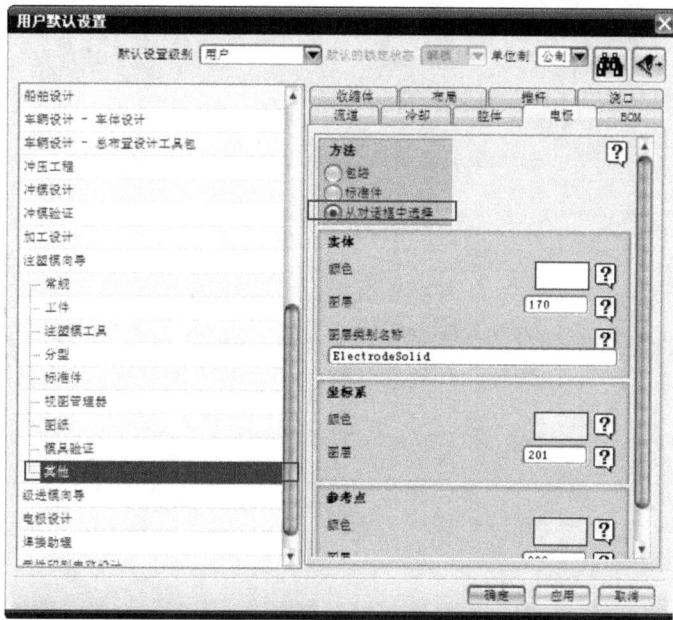

图 2-11

2.1.6 UGNX6.0 注射模向导工作界面

(1)双击 UG 快捷键图标,启动 UG 主程序,单击【新建】或【打开】命令,进入 Modeling 模块,见图 2-12 所示。

图 2-12

(2)选择【开始】|【所有应用模块】|【注射模向导】,弹出【注射模向导】工具条,进入注射模向导模块,见图 2-13 所示。

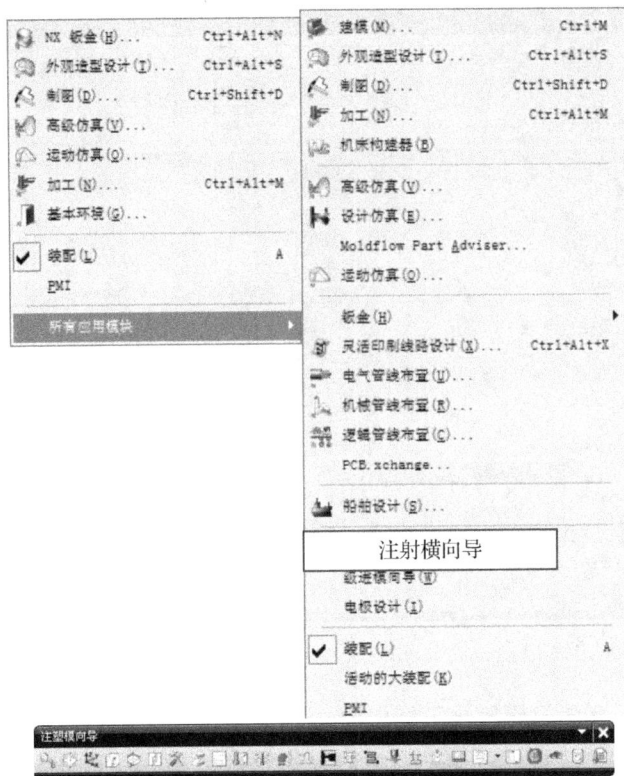

图 2-13

（3）注射模向导是和建模模块共存的，因此进入注射模模块后，除了多了个注射模向导工具条外，其余的界面就是建模模块的界面，当然，装配模块也可以与建模模块和注射模向导模块共存，见图 2-14 所示。

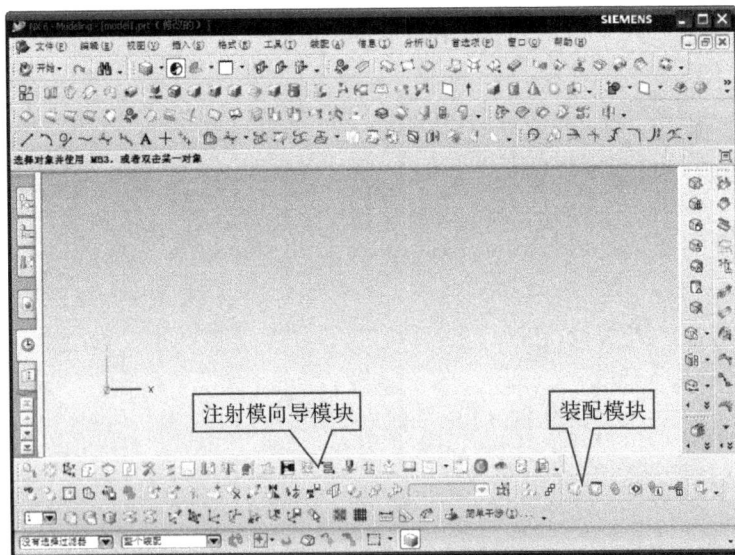

图 2-14

（4）注射模向导模块大致主要有四部分组成：模型准备、模具创建、后处理和视图及文件管理，见图 2-15 所示。具体的命令将在后面的章节中详细讲解！

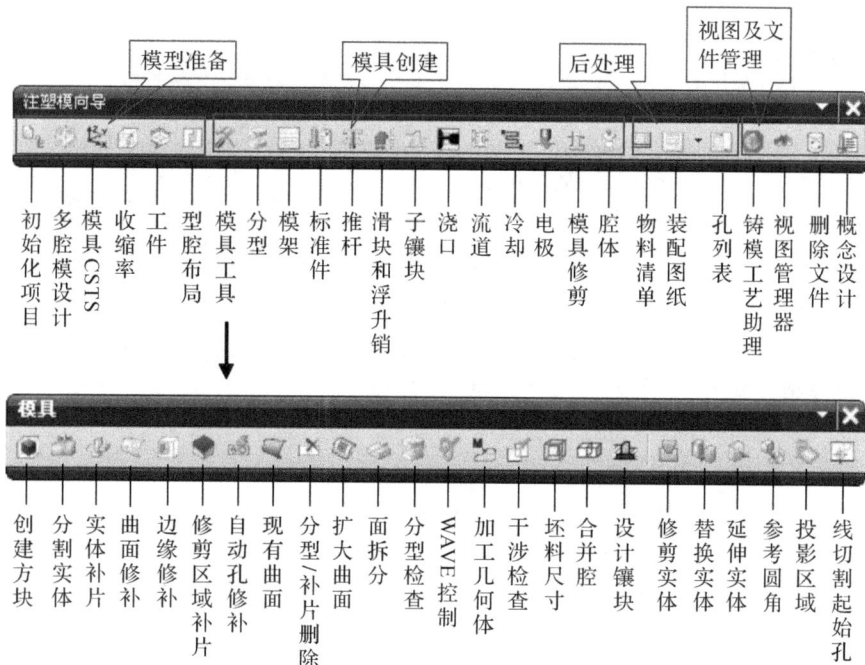

图 2-15

（5）其他界面形式和建模模块一样，如装配导航器、部件导航器等，在此不再赘述！

2.2 模具设计流程

UG 中设计模具是指建模模块下，运用 MoldWizard 进行模具设计得到型芯、型腔、模架的过程，在操作过程中涉及很多专门术语，本节将介绍注塑模设计的基本步骤，然后逐一讲解 UG 模具设计相关术语。

2.2.1 注塑模设计过程

以图 2-16 水杯模型的为例，讲解注塑模设计过程。

图 2-16 水杯模型

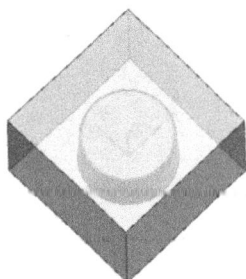

图 2-17 减去水杯模型的工件

（1）首先创建一个方块包容整个水杯模型，从中减去模型所在体积，这个方块在模具设计中称为工件，如图 2-17 减去水杯模型的工件。

（2）通过分型面，将减去水杯模型的工件一分为二，其中构成水杯外形的块称为型腔（凹模板），另外构成水杯内部形状的块称为型芯（凸模板），如图 2-18所示。

（3）根据型芯与型腔零件添加标准模架，如图 2-19动模部分、图 2-20 定模部分所示。

（4）为了注入塑料，通常在凹模板上开射进胶口，为了使模具安装在注塑机上，可以将凹模板及固定板连接在大一点的金属板上（面板），使其固定于注塑机的定模架。此外，为了方便安装模具，使得注塑机喷嘴与主浇套口对准，在定模板上安装定位环，

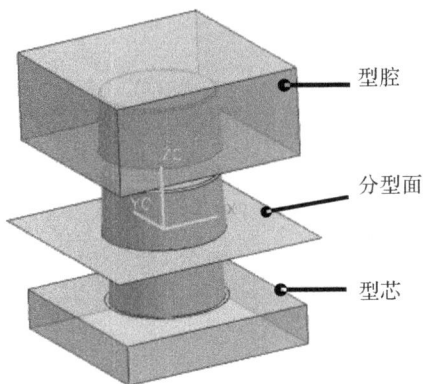

型腔
分型面
型芯

图 2-18

因为进料道与高温塑料和注塑机反复接触和碰撞，所以用性能较好的材料单独做成一个主浇套，安装在定模板内，如图 2-21 定模部分组立图所示。

（5）塑料冷却后会收缩包紧在凸模上，因此在凸模一侧还应该设置顶出机构。为了在合模时候顶杆能返回原位，需要设计复位杆，为了将动模固定固定在注塑机的动模架上，我们将凸模及其固定板和顶出机构连接在大一点的金属板（底板）上，如图 2-22 所示。

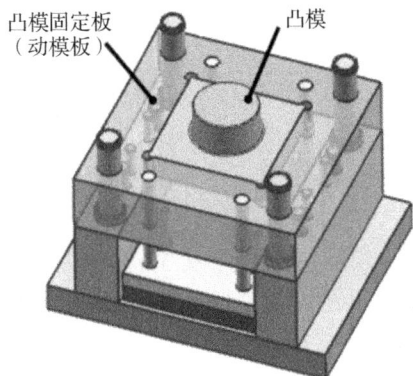

凸模固定板
（动模板）
凸模

图 2-19

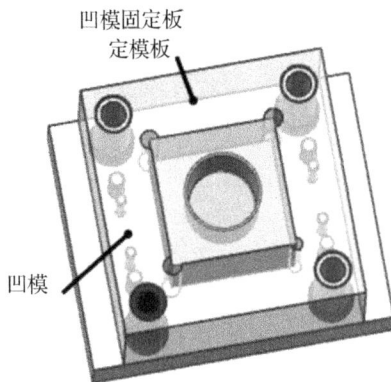

凹模固定板
定模板
凹模

图 2-20

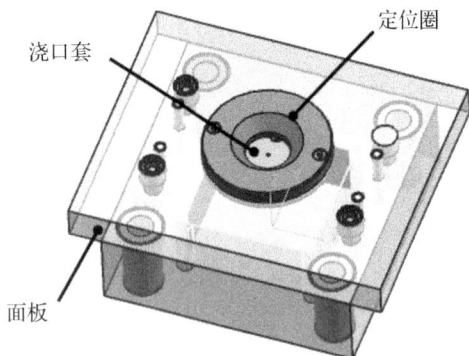

浇口套
定位圈
面板

图 2-21

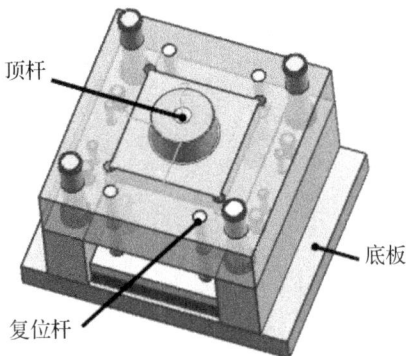

顶杆
底板
复位杆

图 2-22

（6）一般情况下,型芯和型腔板是成型零件,成型零件工作时,直接与塑料熔体接触,承受熔体料流的高压冲刷、脱模摩擦等。所以要求材料性能好,因而价格较高,为降低成本,一般采用镶拼形式。

2.2.2　典型 UG 注塑模设计过程

本节主要介绍 UG NX6.0 模具向导模块（Mold Wizard）设计注塑模的一般流程：

通过选择【模具向导】工具栏的各个按钮,进入图标对应的设计对话框,在对话框中选择设计步骤,设置各零部件参数,再逐步创建和组装零部件,构成模具结构。如图 2-23UG 模具设计流程图所示。

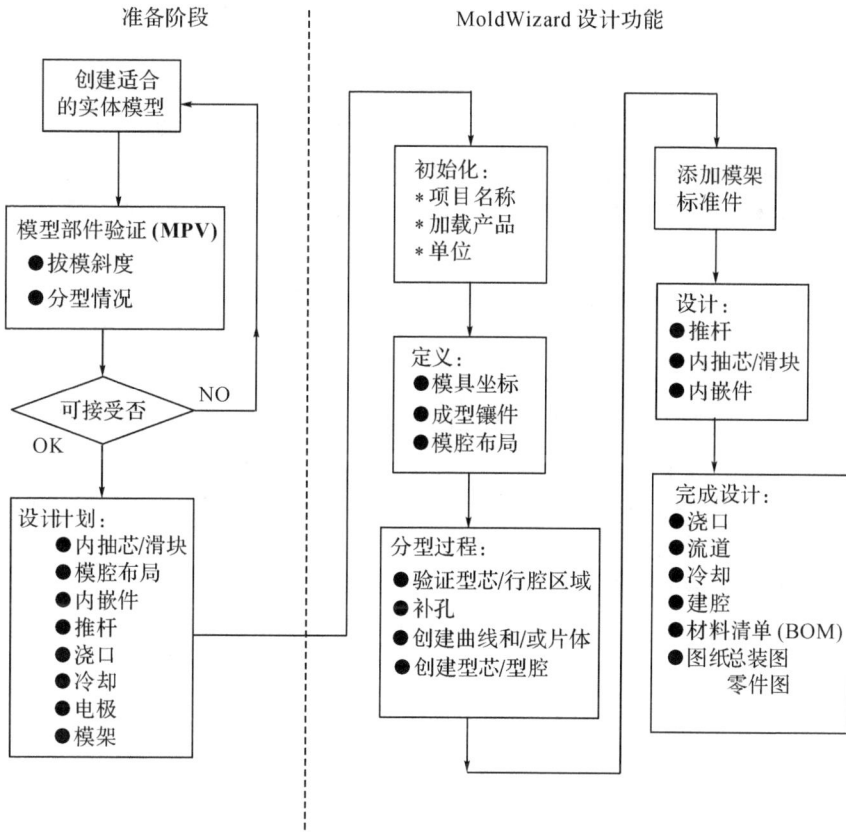

图 2-23　UG 模具设计流程图

Mold Wizard 设计一般步骤如下：

（1）产品模型准备

用于模具设计的产品三维模型文件有多种文件格式,UG NX6.0 模具向导模块（Mold Wizard）需要一个 UG 文件格式的三维产品实体模型作为模具设计的原始模型,如果一个模型不是 UG 文件格式的三维实体模型,则需用 UG 软件将文件转换成 UG 软件格式的三维实体模型或是重新创建 UC 三维实体模型。正确的三维实体模型有利于 UG NX6.0 模具向导模块（Mold Wizard）自动进行模具设计。

（2）装载产品

装载产品是使用 UG NX6.0 模具向导模块（Mold Wizard）进行模具设计的第一步,产品成功装载后,UG NX6.0 模具向导模块（Mold Wizard）将自动产生一个模具装配结构,该装配结构包括构成模具所必需的标准元素。

（3）设置模具坐标系

设置模具坐标系是模具设计中相当重要的一步，模具坐标系的原点须设置于模具动模和定模的接触面上，模具坐标系的 XC－YC 平面须定义在动模和定模接触面上，模具坐标系的 ZC 轴正方向指向塑料熔体注入模具主流道的方向上。模具坐标系与产品模型的相对位置决定产品模型在模具中放置的位置，是模具设计成败的关键。

（4）设置收缩率

塑料熔体在模具内冷却成型为产品后，由于塑料的热胀冷缩大于金属模具的热胀冷缩，所以成型后的产品尺寸将略小于模具型腔的相应尺寸，因此模具设计时模腔的尺寸要求略大于产品的相应尺寸以补偿金属模具型腔与塑料熔体的热胀冷缩差异。UG NX6.0 模具向导处理这种差异的方法是将产品模型按要求放大生成一个名为缩放体（Shrink Part）的分模实体模型（Parting），该实体模型的参数与产品模型参数是全相关的。

（5）设置模具型腔和型芯毛坯尺寸（工件）

模具型腔和型芯毛坯（简称"模坯"）是外形尺寸大于产品尺寸的用于加工模具型腔和型芯的金属坯料。UG NX6.0 模具向导模块（Mold Wizard）自动识别产品外形尺寸并预定义模具型腔、型芯毛坯的外形尺寸，其默认值在模具坐标系 6 个方向上比产品外形尺寸大 25mm，用户也可以根据实际要求自定义尺寸。Mold Wizard 通过"分模"将模具坯料分割成模具型腔和型芯。

（6）模具型腔布局

模具型腔布局即是通常所说的"一模几腔"，它指的是产品模型在模具型腔内的排布数量。它是用来定义多个成型镶件各自在模具中的相当位置的。UG NX6.0 模具向导模块（Mold Wizard）提供了矩形排列和圆形排列两种模具型腔布局方式。

（7）修补模型破孔

塑料产品由于功能或结构的需要，在产品上常有一些穿透产品孔，即本书本章所称的"破孔"。为将模坯分割成完全分离的两部分——型腔和型芯，UG NX6.0 模具向导模块（Mold Wizard）需要用一组厚度为零的片体将分模实体模型上的这些孔"封闭"起来，这些厚度为零的片体、分模面和分模实体模型表面可将模坯分割成型腔和型芯。UG NX6.0 模具向导模块（Mold Wizard）提供自动补孔功能。

（8）创建模具分型线

UG NX6.0 模具向导模块（Mold Wizard）提供 MPV（MPV，Mold Part Validation 分模对象验证的简写）功能，将分模实体模型表面分割成型腔区域和型芯区域两种面，两种面相交产生的一组封闭曲线就是分型线。

（9）创建模具分型面

分型面是由一组分型线向模坯四周按一定方式扫描、延伸和扩展而形成的一组连续封闭的曲面。UG NX6 模具向导模块（Mold Wizard）提供自动生成分型面功能。

（10）创建模具型腔和型芯

分模实体模型破孔修补和分型面创建后，即可用 UG NX 模具向导模块（Mold Wizard）提供的建立模具型腔和型芯功能将毛坯分割成型腔和型芯。

（11）建立模架

模具型腔、型芯建立后，需要提供模架以固定模具型腔和型芯。UG NX6.0 模具向导模块(Mold Wizard)提供有电子表格驱动的模架库和模具标准件库。

（12）加入模具标准部件

模具标准部件是指模具定位环、浇口套、顶杆和滑块等模具配件。UG NX6.0 模具向导模块(Mold Wizard)提供有电子表格驱动的三维实体模具标准件库。

（13）设计浇口和流道系统

塑料模具必须有引导塑料进入模腔的流道系统。流道的设计与产品的形状、尺寸及成型数量密切相关。常用的流道类型是"冷流道"，冷流道系统由 3 个部分组成：主流道(Sprue)、分流道(Runner)和浇口(Gate)。

主流道是熔料注入模具最先经过的一段流道，常用一个标准的浇口套来成型这一部分。

分流道是熔料从主流道进入型腔前的过渡部分，它分布在分型面上型芯和型腔的一侧或双侧。

浇口是从分流道到型腔的关键流道。浇口形状的设计要考虑塑料的成型特性和产品的外观要求。

（14）创建腔体

创建腔体是指在型腔、型芯和模板上建立腔或孔等特征以安装模具型腔、型芯、镶块及各种模具标准件。

（15）列出模具零件材料清单，创建模具二维装配图、零件图。

2.2.3 UG 模具设计术语

UG 模具设计过程中使用很多术语描述设计步骤，这些是模具设计独有的，熟悉掌握这些术语，对接下来学习 UG 模具设计有很大帮助。

（1）设计模型。模具设计必须有一个设计模型，也就是产品原始数据。设计模型决定模具的型腔形状，成型过程是否要利用镶块、镶针、滑块等模具元件，以及浇注系统，冷却系统设计布置。如图 2-24 所示。

图 2-24

（2）参考模型。是设计模型在模具模型的映像。如果更改设计模型，那么包含的模具模型中的参考模型也将发生变化，然而在模具模型中对参考模型进行编辑，修改了其特征，则不会影响设计模型。如图 2-25 所示。

（3）工件。表示直接参与熔料模具元件的总体积。如图 2-26 所示。

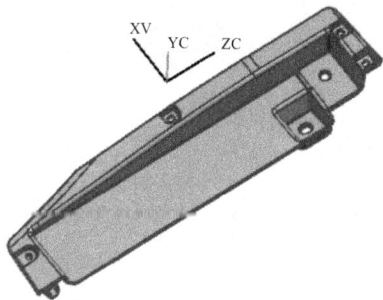

图 2-25

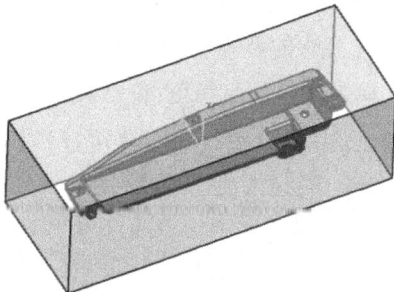

图 2-26

（4）分型面。分型面由一个或多个曲面特征组成，如图 2-27 所示。可以分割工作或者已经存在模具体积块。分型面在模具设计中占据着最重要和最关键的地位，应合理地选择和创建分型面。

（5）收缩率。注塑件从模具中取出冷却至室温后尺寸发生缩小变化的特征称为收缩性，衡量塑件收缩程度大小的参数称为收缩率。对于高精度塑件如车灯等，必须考虑收缩给塑件尺寸形状带来的误差。

（6）拔模斜度。塑料冷却后会产生收缩，使塑料制品紧紧地包裹住模具型芯或型腔突出部分，造成脱模困难，为便于塑料制品从模具取出或是从塑料制品中抽出型芯，

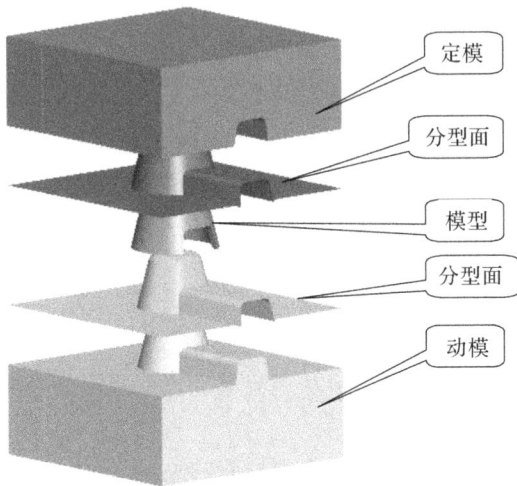

图 2-27

防止塑料制品表面被划伤、擦毛等问题的产生，塑料制品的内、外表面沿脱模方向都应该有倾斜的角度，即脱模斜度，又称拔模角度。

2.3　Mold Wizard 简单应用实例

本节以手机后盖为例，介绍使用 Mold Wizard 模块进行自动分模模具设计的主要过程。

【实例 2-1】　手机后盖自动分模模具设计。

以图 2-28 手机后盖为例，熟练 Mold Wizard 模块进行设计。

2.3.1　模具初始化

MoldWizard 设计过程的第一步就是加载产品和设计的初始化。在初始化的过程中，Mold-Wizard 将自动产生一个模具装配结构，该装配结构由构成模具必需的标准元素组成。他的装配结构是克隆了一个隐藏在 MoldWizard 内部的种子装配，该种子装配是用 UG 的高级装配和 WAVE 连接器所提供的部件参数关联的功能建立的，专门用于管理复杂的模具装配。

一、导入塑料制品模型（设计模型）

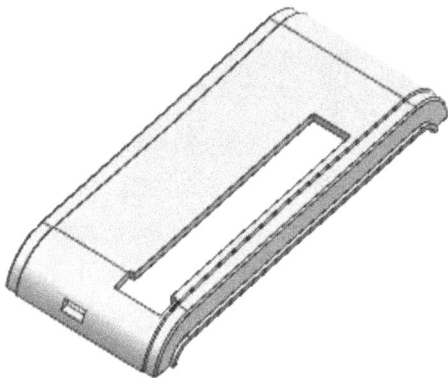

图 2-28　手机后盖

打开 MoldWizard 后，单击【注塑模向导】工具栏的【初始化项目】按钮，载入要注塑成型的部件。如图 2-29 所示。

在弹出如图 2-30 所示的【打开部件文件】对话框，在查找范围中选择 * \Unfinished\ cap. prt 文件打开，单击【OK】按钮。

提示：提示：在任何地方，Moldwizard 都不会修改原产品模型，而是在设计中创建一个链接的备份使用。

图 2-29

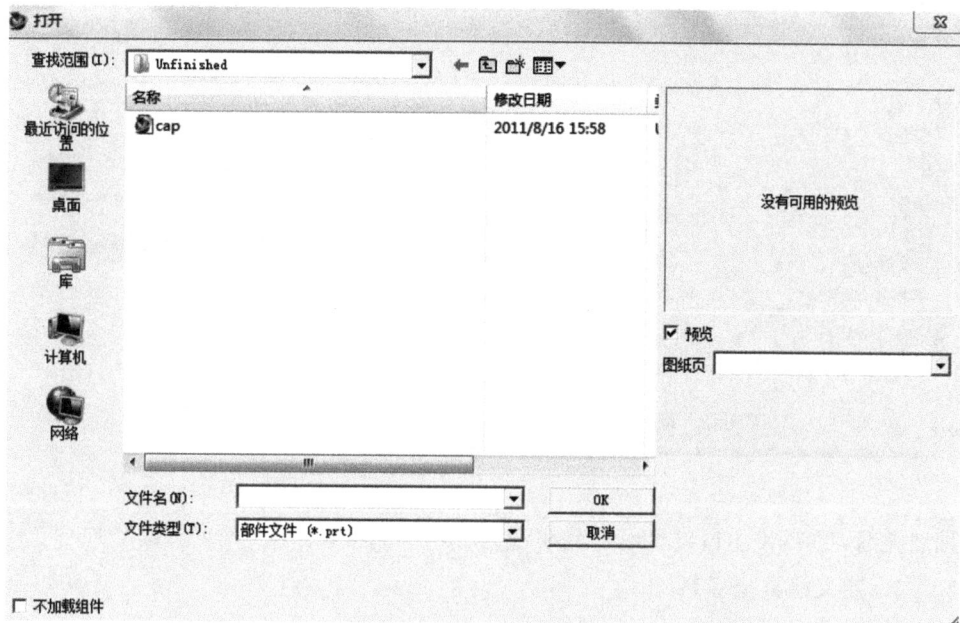

图 2-30 [打开部件文件]对话框

二、设置初始化对话

系统将弹出【初始化项目】对话框,对话框中包括项目设置路径和名称、材料、收缩和编辑材料数据库等基本内容。

设置【项目单位】中选择毫米,输入项目名称 cap,在【材料】列表中选择 ABS,如图 2-31所示,单击【确认】按钮。系统会根据【配置】选项,自动加载装配文件,打开【装配导航器】就可见到图 2-32 所示的装配树。

提示:一般情况下顶层装配文件系统自动命名为 xxx_top_xxx。加载完成后,UG 上方标题栏中的显示的部件名称也是该顶层文件,如图 2-32 所示,本次加载完后,标题栏上显示的是 cap_top_010.prt。

自动产生的装配结构是克隆了一个隐藏在 Moldwizard 内部的种子装配。该种子装配是用 UG 的高级装配和 WAVE 链接器功能建立的,用于管理复杂的模具装配。

当初始化完成后,设计初始化的设置不能再更改。

当项目装载后,装配的所有文件自动储存。

图 2-31

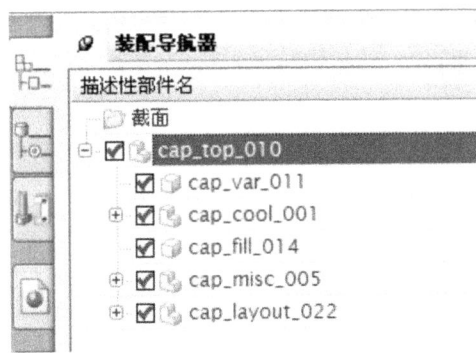

图 2-32

加载完后，UGNX 主窗口显示产品模型，如图 2-33 所示。

2.3.2 定义模具坐标系

模具设计需要确定模具的分模面和顶出方向，这是由模具的坐标系和方位确定的。定义模具坐标系（Mold CSYS）在模具设计中很重要，MoldWizard 规定坐标原点位于模架的动、定模板接触面的中心；坐标主平面或 XC－YC 平面定义在动模、定模的分模面上，ZC 轴的正方向指向模具注入喷嘴。

其操作步骤包括以下：

（1）重新定位产品零件坐标。使用 WCS 菜单功能重新定位产品零件坐标，将坐标系从坐标原点移动到合适的位置。由于手机后盖的决定坐标系已满足要求，因此不需要再做调整。如图图 2-34 所示。

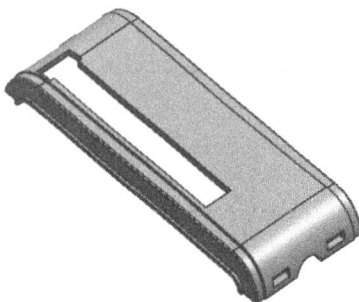

图 2-33

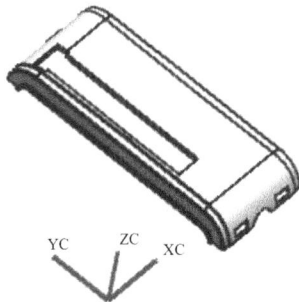

图 2-34

(2)定义和锁定模具坐标系

进入模具坐标系的定义如下图 2-35 所示

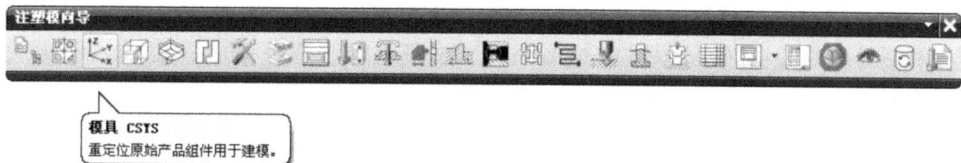

图 2-35

在【注塑模向导】工具栏中单击【模具 CSYS】🔧，弹出如图 2-36 所示的【模具 CSYS】对话框。

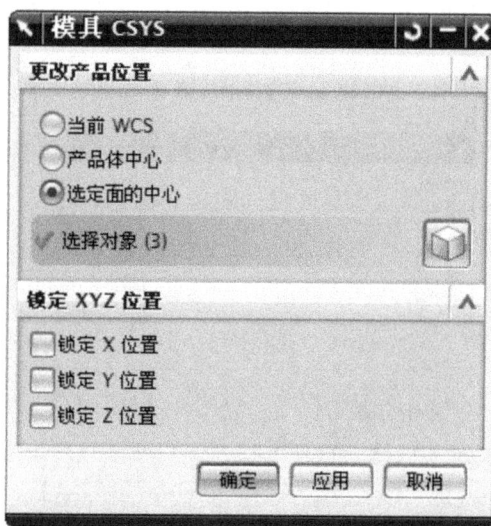

图 2-36　"模具 CSYS"对话框

在【更改产品位置】中选择【选取面的中心】，选择如图 2-37 手机底部三张面。

(3)单击【确定】按钮完成模具 CSYS 设置。最后结果得到的结果如图 2-38 所示

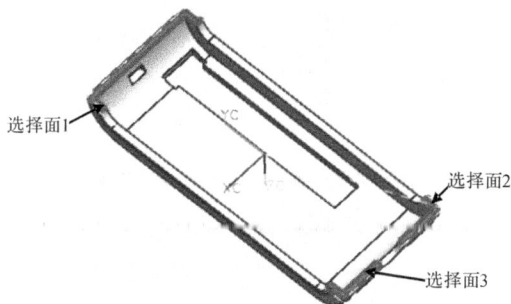

图 2-37

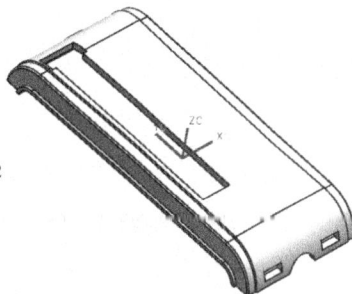

图 2-38

2.3.3 设置模具收缩率

塑件一般在冷却定型后其尺寸小于相应部位的模具尺寸，所以在设计模具时，必须将塑件的收缩量补偿到模具的相应尺寸中，以得到符合要求的塑件产品。

通常模具的型心、型腔的尺寸必须比产品尺寸略放大一些，以补偿材料冷却后的收缩。收缩率一般以 1/1000 为单位或者用百分率表示。

设置收缩率步骤：

(1)进入模具坐标系的定义如下图 2-39 所示

图 2-39

在【注塑模向导】工具栏中单击【收缩率】按钮，弹出如图 2-40 所示的【收缩体】对话框。

图 2-40

(2)在对话框中包括了设置收缩率的类型、缩放点、比例因子等参数，本例收缩率的类型选择【均匀】类型，并比例因子中输入 1.005，单击【确定】按钮。

2.3.4 创建模具工件

(1)进入【工件】的定义如下图 2-41 所示

图 2-41

在【注塑模向导】工具栏中单击【工件】按钮,弹出如图 2-42 所示的【工件】对话框。在对话框中包括工件类型、工件方法、尺寸等参数。

（2）在对话框中选择类型【产品工件】,工件方法选择【用户定义的块】,在尺寸中将限制【开始】和【结束】的值改为 40mm。单击【预览】可以预览显示结果,如图 2-43 所示。

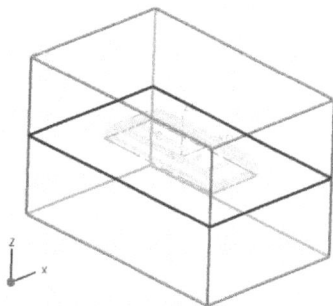

图2-43

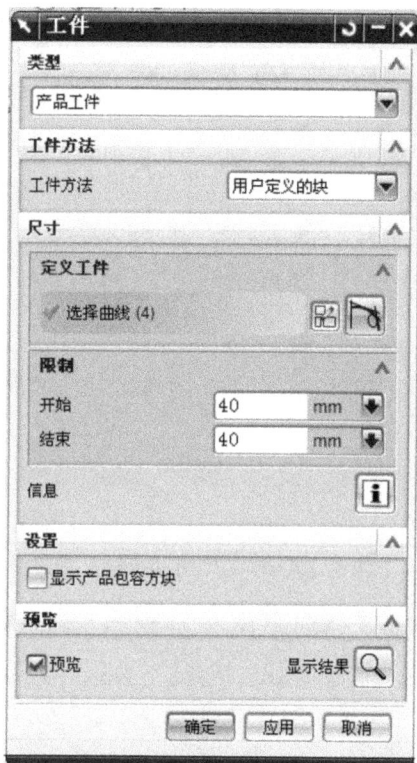

图 2-42

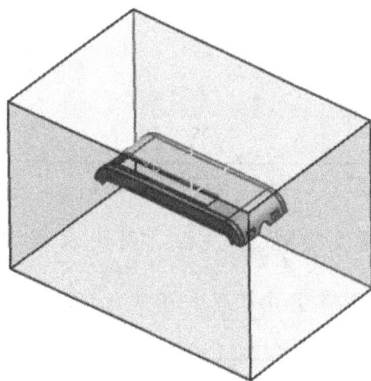

图 2-44

注意:如图我们常常运用 【编辑对象显示】按钮,可以【编辑对象显示】对话框提高工件的透明度,这样可以查看工件内部的注塑件。如图 2-43 所示。

（3）单击【确定】按钮完成模具工件设置。最后结果得到的结果如图 2-44 所示

2.3.5 保存

在设计的过程中,要注意及时保存,以免数据丢失。

依次选择【文件】|【全部保存】工具,如图 2-45 所示的【全部保存】按钮。

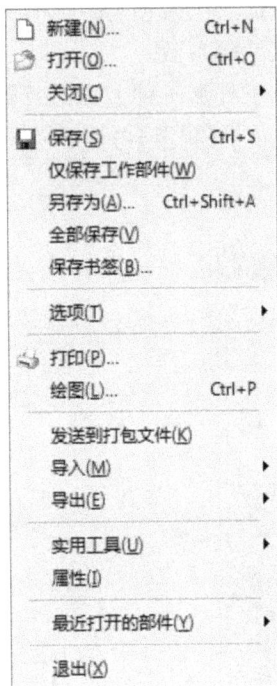

新建(N)		Ctrl+N
打开(O)...		Ctrl+O
关闭(C)		▶
保存(S)		Ctrl+S
仅保存工作部件(W)		
另存为(A)...		Ctrl+Shift+A
全部保存(V)		
保存书签(B)...		
选项(T)		▶
打印(P)...		
绘图(L)...		Ctrl+P
发送到打包文件(K)		
导入(M)		▶
导出(E)		▶
实用工具(U)		▶
属性(I)		
最近打开的部件(Y)		▶
退出(X)		

图 2-45

提示：保存时，一定要选择【全部保存】，不能选择【保存】或者在工具栏快捷菜单中直接单击【保存】 🖫 按钮。因为设计过程中会产生很多新的部件文件，如果只选择【保存】，系统仅保存当前的文件，不会保存相关的部件文件，所以必须选择【全部保存】，以保证数据不会丢失。

2.3.6　型腔布局

模具型腔布局即是通常所说的"一模几腔"，它指的是产品模型在模具型腔内的排布数量。它是用来定义多个成型镶件各自在模具中的相当位置的。UG NX6.0 模具向导模块（Mold Wizard）提供了矩形排列和圆形排列两种模具型腔布局方式。

由于此手机后盖实例中将采用一模一腔的布局方式，因此【型腔布局】就不要使用了，读者可以试着用一模二腔来创建布局。下一章专门有型腔布局练习。

2.3.7　模型修补(补面)

塑料产品由于功能或结构的需要，在产品上常有一些穿透产品孔，即本书本章所称的"破孔"。为将模坯分割成完全分离的两部分——型腔和型芯，UG NX6.0 模具向导模块（Mold Wizard）需要用一组厚度为零的片体将分模实体模型上的这些孔"封闭"起来，这些厚度为零的片体、分模面和分模实体模型表面可将模坯分割成型腔和型芯。

UG NX6.0 模具向导模块（Mold Wizard）提供自动补孔功能。

（1）进入【注塑模工具】的定义如图 2-46 下所示

注塑模工具条中的具体命令按钮如图 2-47 所示

图 2-46

图 2-47

MoldWizard 工具(Mold Tools)可用于:

★ 实体分割模腔镶件,创建滑块、嵌件几何体。

★ 实体填补产品模型、型芯和型腔的空隙。

★ 片体修补复杂空和其他开放面、创建一个隔离型芯、型腔的模型。

MoldWizard 工具与分型功能紧密结合,能完成各个复杂模具的设计。

(2)下面是利用【曲面补片】功能进行对部件单个曲面中有孔的部分进行修补,图 2-48 是选【曲面补片】功能条。

图 2-48

(3)点击了【曲面补片】功能以后,出现对话框如下图 2-49 所示。

图 2-49

(4)选择要修补的面以后,如图 2-50 所示,然后点击确定,出现对话框如下图 2-51 所示,直接点击【确定】就可以对通孔进行曲面补片,效果如图 2-52 所示。

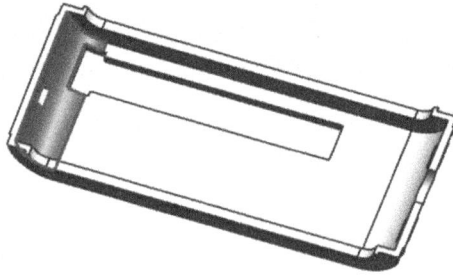

图 2-50

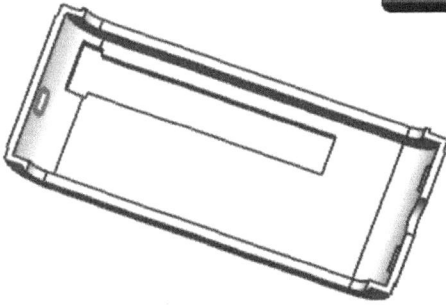

图 2-51

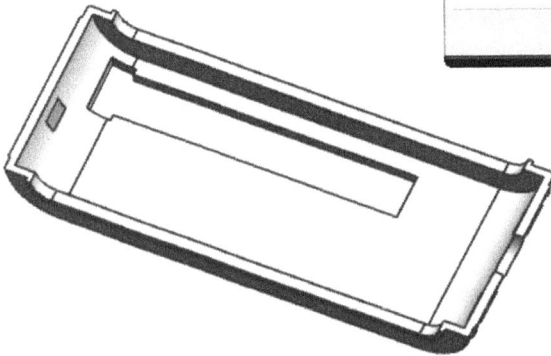

图 2-52

(5)如图 2-53 所示,其他同一平面孔的修补可依此方法逐一进行修补。

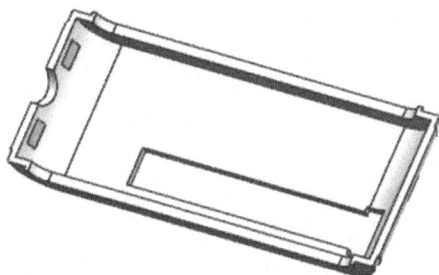

图 2-53

(6)下面利用【自动孔修补】功能进行对部件中不是同一张曲面的孔的部分进行修补,图 2-54 是选【自动孔修补】功能条。

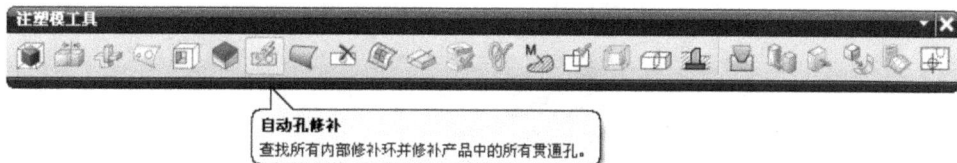

图 2-54

点击了【自动孔修补】功能以后,出现对话框如下图 2-55 所示。对话框中包括环搜索方法、显示环类似等基本内容。

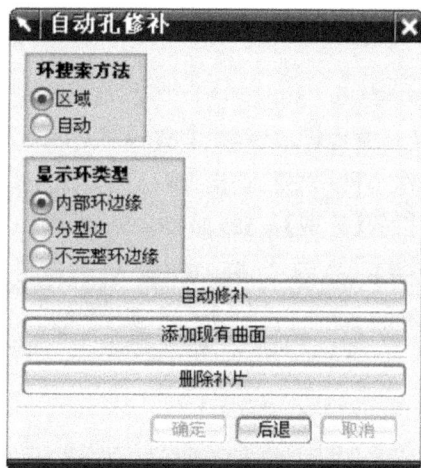

图 2-55

在对话框中选择环搜索方法【自动】,在修补方法【型芯侧面】,如图 2-56 所示。

(7)单击【自动修补】按钮完成【自动孔修补】设置。最后结果得到的结果如图 2-57 所示。

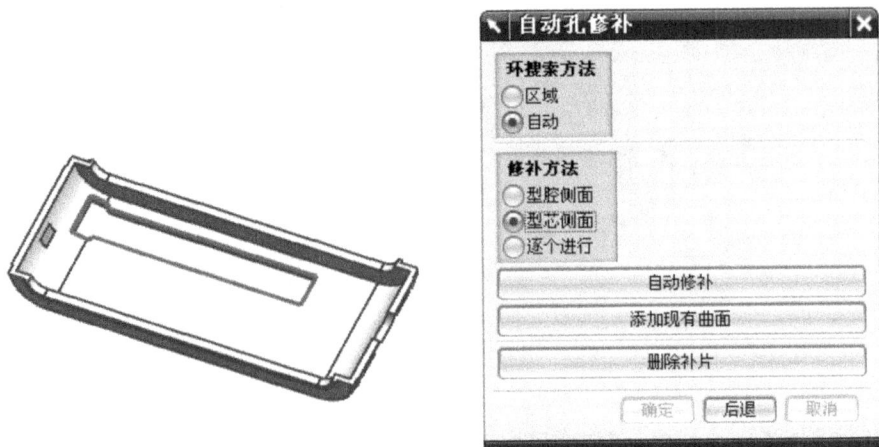

图 2-56

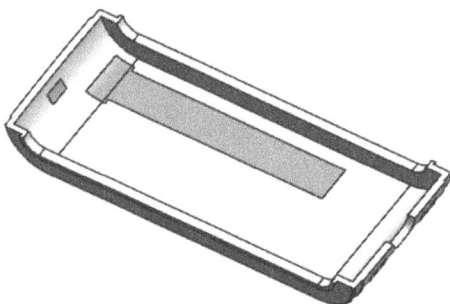

图 2-57

2.3.8　模型分型

利用【分型】功能，可以顺利完成提取区域、自动补孔、自动搜索分型线、创建分型面、自动生成模具型芯和型腔等操作，可以方便、快捷、准确地完成模具分模工作。

单击【注塑模向导】工具栏的【分型】按钮，如图 2-58 所示。

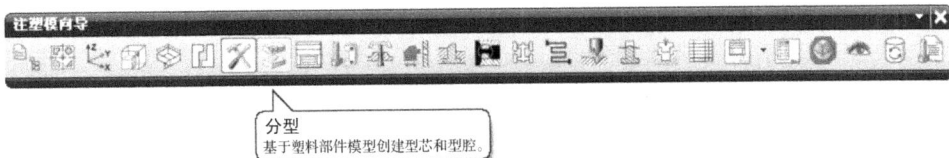

分型
基于塑料部件模型创建型芯和型腔。

图 2-58

点击了【分型】功能以后，出现如图 2-59 所示【分型管理器】对话框，对话框的分型的分型功能可以实现如下几种设计：

- 创建分型线，自动识别产品的最大轮廓。
- 创建分型线到工件外沿的片体。
- 创建修补简单开放孔的片体。

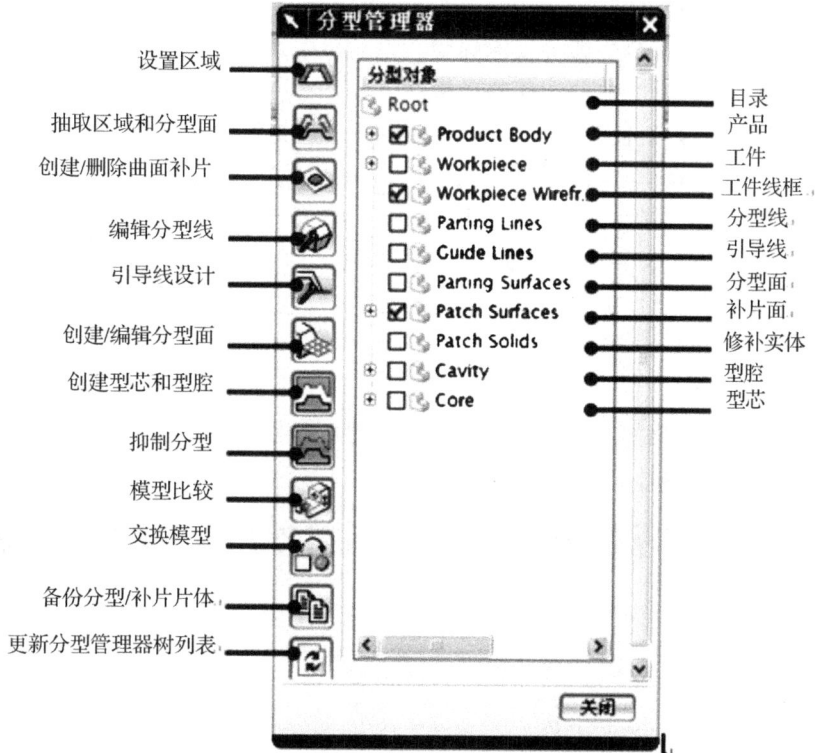

图 2-59

设置区域
抽取区域和分型面
创建/删除曲面补片
编辑分型线
引导线设计
创建/编辑分型面
创建型芯和型腔
抑制分型
模型比较
交换模型
备份分型/补片片体
更新分型管理器树列表

目录
产品
工件
工件线框
分型线
引导线
分型面
补片面
修补实体
型腔
型芯

- 识别产品的型腔和型芯面。
- 创建模具的型芯和型腔。
- 编辑分型线,重新设计模具。

一、编辑设计区域

单击【设计区域】图标 ⬚ ,打开如图 2-60 所示【MPV(模型部件验证)初始化】对话框。

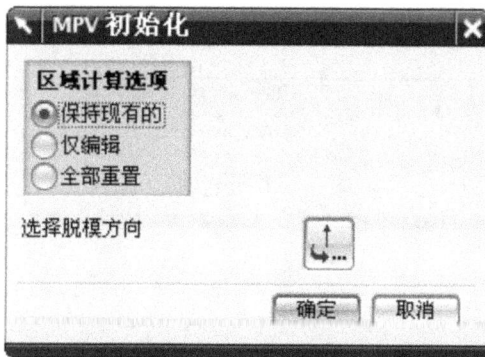

图 2-60

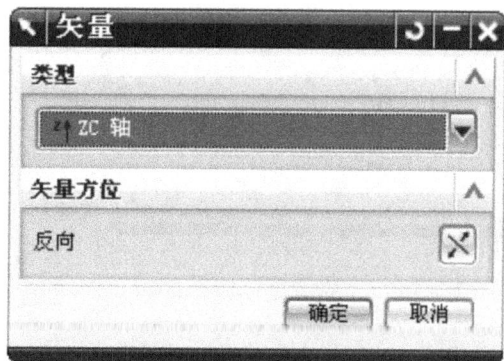

图 2-61

功能:模型部件验证提供了许多有关产品的信息。如:

①在模具中的方向和位置。

②确认产品是否含有合适的分模轮廓线。

③分割模型表面和人为地分配面的区域。

④产品构造情况,是否便于拔模,是否有底切现象及是否需要补孔。

【MPV 初始化】对话框选择脱模方向【指定脱模方向】选择＋Z 方向。如图 2-61 所示。单击【确定】返回【MPV 初始化】对话框再次【确定】。得到如图 2-62【塑模部件验证】对话框。单击【设置区域颜色】,完成区域面积设置。

【塑模部件验证】对话框显示 4 个页面:面、区域、设置和信息,分别计算和显示模型中有关拔模、分型等各类信息。

● 【面】选项卡

单击【面】选项卡出现如图 2-63 所示界面,在此对话框中可编辑所有面的颜色,并可对面进行分割和面拔模分析。

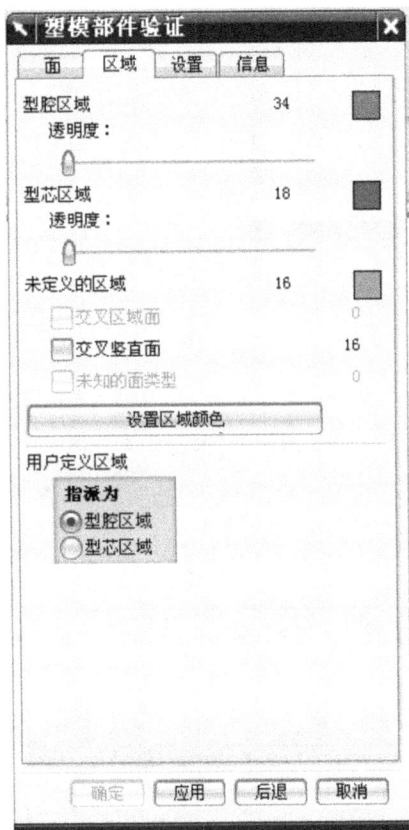

图 2-62

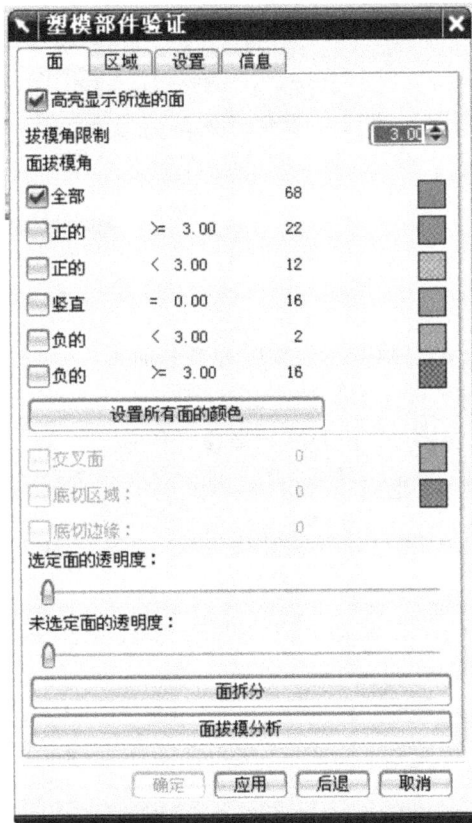

图 2-63

● 【区域】选项卡

单击【区域】选项卡切换到如图 2-62 所示界面,该对话框可将产品模型的面分为型芯和型腔区域,并可为每个区域设置颜色。

单击【设置区域颜色】按钮,模型便会按对话框所设置的颜色显示出型腔和型芯区域。

如果模型中有"未定义的区域",则可由用户在"用户定义区域"手动定义型腔和型芯区域。

注意：型芯和型腔区域并不一定完全正确。我们可以在【抽取区域】选项中重新定义型芯和型腔面。

● 【设置】选项卡

单击【设置】选项卡切换到如图 2-64 所示界面,该对话框可设置内部环、分型线和局部不完全环线的显示。

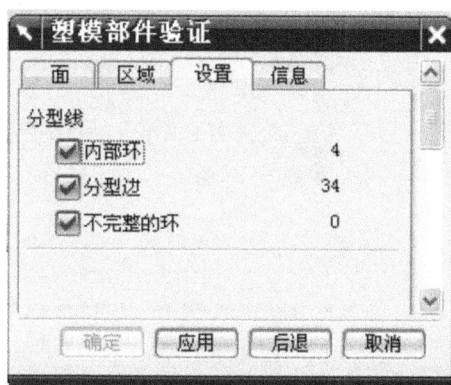

图 2-64

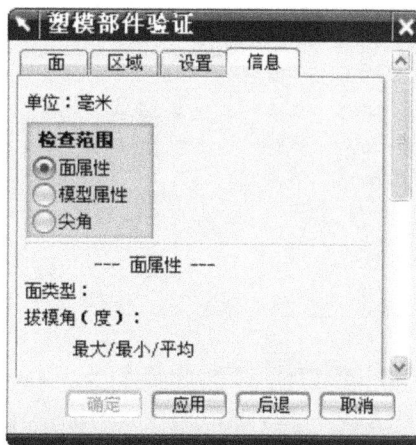

图 2-65

● 【信息】选项卡

单击【信息】选项卡切换到如图 2-66 所示界面,该对话框提供各种方便的分析功能：

◇ 面属性：面属性显示了面的类型、最大/最小拔模角及面积等,如图 2-65 所示。

◇ 模型属性：模型属性显示了模型类型、尺寸、体积/表面积、面的数量和边数,如图2-66所示。

◇ 锐角面：锐角面可显示锐角极限角度、尖角边、角半径极限等,如图 2-67 所示。

二、提取区域和分型线

(1)单击【抽取区域和分型面】图标,打开如图 2-68 所示【定义区域】对话框。

在抽取区域之前型芯区域和型腔区域

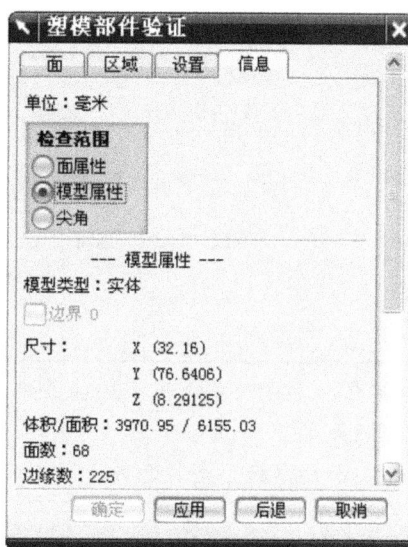

图 2-66

是否正确,单击【Cavity region】查看型腔区域的面如图2-69所示。可以发现塑件 3 个侧孔有三张面颜色还没有被选入型腔区域面。

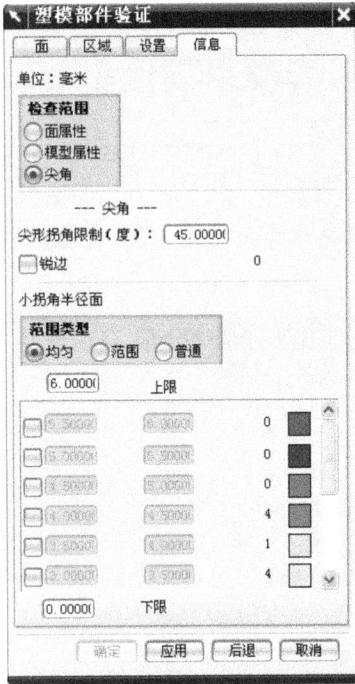

图 2-67

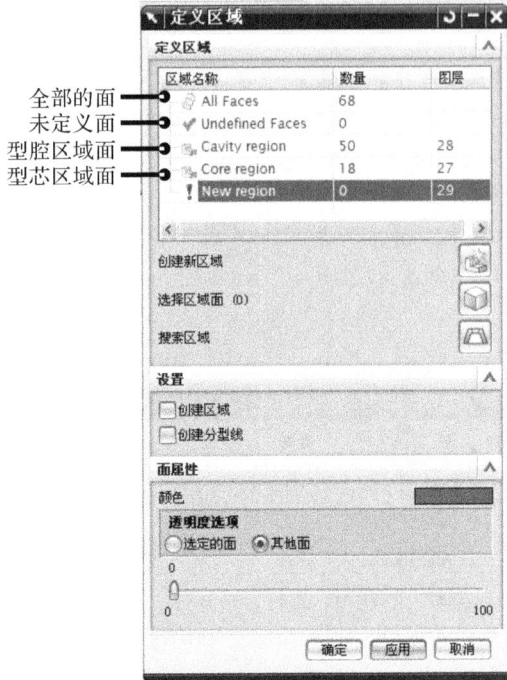

全部的面 ━ All Faces
未定义面 ━ Undefined Faces
型腔区域面 ━ Cavity region
型芯区域面 ━ Core region

图 2-68

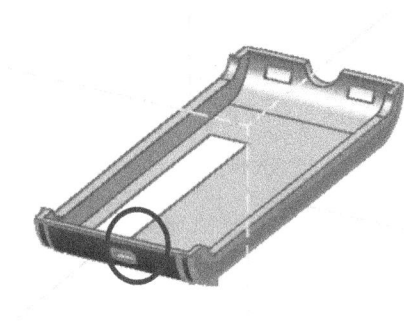

图 2-69

提取区域和分型线是基于设计区域的结果，在该对话框中显示出部件的面的总数和型腔、型芯面数。

注意：面的总数＝型腔面数＋型芯面数

选择侧孔三张面单击【确定】按钮，得到如图 2-70 所示【定义区域】对话框。

（2）提取区域和分型线。如图 2-71 所示【定义区域】对话框，选中【All Faces】，勾中【创建区域】和【创建分型线】单击【确定】按钮，回到如图 2-72 所示【分型管理器】对话框。

三、创建分型线

如图 2-72 所示【分型管理器】对话框。

注意:
型腔区域面数量由
原来50张变成53.
型芯面则减少到15

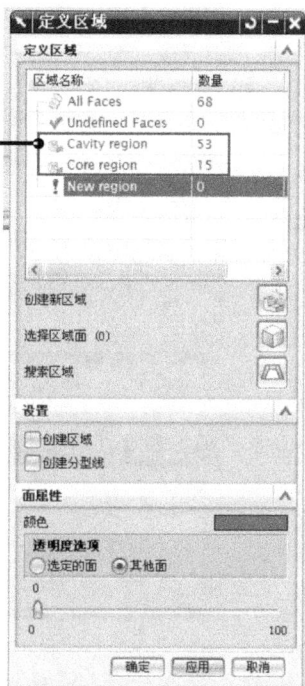

图 2-70

图 2-71

注意: 对于简单的模型,我们可以采用自动抽取分型线功能。如图 2-71 所示在【定义区域】对话框,勾中【创建分型线】,单击【确定】按钮。

往往实际生产中的塑件比较复杂,我们要手动创建分型线。

---

(1)单击【编辑分型线】图标,得到如图 2-73 所示【定义区域】对话框。

对话框中提供了 5 个搜索分型线的工具,具体说明如下:

● 自动搜索分型线。当产品造型较简单时,就有可能自动找到正确的分型线。

● 搜索环。搜索环是用于人工手动搜索分型线,用户从选择产品模型上的一分型曲线/边缘开始,系统自动搜索相邻处的曲线/边以备候选加到分型环中。

● 编辑分型线。单击【编辑分型线】按钮,弹出如图 2-74 所示对话框,同时屏幕亮色显示已定义的分型线。这时,可以手动选择曲线/边加入到分型环中或从分型环中取消(Shift+MB1)亮色显示的对象。

● 合并分型线。单击【合并分型线】按钮,系统将提供选项选择或取消补丁面,用来创建一个平面分型环。

● 编辑过渡对象。过渡线是一条独立的分型线或一组连续的分型线集,用于定义分型面。用过渡线自动产生一桥接曲面或扫描曲面,作为连接相邻两分型面的过渡分型面。过渡对象选择的正确与否直接影响到分型的成败。

图 2-72

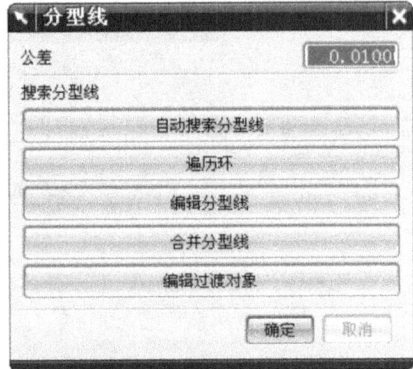

图2-73

图 2-74

（2）单击【自动搜索分型线】按钮，弹出如图 2-75 所示【搜索分型线】对话框，由于我们在【抽取区域和分型线】时候选择了【抽取分型线】。此次才会提示删除原先创建的分型线。

（3）单击【确定】按钮。弹出如图 2-76 所示【搜索分型线】对话框，让单击用户选择产品使系统自动搜索分型线。直接单击【应用】单击【确定】即可。

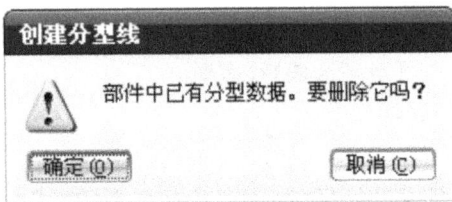

图 2-75

图 2-76

四、创建引导线

功能：引导线创建在分型线段的两端，用于修剪分型片体。

（1）如图 2-72 所示【分型管理器】对话框。单击【引导线设计】图标，得到如图 2-77 所示【引导线设计】对话框。

（2）单击【选择分型和引导线】图标，选择如图 2-78 分型线 4 段圆弧端点放置分型引导线，单击【确定】即可。

提示：最初引导线的方向由系统定义，用户也可在【方向】文本框中更改方向。用户还可编辑引导线的长度和角度。

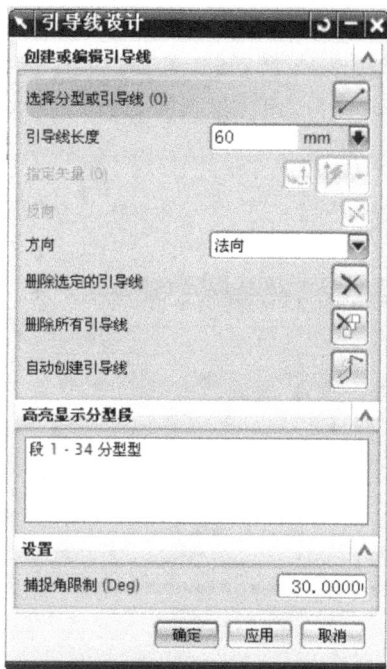

图 2-77

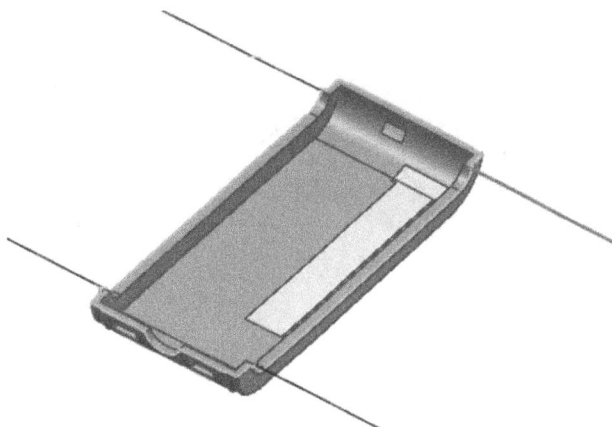

图 2-78

五、创建分型面

功能：当定义完过渡线和点之后，分型环便被分割成分型线段，创建\编辑分型面功能按顺序自动识别每一个分型线段并提供当前线段有效的构建方式选项创建分型面。过渡线自动地填充或桥接两分型线段间的空隙。编辑分型面则可逐个地编辑每个分型线段所生成的分型面。

(1)如图 2-72 所示【分型管理器】对话框。点击【创建/编辑分型面】图标，得到如图 2-79所示【创建分型面】对话框。

(2)点击【创建分型面】图标，得到如图 2-80 所示【分型面】对话框。

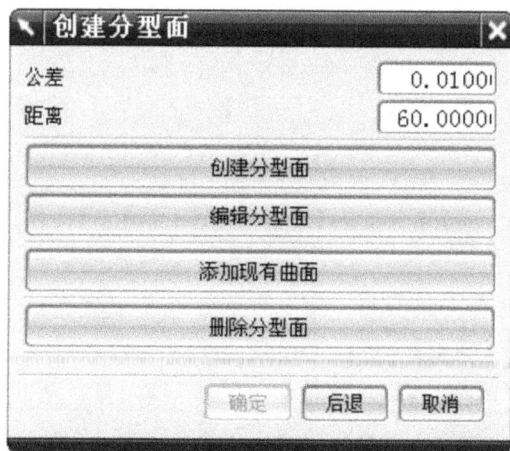

图 2-79

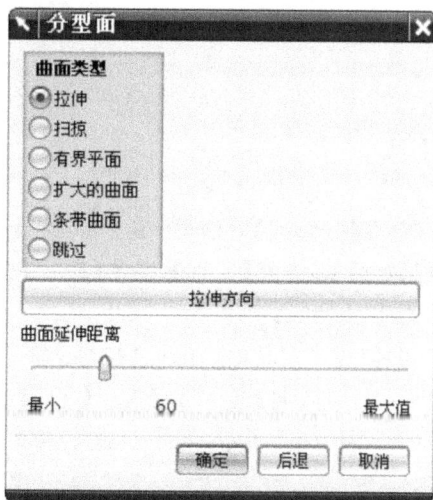

图 2-80

（3）选择【拉伸】单击【确定】按钮，得到如图 2-81 所示。

（4）在【分型面】对话框，点击【拉伸方向】图标，得到如图 2-82 所示【矢量】对话框，选择【－Y 轴】，单击【确定】按钮。回到【分型面】对话框，单击【确定】按钮。得到如图 2-83 所示。

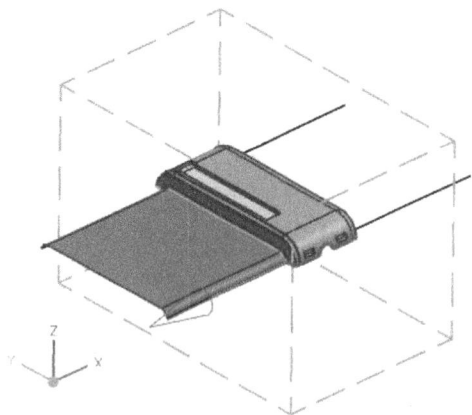

图 2-81

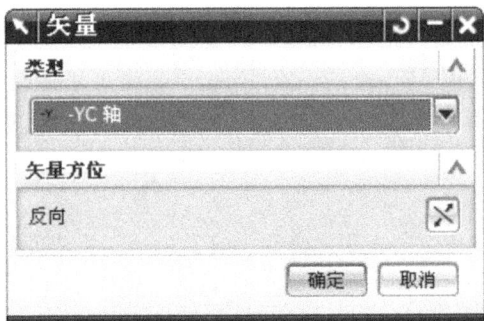

图 2-82

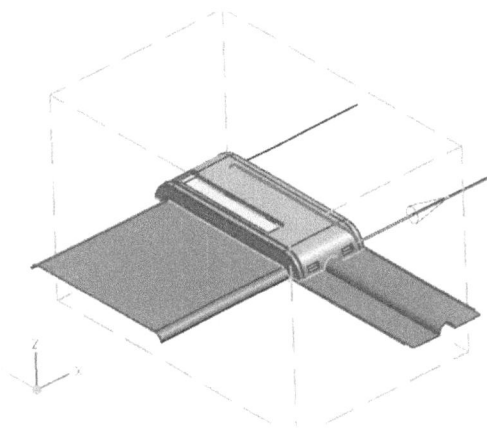

图 2-83

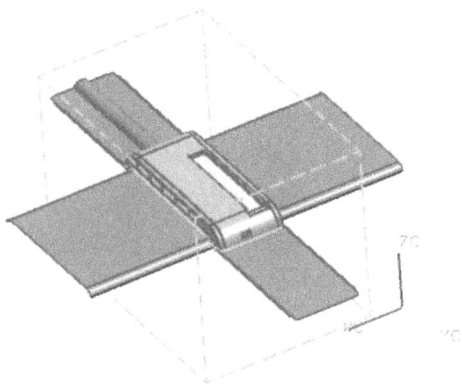

图 2-84

（5）在【分型面】对话框，单击【确定】按钮。点击【拉伸方向】图标，得到如图 2-82 所示【矢量】对话框，选择【Y 轴】，单击【确定】按钮。回到【分型面】对话框，单击【确定】按钮。得到如图 2-84 所示。

（6）创建自定义面。选择【拉伸】命令，如图 2-86 所示，选择两条分型面边缘线。如图 2-85所示，在【方向】选择指定矢量【＋Y】，单击【确定】按钮。

（7）如图 2-87 所示，另外一边片体依此方法逐一进行【拉伸】。

图 2-85

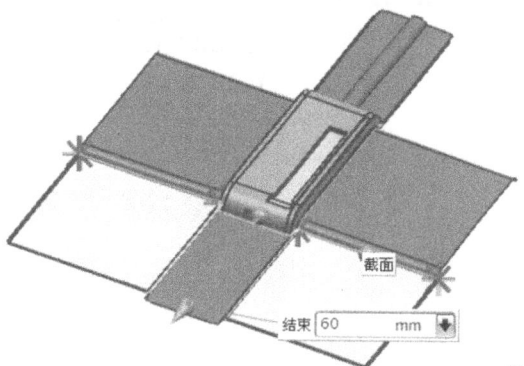

图2-86

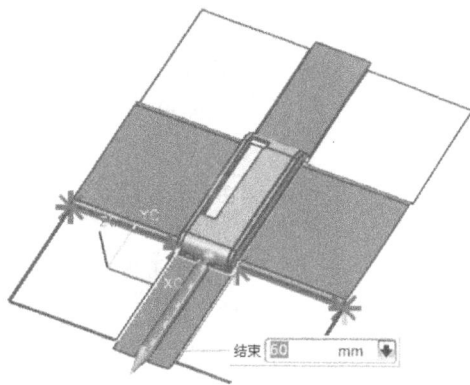

图 2-87

(8)在【创建/编辑分型面】对话框,选择【添加现有曲面】按钮,进入如图 2-88 所示【选择片体】对话框,选择之前【拉伸】4 张片体,单击【确定】按钮,完成分型面设计。

图 2-88

六、创建型芯和型腔

(1)在【分型管理器】对话框中。点击【创建型芯和型腔】图标,得到如图 2-89 所示【定义型芯和型腔】对话框。

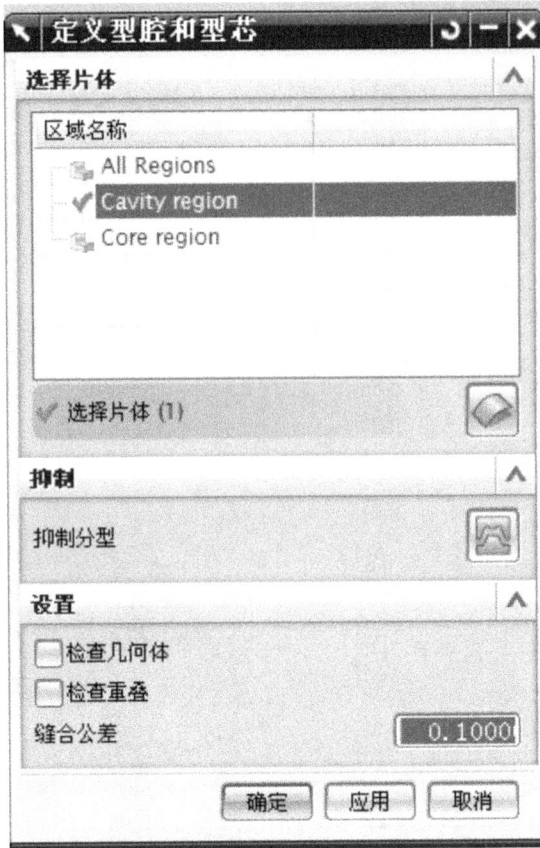

图 2-89

【定义型芯和型腔】对话框中各选项的含义。

【检查几何体】如果勾中该选项，当选择了型芯或型腔的片体之后，Mold Wizard 将在缝合之前运行几何检查并报告片体缺陷。

【检查重叠】如果勾中该选项，当选择了型芯或型腔的片体之后，Mold Wizard 将在缝合之前检查重叠的几何体。

(2)在【定义型芯和型腔】对话框中，选择【Cavity region】选项，选择型腔区域面。单击【确定】按钮得到如图 2-90 所示，单击【确定】按钮。得到如图 2-91 所示的型腔部分。

图 2-90

(3)在【定义型芯和型腔】对话框中，选择【Core region】选项，选择型芯区域面。单击【确定】按钮得到如图 2-90 所示，单击【确定】按钮。得到如图 2-92 所示的型芯部分。

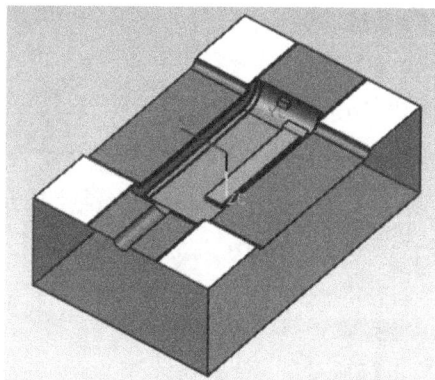

图 2-91

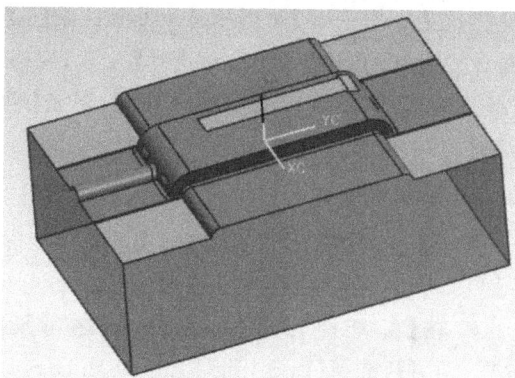

图 2-92

注意: 在选择过程大家要检查是否把【型芯和型腔区域】的面都选择否则无法创建型芯和型腔。

2.3.9 模具的建腔

模具的建腔用于创建腔和孔特征安放嵌件和各种标准件,从而完成每个模具组成部分的详细而精确的设计。

一、模架的设置

(1)在【注塑模向导】对话框,点击【模架】图标,得到如图 2-93 所示的【模架管理】对话框。

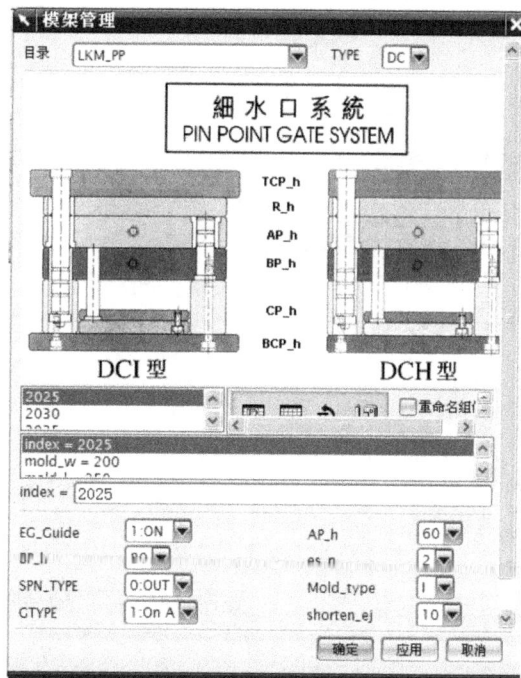

图 2-93

　　(2)在【模架管理】对话框中,选择目录【LKM PP】系统
根据成型镶件的布局尺寸自动选择【2025】规格,AP_h=60、
BP_h=80,其他参数按系统默认设置,单击【确定】按钮,结
果如图 2-94 所示。

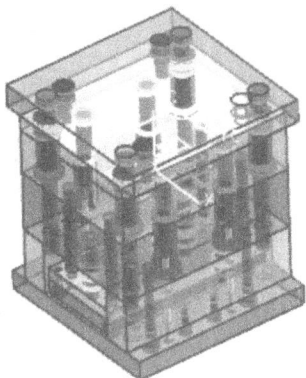

　　二、添加标准件

　　(1)在【注塑模向导】对话框,点击【标准件】图标,得到
如图 2-95 所示的【标准件管理】对话框。

　　(2)在【标准件管理】对话框中,在目录列表中选择
【DME_MM】,选择【Locating Ring[wish Screws]】,单击【确
定】按钮,模架上将自动装备定位圈,如图 2-96 所示。

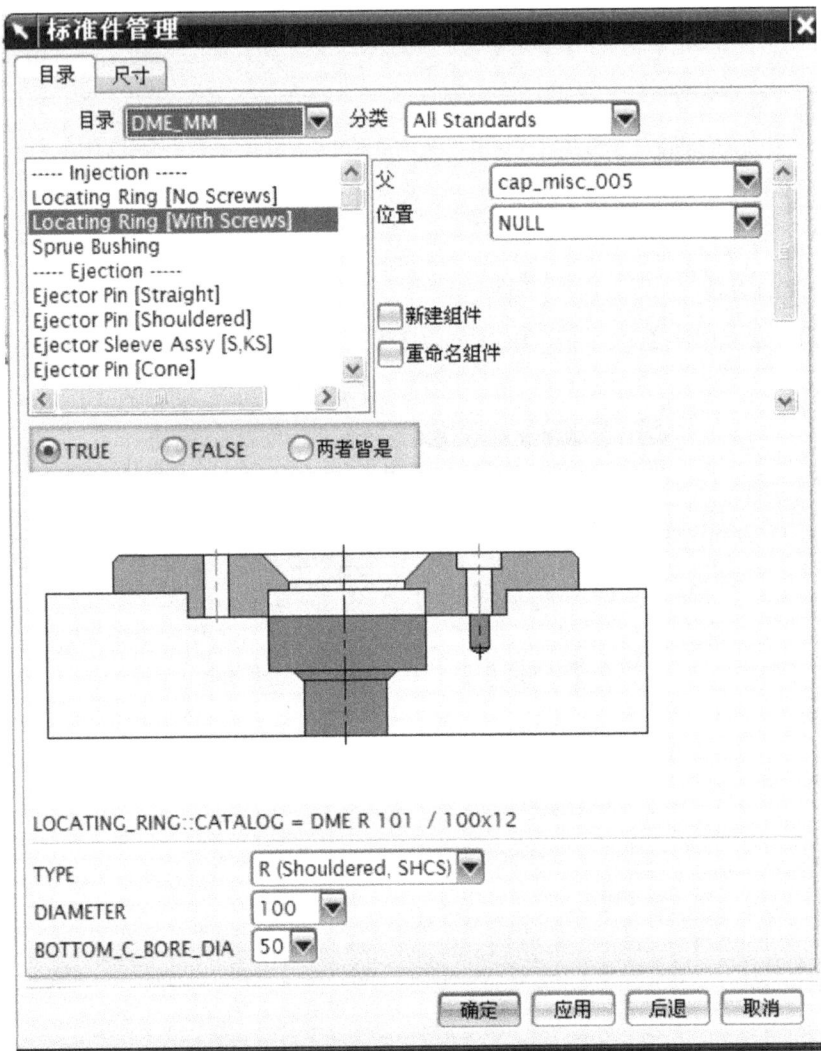

图 2-94

图 2-95

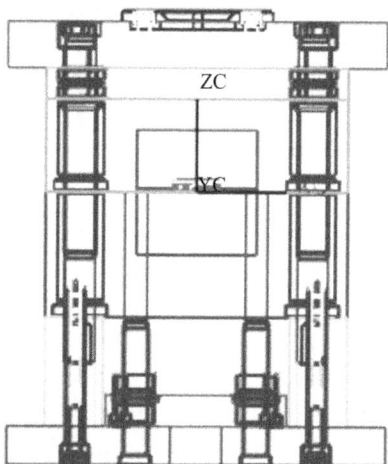

图 2-96

三、建腔

（1）在【注塑模向导】对话框，点击【腔体】图标，得到如图 2-97 所示的【腔体】对话框。

（2）选择目标件，选择 TCP 模板，如图 2-98 所示意，单击确认。

图 2-97

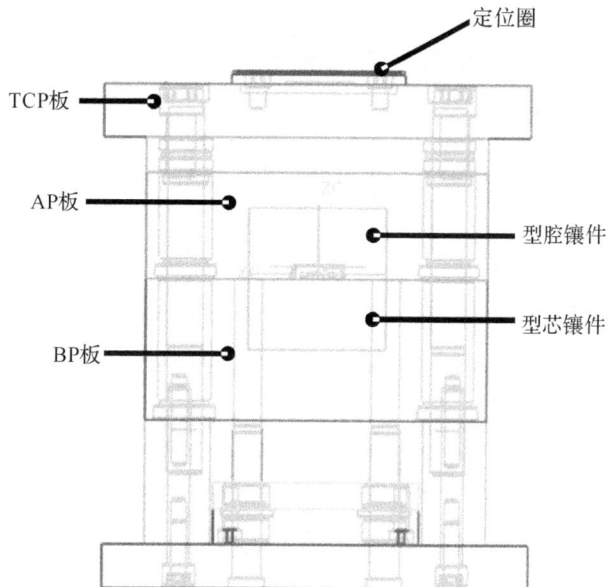

图 2-98

（3）选择工具体，选择定位圈，在引用集选择【两者兼是】，单击【确定】按钮，完成定位圈建腔。

四、其他设计过程

前面的练习是从模具设计到模架装配的过程，在 Mold Wizard 设计注塑模具的过程中，往往还需要设计其他的系统，这一部分我们将在后面章节陆续介绍。

> 提示:只有在完成模具设计并检查确认后,才做建腔操作,这样可以将编辑和重定位后的所需更新的特征数量减到最少,便于更新。

2.4 练 习

2.4.1 思考题

(1)简述 Moldwizard 的工作原理。

(2)简述 Moldwizard 设计模具的大致顺序。

2.4.2 操作题

打开如图 2-99 所示的文件,利用 Mold-wizard 模块,按照入门实例的步骤,熟悉使用 Moldwizard 模块设计模具的流程。

图 2-99

第3章 模具设计准备及多腔模和多件模

- ➢ 项目初始化加载
- ➢ 模具坐标系设置
- ➢ 工件创建(成型镶件)
- ➢ 多腔模布局和单模腔布局的异同
- ➢ 多腔模布局的设计方法
- ➢ 单模腔布局的设计方法

本章学习目标

　　通过本章中的实例和配套的习题,掌握项目初始化、工件等的创建,理解并熟练应用模具坐标系。掌握塑模部件验证这个有用的分析命令,理解其选项的含义,灵活运用来分析产品的可行性。熟悉掌握注射模向导多腔模布局和多件模的设计方法。

3.1　加载产品及项目初始化(Load Product)

　　当单击【初始化项目】图标 ，选取加载的产品模型后都会弹出如图 3-1 所示的【初始化项目】对话框。

3.1.1　项目单位

　　设置所要创建的装配文件各部件或组件的单位,必须与加载产品的原模型单位一致。一般在国内使用的都是【毫米】。

3.1.2　项目设置

　　(1)路径:设置用来放置模具子目录的文件夹位置。必须事先在硬盘上创建一个文件夹,如图 3-1 中的【chanpin】。

　　(2)NAME:用来命名所创建的文件的项目名称。

　　(3)配置:调用不同的装配结构文件。如果选择的配置文件不一样,那么在后面的操作中有些不一样。比如定义工件的对话框。一般配置选择【Mold. V1】

　　(4)重命名组件:用来对装配文件的各部件或组件重新命名。勾选【重命名组件】复选框,单击【确定】按钮,出现如图 3-2 所示的【部件名管理】对话框。

图 3-1

图 3-2

3.1.3 材料

设置产品成型所用的塑料材料。当选中一个塑料材料后，都会在【收缩率】中显示对应的收缩率，见图 3-3 所示。

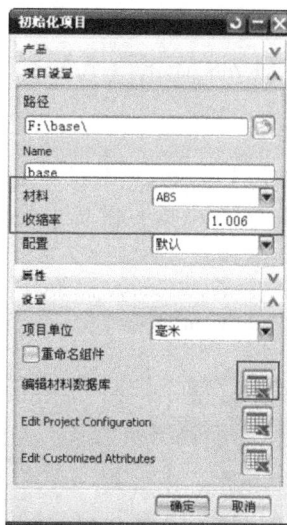

图 3-3

但有时会遇到【部件塑料】选项下面只有【NONE】，而没有其他塑料的选项。那也没有关系，只要手工在【收缩率】选项中输入产品所使用的塑料的收缩率即可，效果与前面直接选对应的塑料是一样的。当然，为了便于以后不去翻阅塑料手册去找塑料的收缩率，可以单击【编辑材料数据库】命令，弹出如图 3-4 所示的【Microsoft Excel】表格。利用此表格可以修改原有塑料的收缩率和添加原先没有的塑料的收缩率，最后单击【保存】、【文件】|【退出】按钮，关闭表格，这样以后就不需要输入材料收缩率，直接选用就可以了！

图 3-4

提示：设置塑料的收缩率主要是由于塑料制件在冷却过程中会冷却收缩，如果按产品原模型去创建型芯和型腔，那势必成型后的零件比客户要求的小了，因此事先就需要进行比例放大。

3.2 模具坐标系(Mold CSYS)

模具坐标系在注射模向导的地位非常重要,不仅确定了脱模方向、模架分型面位置,而且同时也是某些标准件加载时的参考坐标系。模具坐标系的原点必须是模架分型面的中心,且+ZC方向指向喷嘴,见图3-5所示。

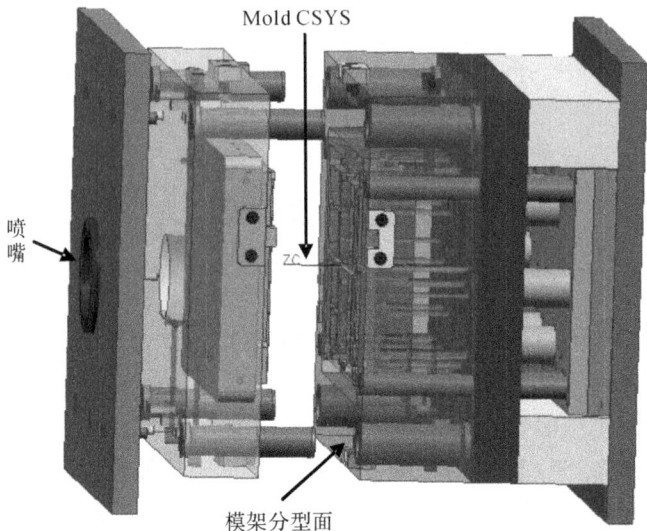

图 3-5

模具坐标系的定义过程,就是将产品子装配从工作坐标系统(WCS)移植到模具装配的绝对坐标系(ACS),并以该绝对坐标系(ACS)作为注射模向导的模具坐标系(Mold Csys)。

操作完项目初始化后,单击【模具 CSYS】图标 后,弹出如图3-6所示的【模具 CSYS】对话框。

(1)当前 WCS:设置模具坐标系与当前 WCS 坐标系相匹配。

(2)产品体中心:设置模具坐标系位于产品体中心。

(3)Center of selected Faces(选择面中心):设置模具坐标系位于选取面的中心。

(4)锁定:允许重新放置模具坐标系时,保持被锁定的三个坐标平面之一的位置不变。一般情况下都是勾选【锁定 Z 值】复选框。

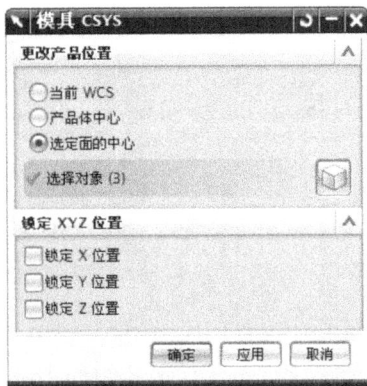

图 3-6

提示：

（1）任何时候都可以重新单击【模具CSYS】图标，重新编辑模具坐标系。

（2）定义模具坐标系时，必须要求打开原产品模型。当重新打开装配文件时，产品模型是以空引用集的方式被加载，因此在定义模具坐标系前，必须先打开原模型。

（3）当在一个多腔模中设置模具坐标系时，显示部件和工作部件必须都是Layout。

（4）当使用【产品体中心】和【边界面中心】命令时，必须先取消【锁定】选项，然后选取产品模型或边界面后再选取【锁定】选项，否则模具坐标系不会应用到产品体的中心和边界面的中心。

3.3　产品可行性分析

当获得产品模型后，第一步要做的不是马上去拉分型面，而是要对产品出模进行一个可行性分析，这一步非常重要。由于产品模型某些部位的不合理性，导致模具设计的难度提高，甚至生产出来的产品根本无法满足客户的需求。产品可行性分析所包括的内容相当丰富，在这里只列举主要的几个。

（1）壁厚。产品主体壁厚尽量均匀，不能相差过大；加强筋等结构件的壁厚要小于主体壁厚，防止缩水。

（2）拔模角。分析产品模型有没有倒拔模，看出现倒拔模的区域是不是要做滑块之类的区域，并且拔模角的大小尽量大，以满足脱模的要求。

（3）其他。产品模型上尽量避免薄刚、尖角等；分型线尽量做成连续的，等等。

3.4　塑模部件验证（MPV）

前一节已经提到过在分型前需要先对产品可行性进行评估，那【塑模部件验证】就是常用的分析工具。此命令位于【分析】或【分型】|【设计区域】，初始界面如图3-7所示。

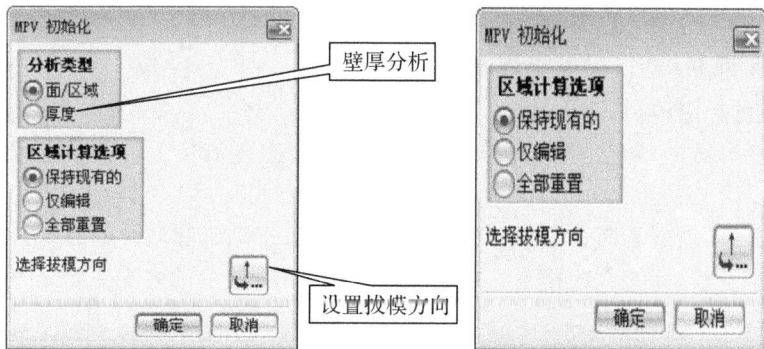

【分析】下的【MPV】　　　　　　　　　【分型】里的【MPV】

图 3-7

3.4.1 厚度

【厚度】选项主要是用来检测产品模型各面的壁厚，其界面如图 3-8 所示。

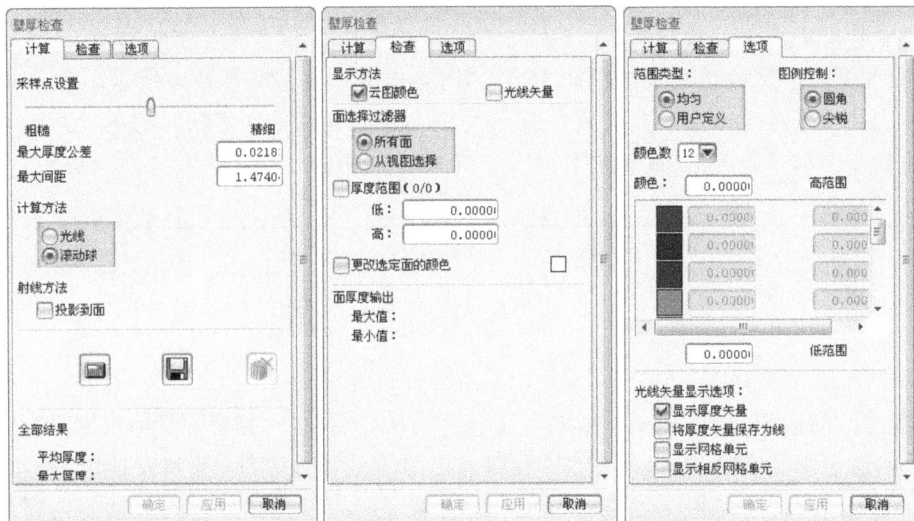

图 3-8

只要设置完【采样点设置】、【计算方法】、【显示方法】和【图例控制】后，单击【计算厚度】图标，即可完成对产品模型厚度的检测，并以图形显示各处的厚度，见图 3-9 所示。

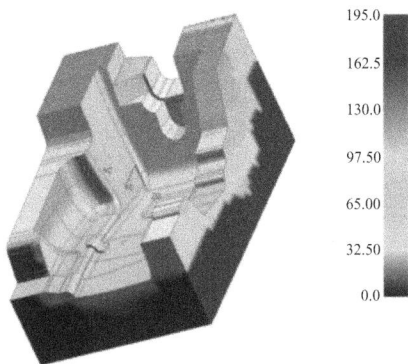

图 3-9

3.4.2 面/区域

【面/区域】主要是用于拔模、定义型芯/型腔区域、模型属性的分析。设置完拔模方向、勾选【面/区域】复选框后，单击【确定】按钮，弹出如图 3-10 所示的【塑模部件验证】对话框。

一、面

(1)拔模角限制：进行拔模分析时，区分位于正或负角度时的界限值。

(2)设置所有面的颜色：单击此按钮后，模型表面就会被染上与面拔模角一致的对应颜色。

(3)面拆分：实质就是面分割，把跨越面分成分别位于型芯和型腔的命令。

(4)面拔模分析：就是在建模下常用的拔模分析工具，只不过集成到此命令中去了。

二、区域

(1)设置区域颜色：对型芯、型腔和底切及未知类型的面着色。

(2)用户定义区域：对于没有被定义到型芯或型腔的面，通过手工指定的方式指定到型芯或型腔区域。

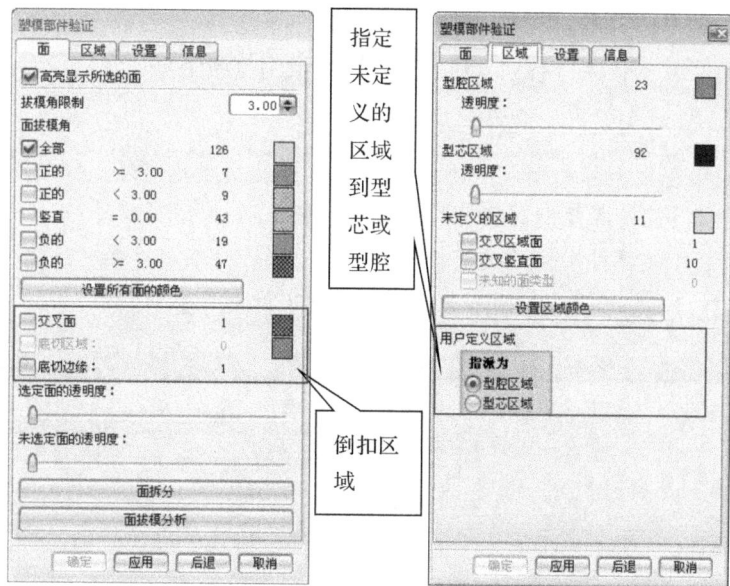

指定未定义的区域到型芯或型腔

倒扣区域

图 3-10

3.5　收缩率(Shrinkage)

前面在【项目初始化】对话框选项中也有设置收缩率的选项,其实与本节要讲的收缩率选项效果是一样的,只不过本节的收缩率可以设置非均匀比例。选择【收缩率】图标 后,打开如图 3-11 所示的【缩放体】对话框。

图 3-11

由于此命令与建模模块下的【比例体】功能一样,因此用法就不再赘述。

提示:在任何时候都可以通过【收缩率】命令来修改产品模型的放大比例。计算收缩比例时要按照材料供应商所提供的收缩比例,并结合模具设计经验来确定。

3.6　工件(Work Piece)

工件功能用于定义型腔和型芯的镶块体。定义标准块或是另外工件的选择如下：

● 使用标准块、工件库及型芯和型腔等创建工件。

● 使用在 parting 部件中创建的实体作为工件。

选择【工件】图标 ⬡ 后，打开如图 3-12 所示的【工件尺寸】对话框。

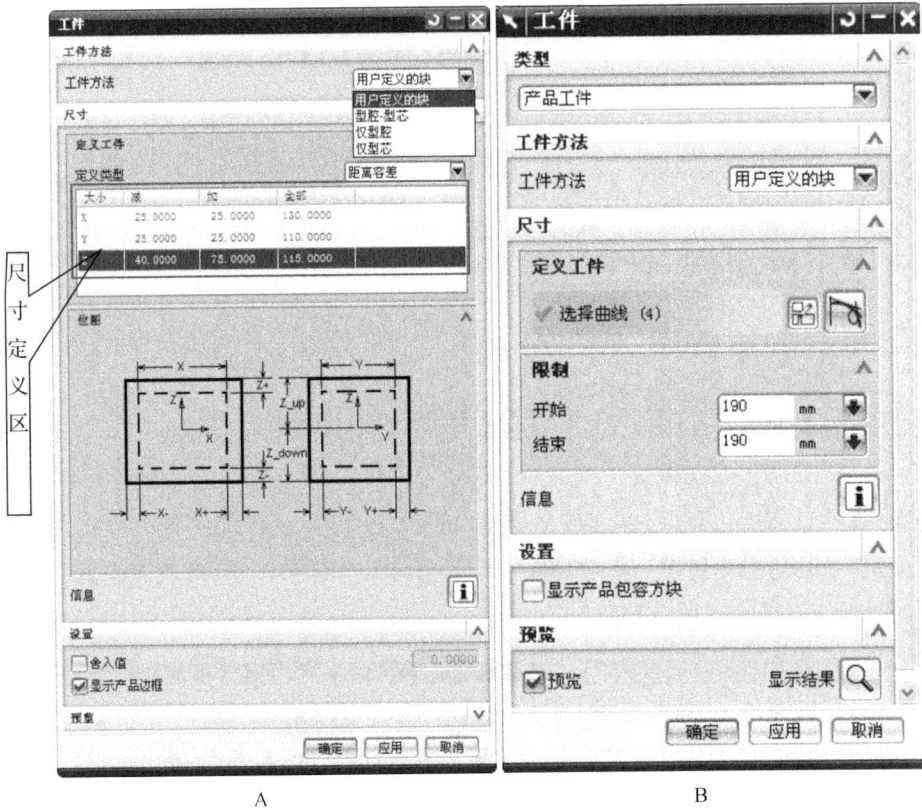

图 3-12

提示：

(1)初始化配置选择【原先的】或【ESI】：定义工件的对话框时候，弹出如图 3-12A 所示的旧版【工件尺寸】对话框。

(2)初始化配置选择【Mold.V1】：定义工件的对话框时候，弹出如图 3-12 B 所示的【工件尺寸】对话框。

3.6.1　标准块

(1)用户定义的块：链接经过尺寸定义的种子块(长方体)作为工件，见图 3-13 所示。

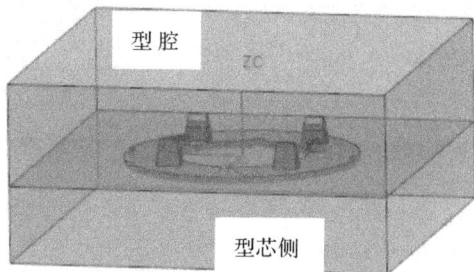

图 3-13

(2)型腔和型芯、仅型腔和仅型芯：是用在 parting 下创建的实体作为工件，见图 3-14(a)所示。当创建的工件只作为型腔使用，则称之为仅型腔；反之，则称为仅型芯。

3.6.2 工件库

当工件方法定义为型腔和型芯、仅型腔和仅型芯时，出现如图 3-14(a)所示的界面。单击【工件库】按钮，弹出如图 3-14(b)所示的【工件镶块设计】对话框。

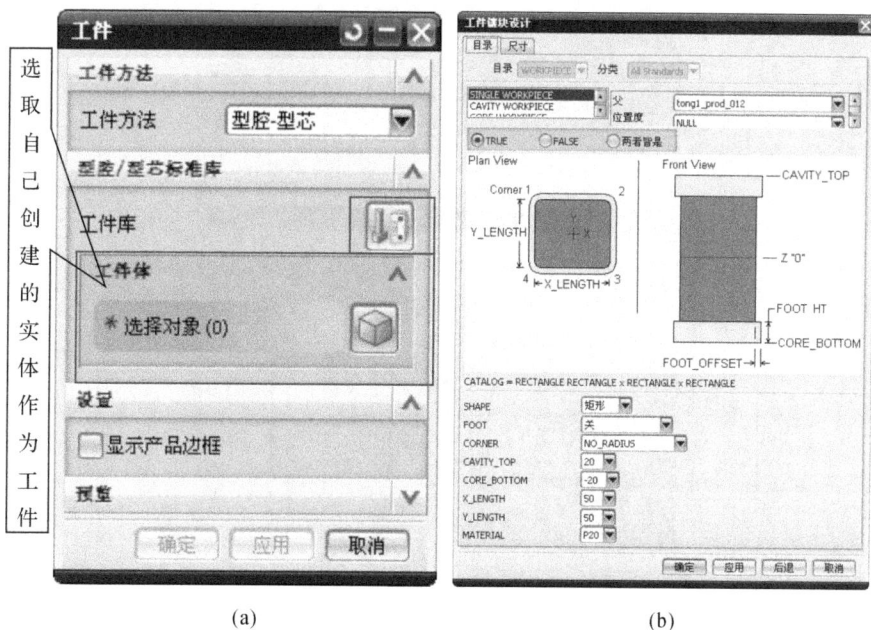

(a)   (b)

图 3-14

对话框中提供了一些了成型镶件的形状结构选项，如矩形毛坯、圆形毛坯及倒圆角的矩形毛坯。设置对话框中的【FOOT_ON_OFF】选项，可控制毛坯形状是否带"脚"。

3.6.3 尺寸定义方法

成型镶件尺寸的定义方法都是通过借助参照物或参照点来进行定义的，即距离容差和参考点两种方式。

(1)距离容差：是以产品的最大轮廓作为参考，然后再放出一定的余量，见图 3-15 所示。

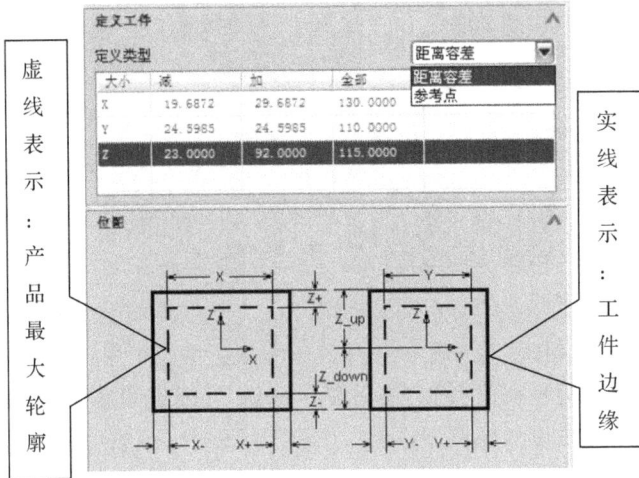

图 3-15

（2）参考点：以一个预定点作为参考，见图 3-16 所示。

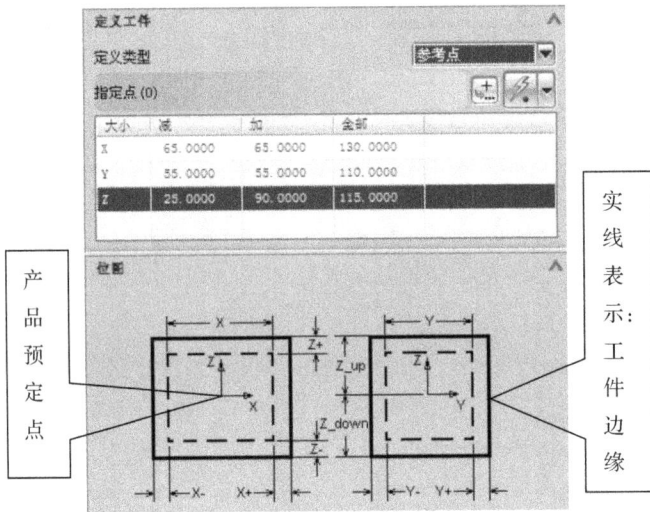

图 3-16

3.6.4 工件尺寸

用于编辑工件尺寸的对话框见图 3-17 所示。

大小	减	加	全部	
X	44.6872	24.6872	150.0000	
Y	24.5985	24.5985	110.0000	
Z	25.0000	90.0000	115.0000	

图 3-17

注射模向导在刚进入【工件】命令时都会使用一个默认的推荐值来产生一个能包容产品的成型工件。

图 3-17 的左边的 6 个 X、Y、Z 的【加减】值是用于计算余量值的；而右边的 3 个 X、Y、Z 的【全部】值则是用于精确定义成型镶件的尺寸。

提示：

（1）在实际的生产中，尤其是型芯或型腔是做成镶件的情况下，一般都是采用右边的 3 个【全部】输入框来确定工件的大小，这样获得的镶件在长、宽、高三个方向上的尺寸都是一个常数（精确到小数点后一位）。

（2）在单击【工件尺寸】对话框【应用】或【确定】按钮之前，要先按下回车（Enter）键，以确认修改值的输入。

3.7　多腔模布局

前面第 2 章介绍了单腔模具的添加方法，单腔模具虽然有结构简单，容易保证塑件质量的优点，但在大批量生产中，为了提高生产效率，常常采用一次注射生成多个塑件的方法，本节将介绍多腔模设计的方法。

3.7.1　多腔模设计概述

多腔模设计是指一套模架中确定塑件的布置方式。一模多腔如图 3-18 所示。

多腔模模具常见形式：矩形布局和圆形布局两种。

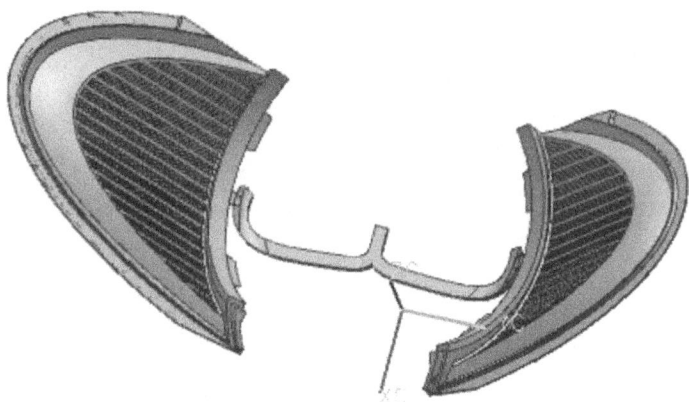

图 3-18

【型腔布局】具有复制作用，可以生产多个相同的零件实体，实现制作一模多腔的注塑方案。该命令设置型腔以矩形和圆周方式排列，并对型腔进行定位。布局的零件在分模操作时候，只会显示其中一个零件的操作，但在装备模架等操作中，会显示所有的型体。

单击【注塑模向导】工具栏的【型腔布局】按钮，打开如图 3-19 所示【型腔布局】对话框。

系统提供了矩形排列和圆形排列两种模具型腔布局方式。矩形布局中包含了平衡式和线性两种布局方式,而圆形布局中也包含了径向和恒定方向两种布局方式,用户可以根据需要设置一模多腔模具。

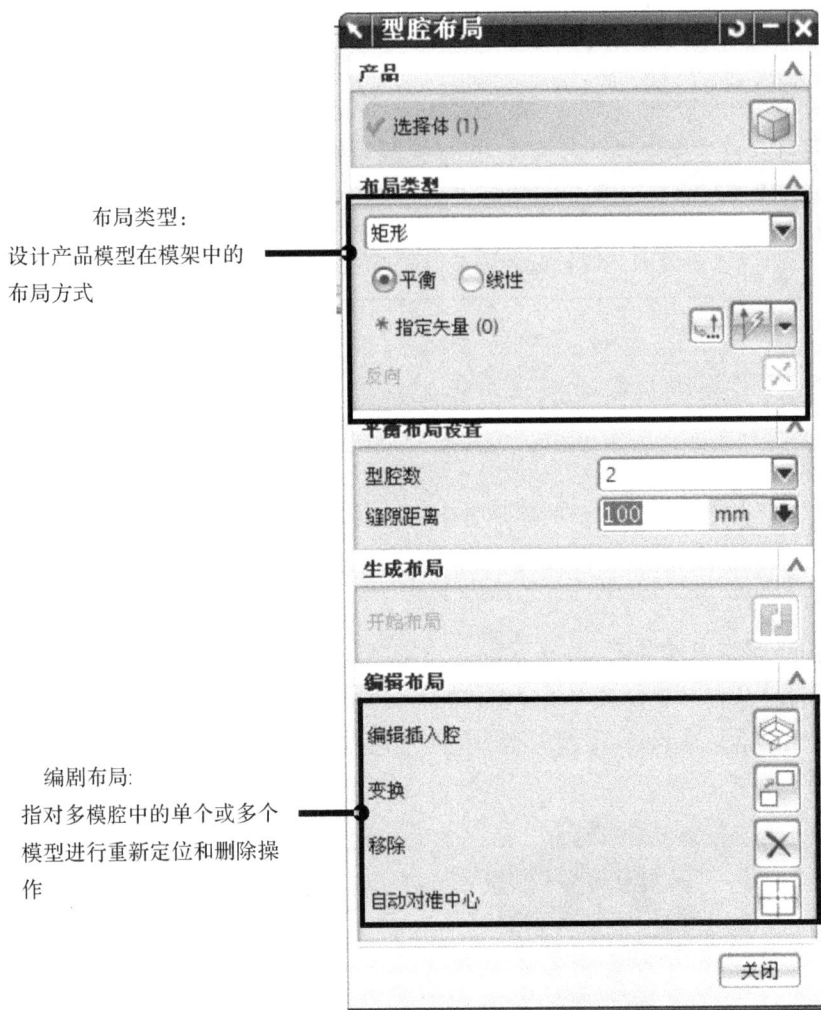

布局类型:
设计产品模型在模架中的
布局方式

编剧布局:
指对多模腔中的单个或多个
模型进行重新定位和删除操
作

图 3-19

3.7.2 型腔布局方式

一、布局

型腔布局有矩形和圆形两种布局方式,设置的基本操作步骤如下所示。

(1)矩形布局

● 平衡:用 X－Y 面上的旋转和转换来定位布局节点的多个阵列。

● 线性:用只在 X－Y 面上的转换(没有旋转)来定位布局节点的多个阵列。

两个示例如图 3-20 所示。

矩形布局各选项介绍见表 3-1 所示。

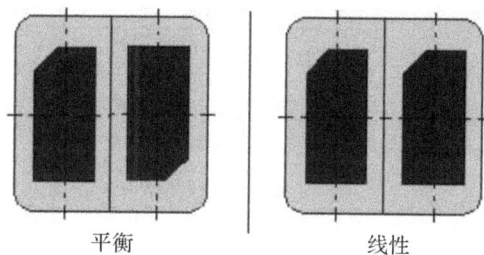

平衡   线性

图 3-20

表 3-1

平衡		线性	
选项	描述	选项	描述
Cavity Count	可以选择 2 或 4 个型腔	X Cavity Count	X 方向的型腔数目
第一距离	显示两个工件在第一个方向上的距离	X 向距离	X 方向上各型腔之间的距离
第二距离	显示垂直与选择方向上的距离	Y Cavity Count	Y 方向的型腔数目
		Y 向距离	Y 方向上各型腔之间的距离
开始布局	在设置型腔数目和工件之间的距离后,选择【开始布局】按钮生成布局		

（2）圆形布局

● 径向：当各型腔绕绝对坐标系原点旋转的同时,每个型腔也会绕参考点旋转。

● 恒定：型腔在布局过程中并不绕自己的参考点旋转。

两个示例如图 3-21 所示。

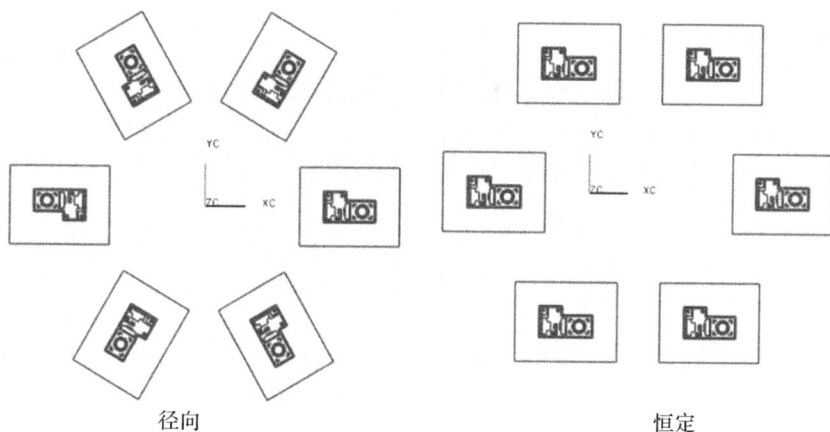

径向   恒定

图 3-21

圆形径向布局选项如表 3-2 所示,恒定布局选项与其一样。

表 3-2

选 项	描 述
Cavity Count	在旋转范围内的型腔数目
起始角	第一个型腔参考点的初始角度,以＋X 方向作为参考角度

续表

选　项	描　　述
旋转角度	旋转的角度值
半径	角度坐标系原点到型腔参考点之间的距离
参考点	参考点是一个在型腔上选择的点,用于决定与绝对坐标系原点之间的距离
开始布局	设置完以上各选项后,选择【开始布局】按钮开始布局。

二、编辑布局(Edit Layout)

可以使用变换和自动对准中心功能来重定位高亮的型腔。还可以使用移除功能来删除某些型腔,见图 3-22 所示。

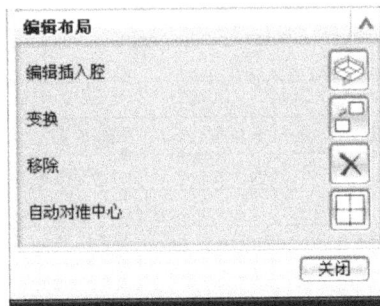

图 3-22

(1)变换:变换类型包括旋转、平移和点到点三种类型。旋转对话框主要有移动和复制两个选项,滑条动态控制模腔绕中心点旋转,数字输入窗口供输入精度的旋转角度和设置旋转中心按钮,见图 3-23 所示。

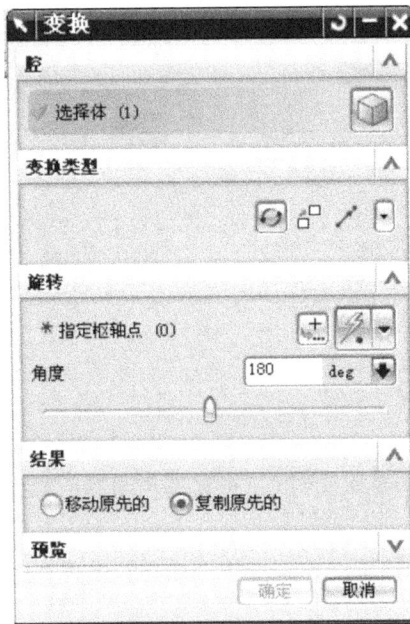

图 3-23

（2）平移对话框同样有移动和复制两个选项，并有两条滑条动态控制模腔在 X、Y 方向上的位置，还有两个输入窗口可分别输入 X、Y 方向上精确的移动值。从点到点与建模模块下的【变换】|【平移】|【至一点】是一样的，见图 3-24 所示。

图 3-24

（3）移除：从布局中移除选中的模腔，但布局中必须存在多于一个的模腔。

（4）自动对准中心：用于布局所有的型腔，而不仅仅是高亮显示的型腔。它会搜索全部型腔，得到布局的一个中心点，并把该中心点移到绝对坐标系原点。该位置与标准模架中心相适应，即 X-Y 平面为主分型面，+Z 指向喷嘴。

3.7.3 型腔布局实例

【实例 3-1】 以手机后盖为例，使用 Mold Wizard 模块进行型腔布局。

操作步骤：

（1）选择主菜单【文件】|【打开】命令，打开"Unfinished\ cap_top_010. prt"文件，初始模具文件如图 3-25 所示。

（2）单击【注塑模向导】工具栏的【型腔布局】按钮，打开如图 3-26 所示的【型腔布局】对话框。

（3）选择布局类型为【矩形】，排布方式为【平衡】，切换到【指定矢量】步骤，选取创建工件的一个侧面，出现一个箭头，如图 3-27 所示。

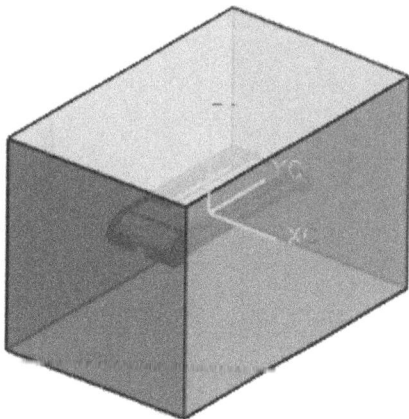

图 3-25

135

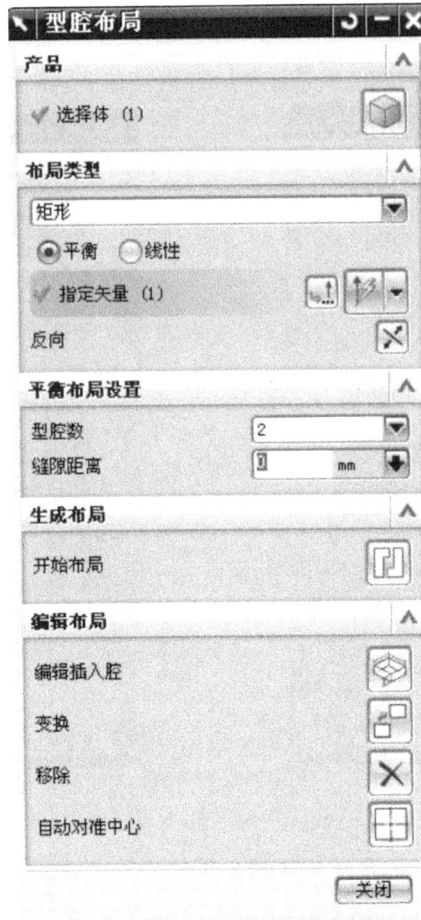

图 3-26

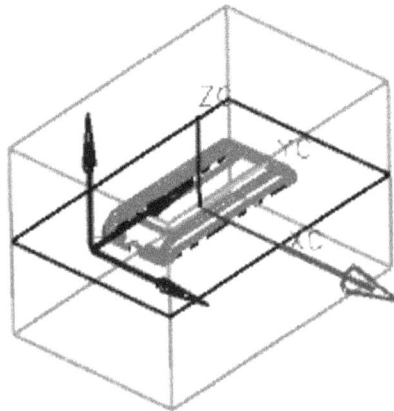

图 3-27

（4）在【平衡布局设置】中设置【型腔数】为【2】，【缝隙距离】为【0】，单击【开始布局】图标
![圆图标]，完成如图 3-28 所示的型腔布局。

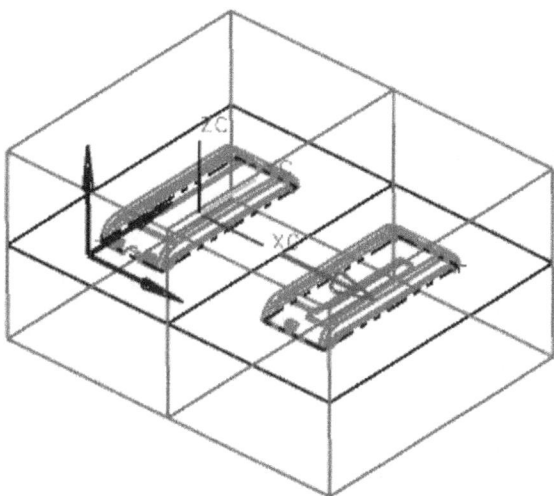

图 3-28

提示：

（1）工件应该要在使用布局功能之前设计，因为布局的设置要参考工件尺寸。

（2）在布局过程中，产品子装配树的 Z 平面是不变的。如果要移动 Z 平面，需要重设
模具坐标系。

3.8　多件模布局

多件模一般是指有一定关系的几个产品模型位于同一模具里的注塑成型，模腔内包含
多个不同形状的产品。这样提高模具设计效率，本节介绍多件模的设计方法。

3.8.1　多件模设计概述

在一副模具中放置有关系的几个产品模型的模具，常称为【家族】模具，如图 3-29 所示
手机的后盖。

在【注塑模向导】的多件模设置过程中，当加载多个产品模型时，注塑向导会自动排列多
腔模工程到装配结构里每个部件和它的相关文件，放到 Latout 节点的不同分支下。

对于不同的产品，则需要做对应的分型面等操作，因此就必须首先激活对应的节点（_
prod_），然后进行相关的操作，这就是【多腔模设计】命令的本质。

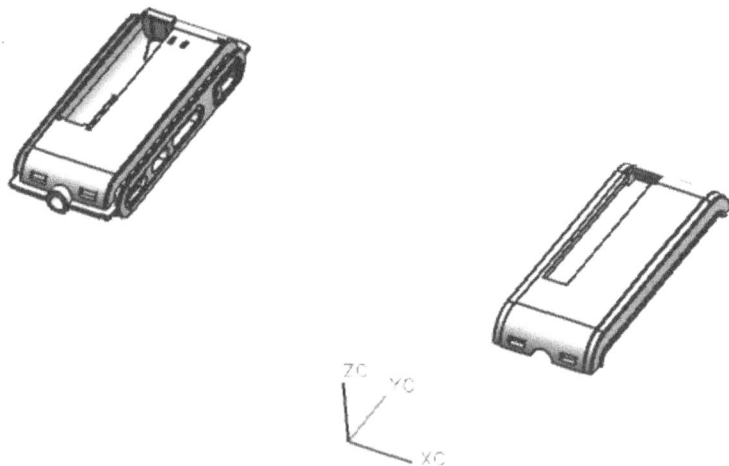

图 3-29

3.8.2 多件模设计

一、加载多腔模产品

多腔模设计加载产品的步骤：

(1)选择【初始化项目】图标 ，来加载作为基本部件的第一个产品模型。

(2)对于其他的部件，重复【初始化项目】过程，直到所有多腔模部件加载完毕。注射模向导把这些产品添加到模具装配中，形成一个多腔模结构，每个产品模型都在 Layout(布局)节点下都有个装配结构，见图 3-30 所示。

二、多件模组件的定位、激活和移除

(1)定位：对于添加到注射模向导的成员，使用激活它后的模具坐标系来定位。【多件模设计】命令本身没有定位或布局功能，也可以使用【型腔布局】|【重定位】功能来实现成员之间的定位关系。

图 3-30

(2)激活和移除：使用【多腔模设计】功能来选择每个部件称为"激活部件"，见图 3-31 所示的对话框。对特定部件的操作只能影响激活部件及其相关文件。比如要给其中一个部件放置收缩率，在使用【收缩率】命令前，只需先激活此部件，然后再加上收缩率就可以了。选取想要移除的成员，单击【移除族成员】，即可从装配中移除与此部件相关的全部文件。

图 3-31

注意：

（1）如仅加载了一个产品，则图 3-31 对话框不会出现，而会出现如图 3-32 所示的警告信息。

（2）进行多件模设计时，只有被选作当前产品（即被激活）才能对其进行模具坐标系设定、收缩率设定、模坯设计以及分模等操作。

（3）标准模架和一些标准件（如定位圈、浇口套、顶针等）被安置在另一个装配分支，并不受激活产品的影响。

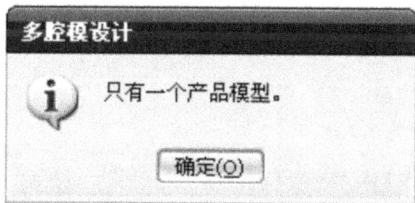

图 3-32

3.8.3 多件模设计实例

【**实例 3-2**】 以手机后盖为例，介绍使用 Mold Wizard 模块进行多件模设计。

操作步骤：

（1）单击【注塑模向导】工具栏的【加载产品】按钮，系统将弹出【打开部件文件】对话框，在查找范围中选择【Unfinished\ cap.prt】文件打开，单击【OK】按钮。

注意：为便于管理，经常把原始产品模型复制到单独的模具工程的目录。

（2）系统将弹出【初始化项目】对话框，在【项目名】文本框中输入 cap_mold，选择 ☑**重命名组件** 复选框。在【材料】列表中选择 ABS，如图 3-33 所示，单击【确认】按钮。

（3）由于前面选择 ☑**重命名组件**，系统将弹出如图 3-34 所说的【部件名管理】对话框，单击【确定】按钮。

（4）系统将自动创建模具设计的装配结构，在工程加载之后，装配的所有部件都会自动

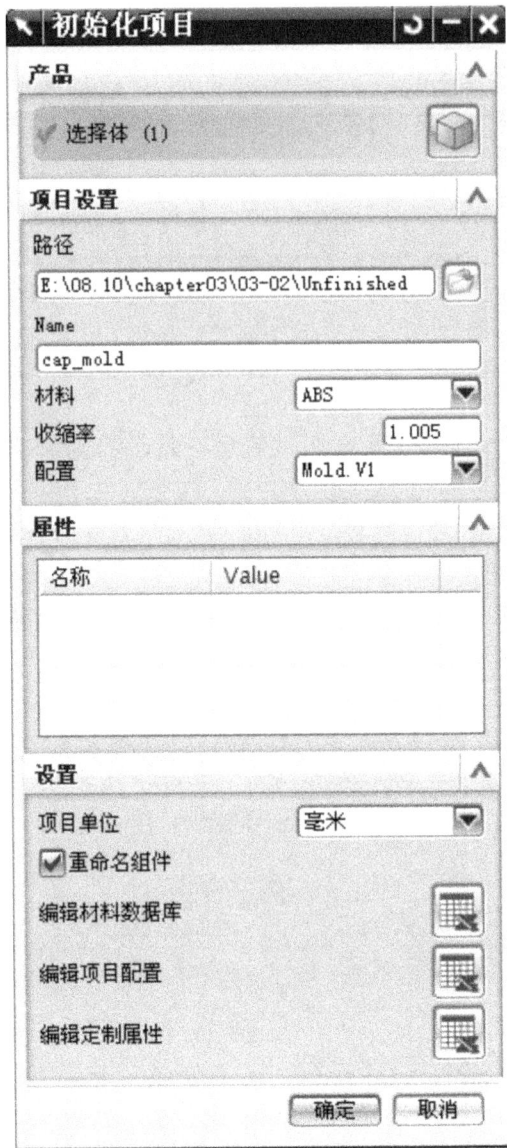

图 3-33

保存，TOP 组件会自动添加到文件菜单的最近打开的部件列表里，系统将打开 cap_mold_top_010.prt 文档，打开装配导航器可以查看装备结构，如图 3-35 所示。

新添加部件到 Layout 布局节点下，名称为 Cap_mold_prod_003，如图 3-36 所示。

（5）单击【注塑模向导】工具栏的【加载产品】按钮，系统将弹出【打开部件文件】对话框，在查找范围中选择【Unfinished\cap 2.prt】文件打开，单击【OK】按钮。

（6）系统将弹出如图 3-37 所示的【部件名管理】对话框，单击【确定】按钮。

（7）在装配导航器可以查看新产品的装配结构，新部件添加到 Layouy 布局节点下，名称为 Cap_mold_prod_027，如图 3-38 所示。

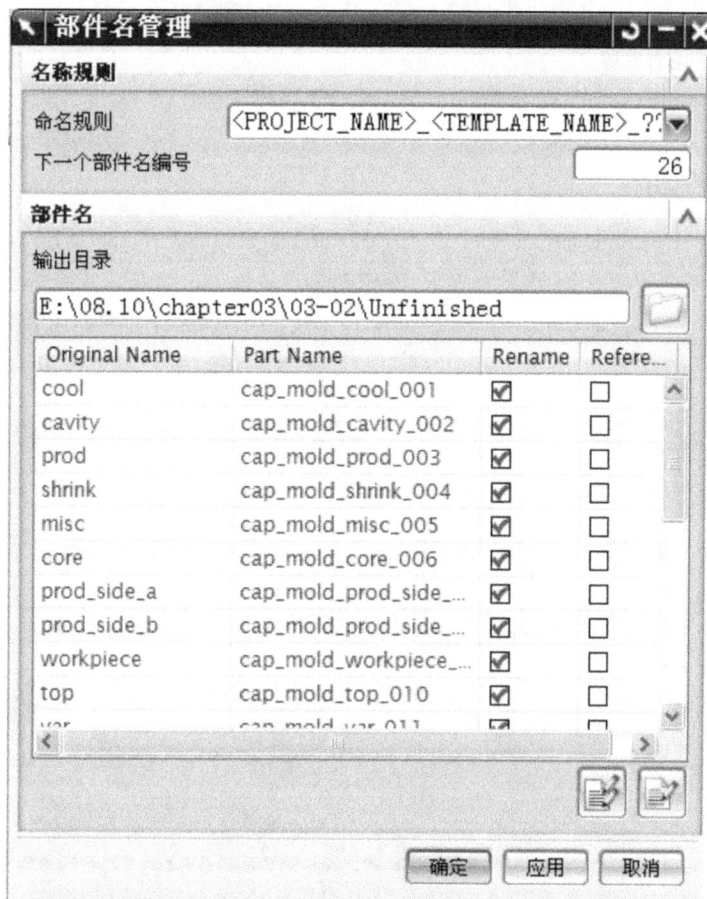

图 3-34

顶层

产品层 cap

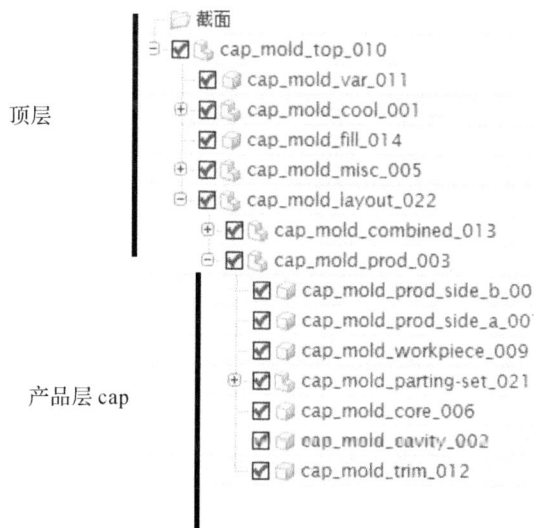

图 3-35

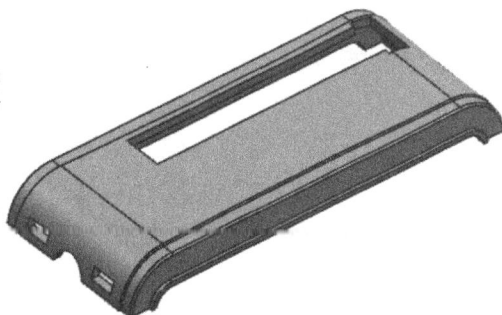

图 3-36

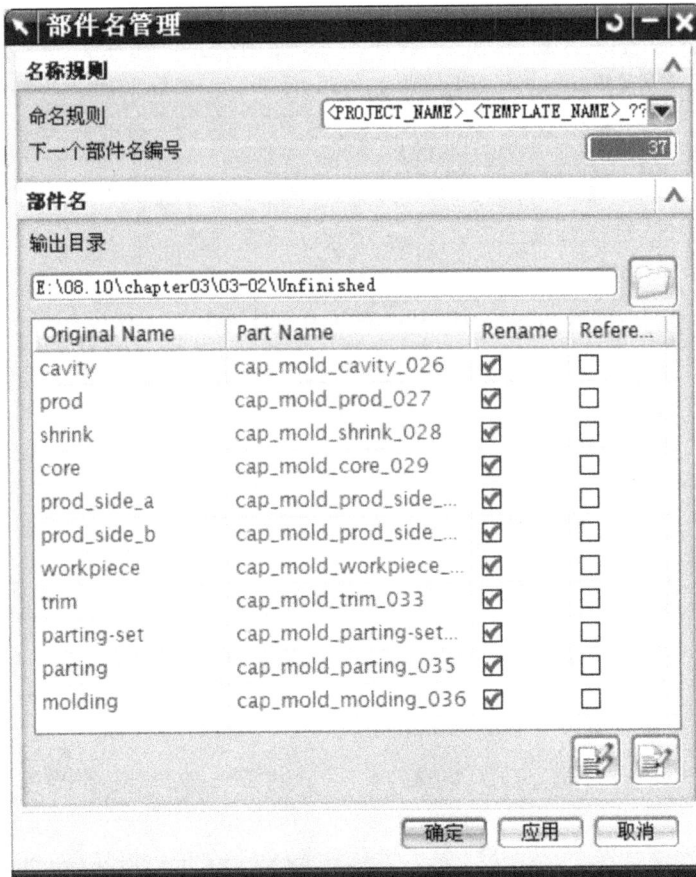

图 3-37

Original Name	Part Name	Rename	Refere...
cavity	cap_mold_cavity_026	☑	☐
prod	cap_mold_prod_027	☑	☐
shrink	cap_mold_shrink_028	☑	☐
core	cap_mold_core_029	☑	☐
prod_side_a	cap_mold_prod_side_...	☑	☐
prod_side_b	cap_mold_prod_side_...	☑	☐
workpiece	cap_mold_workpiece_...	☑	☐
trim	cap_mold_trim_033	☑	☐
parting-set	cap_mold_parting-set...	☑	☐
parting	cap_mold_parting_035	☑	☐
molding	cap_mold_molding_036	☑	☐

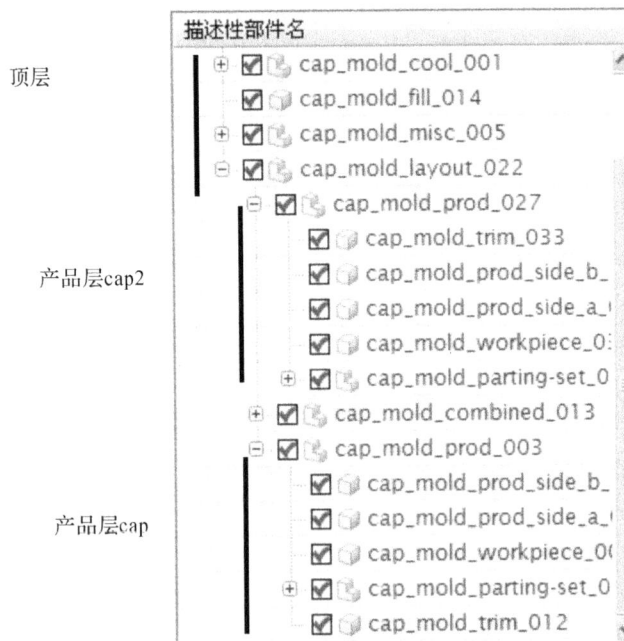

图 3-38

（8）加载第二个产品后的工作区将如图 3-38 所示，应当对其进行激活，再进行调整，如模具坐标系，并添加工件。

注意：

除非人为切换，最后加载的产品总数激活的部件。一般情况下，装载和设置完毕的多件产品模型位置，不符合实际设计的要求，需要调整位置，打开【型腔布局】对话框，可以对部件进行旋转，变换和移除等操作。

（9）首先对 cap2 进行模具坐标系设置。在【注塑模向导】工具栏中单击【模具 CSYS】，弹出如图 3-39 所示的【模具 CSYS】对话框，单击【确定】按钮完成模具坐标系设置。

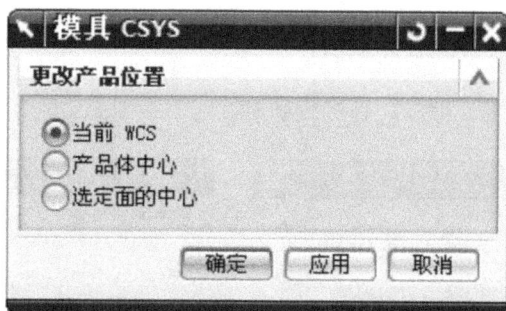

图 3-39

（10）在【注塑模向导】工具栏的【工件】按钮，系统将弹出如图 3-40 所示的【工件】对话框，在对话框中选择类型【产品工件】，工件方法选择【用户定义的块】，在尺寸中将限制【开始】值改为 −50mm 和【结束】的值改为 130mm。单击【预览】可以预览显示结果，如图 3-41 所示。单击【确定】按钮完成模具工件设置。

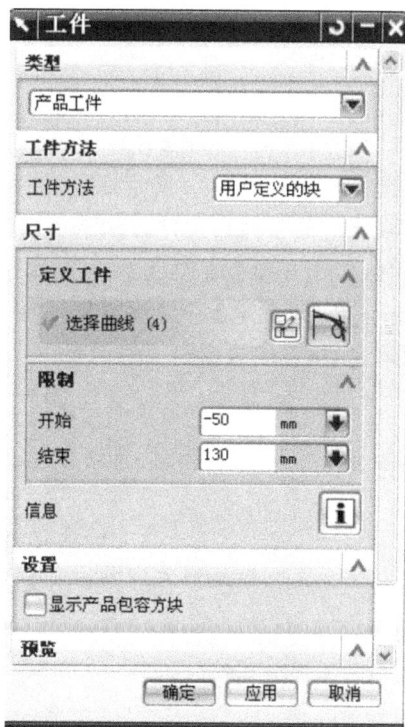

（11）激活 cap 产品设置。在【注塑模向导】工具栏的【多腔模设计】按钮，系统将弹出如图 3-42 所示的【多腔模设计】对话框，在选择【产品】对话框中选择所需要设计的产品 cap，单击【确定】按钮激活产品。

（12）cap. prt 进行模具坐标系设置。在【注塑模向导】工具栏中单击【模具 CSYS】，弹出如图 3-43 所示的【模具 CSYS】对话框，单击【确定】按钮完成模具坐标系设置。

图 3-40

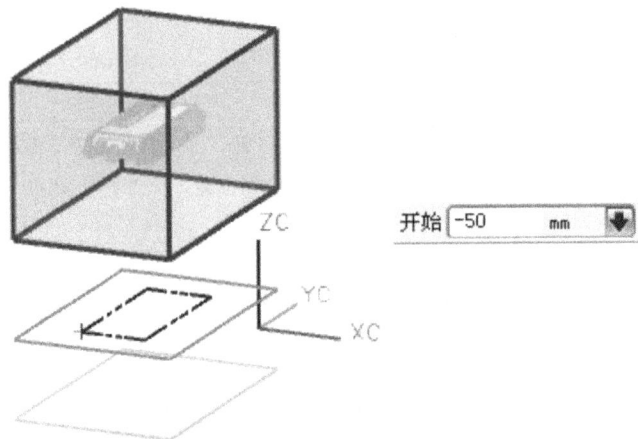

图 3-41

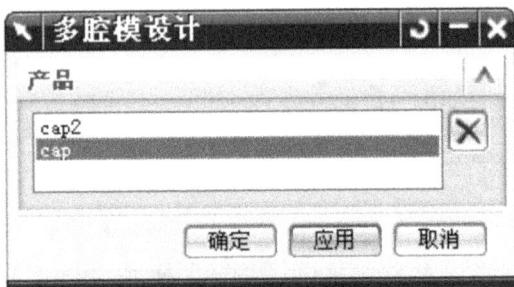

图 3-42

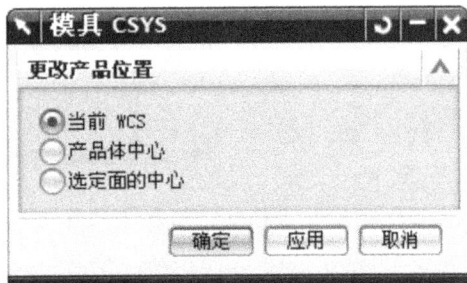

图 3-43

(13)创建工件。单击【注塑模向导】工具栏的【工件】按钮，系统将弹出如图 3-44 所示的【工件】对话框，在对话框中选择类型【产品工件】，工件方法选择【用户定义的块】，在尺寸中将限制【开始】值改为－50mm 和【结束】的值改为130mm。单击【预览】可以预览显示结果，如图 3-45 所示。单击【确定】按钮完成模具工件设置。

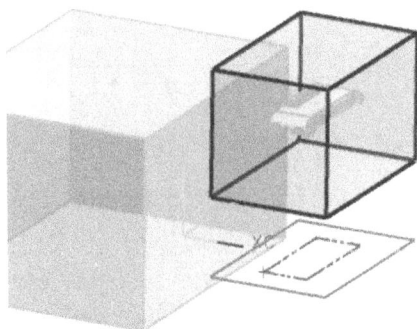

图 3-45

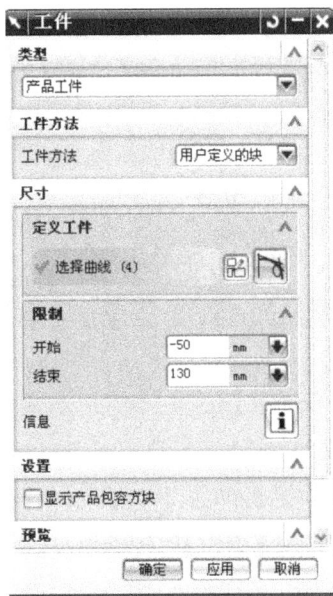

图 3-44

3.9 综合实例

【实例 3-3】 打开如图 3-46 所示的产品模型,完成产品的加载、分析、工件定义以及型腔布局的创建。

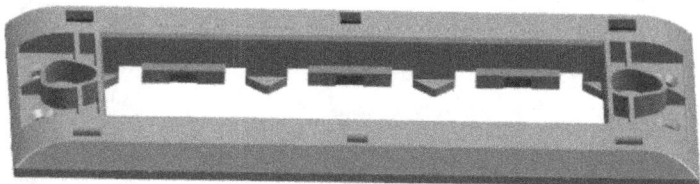

图 3-46

3.9.1 项目初始化

(1)在 Windows 环境下依次选择【开始】|【所有程序】|【UGS NX 6.0】|【NX 6.0】命令,进入 UG NX6 界面,初始化环境。

(2)单击【打开】按钮 ,选择打开 mfg. prt 文件。

(3)在菜单栏中依次选择【开始】|【所有应用模块】|【注塑模向导】命令,调出图 3-47 的【注射模向导】工具条。

图 3-47

(4)单击【项目初始化】 按钮,出现图 3-48 所示的对话框,选择 mfg. prt 文件,选择【OK】按钮。

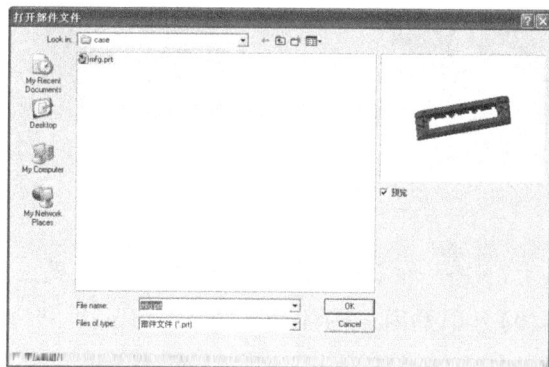

图 3-48

(5)出现图 3-49 的对话框,确认文件路径,选择【部件材料】为 Ps,收缩率为 1.006,单击【确定】按钮。导入模型后的视图如图 3-50 所示。

图 3-49

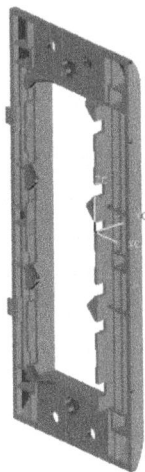

图 3-50

3.9.2 拔模角分析

(1)选择【格式】|【WCS】|【动态】 按钮,选中 Z 轴和 Y 轴之间的圆点,在出现的浮动文本框【角度】中输入－90,敲击【回车】键,调整该模型的开模方向为 Z 方向,如图 3-51 所示。

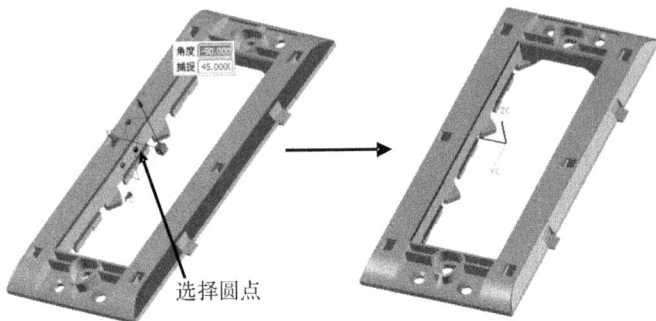

选择圆点

图 3-51

(2)选择【形状分析】工具条中的【拔模分析】 按钮,出现图 3-52 所示的【拔模分析】对话框,调整【透明度限制】为 0,如图 3-53 中所示。

提示:根据产品模型特点,此处形状分析出的分型面并不准确,其最大轮廓线(分型线)所在的面应为图 3-53 所示的平面,因此,需要调整 WCS 至该面。

调整产品视图为侧面视图,按 F8 键,选中 ZC 轴的箭头,向下拖动坐标系,调整工作坐标系的 XC－YC 平面与分模面(产品)重合,如图 3-54 所示。

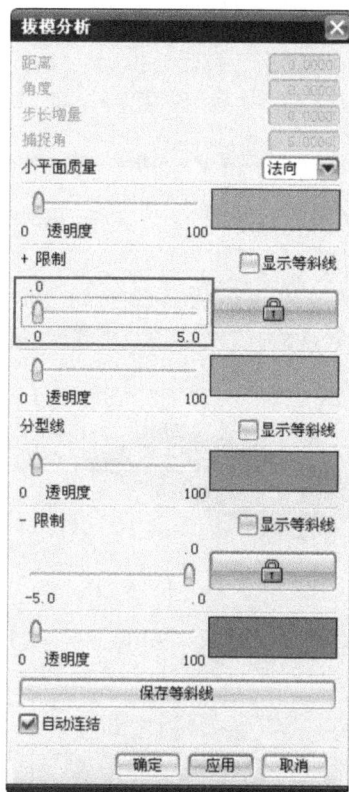

图 3-52

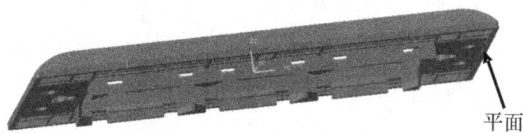

图3-53

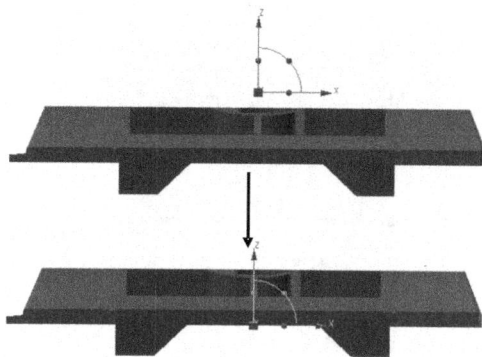

图 3-54

3.9.3 模具 CSYS

单击【模具 CSYS】按钮,出现【模具 CSYS】 对话框,保持图中默认设置,单击【确定】按钮,如图 3-55 所示。

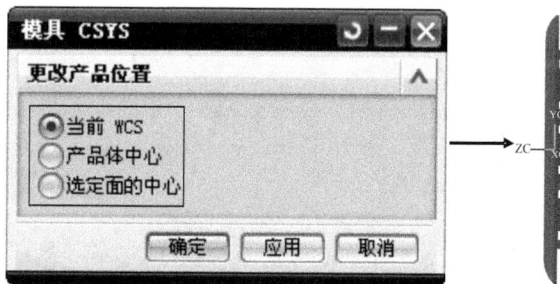

图 3-55

3.9.4 插入工件

单击【工件】 按钮,出现如图 3-56 所示的对话框,设置工件尺寸如图 3-56 中所示,单击【确定】按钮,插入工件的结果如图 3-57 所示。

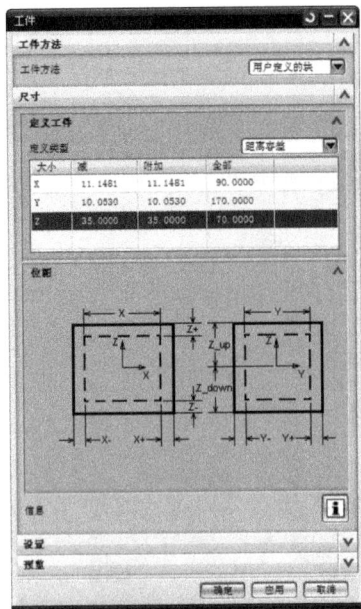

图 3-56

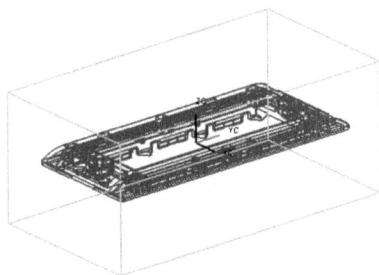

图 3-57

3.9.5　型腔布局

(1)单击【注塑模向导】工具条中的【型腔布局】 ⬚ 按钮,出现图 3-58 所示的对话框。

(2)在【型腔布局】中设置【型腔数】为【2】,【缝隙距离】为【0】,单击【开始布局】按钮,出现图 3-59 中所示的对话框,选择图3-59中所示工件的侧面,系统自动生成另一型腔。型腔设

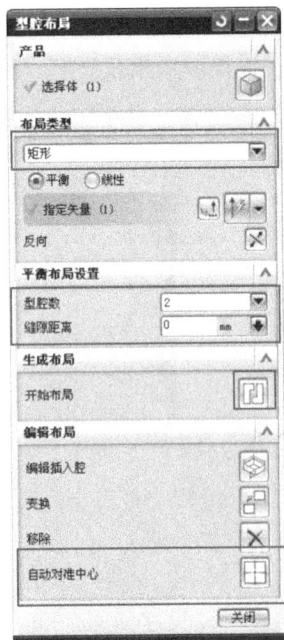

图 3-58

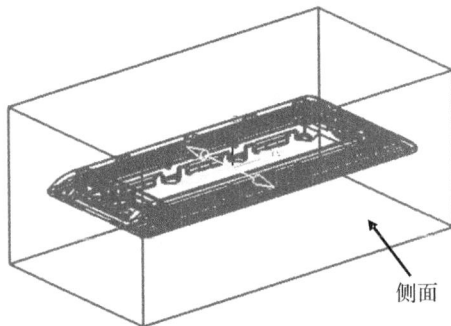

侧面

图 3-59

置后,模具的坐标系需要重新定位,单击【自动对准中心】按钮,模具坐标将自动调整至模具的中心位置。型腔布局结果图 3-60 所示。

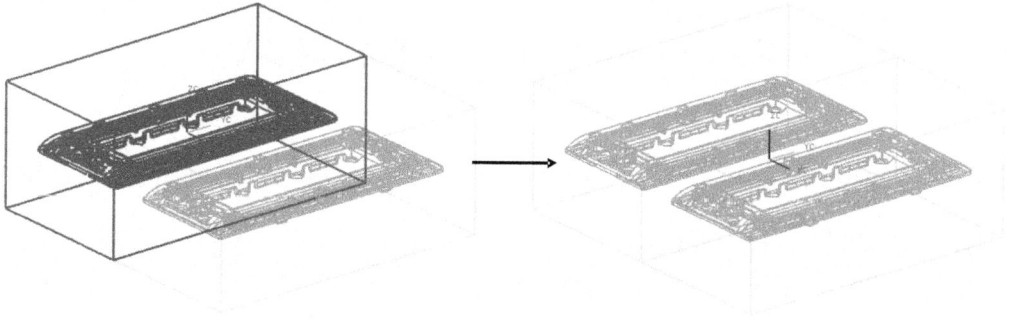

图 3-60

3.10　练　习

3.10.1　思考题

(1)多腔模的创建方式有哪几种?

(2)行腔布局的方法有哪几种类型?

(3)多件模设计和型腔布局之间的区别是什么?

3.10.2　操作题

打开如图 3-61 所示的产品模型,完成此产品的工件创建、型腔布局操作。

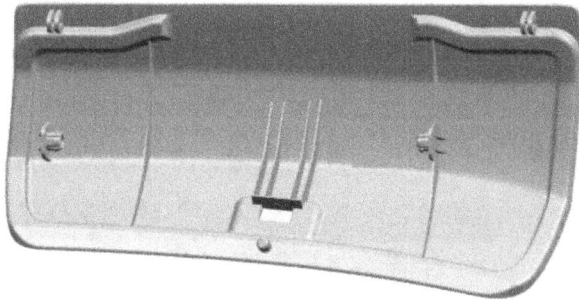

图 3-61

第4章 注射模工具

本章重点内容

➢ 掌握片体补片命令(边缘补片、曲面补片、修剪区域补片等)
➢ 掌握实体补片命令(创建方块、实体补片等)
➢ 掌握实用工具命令(面拆分、扩大曲面、投影区域等)

本章学习目标

通过结合本章中的对应实例以及综合实例掌握注塑模工具中常用的命令,尤其是补片命令(如实体补片、边缘补片和现有曲面等),并且学会善于结合建模工具中的命令共同完成补片操作的方法、思路。

4.1 注塑模工具概述

模具工具是一个提供了片体补片、实体补片以及一些实用命令的工具条。大多数存在于零件表面上的"孔"应该被做成"封闭"的,而这些地方就是需要通过修补来完成了。在模具厂中,这些需要修补的地方被称为"靠破孔"。片体修补(Sheet Patch)用于覆盖一个开放的曲面并确定覆盖于零件的哪一侧。实体修补(Solid Patch)是用一个材料去填补一个空隙,并将该填充的材料加到以后的型腔、型芯或模具的侧型芯来弥补实体修补所移去的面和边。

选择注射模工具向导上的【注塑模工具】图标 ,弹出如图4-1所示的注射模工具条。

图 4-1

该工具条上集成了许多命令,包括补片、分析、修剪等一些实用命令。本章主要是讲解Moldwizard中的几个重要的命令。

4.2 注塑模工具常用命令

在实际应用中,常用的命令大致有创建方块、补片工具(实体补片、曲面补片、边缘补片等)、面拆分等。接下来就按照注射模工具上命令的排列顺序,针对重要的命令进行详细的讲解。

4.2.1 创建方块(Creat Patch Box)

单击注射模工具条上的【创建方块】图标 ,默认弹出如图 4-2 所示的对话框。

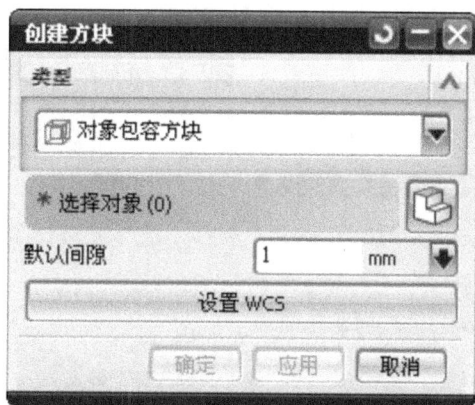

图 4-2

创建方块命令包括了两种类型:对象包容方块和一般方块两种方式。不管是用哪种方式创建,最终得到的都是一个长方形实体,并且此长方体的长、宽、高都与 WCS 的三个轴保持一致,唯一不同的就是,【对象包容方块】是直接选择单个面或多个面进行创建,而【一般方块】则是先选取长方体的中心点,然后直接输入长、宽、高。见图 4-3 所示两种类型的区别。

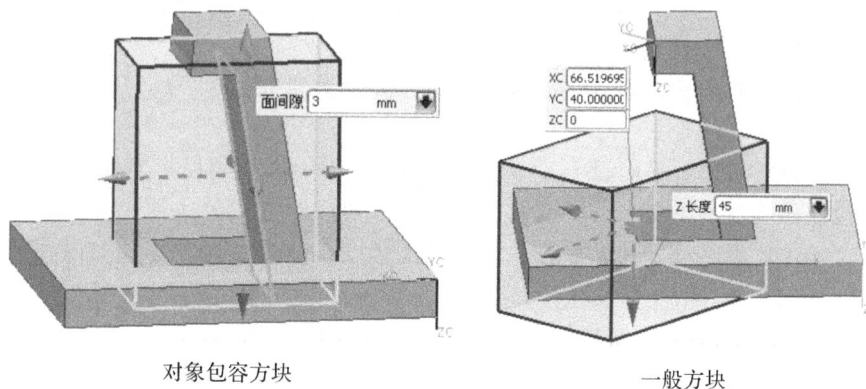

对象包容方块　　　　　　　　　一般方块

图 4-3

对于【创建方块】命令包含两个重要选项,具体含义如下所示。

● 默认间隙:此选项是针对【对象包容方块】类型的,其作用在于当选取单个面或多个面后,NX 系统会自动计算出最小包络体(长方体),但由于在【默认间隙】中输入某个数值后,最终形成的长方体比最小包络体要大一个【默认间隙】值。

● 设置 WCS:使用此命令可以在创建方块时,定义 WCS(用户工作坐标系),用定义完成的坐标系作为参考,决定创建方块的长、宽、高的方向。

4.2.2 分割实体(Solid Split)

分割实体命令允许对目标体(实体或片体)进行修剪或拆分,与建模模块下的【修剪体】、【拆分体】类似,常用于从型腔或型芯分割出一个镶件或滑块。

单击注射模工具条上的【分割实体】图标 ，弹出如图 4-4(a)所示的【分割实体】对话框,选取【目标体】后,弹出如图 4-4(b)所示的对话框。

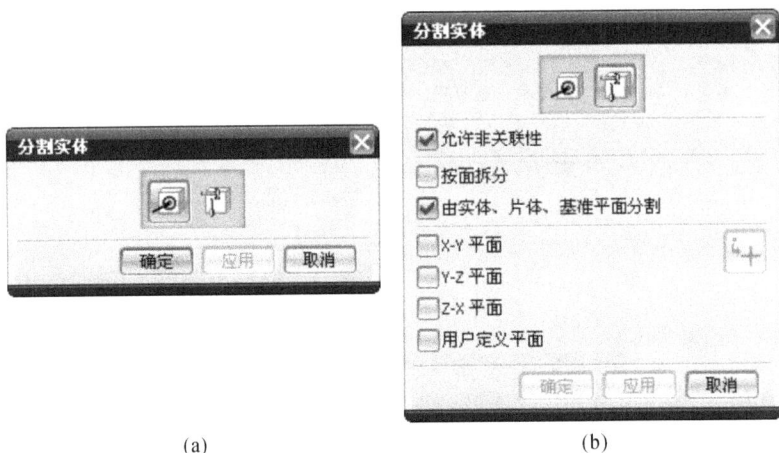

(a)   (b)

图 4-4

目标体(被分割对象)可以选择实体或片体,对于工具体,分割实体命令定义了三种分割方式:

● 按面拆分:只能使用实体的表面作为工具体,并且由选择的面生成一个扩大面,由这个扩大面对目标体进行分割。

● 由实体、片体、基准平面分割:选取实体、片体、基准平面作为工具体分割或修剪目标体。

● X－Y 平面、Y－Z 平面、Z－X 平面、用户定义的平面:使用用户坐标系的三个平面或通过平面构造器构造的平面来分割或修剪目标体。使用此方式时必须先勾选【允许非关联性】选项,这样才能激活此方式。非相关方式的优势在于减少磁盘占用和对内存的要求,但会牺牲更新时的相关性。

图 4-5 所示的是使用【由实体、片体、基准平面分割】方式操作的一个结果。

4.2.3 实体补片(Solid Patch Up)

实体补片是一种在 parting 部件上构造实体来填补开口区域的方法。在大多数情况下,实体补片比构造曲面进行补片更有用,对于大的、复杂的缺口更能体现实体补片的方便性。

滑块体作为工具体　　　　　　　　　　　　型腔或型芯作为目标体

图 4-5

使用实体补片的过程是在 parting 部件上创建一个实体模型来适合开口的形状,实体的面也需要有正确的斜度。使用此功能后会将这些封闭的实体模型合并到 parting 部件模型上,并复制封闭模型至 25 层,以备后用。

单击注射模工具条上的【实体补片】图标 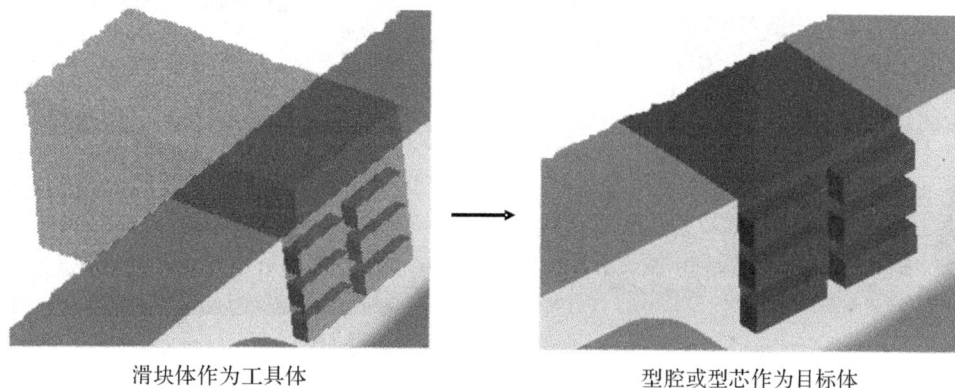,弹出如图 4-6 所示的实体补片对话框。

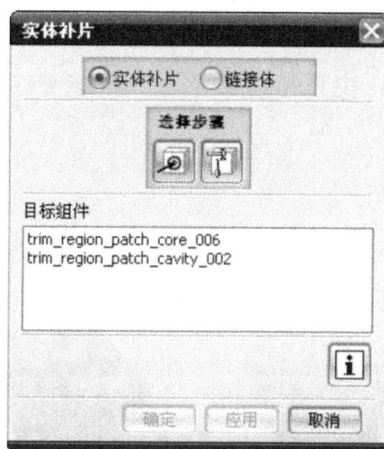

图 4-6

实体补片命令包含两种类型的操作,即实体补片和链接体。【实体补片】是位于 parting 部件下的实体模型作为补片合并到产品模型中去;【链接体】则是具有实体补片特征的实体模型链接到其他模具组件中去。不管进行的是【实体补片】类型操作还是【链接体】类型操作,都可以通过【目标组件】下面的组件列表来选取组件,从而使封闭模型(实体)被复制到选中的组件中。

【实例 4-1】　实体补片。

打开如图 4-7 所示的装配文件,使用【实体补片】命令,完成"靠破孔"的修补。具体操作步骤如下。

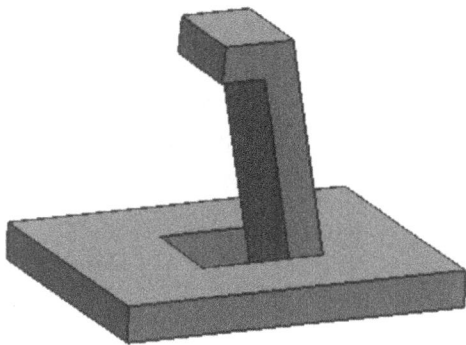

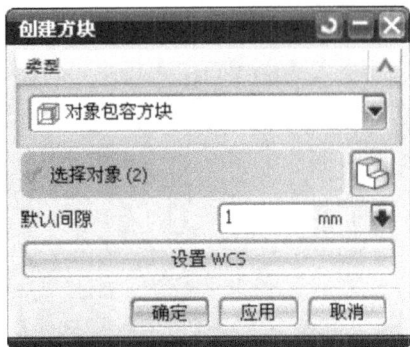

图 4-7   图 4-8

提示：要使用【实体补片】命令修补靠破孔，必须先要创建封闭模型用于填补开口，而这个封闭模型必须位于 parting 部件下，否则就不能使用此实体进行修补。

（1）选择注射模工具条上的【实体补片】命令，UG 会自动把当前的显示部件（top 文件）自动切换到 parting 部件作为显示部件，单击【取消】按钮，退出【实体补片】对话框。当然也可以手工操作使 parting 部件成为显示部件。

（2）选择注射模工具条上的【创建方块】命令，选取【对象包容方块】作为操作类型，见图 4-8 所示。选取产品模型的两个内表面，创建如图 4-9 所示的方块。

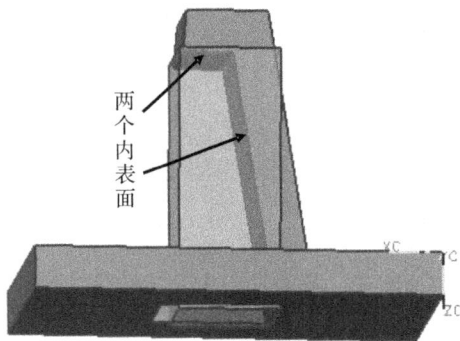

两个内表面

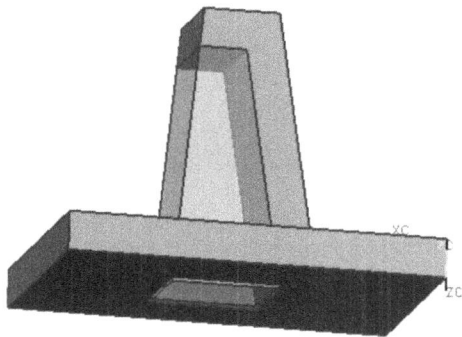

图 4-9   图 4-10

（3）选择【插入】|【同步建模】|【替换面】命令，分别选取方块的 5 个面（除了底面）作为要替换的面，靠破孔的两个内表面及三个侧面作为替换面，单击【确定】按钮，完成如图 4-10 所示的方块的修剪。

提示：方块底部的位置只要不低于产品底座的上表面即可。即使方块底部没有超过底座的下表面也没有关系，因为在后续的分模操作后，在型芯侧会自动产生一个对应的实体来填补这个缺口。

（4）选择注射模工具条上的【实体补片】图标 ![icon]，弹出如图 4-11 所示的对话框，勾选

【实体补片】类型,选取产品模型作为【产品体】,修剪的方块作为【修补实体】,在【目标组件】列表中选中【xxx_core_xxx】,单击【应用】按钮,方块自动合并到产品模型上,并且复制一个至 25 层,链接一个至 xxx_core_xxx 组件的 25 层,结果见图 4-12 所示。

图 4-11

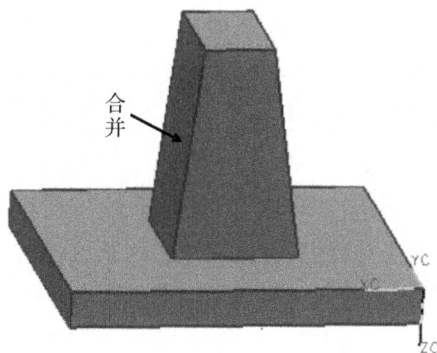
图 4-12

提示:(1)在使用【实体补片】功能合并实体到产品体时,有可能会操作失败,这与使用【求和】命令进行操作是一样的原理,需要检查体之间是否存在微小的间隙。

(2)使用【实体补片】时,注意不要创建中空的实体。

4.2.4 曲面补片(Surface Patch)

曲面补片是最易使用的修补方法,主要应用于修补完全包含在单个曲面内的孔。在曲面补片中,注射模向导提取每个孔所在的面的复制面,然后用孔的边界来修剪。型腔面的修补面复制到 28 层(CAVITY_SURFACE),型芯面的修补面复制到 27 层(CORE_SUR-FACE)。

选择注射模工具条上的【曲面补片】图标 ,弹出如图 4-13 所示的对话框。打开选择面的对话框后。当一个包含孔的曲面被选中时,系统会自动搜寻该曲面内所包含的封闭环边界(或孔边界),在显示区域高亮显示,并要求确定对不满意的孔边界进行【选取或取消选取孔】操作,最后单击【确定】按钮,完成补片。

图 4-13

> **提示:**使用【曲面补片】命令后,在 parting 部件的【部件导航器】中可以对应找到对应的特征,但注意的是此特征为【特征集】。所谓特征集,就是把某操作的相关特征全部集合起来。比如【曲面补片】的特征集包括了扩大、修剪、WAVE 几何链接等特征。

4.2.5 边缘补片(Edge Patch)

对于跨越多个曲面上的孔或是必须创建一个边界但又没有相邻边界来提供,在这种情况下,曲面补片功能就无能为力了,这时,边界补片就非常有用了。边缘补片是通过选择一个闭合的曲线/边界环来修补一个开口区域。在选择完成之后,注射模向导会自动创建一个片体来修补开口区域。

选择注射模工具条上的【边缘补片】图标 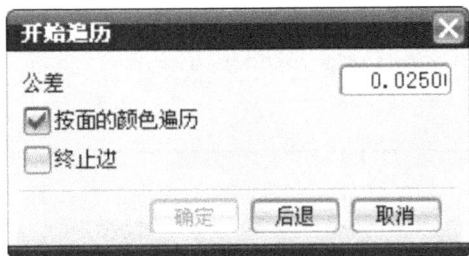,弹出如图 4-14 所示的对话框,NX 提示【选取起始边/曲线】,在选取边界之前,应取消勾选【按面的颜色遍历】选项,然后再选取起始边/曲线,弹出如图 4-15 所示的【曲线/边选择】对话框。

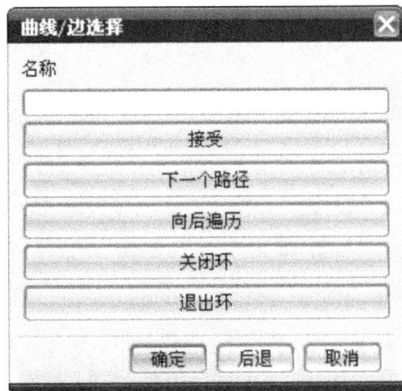

图 4-14   图 4-15

一旦选取了第一条边界,MoldWizard 会以红色高亮显示出当前路径,并以逻辑定义的路径作引导,而用户只需要用【曲线/边选择】对话框对当前路径作出响应。

(1)接受(Accept)。单击对话框中的【接受】按钮,表示接受当前提示的路径(高亮显示),但要知道一点,【接受】与【确定】不一样,接受仅仅是确认了当前路径中的曲线,并让 NX 继续查找下一条路径。

(2)下一个路径。当路径位于分支处时,【下一个路径】按钮可交替提示可能的路径走向。

(3)向后遍历。当选择到第二条边/曲线后,此按钮才会被激活显示。选用该功能,可回退和纠正前一分支的选择。

(4)关闭环。使用该按钮将在所选的第一条边的起始点与当前路径的边/曲线的终点之间创建一条曲线。

(5)退出环。使用该按钮说明已经完成了路径的选择,于是 MoldWizard 就开始产生一个基于几何体的补片。

在实际设计的时候,肯定会遇到需要创建补片的边界位于两个实体上或是之间存在间隙,这时就会弹出如图 4-16 所示的【桥接缝隙】对话框。如果选择【是】,MoldWizard 就会自动使用一条曲线桥接该缝隙。

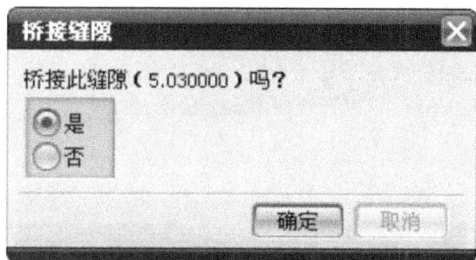

图 4-16

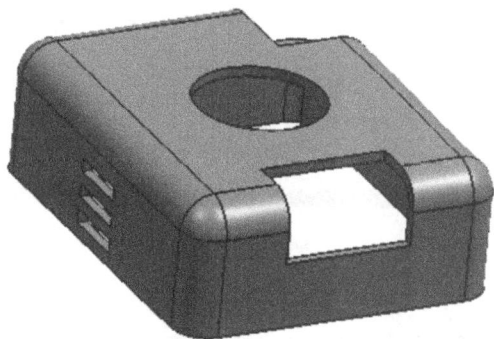

图 4-17

【实例 4-2】 边缘补片

打开如图 4-17 所示的装配文件,使用【边缘补片】命令,完成靠破孔的修补。具体步骤如下所示。

(1)选择注射模工具条上的【边缘补片】图标 ,MoldWizard 自动会把当前的显示部件切换到 parting 部件,使其成为显示部件。

(2)选取开口的其中一条边后,系统自动判断的下个路径被高亮显示,见图4-18所示。

(3)如果系统提示的路径与所需的路径一致,则单击【接受】按钮,反之单击【下一个路径】按钮切换到合适的路径再单击【接受】按钮,依次操作下去,直至找到全部的路径。找到的路径见图 4-19 所示。

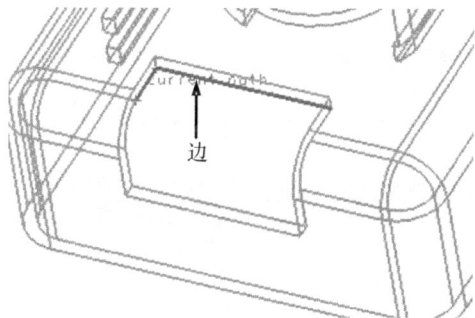

图 4-18

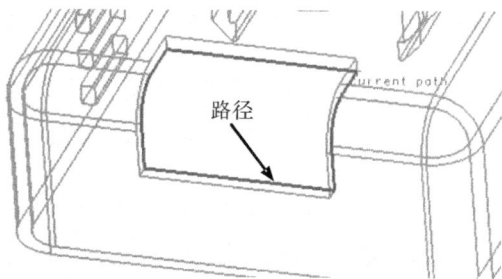

图 4-19

(4)在找到全部的路径后,单击【关闭环】按钮,出现【添加或移除面】对话框,见图 4-20所示,并且高亮显示要被修补开口的面,如图 4-21 所示。

(5)单击【确定】按钮,创建如图 4-22 所示的补片。如果对于这个补片不满意,可以通过单击图 4-20【添加或移除面】对话框中的【Select Another Side of Face】按钮求另解,单击【确定】按钮,创建如图 4-23 所示的补片。

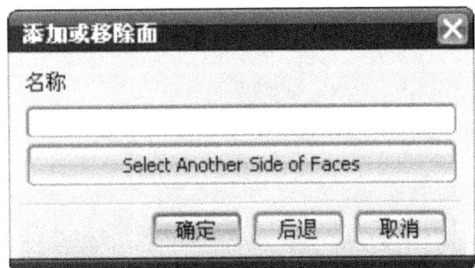

图 4-20

图 4-21

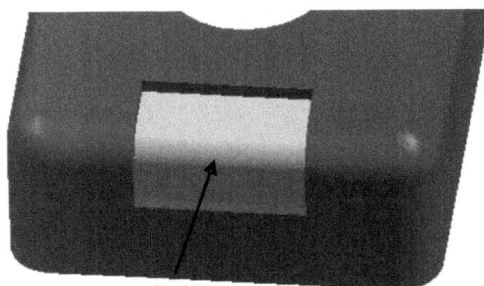

补片

图 4-22

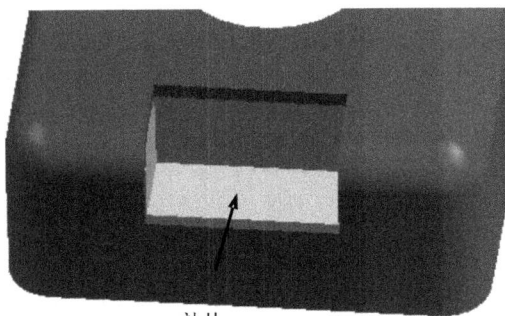

补片

图 4-23

4.2.6　修剪区域补片(Trim Region Patch)

修剪区域补片是通过构造封闭面来封闭产品模型的开口区域。在开始创建修剪区域补片之前,必须先要创建一个能够吻合开口区域的实体。

选择注射模工具条上的【修剪区域补片】图标 ◆ ,弹出如图 4-24 所示的对话框,提示【拾取一个目标实体】。在选取一个实体后,弹出如图 4-25 所示的【开始遍历】对话框,要求选取曲线/边,根据提示选取开口的边缘即可。

图 4-24

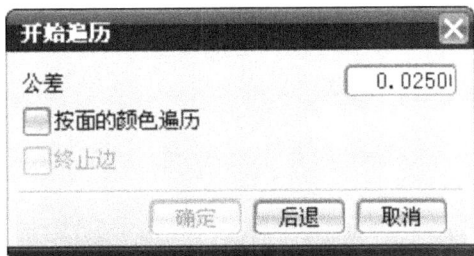

图 4-25

【实例 4-3】　修建区域补片

打开如图 4-26 所示的装配文件,使用【修剪区域补片】命令,完成此模型开口的修补。

(1)打开配套光盘中的装配文件,选中产品模型,右键,弹出如图 4-27 所示的菜单,单击

【转为显示部件】按钮,使 parting 部件成为显示部件。

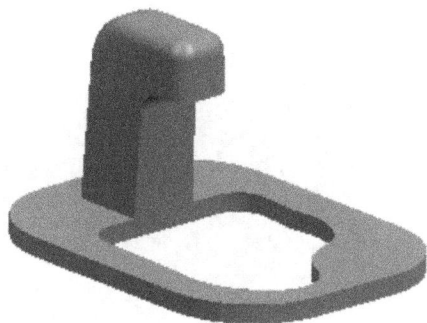

图 4-26

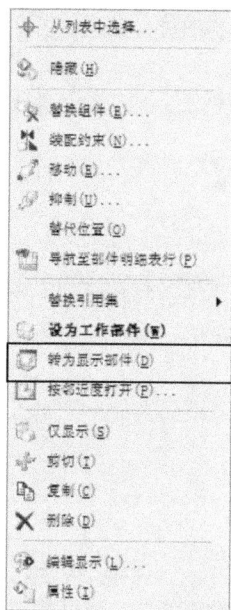

图 4-27

　　提示:对于后面将用到的补片的对象(包括实体、曲面)等,必须在 parting 部件中创建,否则就不能应用相应的补片命令选取这些对象。

---

　　(2)选择【插入】|【曲线】|【基本曲线】命令,选择【直线】类型,确保【点方法】为【端点】,选取产品开口内侧面的两个端点,绘制如图 4-28 所示的直线。

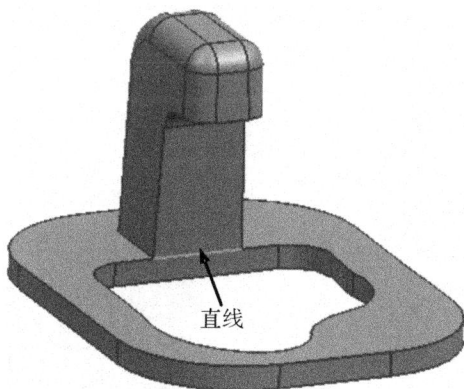

直线

图 4-28

　　(3)选择【插入】|【设计特征】|【拉伸】命令,选取刚才创建的直线以及和它相邻的曲线环作为截面线,选取底座平面(其法线方向)作为拉伸方向,在【限制】|【开始】设置为【直到被延伸】,选取位于直线上方的平面作为被延伸到的面,设置见图 4-29 所示,单击【确定】按钮,创

建如图 4-30 所示的实体。

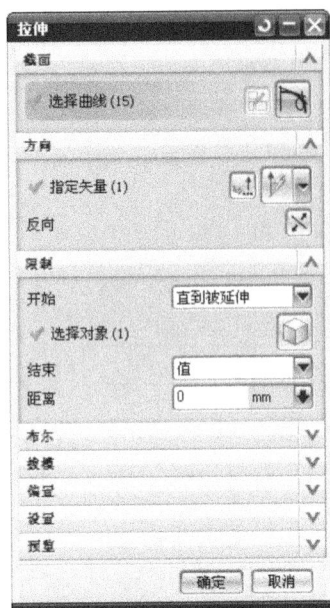

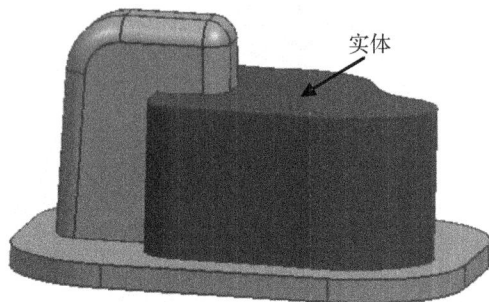

图 4-29

图 4-30

(4)选择【插入】|【细节特征】|【拔模】命令，选择【类型】为【从平面】，【脱模方向】保持与上步骤的拉伸方向一致，选取拉伸体的底面作为【固定平面】，拉伸体的一圈侧面作为【要拔模的面】，在【角度 1】中输入 2，参数设置见图 4-31 所示。单击【确定】按钮，进行如图 4-32 所示的拔模操作。

图 4-31

图 4-32

提示:创建的实体(补片)必须封闭产品的开口,而且也需要正确的脱模关系以及合适的拔模角。

(5)选择注射模工具上的【参考圆角】图标 🔧,弹出如图 4-33 所示的对话框。选取产品开口处的圆角作为【面】,拉伸体的一圈上边缘作为【边】,单击【确定】按钮,完成如图 4-34 所示的操作。

图 4-33

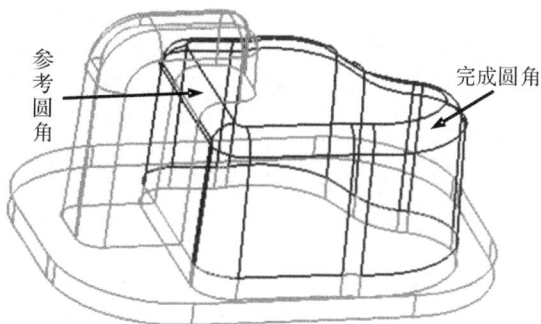

图 4-34

(6)选择注射模工具上的【修剪区域补片】图标 ◆,选取创建完成的实体作为目标实体,单击【确定】按钮,弹出【开始遍历】对话框来选取产品开口区域的边缘作为修剪路径,见图 4-35 所示。

(7)单击【关闭环】按钮,弹出【选择方向】对话框,并且在显示区域中可以预览补片效果,如果不是理想的,可以单击【翻转方向】按钮,切换其他补片方式,最后单击【确定】按钮,完成如图 4-36 所示的补片。

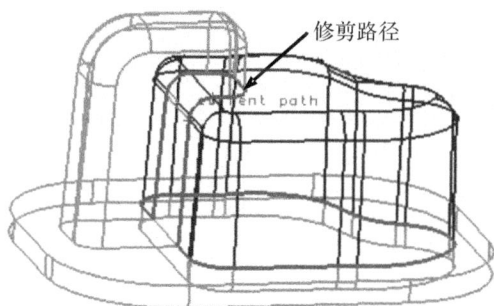

图 4-35

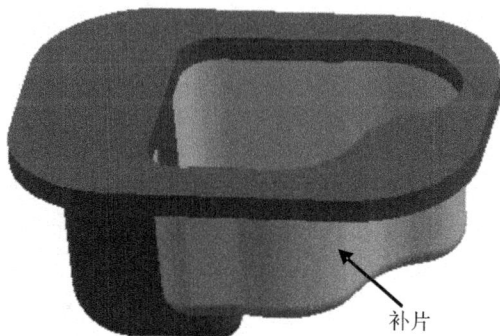

图 4-36

4.2.7 自动孔修补(Auto Hole Patch)

自动孔修补命令会自动查找产品所有的内部修补环并修补所有贯穿孔。对于自动孔修补命令的使用,一般没有局限性,并不要求内部修补环必须位于单个曲面上。当内部修补环跨越不同个数的曲面时,自动孔修补命令会自动选用合适的曲面创建方式来修补孔。如当

内部修补环位于平面上时,则采用平面和边界
来修补孔;当内部修补环位于单个曲面上时,则
采用扩大面和边界来修补孔。

选择注射模工具条上的【自动孔修补】图标
，弹出如图 4-37 所示的对话框。

自动孔修补命令提供了两种内部修补环的
搜索方法:区域和自动。

使用【区域】搜索修补环的前提是型腔和型
芯区域已经被抽取,在部件的开口区域找到分
型线环,这些边界由型腔和型芯区域所共有。
如果没有事先定义过型腔/型芯区域,则只能使
用【自动】方法进行搜索。

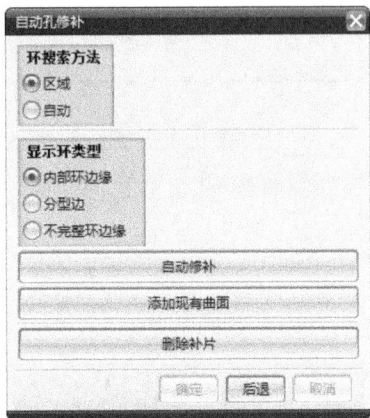

图 4-37

提示:【自动孔修补】的搜索方法与模具坐标系有关,因此在使用【自动孔修补】命令
时,必须先设置好模具坐标系。

当选择不同的搜索方法时,位于中间的对话框会出现不同的选择类型,见图 4-38 所示。

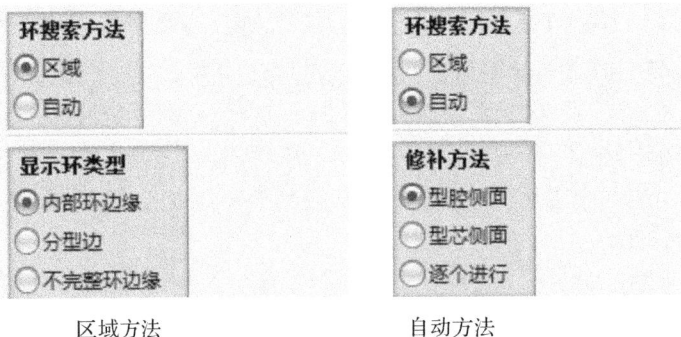

区域方法   自动方法

图 4-38

【显示类型】表示在使用【区域】时,根据设置,在图形区域中高亮显示要补片的环,然后
根据设计者的意图,可以取消不需要补片的环。

【修补方法】提供选取所高亮显示的内部修补环位于型腔侧还是型芯侧,以及是否一个
一个进行补片。

不管是通过【区域】方法还是【自动】方法,都有以下三个选项:

(1)自动修补:这个不难理解,但完成以上两个的设置后,单击【自动修补】按钮,Mold-
Wizard 会自动通过找到的修补环进行修补操作。

(2)添加现有曲面:此命令与位于注射模工具里面的【添加现有曲面】一致,都是利用在
parting 部件中通过手工建模的方式创建的曲面作为片体补片。在日常设计中,对于比较复
杂的产品,用到的几率是比较高的。用法比较简单,单击此命令,选取已经存在的曲面,最后
单击【确定】即可。

(3)删除补片:此命令是专门用于片体补片的删除,与注射模工具里的【分型/补片删除】

类似,只不过【分型/补片删除】命令也可用于对分型面的删除。如果不用专用命令删除补片也是可以的,只不过就怕没有完全删除,使用此命令操作相对比较方便,用法也相当简单,只要选择此命令,选取需要删除的补片,单击【确定】按钮,即可完成删除操作。

【实例 4-4】 动孔修补

打开如图 4-39 所示的装配文件,使用【自动孔修补】命令完成靠破孔的修补。

图 4-39

(1)选择注射模工具里的【自动孔修补】图标 ,MoldWizard 自动把 parting 部件作为显示部件,单击【取消】按钮,退出【自动孔修补】对话框。

(2)双击 WCS 坐标系,拖动旋转手柄,使其绕 XC 旋转 90°,单击鼠标中键,使+ZC 方向成为脱模方向,见图 4-40 所示。

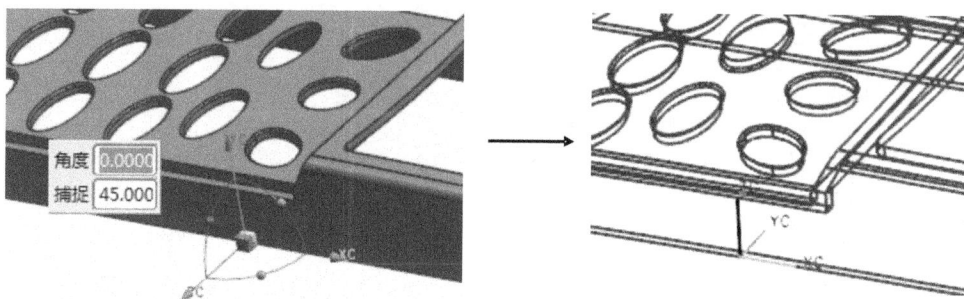

图 4-40

(3)重新选择注射模工具里的【自动孔修补】图标 ,设置【环搜索方法】为【自动】,【修补方法】为【型芯侧面】,单击【自动修补】按钮,完成如图 4-41 所示的修补操作。

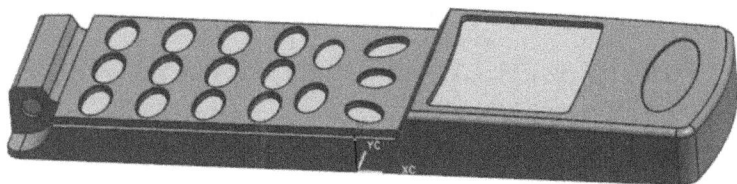

图 4-41

4.2.8 扩大曲面(Enlarge Surface)

扩大曲面功能用于提取体上的面,并通过控制 U 和 V 方向动态调节滑块来扩大曲面。扩大后的曲面可以作为补片被复制到型腔和型芯,其功能大致可以分解为扩大、修剪、添加现有曲面这样三个步骤。

选择注射模工具里的【扩大曲面】图标 ，弹出选取一个扩大面的提示，选取要扩大的面后，弹出如图 4-42 所示的对话框。

曲面扩大包括了两种类型：线性和自然。线性是指被扩大后得到的曲面是沿着原始面边界线性延伸的，并且在边界处与原始面相切。自然是指沿着原始面的趋势延伸，在边界位置处保持曲率连续。

在选中要扩大的曲面后，在显示区域便会显示 U、V 坐标系，见图 4-43 所示。可以通过调节 U、V 最大值和最小值的滑块来控制曲面的大小。

【最大百分比】表示滑块可以最大拖到的限度，可以自行设置。

【全部】选项限制在调节其中一个滑块时，其他滑块也被锁定，同时会被拖动。

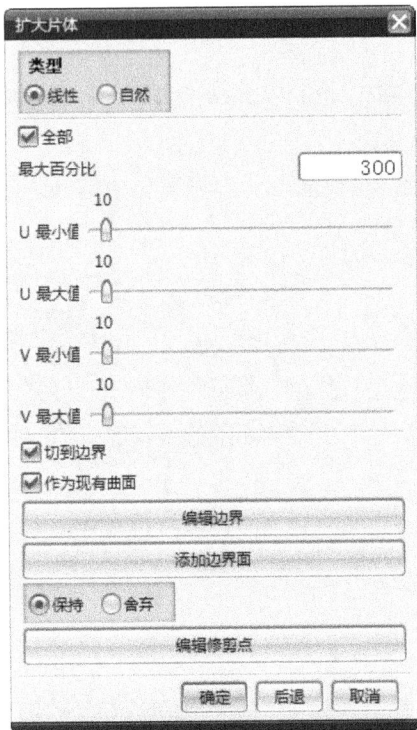

图 4-42

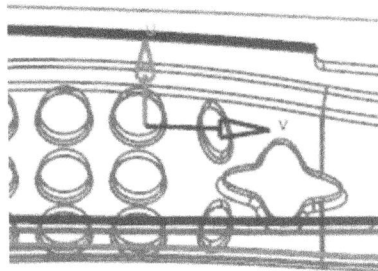

图 4-43

【切到边界】表示可以使用高亮显示的边界对扩大面进行裁剪，如果关闭此选项，扩大面将不会进行修剪。其下面的选项将被关闭。

【作为现有曲面】：开启此选项后，扩大的面会被复制到型腔和型芯，被用于后面的补片。

【编辑边界】、【添加边界面】：在启用【切到边界】后，系统会自动选取默认的边界作为裁剪边界。有时，默认的边界不一定是想要的，因此可以通过此两个选项，自定义曲线/边或面作为裁剪的边界。

【编辑修剪点】：此选项与建模模块下的【修剪的片体】中的【区域】选项类似，通过此命令可以重新设定修剪点位置，并且可以使用【保持】、【舍弃】选项，定义包含修剪点的范围（曲面）是被保留还是被裁剪掉。

【实例 4-5】 扩大曲面

打开如图 4-44 所示的装配文件,对产品的底面进行扩大,使其为分型面做准备。

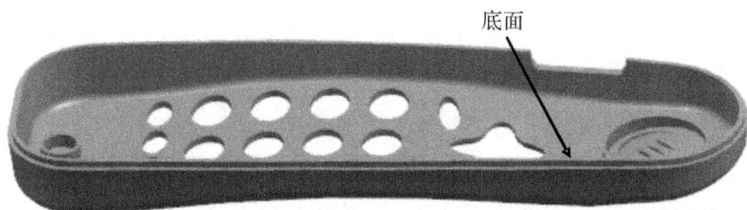

底面

图 4-44

（1）选择注射模工具里的【扩大曲面】图标 ⚙ ，MoldWizard 自动会把 parting 部件作为显示部件。

（2）选择【插入】|【来自曲线集的曲线】|【桥接】命令,弹出如图 4-45 所示的【桥接】对话框,选取产品缺口的两侧边缘作为桥接对象,单击【确定】按钮,创建如图 4-46 所示的桥接曲线。

（3）重新选择注射模工具里的【扩大曲面】命令,【类型】设置为【自然】,选取产品的底面作为要被扩大的对象,勾选【全部】对话框,拖动四个滑块中的任意一个,使面足够大（一般在这个之前已经创建了工件,只要大于工件即可）。单击【编辑边界】对话框,选取刚才创建的桥接曲线,单击【确定】按钮,返回【扩大曲面】对话框,单击【确定】按钮,完成如图 4-47 所示的操作。

图 4-45

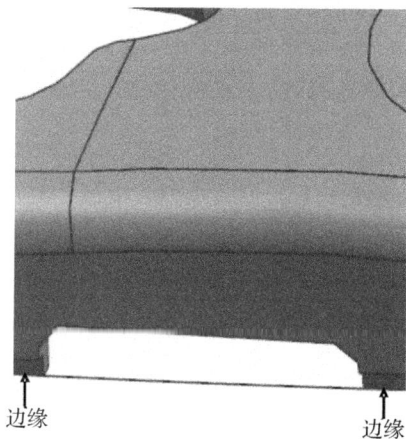

边缘　　　　边缘

图 4-46

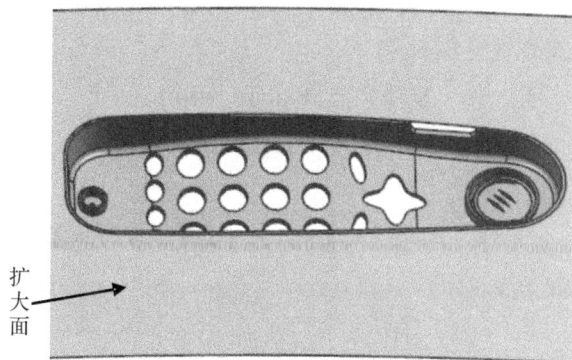

扩大面

图 4-47

4.2.9　面拆分(Face Split)

面拆分命令与建模下的【分割面】类似,原理一样,主要是把一张面分割成两张面。在模具设计中,存在跨越面(一部分属于型腔,一部分属于型芯的单张面),因此需要通过【面拆分】命令分割此面,这样才会正确定义型腔和型芯。

选择注射模工具里的【面拆分】图标　,弹出如图4-48所示的【面拆分】对话框。

从对话框中看到了三个图标,其实【面拆分】命令只需两个步骤即可完成操作:

(1)单击对话框中的第一个图标　,选取需要被分割的跨越面。

(2)单击后面图标　　中的任意一个,定义分割工具。

【面拆分】命令提供了三种定义分割工具的方式:

(1)被等斜度线拆分:选此分割方式,MoldWizard会自动计算等斜度线,然后运用等斜度线进行分割。注意:等斜度线的计算与WCS的＋ZC方向有关。

(2)选择基准平面:单击此按钮后,出现如图4-49所示的界面,给出了三种定义基准平面的方法,根据已知条件选定其中一种即可。【压印于】选项提供了一种面选择的过滤方式:【选定的面】表示只分割与基准平面相交的被选定面;【相连的面】表示分割与基准平面相交的选定面以及与选定面相连的面。

图 4-48

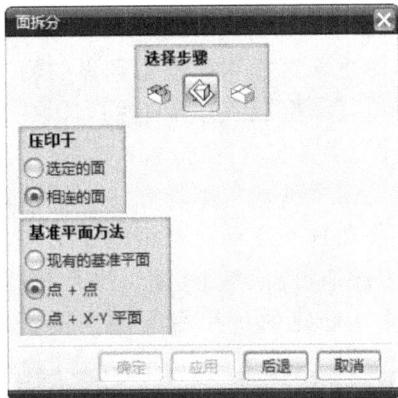

图 4-49

(3)选择曲线/边:单击此按钮后,出现如图4-50所示的界面,给出了两种定义曲线的方式来创建分割对象。

4.2.10　延伸实体(Extend Solid)

【延伸实体】命令用于对实体表面进行偏置和拉伸,和【同步建模】中的【抽取面】和【偏置区域】类似。

选择【注塑模工具】工具条上的【延伸实体】图标　,弹出如图4-51所示的【延伸实体】对话框。

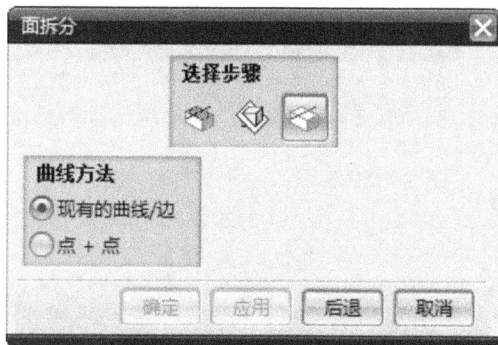

图 4-50

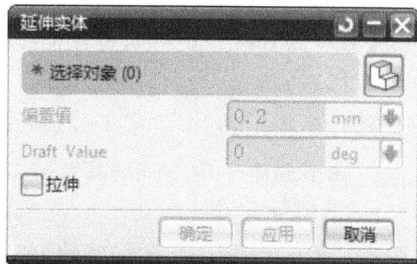

图 4-51

【延伸实体】命令提供了两种延伸的方式：

（1）偏置：沿着面的法线方向移动面。

（2）拉伸：沿着默认的拔模方向扫略面的边缘。

对于这两种延伸方式，使用上有些区别。【偏置】可以应用到几乎所有的实体表面；而【拉伸】只能使用于平的实体表面。

当选择一张非平的表面时，【偏置值】选项被激活，可以输入数字确定偏置距离；当选择了一张平的表面时，【Draft Value】和【拉伸】选项被激活，可以设置拉伸体侧面的拔模角。

4.2.11　参考圆角（Reference Blend）

【参考圆角】命令把一个已经存在的圆角或是圆柱面的半径链接到选取的边上，即创建同样大小的圆角。

选择【注塑模工具】工具条上【参考圆角】图标 ，弹出如图 4-52 所示的【参考圆角】对话框。

此命令分为两个步骤即可完成操作。操作示意图见图 4-53 所示。

图 4-52

（1）选取已经存在的圆角或是圆柱面。

（2）选取要进行倒圆角的边缘。

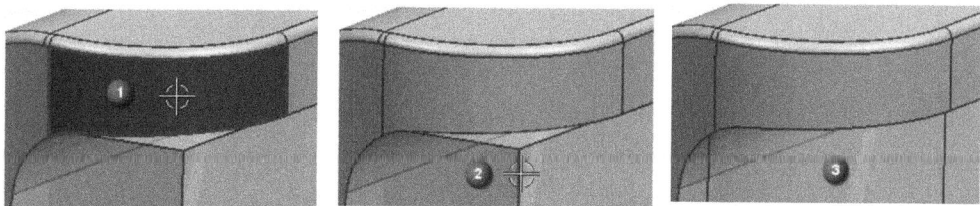

图 4-53

4.2.12　替换实体（Replace Solid）

【替换实体】功能在于创建一个符合产品开口区域的实体块。此命令相当于集成了【创建方块】和【替换面】两个命令，两者共同作用完成了【替换实体】的功能。

选择【注塑模工具】工具条上的【替换实体】图标 ![icon]，弹出如图 4-54 所示的【替换实体】对话框。

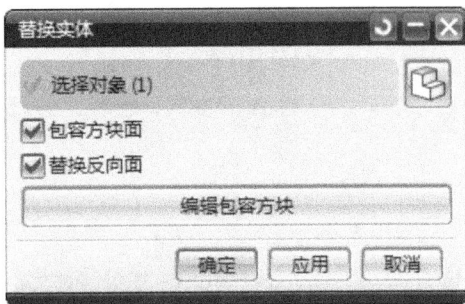

图 4-54

（1）包容方块面：使用选取的面创建方块，并使用此面进行修剪。

（2）替换反向面：修改替换面时的方向。

（3）编辑包容方块：此选项与【创建方块】界面类似，可以参考【创建方块】。

【实例 4-6】　替换实体和参考圆角

打开如图 4-55 所示的图形文件，利用【替换实体】命令完成产品缺口的修补。

（1）进入注塑模向导模块后，使用【初始化项目】命令打开【replace_faces_top_010.prt】文件。打开【装配导航器】，右击【xxx_parting_xxx】文件，在弹出的右键菜单中选择【设为显示部件】，在新窗口中打开此文件，见图 4-56 所示。

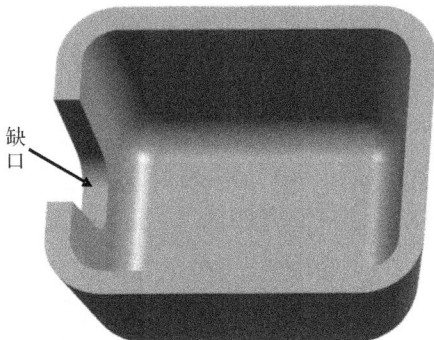

缺口

图 4-55

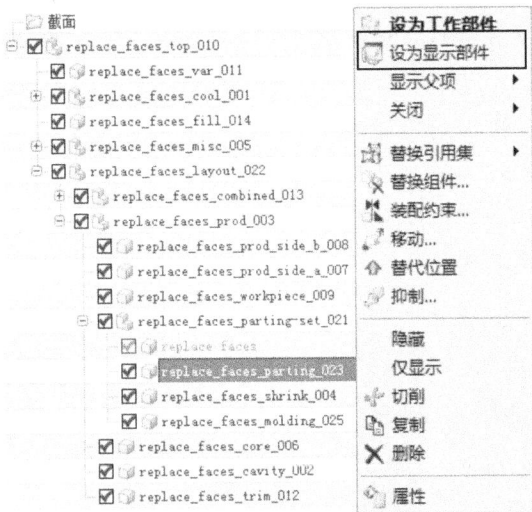

图 4-56

（2）选择【注塑模工具】工具条上的【替换实体】图标 ，弹出【替换实体】对话框，选取如图 4-57 所示的产品表面。

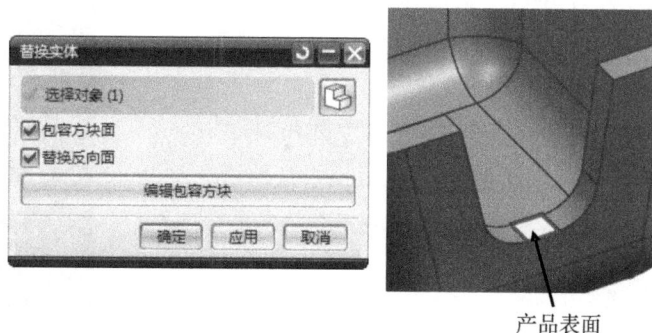

图 4-57

（3）继续选取产品的表面，创建了如图 4-58 所示的方块实体，所创建的实体的其中三个侧面与选定的对应的产品表面贴合。

（4）继续选取产品的外表面，实体方块形成了如图 4-59 所示的形状，显然此形状不是所需要的形状，要进行修改。

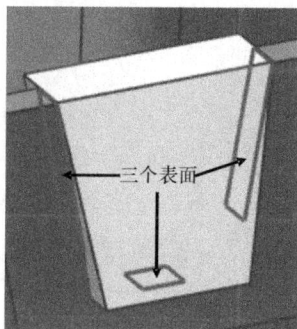

图 4-58

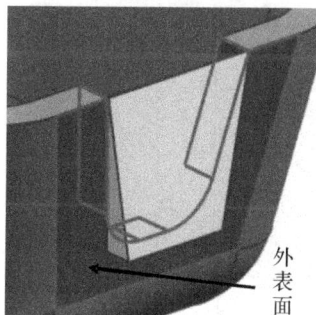

图 4-59

（5）按住【shift】，单击刚才选取的产品外表面，以便取消选择。取消勾选【替换反向面】，重新选取刚才取消选择的产品外表面，形成如图 4-60 所示的实体形状。

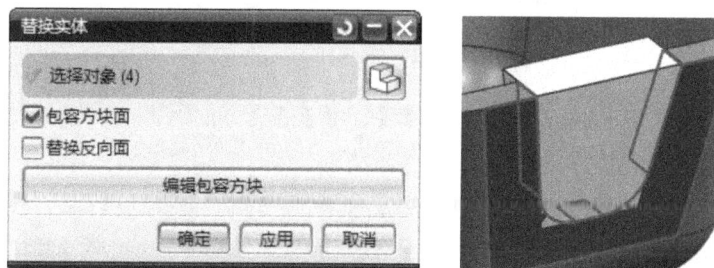

图 4-60

（6）继续选取产品的内表面以及底面，单击【确定】按钮，创建的方块变成了如图 4-61 所示的形状。

（7）不难发现，产品在开口区域有两个圆角，但现在的方块上面是棱角，与产品开口不相符合。因此也需要对棱角进行倒相同大小的圆角。

（8）选择【注塑模工具】工具条上的【参考圆角】图标，弹出如图 4-62 所示的【参考圆角】对话框。选取产

图 4-61

图 4-62

品上的倒圆角作为参考圆角，方块的对应边作为要倒圆角的边，单击【确定】按钮，完成如图 4-63 所示的倒圆角。

（9）方块的另一侧圆角用同样的方法去完成，结果见图 4-64 所示。完成后，单击【文件】|【全部保存】命令，把装配文件存盘。

图 4-63

图 4-64

4.2.13 合并腔（Mergre Cavities）

【合并腔】命令是 NX 6.0 的一个新功能，其功能主要是把两个或多个型腔/型芯合并为整体后放置到一个指定的组件中去，这样对于后面的数控编程比较方便。

选择注射模工具条上的【注塑模工具】|【合并腔】图标，弹出如图 4-65 所示的【合并腔】对话框，先从组件列表中选取合并后的型芯/型腔放置的组件，然后选取需要合并的型芯/型腔，单击【确定】按钮，完成型芯/型腔的合并操作。可以通过【装配导航器】使组件列表中选择的组件成为【显示部件】，就可以看到

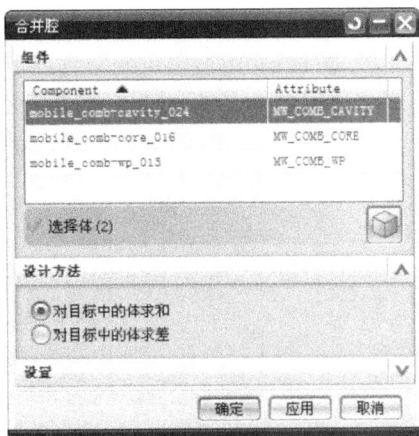

图 4-65

合并后的型芯/型腔。

【设计方法】提供了两个选项,既可以对位于不同组件的两个部件进行合并,也可以同时进行求差。

4.2.14 投影区域(Projection Area)

投影区域功能主要是一个用来查询有关产品的一些信息包括产品的实际面积、体积,方向上的距离。主要的指标还是要看产品在分型面上投影面积,因为其跟模具设计有很大关系,比如说校核注射力等。模架的选取一般也都是根据经验依据投影面积选取的。

选择注塑模工具里的【投影区域】图标 ,弹出如图 4-66 所示的对话框。操作过程比较简单,只需先选取产品,然后选取一个参考平面(此步骤为可选,如果不选择其他面的话,默认的参考平面为模具坐标系的 XOY),然后单击【确定】按钮,弹出如图 4-67 所示的信息对话框。

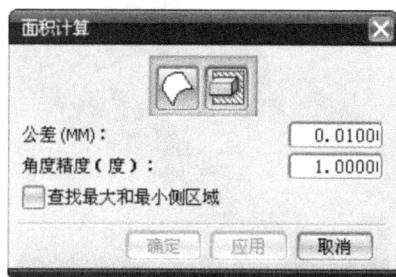

图 4-66

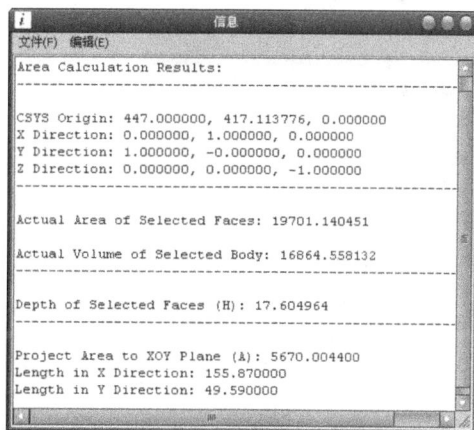

图 4-67

信息框中的痛苦信息含义如下:

● CSYS Origin、X Direction、Y Direction、Z Direction:模具坐标系的原点坐标以及其三轴的矢量方向(I,J,K)。

    ● Actual Area of Selected Faces:被选取的产品的面的实际面积。

    ● Actual Volume of Selected Body:产品的实际体积。

    ● Depth of Selected Faces(H):选取的面的深度。

    ● Project Area to XOY Plane(A):(选取的对象)在 XOY 平面上的投影距离。

    ● Length in X Direction:(选取的对象)在 X 方向上的距离。

    ● Length in Y Direction:(选取的对象)在 Y 方向上的距离。

4.3 综合实例

【实例 4-7】 打开如图 4-68 所示的装配文件,使用【注射模工具】命令并结合建模中的工具创建产品的补片。

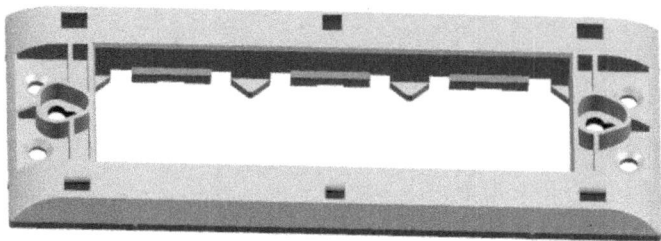

图 4-68

(1)单击注射模工具里的【自动孔修补】图标 ，出现如图 4-69 所示的对话框。在【环搜索方法】中选择【自动】方式，系统自动搜索产品模型中的孔、洞边界，信息条中显示【找到 13 个补片环】，视图如图 4-70 所示。

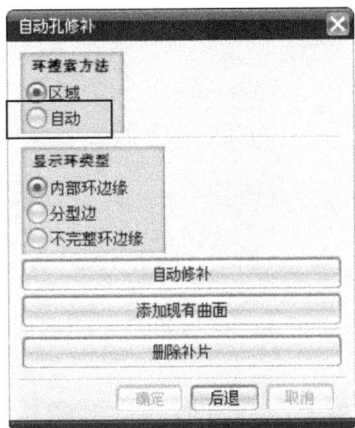

图 4-69　　　　　　　　　　　　　　　　　　　图 4-70

查看自动搜索出的补片环，由于大部分补片环不规则且相对复杂，需要手工修补。
(2)按住 Shift 键，取消选择除模型中花瓣孔之外的所有补片环，如图 4-71 所示。
(3)选择图 4-69 中的【自动修补】 **自动修补** 按钮，系统自动完成花瓣孔的补片。
(4)单击对话框中的【后退】按钮，关闭【分型管理器】对话框。

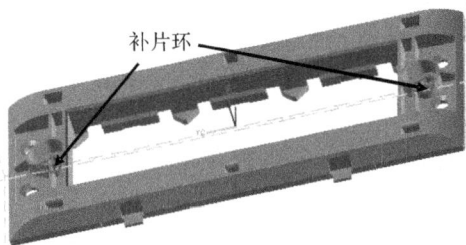

补片环

图 4-71

图 4-72

（5）在【注塑模向导】工具栏中选择【模具工具】 ![按钮] 按钮，出现【注塑模工具】工具条，见图 4-72 所示。单击【曲面补片】 ![按钮] 按钮，出现【选择面】对话框，在视图中选择模型底面，如图 4-73 所示。

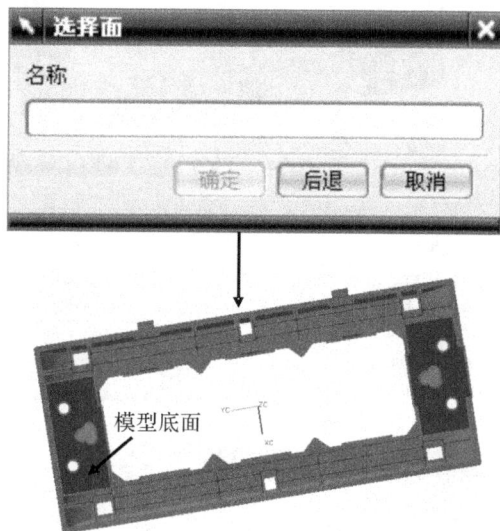

图 4-73

（6）系统自动搜索出 15 个补片环，按住 Shift 键，取消选择除边缘圆孔外的补片环，如图 4-74 所示。

（7）单击【选择面】对话框中的【确定】按钮，系统自动对保留的四个圆孔环补片。

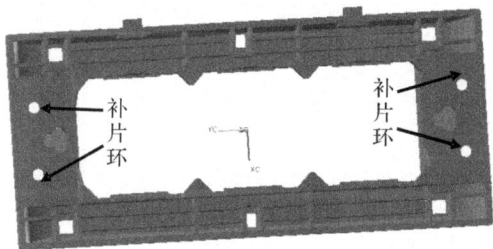

图 4-74

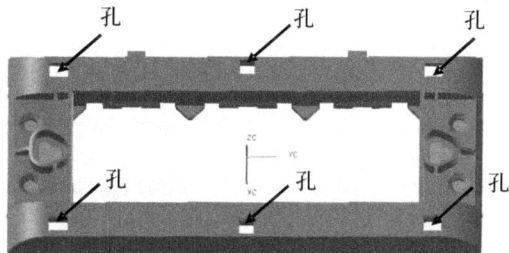

图 4-75

（8）单击【选择面】对话框中的【取消】按钮。下面对图 4-75 所示的六个孔进行补片。

（9）选择【注塑模工具】工具条中的【边缘补片】按钮 ![按钮]，出现如图 4-76 所示的对话框，取消选择【按面的颜色遍历】的复选框。

（10）选择模型边缘六个方形孔中的一个局部放

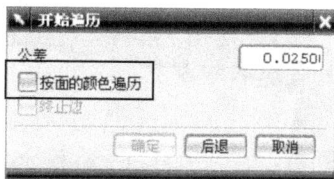

图 4-76

大，操作过程如图 4-77 所示。选择第 1 条边，出现【曲线/边选择】对话框，在视图中选择第 2 条边，出现【桥接缝隙】对话框，单击【确定】按钮，再次出现【曲线/边选择】对话框，选择【关闭环】按钮，系统自动进行补片。

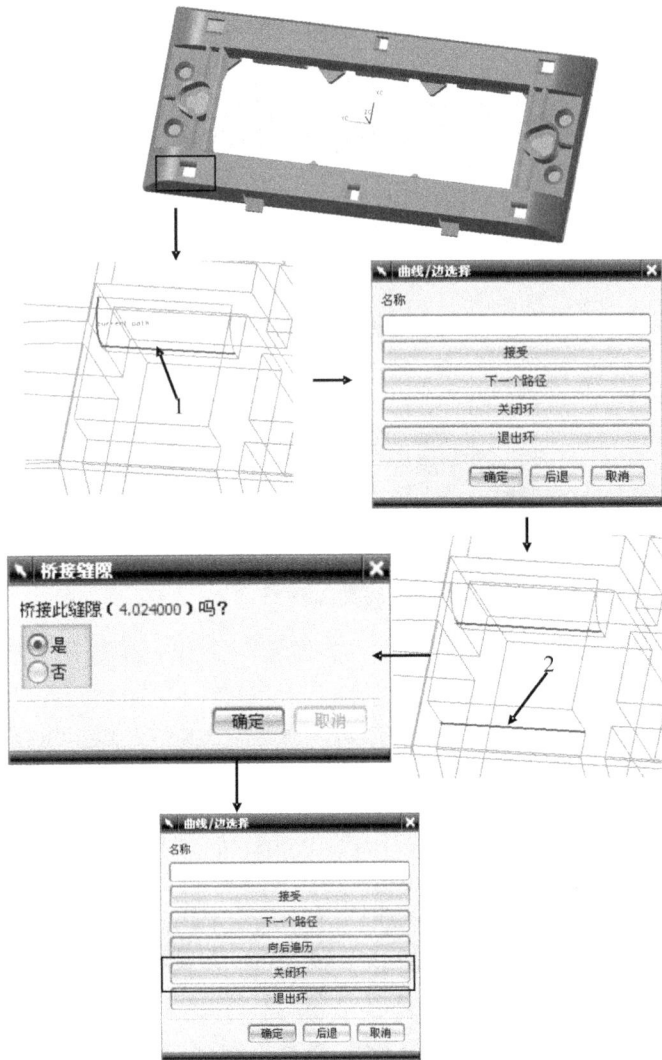

图 4-77

(11)重复上述操作过程，对其余 5 个方形孔分别补片，补片结果如图 4-78 所示

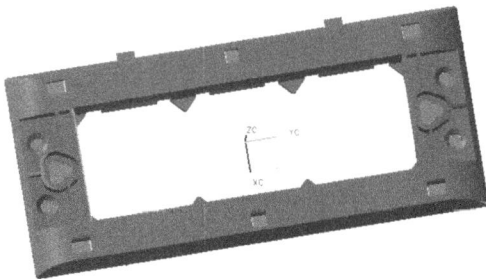

图 4-78

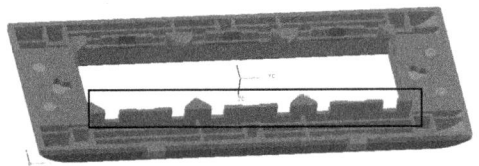

图 4-79

提示：观察产品中部孔洞区域有很多台阶特征，如图 4-79 所示。在有台阶处分模如果与分型边界离得太近，会对产品的表面质量造成影响，因此分型边界应该离开台阶一段距离。

（12）依次选择【开始】|【建模】，激活 UG 的建模模块。

（13）选择【直线和圆弧】工具中的【直线（点-平行）】按钮 ⟋，在视图中选择图 4-80 所示的端点，再选择产品边界直线为【平行直线】，如图 4-81 所示，在浮动的【长度】文本框中输入 1.5mm，单击回车。创建直线即为分型边界之一，结果如图 4-82 所示。

图 4-80

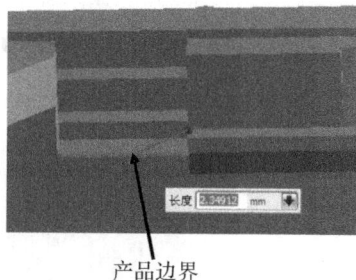

图 4-81

（14）重复上述操作，视直线方向不同输入【1.5】或【-1.5】，依次创建产品两侧的其余分型边界线，共 12 条，如图 4-83 所示。

图 4-82

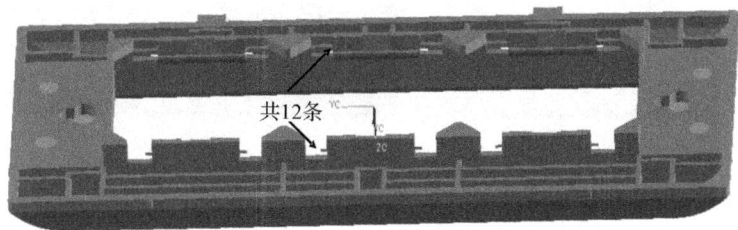

图 4-83

（15）单击【模具工具】工具条中的【边缘补片】按钮 ▣，出现如图 4-84 所示的对话框。选择图 4-85 所示的产品边界为第一条边；出现【选择边/曲线】对话框，系统自动搜索出下一边，并在视图中高亮显示系统自动搜索出的【下一路径】，且信息栏显示【找到了 2 路径，请选择一个路径】。检查高亮显示直线是否正确，如是图中所示的第二条边，则单击【接受】按钮；系统继续自动搜寻下一路径，观察高亮显示路径是否为图 4-86 所示的第三条边，如果是则单击【接受】按钮；系统自动继续搜寻下一路径，通过【下一个路径】按钮调整高亮显示为第四条边，单击【接受】按钮。

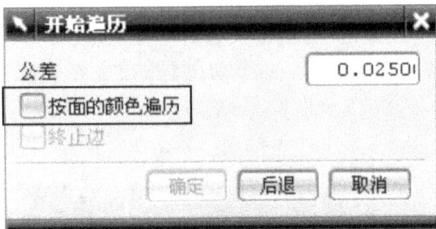

图 4-84

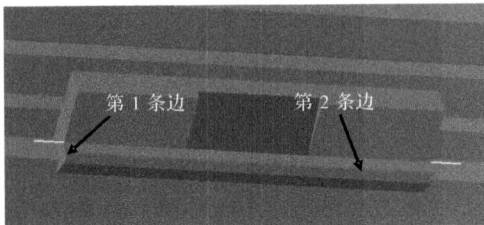

图 4-85

图 4-86

（16）对话框变为图 4-87 所示的对话框，在产品的对称处选择第五条边，出现图 4-89 所示的对话框，单击【确定】按钮。对话框返回到图 4-87 所示的对话框，选择图 4-88 所示的第六条边，系统自动继续搜索，查看第七条边是否正确，单击【接受】按钮。继续【接受】第八条边，调整【下一个路径】按钮，【接受】第九条边，如图 4-90 所示。

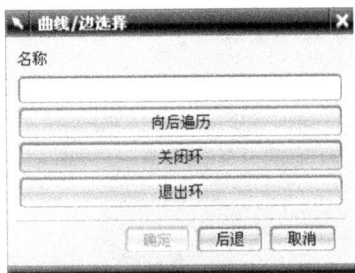

图 4-87

图 4-88

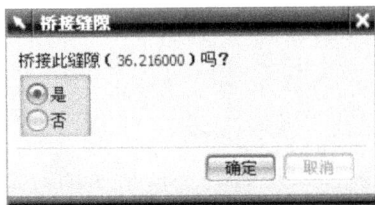

图 4-89

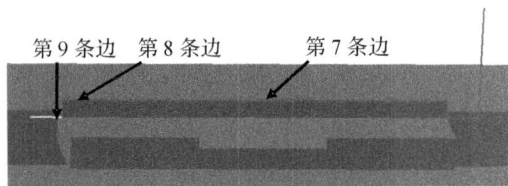

图 4-90

（17）选择开始侧的分型边界边，如图 4-91 所示的线段为第十条边，出现图 4-89 所示的对话框，单击【确定】按钮，系统自动完成第一张补片，结果如图 4-92 所示。

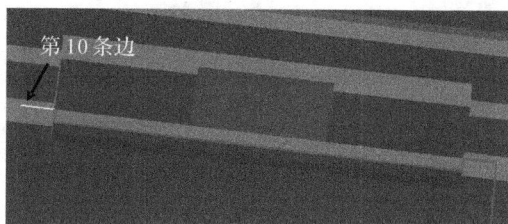

图 4-91

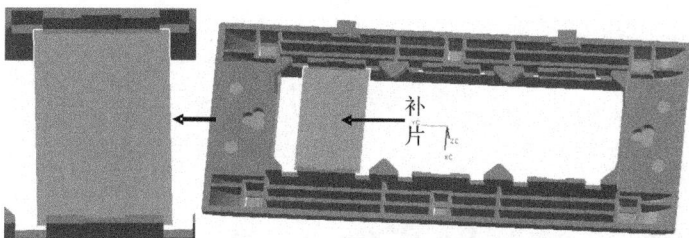

图 4-92

（18）重复上述步骤，完成另外两处相同的补片，完成后的补片如图 4-93 所示。

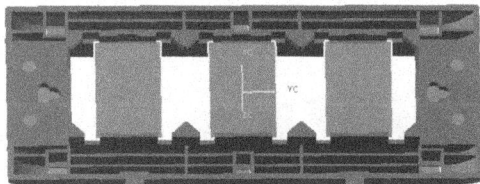

图 4-93

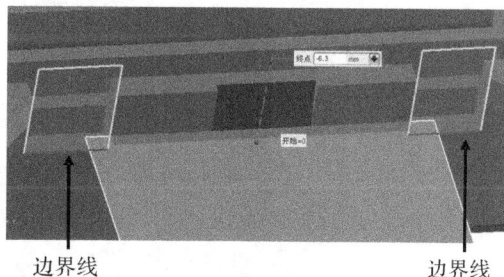

图 4-94

（19）单击【特征】工具条中的【拉伸】按钮 ▥，选择产品模型中如图 4-94 所示的边界线，依次选择产品的其他相似位置边缘线，拉伸长度设置足够长，使之超过产品边界，如图 4-95 所示。单击对话框中的【确定】按钮，完成拉伸，如图 4-96 所示。

（20）单击【直线和圆弧】工具条中【直线（点-点）】 ╱ 按钮，选择拉伸平面上产品两端点创建直线，如图 4-97 所示。继续创建其他拉伸平面处的直线，如图 4-98 所示，关闭对话框。

（21）单击【直线（点-垂直）】 ╱ 按钮，选择拉伸平面上分型边界线的端点，如图 4-99 所示；选择上一步中创建的直线为【垂直直线】，如图 4-100 所示；设置直线的长度超过【垂直直线】，即在超过【垂直直线】处，单击鼠标，完成直线的创建，如图 4-101 所示。

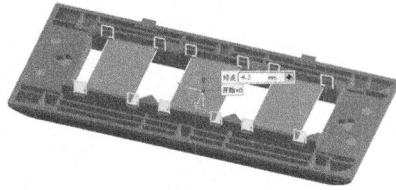

图 4-95

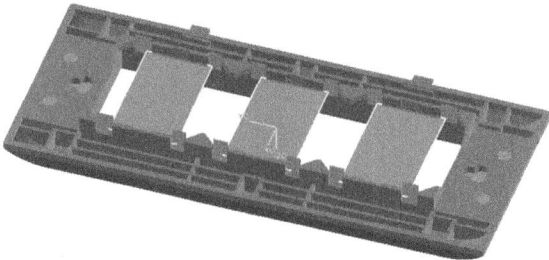

图 4-96

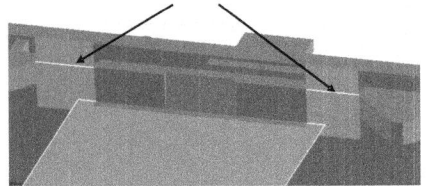

图 4-97

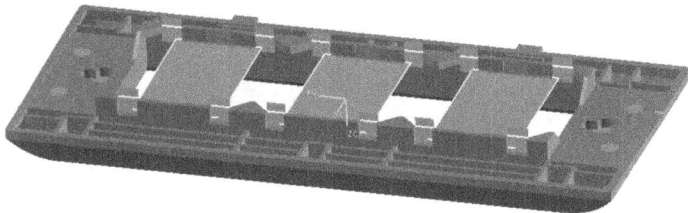

图 4-98

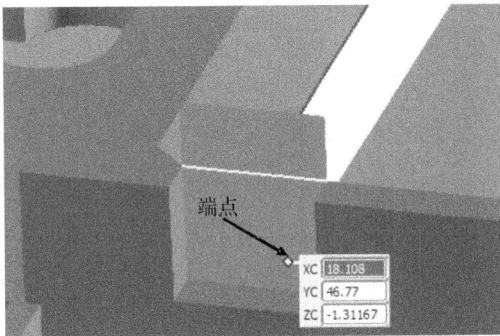

图 4-99

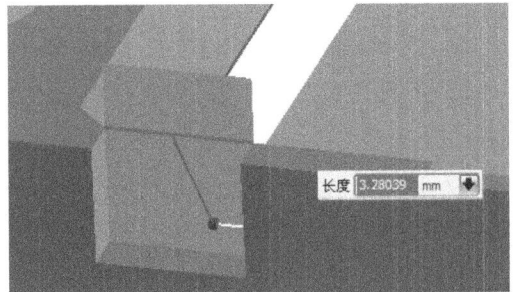

图 4-100

(22)重复上述操作,在其他拉伸面处创建垂直直线,如图 4-102 所示。

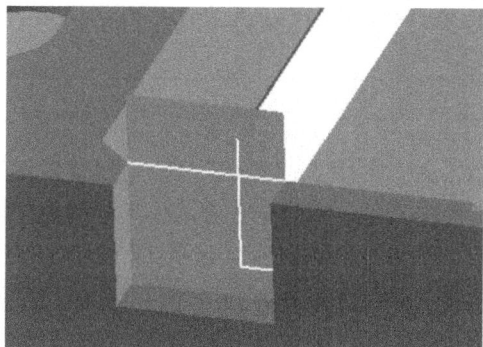

图 4-101

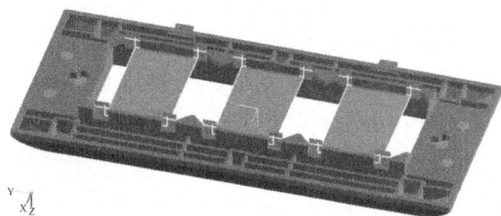

图 4-102

(23)选择【编辑曲线】工具条中的【修剪角】 ⊤ 按钮,在拉伸平面内修剪垂直直线和两点直线的夹角,在直线的修剪端选择直线,光标球内必须包含两直线,如图 4-103 所示。

观察鼠标选择方式

图 4-103

(24)出现图 4-104 的提示框,单击【是】按钮,直线被修剪,结果如图 4-105 所示。

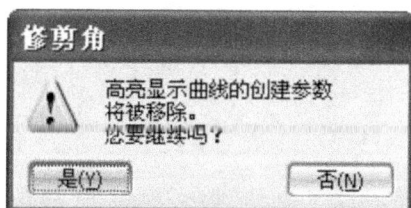

图 4-104

图 4-105

（25）上述操作步骤，完成其他拉伸面的修剪角操作。关闭【修剪角】对话框。

提示：修剪过程中，一定要注意光标的选择方式，除保证选中一条直线的修剪端外，还要保证光标球包含了另一条要修剪的直线。

（26）在工具栏中依次选择【插入】|【修剪】|【修剪的片体】工具，出现图 4-106 的提示框，在视图中选择拉伸平面为【目标】，如图 4-107 所示，注意图中光标选择位置。选择【边界对象】为修剪角后的两条直线和分型边界线，如图 4-108 所示。单击对话框中的【应用】按钮，完成片体修剪，结果如图 4-109 所示。

（27）上述操作对其余的拉伸面进行修剪操作，完成所有拉伸面的修剪，如图 4-110 所示。

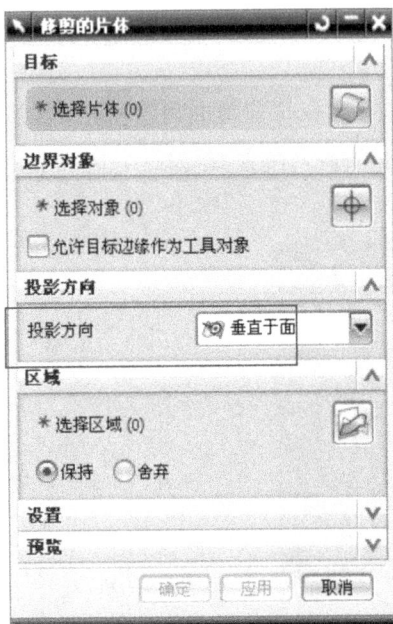

图 4-106

图 4-107

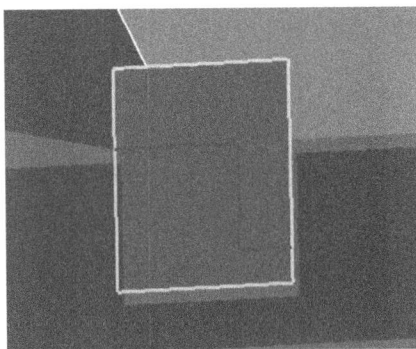

图 4-108

图 4-109

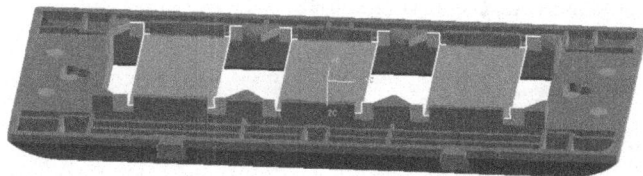

图 4-110

提示:修剪片体时,要注意对话框中【选择区域】的设置,根据该设置用鼠标选择片体时选中相应的区域。

---

(28)【注塑模工具】工具条中【边缘补片】 按钮,参照前面补片操作步骤依次选择产品端部内侧边缘线,如图 4-111 所示,单击【关闭环】按钮,生成补片,结果如图 4-112 所示。

(29)上述步骤,完成另一端相同位置处的补片操作。

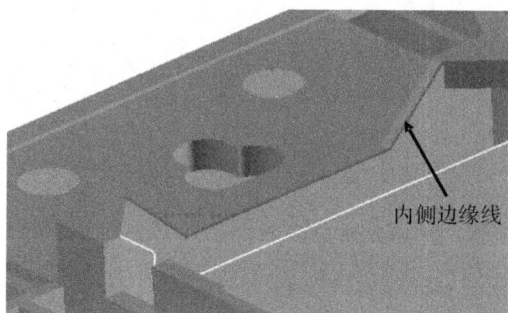

图 4-111

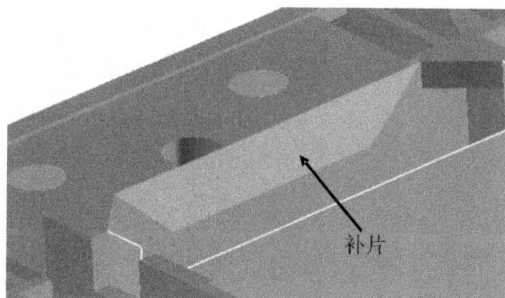

图 4-112

(30)同样,依据【引导搜索】步骤选择图 4-113 所示的边界,完成补片,如图 4-114 所示。

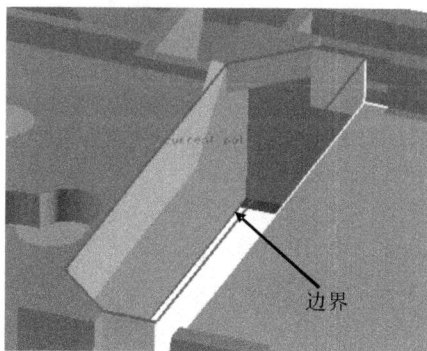

图 4-113

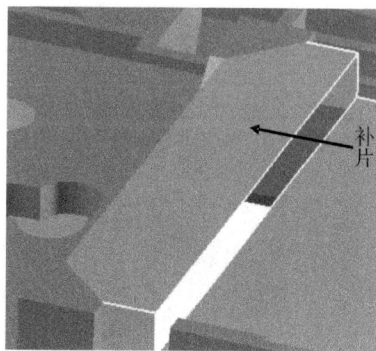

图 4-114

提示:在完成补片操作时,除了跨越产品两端之间会产生【桥接线】以外,其他相邻边界地方均不应产生【桥接线】。如果产生桥接线,可能会造成错误的补片方式。读者在选择直线时,仔细选择可以避免出现此种状况。

---

(31)重复上述步骤依次完成下列补片,如图 4-115 所示。

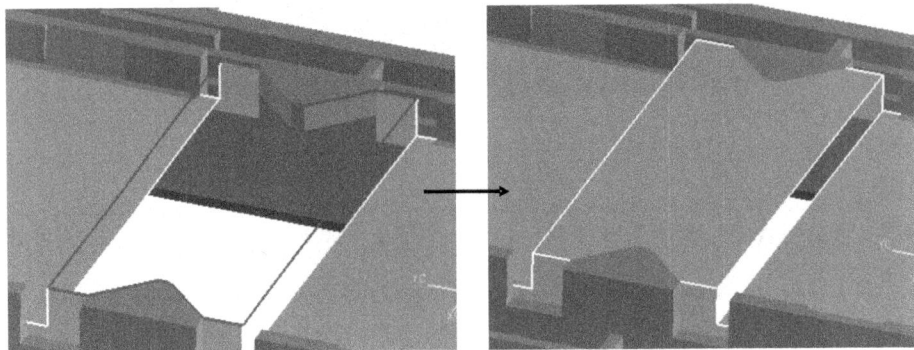

图 4-115

(32)重复上述步骤,在产品的对称位置处完成与上面两处地方相同的补片,结果如图
4-116 所示。

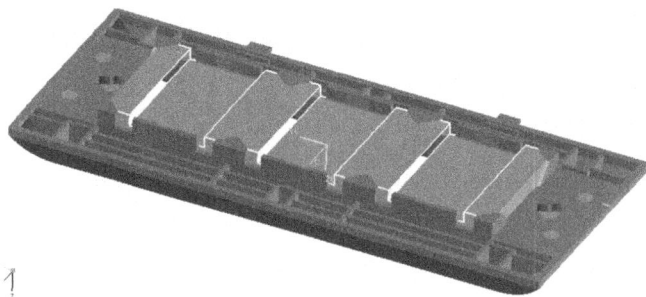

图 4-116

从图 4-116 中可以看到,该模型中还要创建一些竖直的补片使得中间空洞补片封闭。

(33)根据引导完成模型中间空洞中竖直面的补片操作,结果如图 4-117 所示。

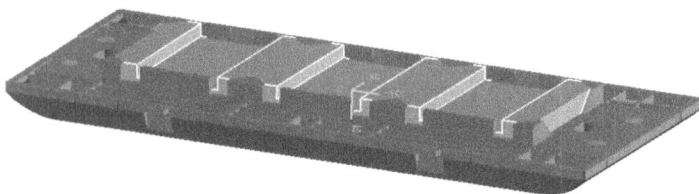

图 4-117

(34)选择【注塑模工具】里面的【现有曲面】图标 ,在视图中选择图 4-110 所示的小片
体,单击【确定】按钮。

提示：这步【现有曲面】为补片的操作必须要做，不然后面分型时会出现错误。上面创建的补片都是单个面，需要【缝合】操作将这些补片缝合成一张面。

(35)依次选择【插入】|【组合体】|【缝合】工具，在视图中选择其中的一片为【目标】片体，选中其他所有片体为【工具】片体，如图 4-118 所示。在图 4-119 中，单击【确定】按钮，完成缝合操作。

目标片体

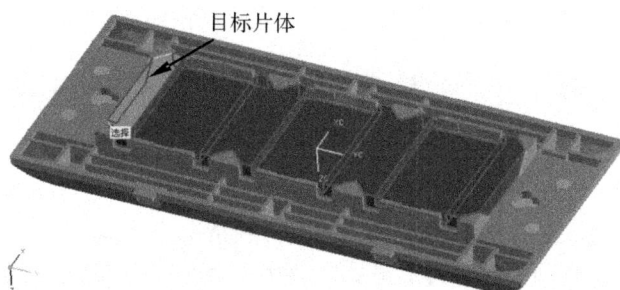

图 4-118

图 4-119

查看模型中间补片，可以被整个选中，如图 4-120 所示。至此，模型的所有补片已经创建完毕。

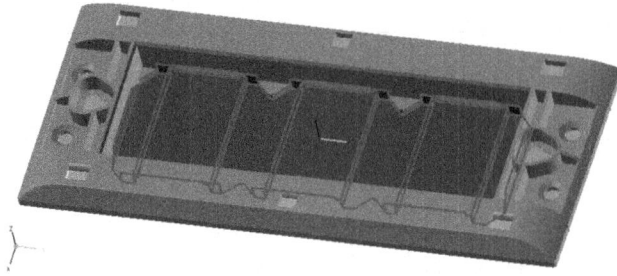

图 4-120

4.4 练 习

4.4.1 思考题

(1)曲面补片和边缘补片的区别是什么？在何种情况下才适用？

(2)自动孔修补有几种内部环搜索方式？使用此命令有什么注意事项？

(3)面拆分有什么作用？其有几种定义分割面的方式？

4.4.2 操作题

打开如图 4-121 所示的图形文件,完成此产品的补片操作,补片应该满足加工等要求。

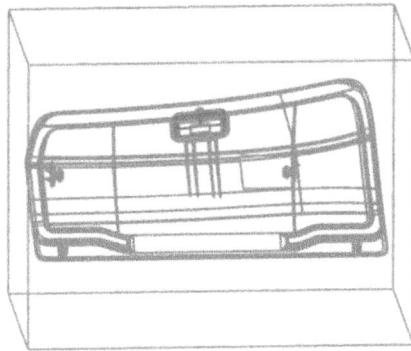

图 4-121

第5章 分型管理器

➤ 设计区域(MPV)
➤ 抽取区域和分型线
➤ 编辑分型线
➤ 创建/编辑分型面
➤ 创建型腔和型芯
➤ 模型交换

本章学习目标

通过结合本章中自带的实例,掌握分型管理器中各个命令的使用方法,熟悉使用分型管理器分模的一般步骤,最后再通过习题的练习,进一步巩固和加深分型管理器中的各个命令的使用。

5.1 分型管理器

分型管理器将各分型子命令组织成逻辑的连续步骤,并允许不间断的自始至终的使用整个分型功能。每个分型步骤都是独立的,并且可以不按照顺序来操作,这样使操作的灵活性大大增强。分型管理器最主要的功能就是创建分型线、分型面和型芯、型腔以及数据变更的处理。分型管理器主要有两大部分组成:左边的部分主要集成了用于分模的一系列命令集;右边的部分是用于控制在分型过程中创建的对象的可见性和查看要创建的项目是否被创建的分型管理树,见图 5-1 所示。

图 5-1

5.1.1 设计区域

设计区域 ▲ 的作用在于两个方面:第一

个就是对产品的拔模角进行分析；第二个就是用于识别产品的内外表面中有哪些属于型芯的表面，有哪些型腔表面，并相应的染上颜色以示区别，对于不正确的或未识别的可以通过指定的方式来确定。【设计区域】命令与第 3 章中的【塑模部件验证（MPV）】命令一致，具体用法可参考【MPV】。

【实例 5-1】 设计区域

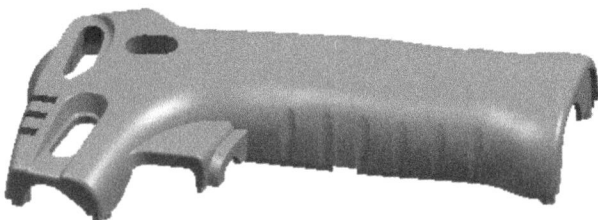

图 5-2

（1）打开 UG 主程序，选择【文件】|【打开】命令，选取配套资源中的 Sz_top_003.prt 文件，单击【OK】按钮，打开了如图 5-3 所示的装配文件。选择【开始】|【所有应用模块】|【注射模向导】命令，进入注射模向导模块。

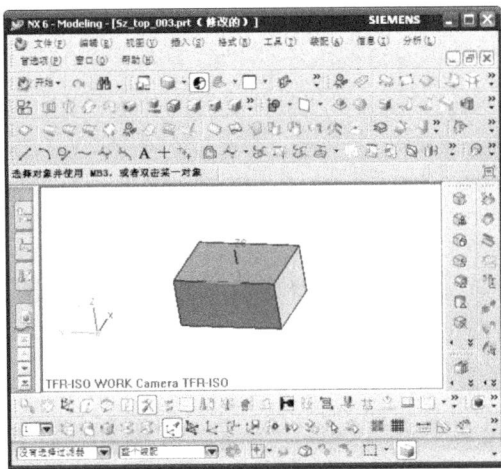

图 5-3

（2）选择【分型】命令，弹出【分型管理器】对话框，单击【设计区域】按钮，弹出【MPV 初始化】对话框，选择+ZC 作为脱模方向后，单击【确定】按钮，弹出如图 5-4 所示的【塑模部件验证】对话框。

（3）单击【设置区域颜色】命令，产品模型就被染上对应的颜色来表示型腔区域、型芯区域以及未定义的区域，见图 5-5 所示。

（4）对未定义的或定义错误的区域重新指定。勾选【未定义区域】的全部选项，在【用户定义区域】勾选【型腔区域】，单击【应用】按钮，此前未定义的区域表面的颜色全部变为与型腔区域的颜色一致，结果见图 5-6 所示。

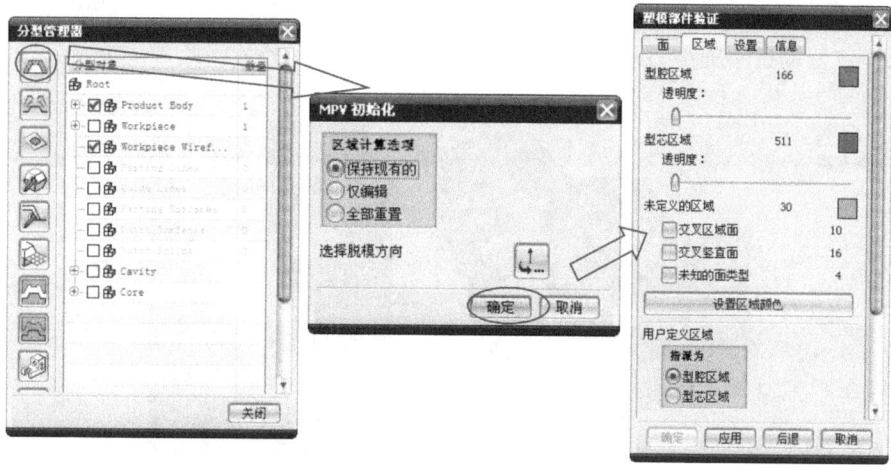

图 5-4

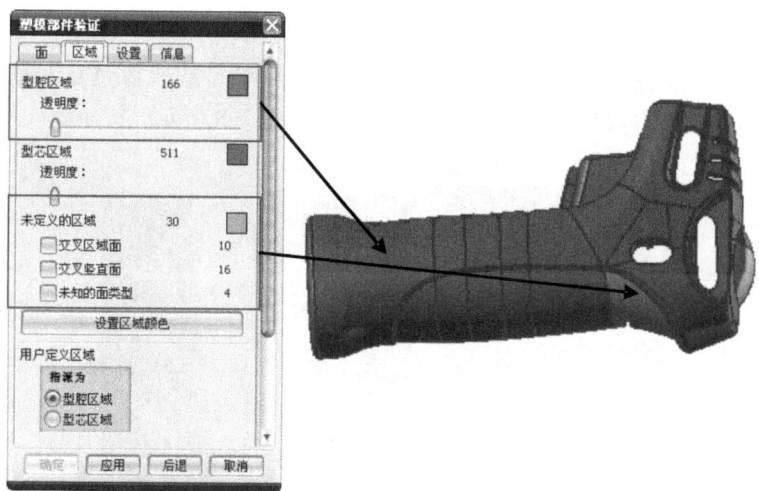

图 5-5

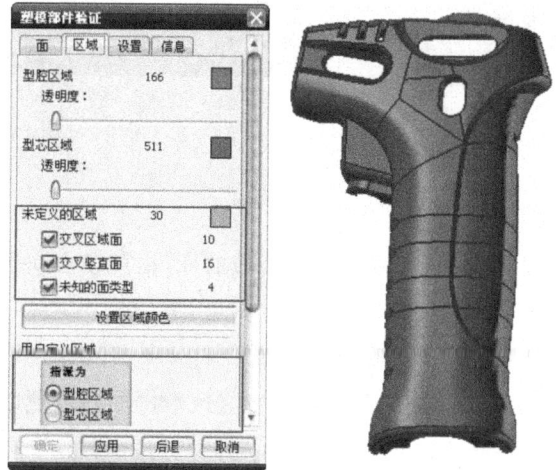

图 5-6

立体词典：UGNX6.0 注塑模具设计

（5）通过对未定义的区域重新指定后，重新检查型芯和型腔表面是否正确，会发现在图5-7所示的位置的这个面应该属于型芯，但其颜色与型芯不一致，因此需要重新指定。

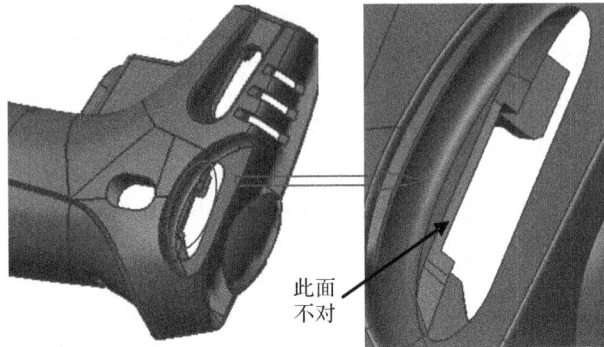

此面
不对

图 5-7

（6）勾选【用户定义区域】中的【型芯区域】选项，鼠标单击选取颜色不对的面，单击【应用】按钮，完成产品型芯和型腔表面的颜色划分，结果见图5-8所示。

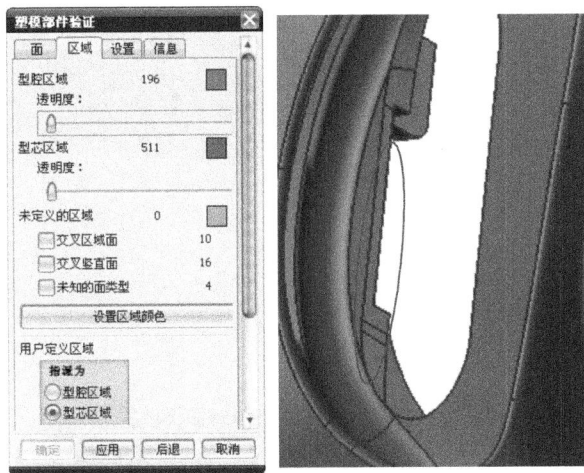

图 5-8

5.1.2 抽取区域和分型线

抽取区域和分型线是用来提取型腔/型芯区域的面，也可以自动提取分型线。提取得到的面在分型时与分型面共同作用，对工件进行分割，产生型腔/型芯。

选择【分型管理器】上的【抽取区域和分型线】图标 ，弹出如图5-9所示的对话框。

（1）列表：显示了所有面、型腔/型芯区域和定义区域的面的个数以及显示了这些区域的一个状态（ ✔ 表示此区域已经成功创建；！表示定义了此区域，但没有创建）。

188

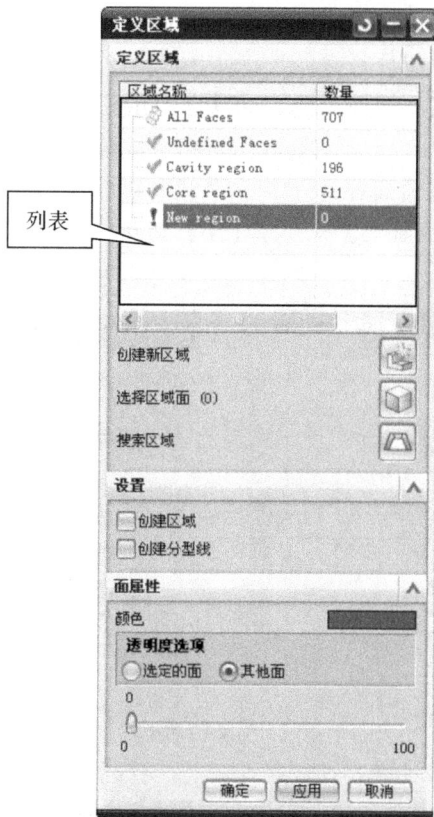

图 5-9

提示：

要保证各个区域创建成功，必须满足如下要求：

（1）未定义的区域面个数应该为零。

（2）各定义区域面的个数总和应该等于所有面的个数。

（2）创建新区域：在【列表】区域中创建一个空的面区域，然后通过【选择区域面】命令选取要添加的面到刚创建的新区域中去。

（3）搜索区域：它是通过种子面和边界边来选取区域，对话框见图 5-10 所示，并添加到刚创建的空的新区域。

设置选项包含了两个内容——创建区域和创建分型线。顾名思义，当定义完了型腔/型芯区域后，只有勾选【创建区域】选项，单击【应用】按钮后，才能成功创建区域。当然再创建区域的同时，也可以同时创建分型线。

面属性选项提供了对选取面的操作，包括赋予选取

图 5-10

面一种颜色以及设置其透明度选项两个内容。

5.1.3 创建/删除曲面补片

创建/删除曲面补片与【注塑模工具】里的【自动孔修补】命令一致,具体用法可以参考第 4 章中的【自动孔修补】命令。

【实例 5-2】 创建/删除曲面补片

(1)选择【创建/删除曲面补片】命令,弹出【自动孔修补】对话框,各个参数见图 5-11 所示设置。

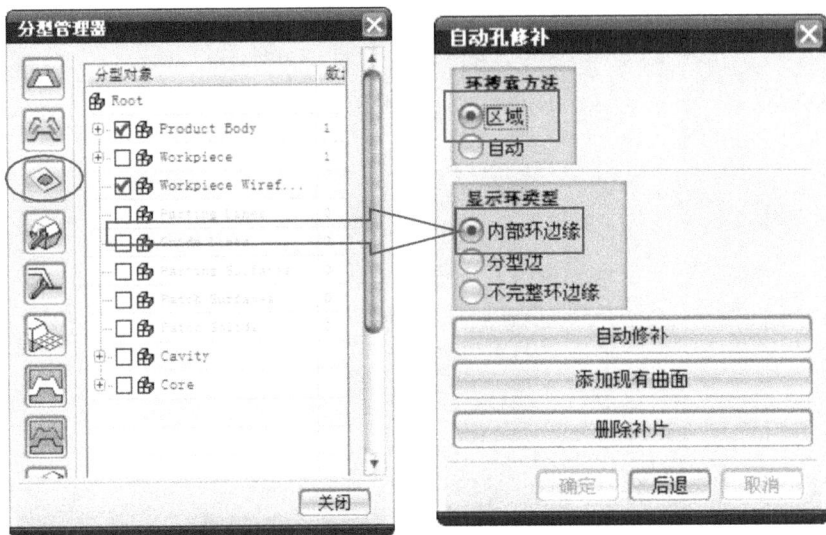

图 5-11

(2)观察产品显示的内部分型环的形状,判别将要创建的补片是否是需要的,如果不是则取消当前显示的内部分型环,此例子则是正确的,因此单击【自动修补】按钮,创建如图 5-12所示的补片,但发现有两个孔还是不能修补,且旁边的那个虽然成功创建了,但效果不是很理想,因此手工创建下。

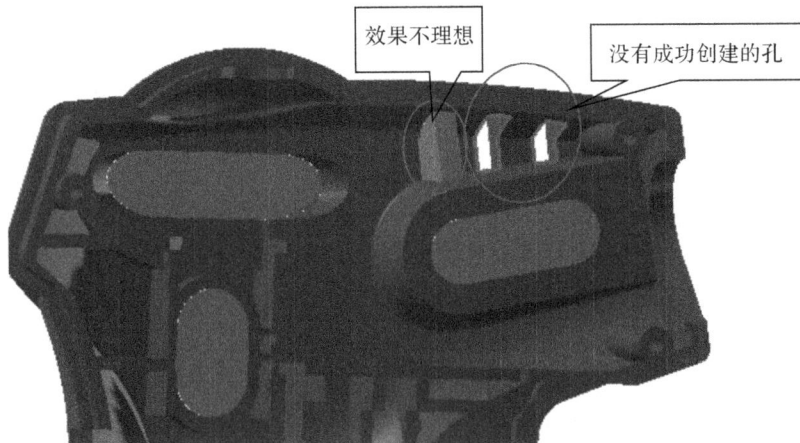

图 5-12

（3）单击【删除补片】命令，选取效果不理想的补片，单击【确定】按钮，完成删除操作，结果见图 5-13 所示。

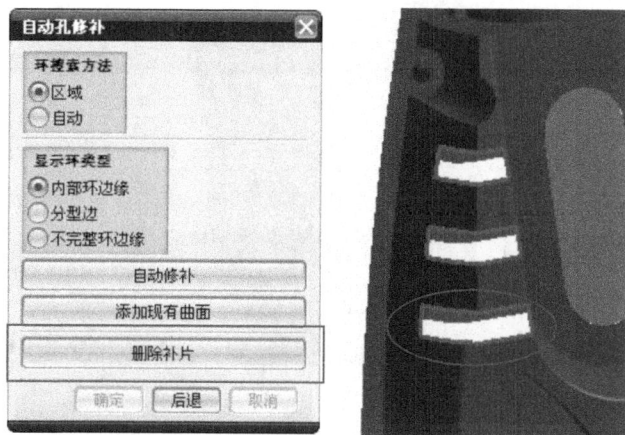

图 5-13

（4）接下来将通过手工创建修补面的方式再创建补片。确保现在的显示部件为【Sz_parting_xxx】，要在这个部件中创建的曲面才能作为补片。曲面的创建就是使用建模模块下的命令，就相当于建模。在这里使用到了【编辑曲面】工具条中的【扩大】，【曲面】工具条中的【修剪的片体】以及【特征操作】工具条中的【面倒圆】，最终完成的曲面见图 5-14 所示。

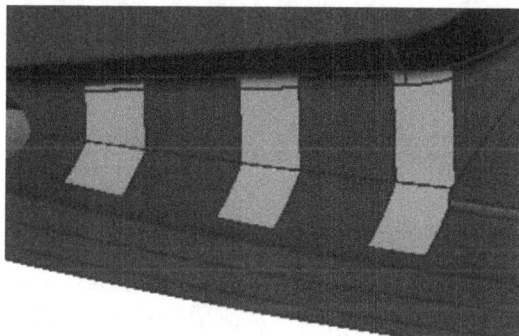

图 5-14

（5）通过上步完成的用于补片的曲面，使用这些曲面作为补片。选择【分型】命令，单击【创建/删除曲面补片】命令，弹出【自动孔修补】对话框，单击【添加现有曲面】按钮，选取刚才创建的曲面，单击【确定】按钮，完成孔的修补，并且也可以在【分型管理器】的树列表查看创建的情况，结果见图 5-15 所示。

（6）在图 5-16 所示位置的曲面出现了跨越面，因此需要进行分割，重新指定型芯和型腔。

（7）选择【设计区域】命令，弹出【MPV 初始化】对话框，单击【确定】按钮，弹出【塑模部件验证】对话框，单击【面】|【面拆分】按钮，弹出【面拆分】对话框，选取要被分割的跨越面和分割线，单击【确定】按钮，完成如图 5-17 所示的分割。

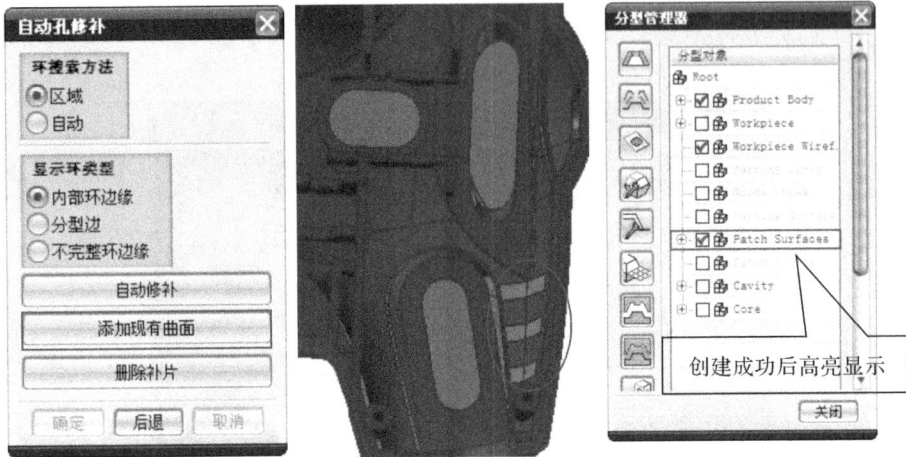

图 5-15

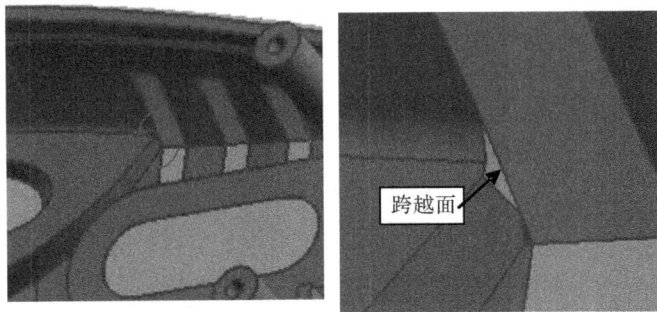

图 5-16

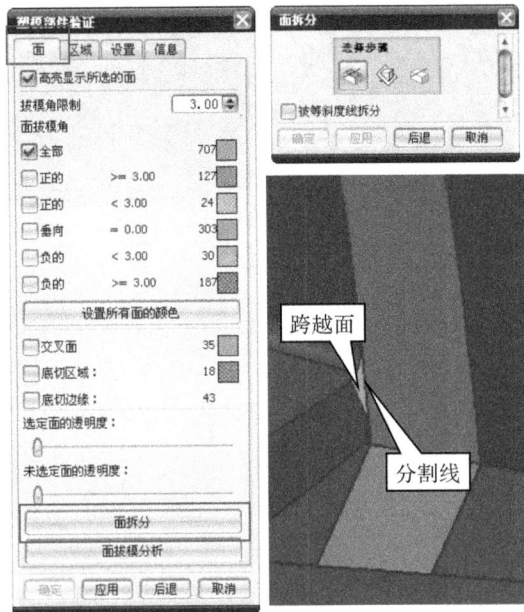

图 5-17

(8)选择【区域】命令,选取刚被分割的面,在【用户定义区域】勾选【型芯区域】,单击【应用】按钮,完成型芯和型腔的最终确定,结果见图 5-18 所示。

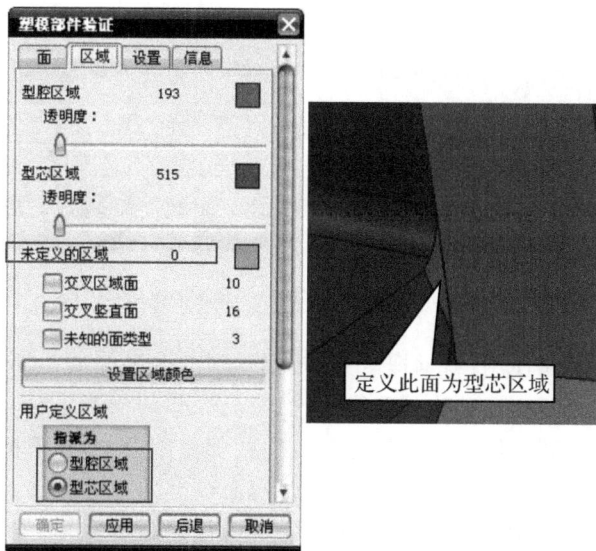

图 5-18

提示:当【未定义的区域】的面的总数为零时,才表示对型芯/型腔区域的指定是正确的,否则就是不正确的,不能进行正常的分模。

5.1.4　编辑分型线

编辑分型线命令主要提供了创建分型线、编辑分型线两种形式。单击【分型管理器】上的【编辑分型线】图标📷,弹出如图 5-19 所示的对话框。

(1)公差:设置分型线之间的位置连续的公差值,一般按照默认值即可,不要过小或过大,否则会影响分模操作。

(2)自动搜索分型线:单击此命令后,Mold-Wizard 会自动根据＋ZC 作为脱模方向,自动寻找最大轮廓线来定义产品的分型线。

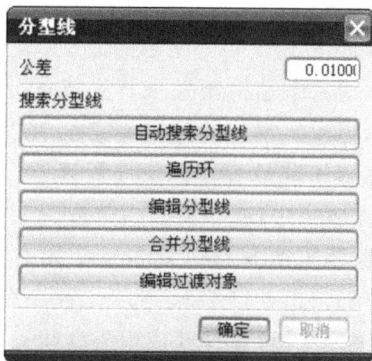

图 5-19

提示:在操作过程中,系统会提示要求定义脱模方向和分析哪个体,对话框见图 5-20 所示。此步骤是可选项,如果先前已经定义过模具坐标系,那么此步骤可以跳过,一般不进行操作。

(3)遍历环:此命令是通过遍历搜索的方式手工创建分型线。其搜索方式与【边缘补片】中的搜索方式一样。只要选取第一条边/曲线作为遍历的开始,就会弹出如图 5-21 所示的对话框,通过此对话框引导分型线的选取。

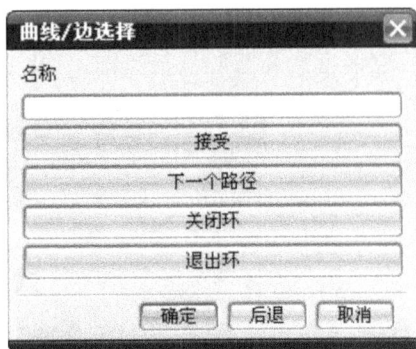

图 5-20   图 5-21

（4）编辑分型线：对于使用【自动搜索分型线】得到的分型线或是不合理的分型线，可以通过【编辑分型线】命令添加或移除分型线。

（5）合并分型线：创建或编辑得到的分型线往往都是断开的，但有时需要把几条断开的分型线连成整条的，因此就可以使用【合并分型线】命令。

（6）编辑过渡对象：有时需要对分型线的某个部分创建分型面，那么就需要在某个点处打断此分型线，此时就可以使用此命令。操作比较简单，只要选取要被转化的点或曲线即可。

【实例 5-3】 编辑分型线

（1）选择【编辑分型线】命令，弹出【分型线】对话框，先单击【自动搜索分型线】按钮，提示选择脱模方向，默认即可，单击【应用】按钮，自动搜索出最大轮廓线，并以红色显示，单击【确定】按钮，创建如图 5-22 所示的分型线。

（2）看产品模型发现其生成的分型线比较凹凸，但产品模型的分型面完全可以做到平面上去，因此需要对分型线进行修改。选择编辑曲面工具条中【扩大】命令，选取分型线所在面，扩大结果见图 5-23 所示。

（3）求出如图 5-24 所示位置产品侧面与扩大面的交线，最后使其成为分型线。

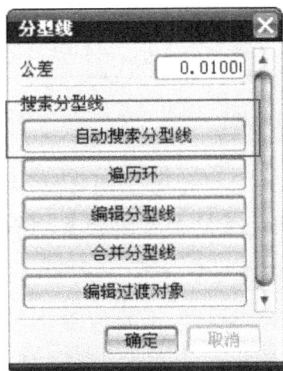

图 5-22

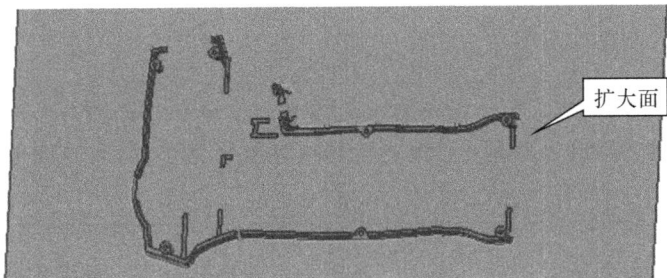

图 5-23

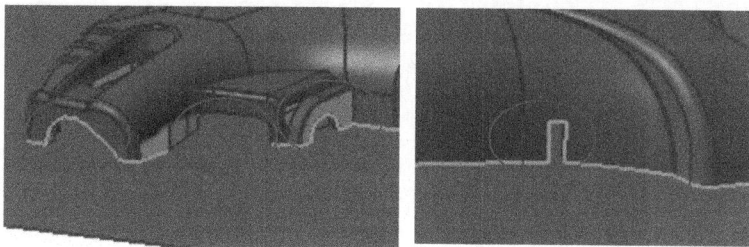

图 5-24

(4)使用【扩大】、【面倒圆】、【修剪的片体】和【抽取曲线】命令,完成如图 5-25 所示的结果。

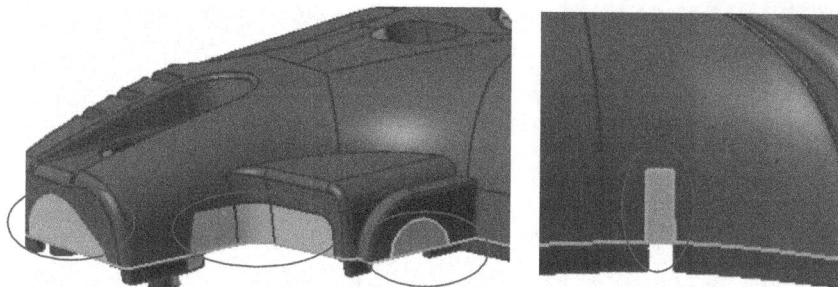

图 5-25

(5)单击【分型】命令,弹出【分型管理器】对话框,单击【创建/删除曲面补片】按钮,弹出【自动孔修补】对话框,单击【添加现有曲面】按钮,选取步骤(4)创建曲面作为补片,单击【确定】、【后退】按钮,返回【分型管理器】对话框,创建如图 5-26 所示的补片。

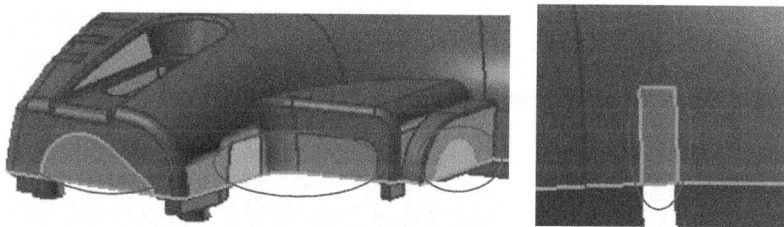

图 5-26

(6)单击【编辑分型线】命令,弹出【编辑分型线】对话框,取消原来定义的不合适的分型线,添加抽取曲线作为分型线,单击【确定】按钮,完成如图 5-27 所示的分型线的创建。

分型线

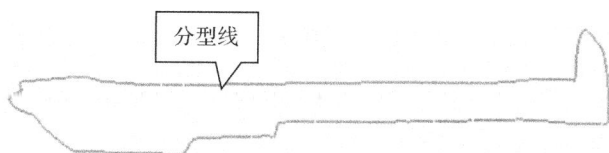

图 5-27

5.1.5 引导线设计

沿着某个方向创建一条直线,这条直线就被称为引导线。创建的引导线有以下几个用途:

- 定义分型面的拉伸方向。
- 对用扫掠创建分型面来讲,引导线可作为轨迹。
- 可以使用引导线修剪其他分型面。

选择【分型管理器】中的【引导线设计】图标,弹出如图5-28所示的对话框。

操作过程也比较简单,首先选取需要创建引导线的分型线,然后设置引导线长度和方向,单击【确定】即可完成操作,见图5-29所示。

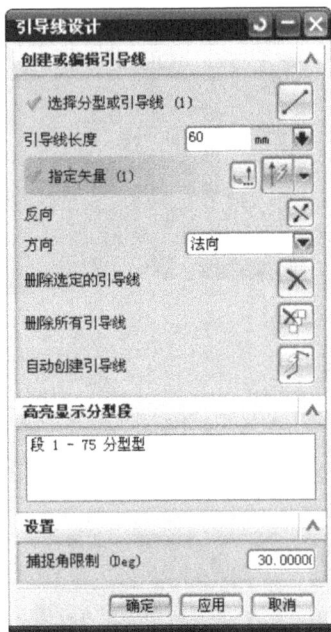

图 5-28

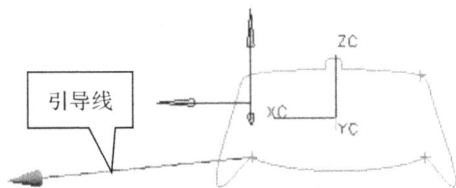

图 5-29

设置完长度之后,需要设置方向,【引导线设计】提供了两种定义方向的方式。

一种是【指定矢量】,就是通过【矢量构造器】来创建方向;另一种是【方向】,就是定义标准的方向,比如是分型线法向、相切等方向。

- 高亮显示分型段:显示当前产品中的分型段数目,但选中某个分型段后,在此列表中会高亮显示。

- 捕捉角限制:通过捕捉到 WCS 坐标系后,定义夹角。注意:捕捉角只能在 0°～60° 之间。

其他几个选项如【删除选定的引导线】、【自动创建引导线】等,看字面意思就一目了然了,因此就不在解释了,动手试下便知。

5.1.6 创建/编辑分型面

创建的分型面尽量简单,便于加工,其具体的选择原则如下:

- 尽量简单。分型面的形态越简单,加工制造越容易。
- 尽可能和产品表面光滑过渡,少弯折。
- 尽量保证结构的强度,不出现孤岛。
- 因为分型面在成型过程中是不断接触/分开的,分型面的设计应使模具在合模的过程中分型面不会相互摩擦,而是在合模的最后一刻才闭合接触。这就需要分型面在合模方向上具有足够的斜度,一方面便于加工,一方面避免合模过程擦伤。
- 分型面在注射过程中要承受锁模力,因而需要有足够的面积。但不是分型面的面积越大越好。这是因为分型面面积过大,导致模具研配费时耗力,增加模具的成本。一般的,分型面的宽度在 30～60mm 之间就足够了,其余地方做避空。
- 分型面之间尽量倒圆角,越大的圆角越利于加工制造。

了解了分型面的创建原则之后,就需要使用命令来进行创建。【创建/编辑分型面】命令就提供了这样一个工具,不仅仅是创建也包括对分型面的编辑。选择【分型管理器】中的【创建/编辑分型面】图标 ,弹出如图 5-30 所示的对话框。

下面就对各个选项进行介绍,了解各个选项的设置及操作方法。

一、公差和距离

公差选项与其他命令里的公差一样,在这里的公差控制的是创建的分型面之间的距离公差。

距离选项用于设置创建的分型面的长度,与引导线的长度在默认情况下保持一致。如果要修改分型面创建时的默认长度,可以通过设置【距离】值达到修改的效果。

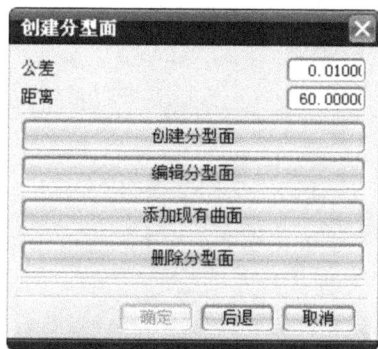

图 5-30

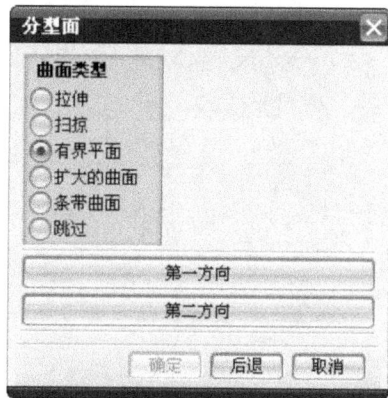

图 5-31

二、创建分型面

单击【创建分型面】按钮,弹出如图 5-31 所示的对话框。

分型面的创建方式包括了很多种,下面简单介绍下其操作方法。

(1)拉伸:选取分型线后,通过定义拉伸方向和长度来创建分型面,界面见图 5-32 所示。

(2)扫掠:选中的分型线沿着由【第一方向】和【第二方向】定义的两个矢量进行扫掠得到分型面,界面见图 5-33 所示。

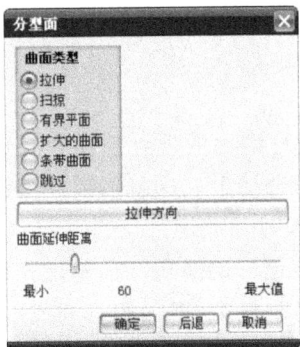

图 5-32

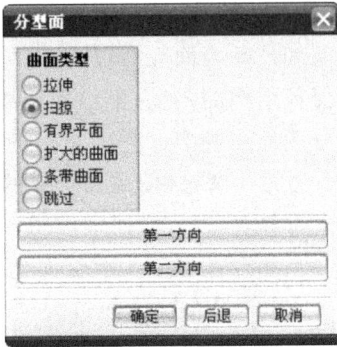

图 5-33

（3）有界平面：当某些分型线位于一个平面上时，此命令就自动激活，界面见图 5-34 所示。由【第一方向】和【第二方向】定义的两个矢量相当于修剪边界，与分型线共同作用，对有界平面进行修剪。有界平面的大小可以通过拖动 U、V 方向上的百分比滑块来改变大小。

（4）扩大的曲面：其操作与【有界平面】一样，界面如图 5-35 所示。唯一不同的是，它创建的面不是平面，而是对选中的分型线所在的面进行扩大而已。

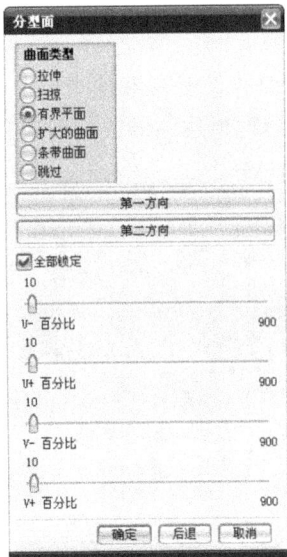

图 5-34

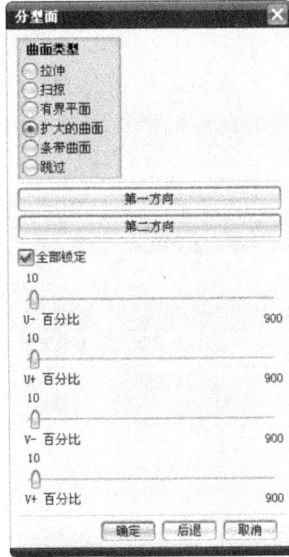

图 5-35

（5）条带曲面：在与选中的分型线相邻的区域，定义延伸面的方向以及长度来创建分型面，界面见图 5-36 所示。

（6）跳过：创建分型面时，不一定按照顺/逆时针来，可以选择想要优先创建的对象进行创建，这时就可以使用【跳过】命令进行切换。

三、编辑分型面

当需要修改原有的分型面时，可以使用【编辑分型面】命令。单击此命令后，选取要修改的分型面所在的分型线，弹出如图 5-37 所示的对话框。

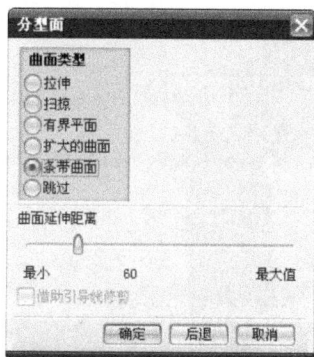

图 5-36

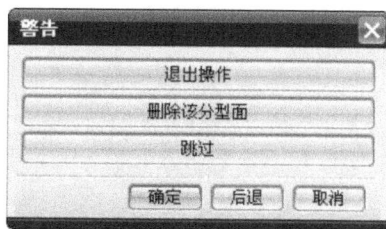

图 5-37

当选取还没有创建过分型面的分型线后，又弹出了如图 5-38 所示的对话框。在这种情况下，【编辑分型面】命令可以创建一个新的分型面，而且可以与相邻的分型面相切。

【编辑主要边】选项主要是用来控制分型线转换点的位置，即控制分型面的边界。有时也可以笼统的理解为相切边所在的位置。

四、添加现有曲面

此命令与【注塑模工具】里的【添加现有曲面】命令一样，都是把在 parting 部件里创建的曲面作为分型面，相当实用。

五、删除分型面

此命令与【注塑模工具】里的【分型/补片删除】命令一致，专门用于删除分型面。

【实例 5-4】 创建/编辑分型面

(1)选择【插入】|【设计特征】|【拉伸】命令，选取没有位于同一个平面上的那段曲线，沿着－YC 方向拉伸，创建如图 5-39 所示的拉伸面。

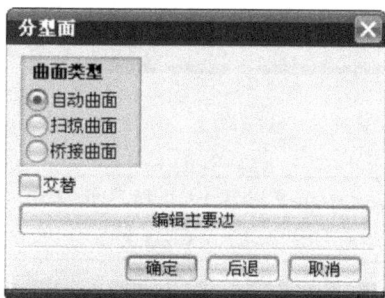

图 5-38

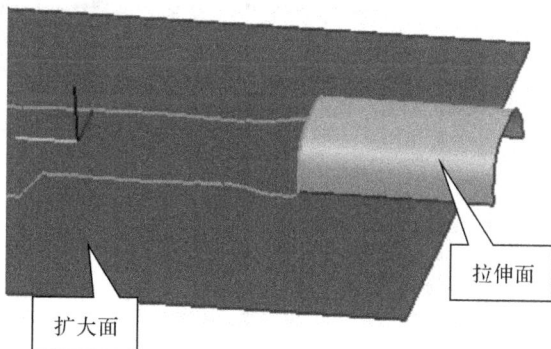

图 5-39

(2)选择【插入】|【修剪】|【修剪的片体】命令，选取扩大面上要被裁剪的区域，选取位于同一个平面上的分型线和拉伸面的边缘作为边界，单击【确定】按钮，完成如图 5-40 所示的修剪操作。

(3)单击【创建/编辑分型面】按钮，弹出【创建分型面对话框】，单击【添加现有曲面】按钮，选取步骤(2)中的拉伸面和修剪后的扩大面，单击【确定】按钮，完成如图 5-41 所示的分

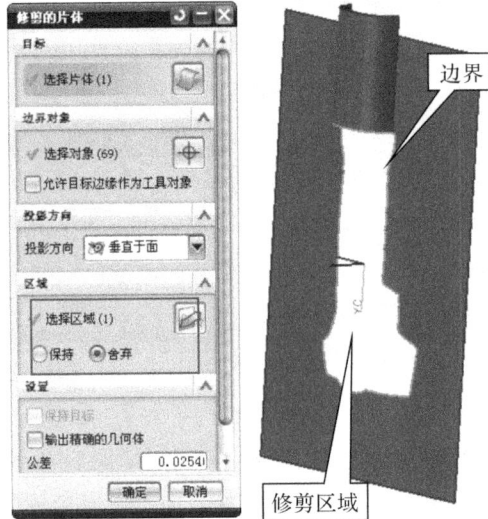

图 5-40

型面，并且在【分型管理器】树列表中也高亮显示。

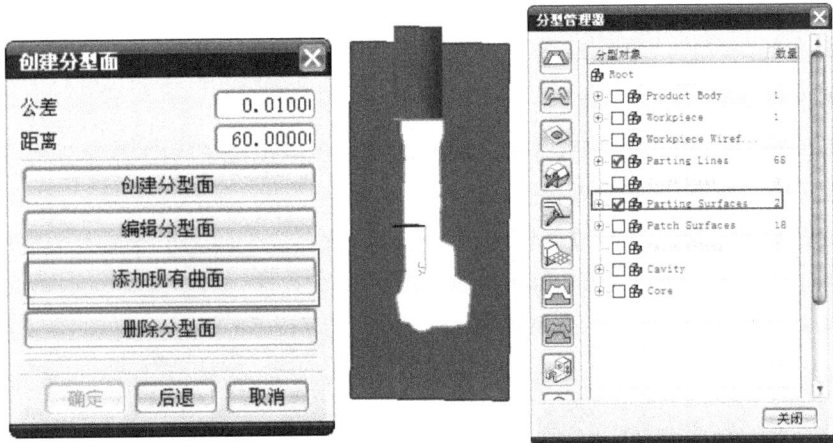

图 5-41

提示：在实际应用当中，由于分型线或分型面比较复杂，而且分型面上都不能有菱角，因此一般都是采用手工创建分型面，甚至是补片，然后再通过添加的方式去生成。

5.1.7 创建型腔和型芯

当分型面、补片和抽取区域完成后，就应该准备创建型腔和型芯了。选择【分型面管理器】中的【创建型腔和型芯】图标 ，弹出如图 5-42 所示的对话框。

从对话框中可以看到，【区域名称】下面列出了一些区域面，一般都包含【Cavity region】和【Core region】两个，这两个区域主要是用来创建型腔\型芯的。在【区域名称】列表中也显示了各个区域面的一个状态， 表示已经创建了型腔\型芯， 表示已经定义了区域面，但还是创建型腔\型芯。

抑制分型选项就是取消已经创建的型腔\型芯,在进行修改后,重新进行分模。

检查几何体和检查重叠选项提高了对几何体建模数据的逻辑性检查以及检查是否有重叠的体对象。

创建型腔和型芯的过程比较简单,首先在【区域名称】中单击需要创建的区域(如 Cavity region),【选择片体】也自动高亮显示,并在括号中显示选中的面的个数,当然也可以直接选取模型的面,最后单击【确定】或【应用】按钮,完成型腔和型芯的创建。

【实例 5-5】 创建型腔和型芯

(1)单击【抽取区域和分型线】命令,弹出【定义区域】对话框,勾选【设置】|【创建区域】选项,单击【确定】按钮,完成了型芯/型腔区域的抽取,见图 5-43 所示的变化。

(2)单击【创建型腔和型芯】按钮,弹出【定义型腔和型芯】对话框,先选取型腔区域,单击【应用】按钮,生成型

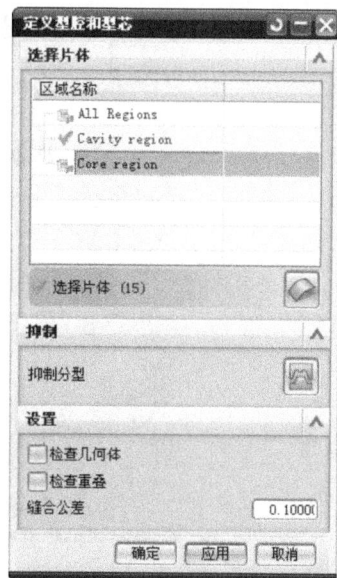

图 5-42

图 5-43

腔;再选取型芯区域,单击【确定】按钮,生成型芯,结果见图 5-44 所示。

5.1.8 抑制分型

抑制分型命令的作用在于,对于已经完成的分型设计,但要对产品进行变更,这时就需要先取消分型,才能进行设计变更。

选择【分型管理器】中的【抑制分型】图标 ,弹出如图 5-45 所示的确认对话框,单击【确定】按钮,系统经过一段时间的计算,完成抑制分型的操作,这时可以通过检查型腔\型芯

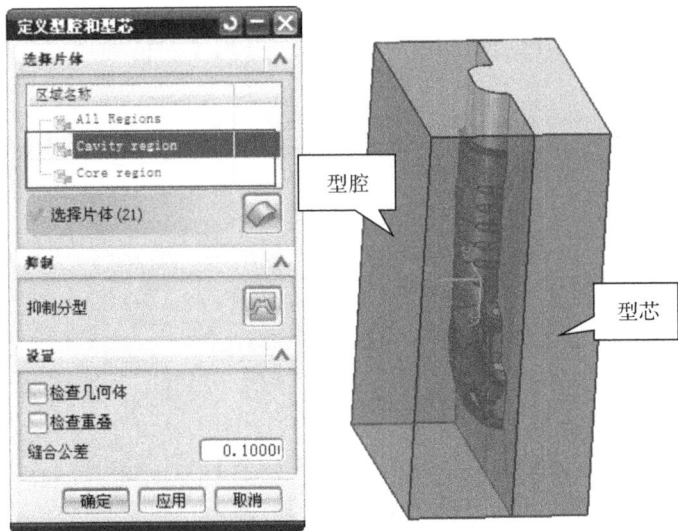

图 5-44

所在的部件文件,查看里边的工件已经不再是成型的工件,而只是一个毛坯。

5.1.9 交换模型

在设计模具时,肯定会碰到产品要经常修改的情况。尤其当完成了分型操作后,又要改产品时,就需要对型腔\型芯做相应的修改。在这种情况下,MoldWizard 提供了【交换模型】功能,使

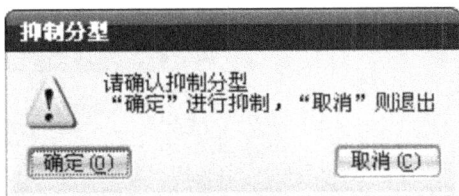

图 5-45

用此命令可以自动分析、替换新产品与旧产品之间的差别,大大减少了手动对数据的麻烦,加快了设计进度。

交换产品模型功能可以用一个新版本的模型来替换模具设计工程里的产品模型,而且能保持模具装配中现有模具设计特征(如拔锥,分割面,分型线,修补面,分型面等)与新产品实体之间的全相关性。该交换功能是相关性的交换,对于产品模型是由别的 CAD 系统转入的情况非常有用。

选择【分型管理器】中的【交换模型】图标 ,系统自动切换显示部件,把 parting 部件作为显示部件,并且弹出如图 5-46 所示的【打开】对话框。选取新模型后,单击【OK】按钮,弹出如图 5-47 所示的【替换设置】对话框,按照默认设置,单击【确定】按钮,弹出如图 5-48 所示的【模型比较】对话框。

【比较】选项主要是通过颜色、透明度来观察原模型与新模型之间的差异的设置选项,通过各种设置的组合可以清楚查看两个模型之间的差异并且显示了不同面的个数等信息。

【匹配】选项与【比较】选项类似,所不同的是,它是利用【面/边缘类型】和【实体类型】过滤器,通过在原模型视图\新模型视图中选取面或边后,自动在新模型视图\原模型视图中高亮显示,两者一一对应。

在观察比较好原模型和新模型之间的区别后,单击【应用】、【后退】按钮,弹出如图 5-49

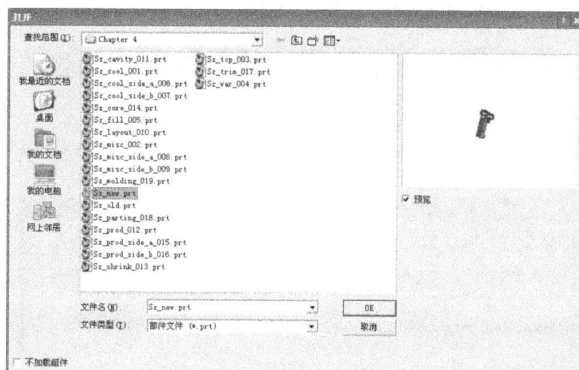

图 5-46

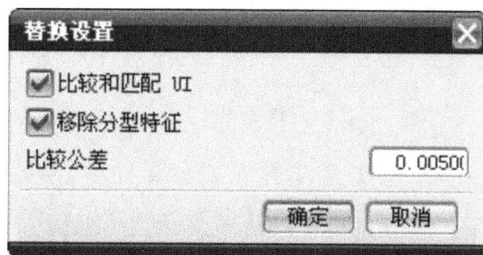

图 5-47

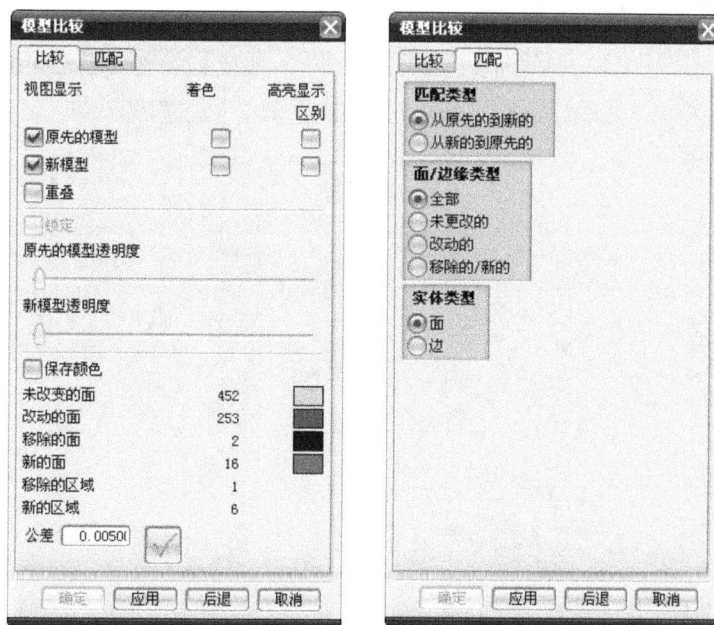

图 5-48

所示的对话框，提示模型替换成功，并且在【信息】框中显示了被抑制的特征的名称。

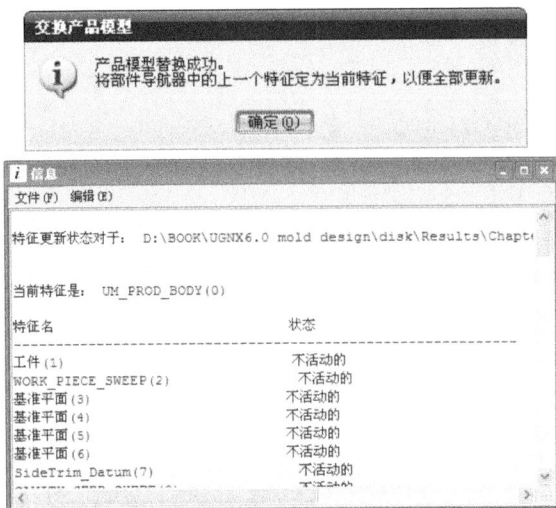

图 5-49

　　在成功完成交换后，由于原模型还是存在装配文件中，因此可以删除原模型。进入 parting 部件，选取其最后一个特征，右键选择【设为当前特征】，有可能会出现一些错误或失效的特征，接下来就是修改这些特征等，重新完成分型。

【实例 5-6】　交换模型

　　打开已经完成分型操作的图形文件，如图 5-50 所示。由于产品做了适当的修改，因此需要使用【交换模型】替换旧模型。

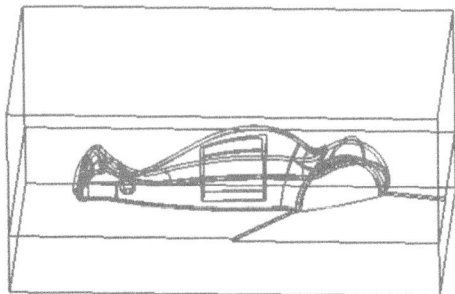

图 5-50

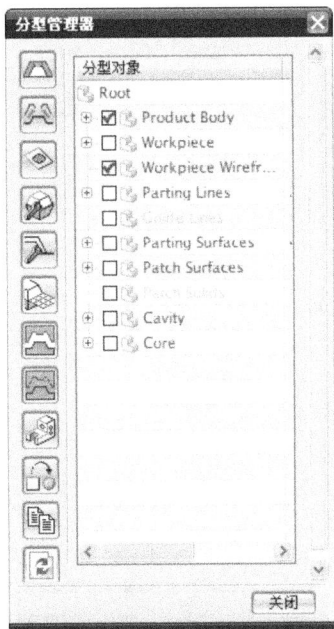

图 5-51

(1)打开 NX 6 主程序,进入注塑模向导模块,使用【初始化项目】命令打开配套资源中的 joystick_top_010. prt 文件。

(2)选择【注塑模向导】工具条上的【分型】图标 ,弹出如图 5-51 所示的【分型管理器】对话框。有时打开图形后,图形区域不光只是显示产品模型,而是其他的型腔\型芯抽取面或是分型面都存在,影响观察,此时可以通过【分型对象】列表中找到对应的选项,取消其前面的勾即可,见图 5-52 所示。

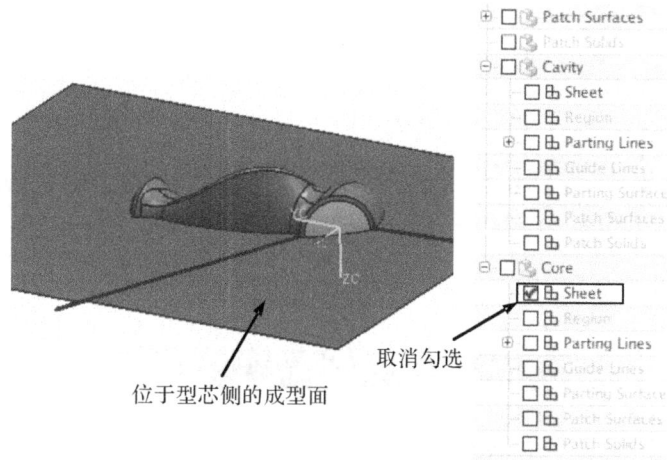

位于型芯侧的成型面
取消勾选

图 5-52

(3)单击【分型管理器】界面上的【抑制分型】图标 ,弹出如图 5-53 所示的【抑制分型】信息确认框,单击【确定】按钮,系统自动更新,分型被抑制,自动返回到【分型管理器】对话框。

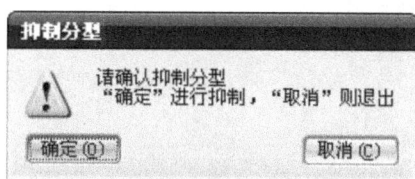

图 5-53

提示:在进行【交换模型】前,一般都需要进行"分型抑制"这样一个步骤,这时就要用到【抑制分型】命令。

(4)单击【分型管理器】界面上的【交换模型】图标 ,弹出如图 5-54 所示的【打开】对话框,选取位于同装配目录下面的【joystick_new. prt】文件,单击【OK】按钮,弹出如图 5-55 所示的【替换设置】对话框。

(5)【替换设置】各个选项按照默认即可,单击【确定】按钮,弹出【模型比较】对话框,并且在视图区域显示了三幅视图,以作对比,显示出修改过的地方,各个选项按照默认即可,如图 5-56 所示。

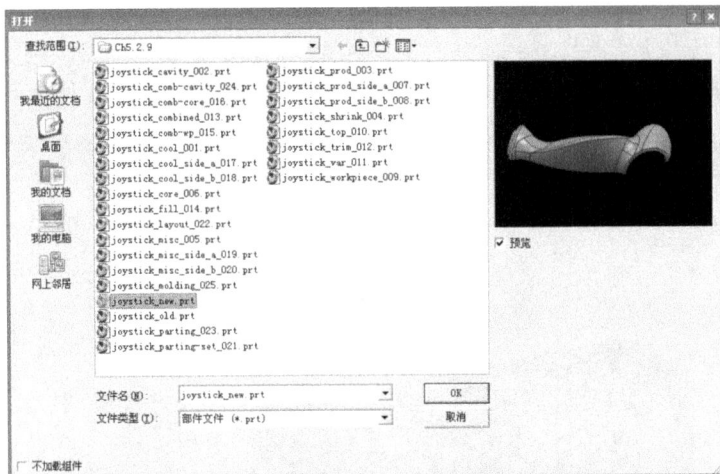

图 5-54

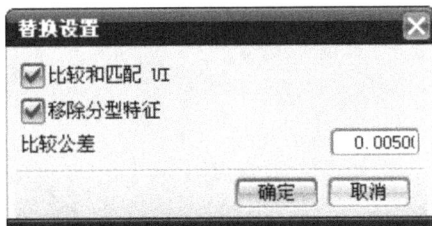

图 5-55

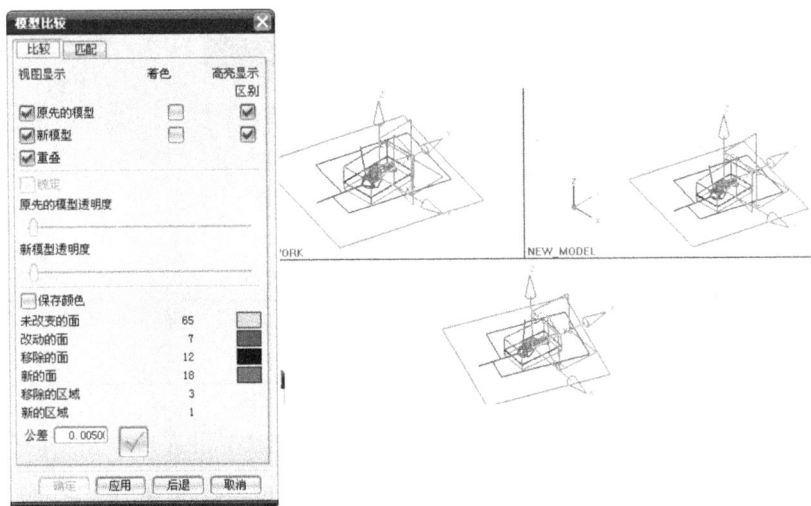

图 5-56

（6）单击【取消】按钮，弹出如图 5-57 所示的【交换产品模型】警告框，单击【确定】按钮，继续进行模型交换。

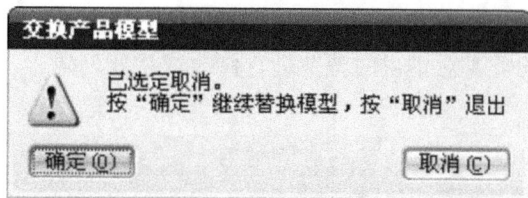

图 5-57

(7)系统经过一段时间的计算后,弹出如图 5-58 所示的信息对话框,这就表示模型交换成功,一些特征被抑制了。

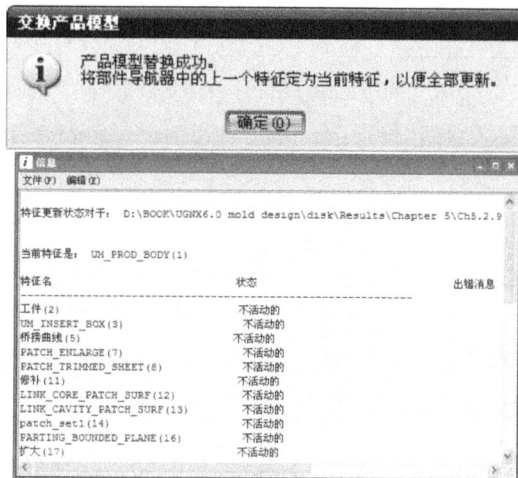

图 5-58

(8)单击【确定】按钮,退出模型交换,系统返回到【分型管理器】对话框,单击【关闭】,退出【分型管理器】。单击【部件导航器】,可以发现被抑制的特征,见图 5-59 所示。

(9)右击最后创建的特征,弹出如图 5-60 所示的右键弹出菜单,单击【设为当前特征】命令,系统自动计算更新。

图 5-59

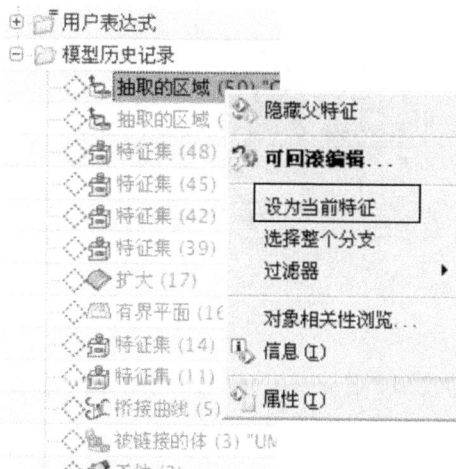

图 5-60

(10)由于模型更换了,不得不出现特征上的错误,见图 5-61 所示。为了能够使后面能够正常的进行分模,因此需要对错误的特征进行修改或重新创建。

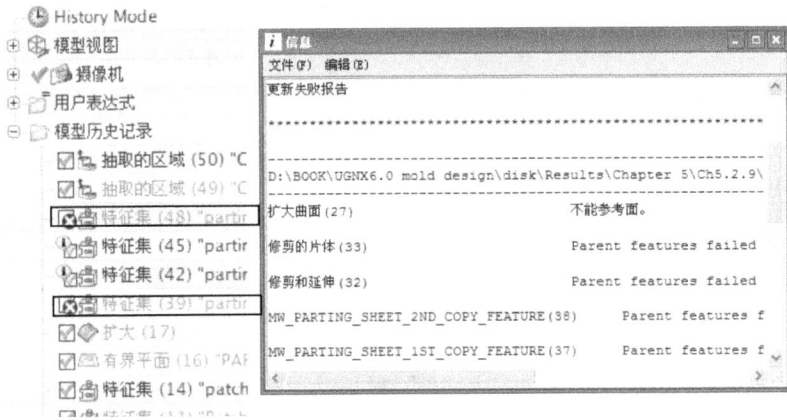

图 5-61

(11)单击【部件导航器】,在部件导航器中选中如图 5-62 所示的 6 个有问题的【特征集】,单击右键,在弹出的菜单中单击【删除】命令,删除有问题的特征。

(12)单击【注射模向导】工具条上的【分型】命令,弹出【分型管理器】对话框。单击其上面的【设计区域】图标，弹出【MPV 初始化】对话框,按照默认设置,单击【确定】按钮,弹出如图 5-63 所示的【塑模部件验证】对话框,单击【设置区域颜色】,系统自动计算型腔\型芯面(但不一定正确,需要修改)。

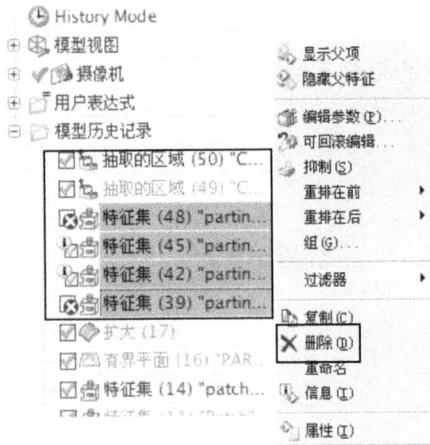

图 5-62

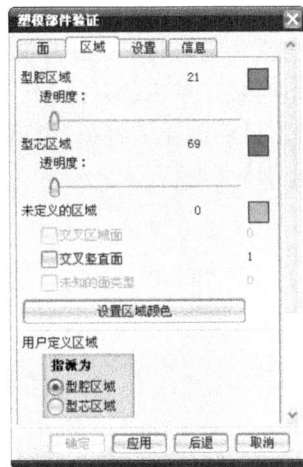

图 5-63

(13)如果从【未定义的区域】中发现其个数为【0】,就说明没有问题。但如果看到【交叉竖直面】的个数为【0】,表示在用旧模型时,这个面的配置有问题,需要进行过手动指定。单击【取消】按钮,返回到【分型管理器】对话框。

提示:在单击【分型】命令的时候,有可能会弹出如图 5-64 所示的【设置产品部件】信息框,单击【是】按钮,激活交换后的产品。

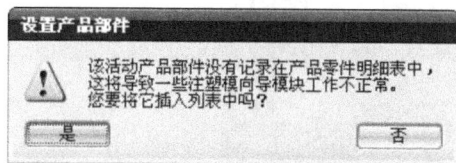

图 5-64

(14)单击【分型管理器】界面上的【抽取区域和分型线】图标 ,弹出如图 5-65 所示的【定义区域】对话框,发现【Cavity region】和【Core region】前面已经打钩了,说明已经创建完成,但要检查下这两个区域的面个数总和时候等于总面数。在这里,已经相等,不用重新抽取了。

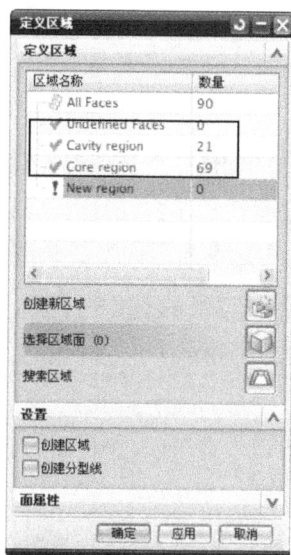

(15)单击【分型管理器】界面上的【编辑分型线】图标 ,弹出如图 5-66 所示的【分型线】对话框,单击【编辑分型线】按钮,弹出【编辑分型线】选择对话框,选择如图 5-65 所示的产品边,添加为分型线,连续单击两次【确定】按钮,完成分型线的创建,返回【分型管理器】对话框。

图 5-65

(16)使用建模模块下的工具,在这里用到了【扩大】、

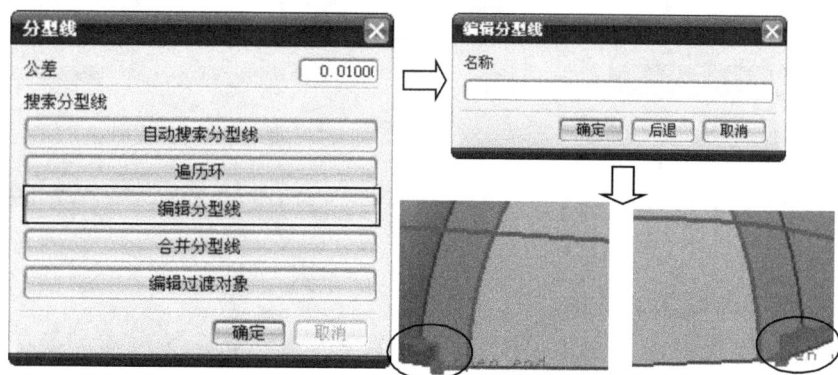

图 5-66

【修剪的片体】、【缝合】、【倒圆角】四个命令,完成如图 5-67 下所示的形状。

(17)单击【分型】|【创建/编辑分型面】|【添加现有曲面】命令,选取刚才手工创建的曲面,单击【确定】按钮,完成手工曲面转为分型面。单击【取消】按钮,退出【创建分型面】对话框。

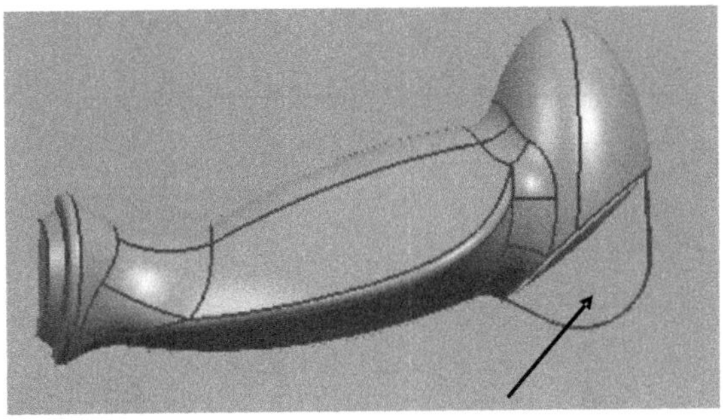

图 5-67

(18)单击【分型管理器】界面上的【创建型腔和型芯】图标，弹出如图 5-68 所示的【定义型腔和型芯】对话框。分别选中【Cavity region】和【Core region】后，单击【应用】按钮，完成如图 5-69 所示的型腔和型芯的创建。

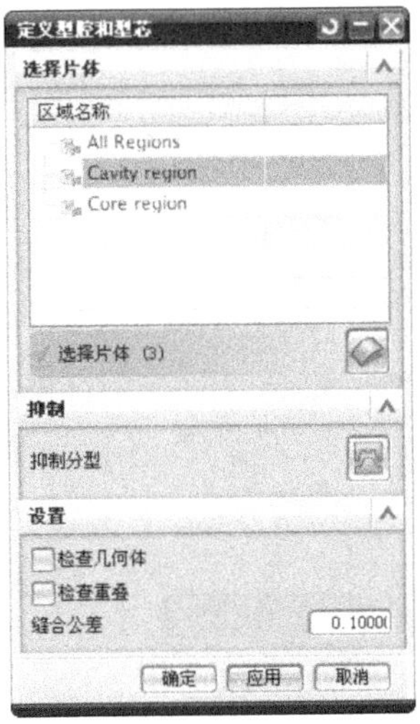

图 5-68

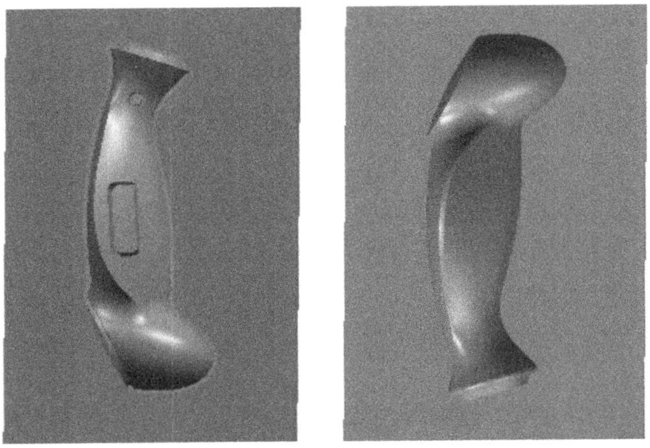

型芯　　型腔

图 5-69

(19)单击【文件】|【全部保存】命令，对装配文件进行存盘。

5.1.10 备份分型/补片片体

备份分型/补片片体是在指定层创建一个与 parting 部件没有关联的一个副本。选择【分型管理器】中的【备份分型/补片片体】图标，弹出如图 5-70 所示的【备份分型对象】对话框。

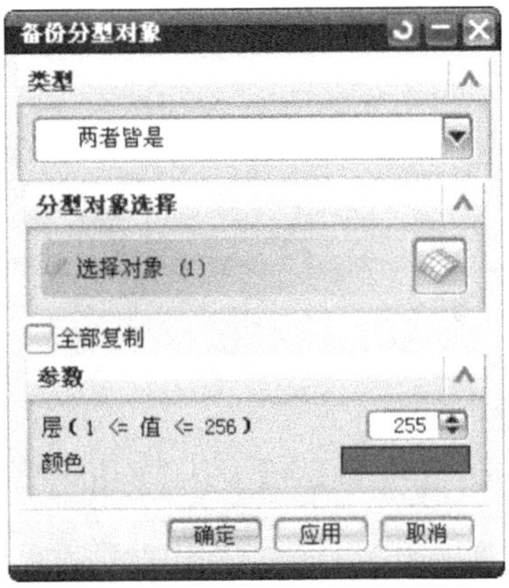

图 5-70

类型包括了三种分型面、曲面补片和两者皆是，其实这个相当于一个过滤器，当在选取要备份的片体时，过滤哪些可以拾取到，哪些不能拾取。

参数选项用于把备份片体分配到指定的层以及给它赋予指定的颜色,以示区别。

5.2 综合实例

5.2.1 创建分型线

打开如图 5-71 所示的文件,利用分型管理器完成型腔和型芯的创建。

(1)选择【注塑模向导】工具条中的【分型】 ![icon] 按钮,出现图 5-72 所示的对话框。

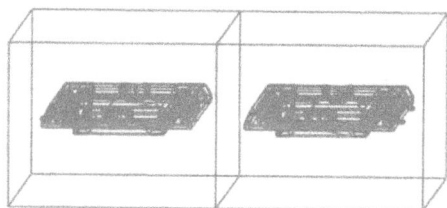

图 5-71

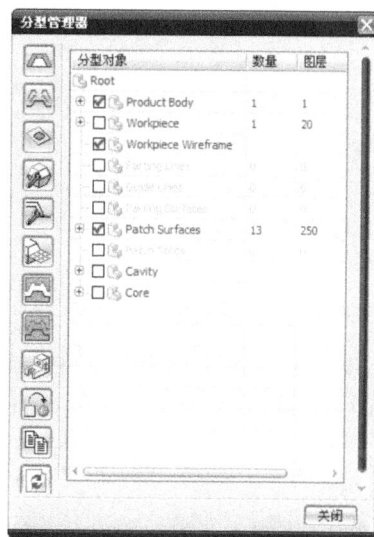

图 5-72

　　(2)在【分型管理器】中选择【编辑分型线】 ![icon] 按钮,出现图 5-73 所示的对话框,单击【自动搜索分型线】按钮,出现图 5-74 所示的对话框,同时视图中显示选择体和顶出方向,如图 5-75 所示,单击对话框中的【应用】按钮,信息框中显示【共找到 36 分型边】,并在视图中高亮显示,查看分型线正确后,单击【确定】按钮,对话框返回为图 5-73 所示的对话框,视图中显示搜索出的分型线,如图 5-76 所示。

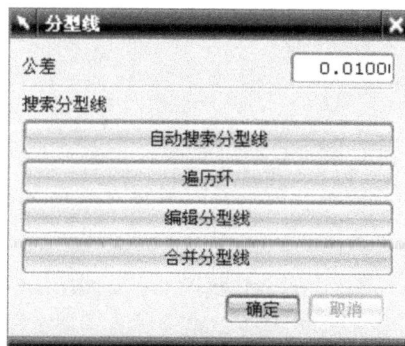

图 5-73

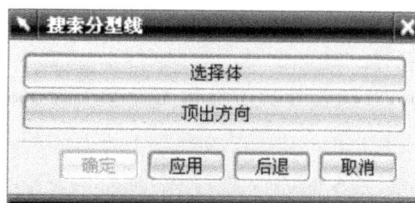

图 5-74

(3)单击对话框中的【确定】按钮,回到【分型管理器】界面,单击【关闭】按钮退出。

(4)依次选择【文件】|【全部保存】工具,保存以上操作。

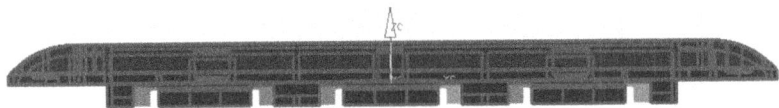

图 5-75

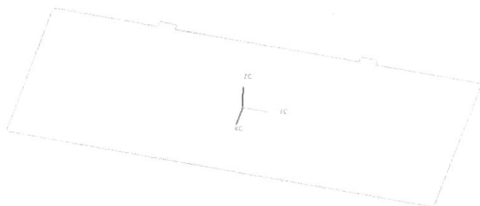

图 5-76

5.2.2　创建分型面和型腔\型芯

观察上步中搜索出的分型线,其中一端部并没有在同一平面上,而是一个小的凸起,如图 5-77 此处为了方便分型面的创建,需要做一点处理。

(1)选择【直线和圆弧】工具条中的【直线(点－点)】 ／ 按钮,选择分型线凸起处的两端点创建辅助直线,如图 5-78 所示。

(2)选择【直线(点－XYZ)】 ∠ 按钮,在浮动的坐标文本框中保证 X、Z 坐标均为

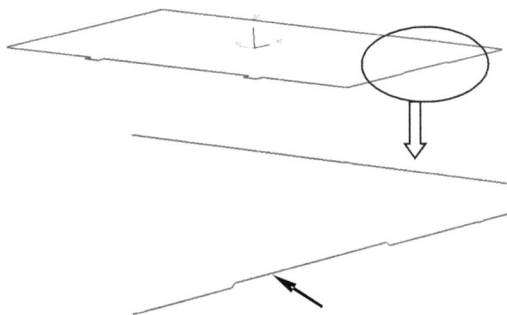

图 5-77

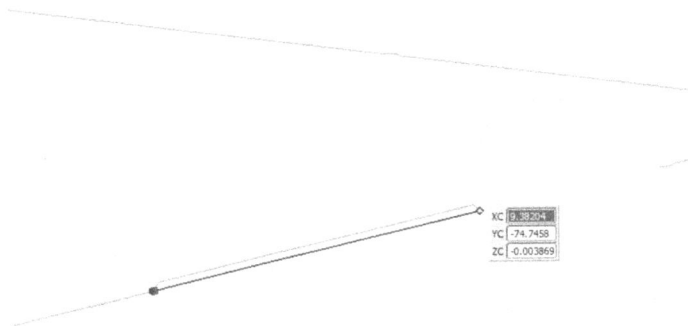

图 5-78

0,Y 坐标离开分型线的距离足够远,以保证超过工件长度,这里输入 Y 坐标为－120,单击鼠标,输入长度为 260,单击鼠标,创建结果如图 5-79 所示。

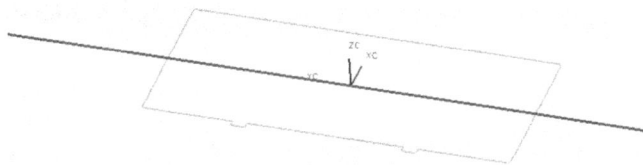

图 5-79

(3)选择【拉伸】 按钮,选择上步中创建的坐标平行线,设置拉伸方向沿 XC 方向,拖动拉伸长度,使之足够大,如图 5-80 所示。拉伸结果如图 5-81 所示。

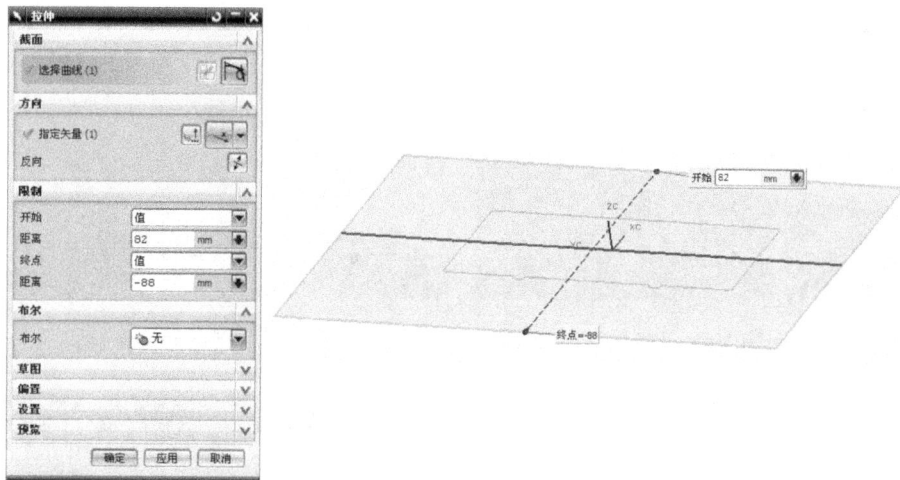

图 5-80

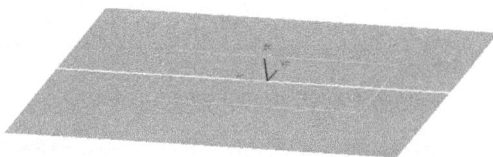

图 5-81

(4)依次选择【插入】|【修剪】|【修剪的片体】工具,选择拉伸面作为目标片体,选择分型和前面创建的辅助直线为工具体,如图 5-82 所示。单击【确定】按钮,完成片体修剪工作,如图 5-83 所示。

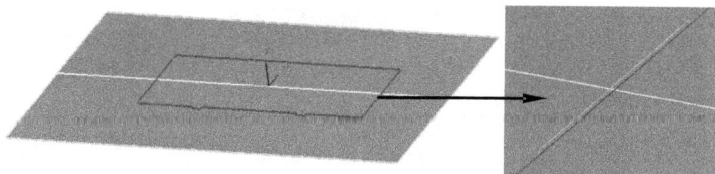

图 5-82

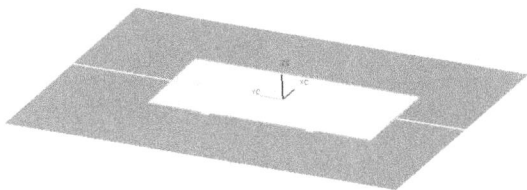

图 5-83

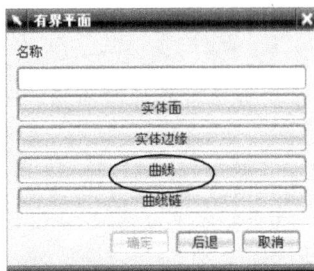

图 5-84

(5)在【曲面】命令中找到【有界平面】工具，出现图 5-84，选择【曲线】按钮，依次选择辅助直线处的封闭直线，如图 5-85 所示，单击【确定】按钮，回到图 5-84 所示的对话框，单击【确定】按钮，生成的平面如图 5-86 所示。

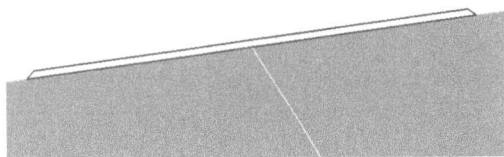

图 5-85

图 5-86

(6)单击【取消】按钮退出对话框。

(7)依次选择【插入】|【组合体】|【缝合】，选择上面拉伸的片体为【目标】，选择创建的有界平面为【工具】，单击【确定】，将两片体缝合成一张平面。

(8)选择【注塑模向导】工具条中的【分型】 按钮，单击【创建/编辑分型面】 按钮，出现图 5-87 所示的对话框，单击【添加现有曲面】对话框，出现图 5-88所示的对话框，选择上步中缝合好的拉伸平面，如图 5-89 所示。单击对话框中的【确定】按钮，回到图5-87 所示的对话框，单击【后退】按钮。

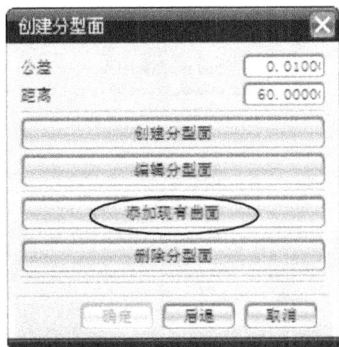

图 5-87

图 5-88

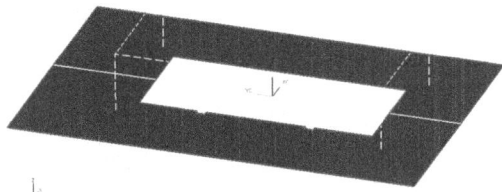

图 5-89

(9)对话框回到图 5-90 所示的对话框，观察对话框中信息栏中分别列出【分型线】、【分型面】、【曲面补片】的数量，选中前面的复选框，可以在视图中查看。

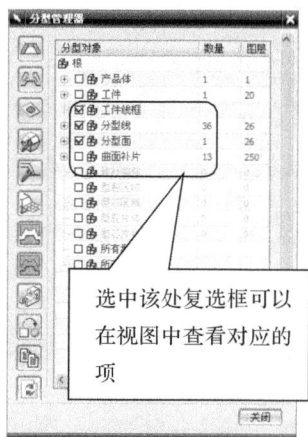

图 5-90

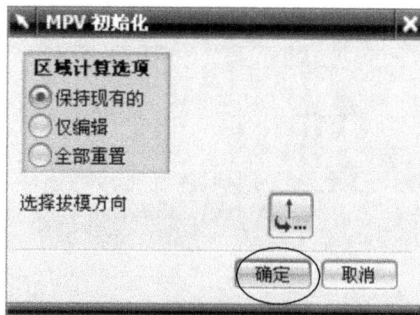

图 5-91

（10）单击【设计区域】 按钮，出现图 5-91，单击【确定】按钮。出现图 5-92 所示的对话框，查看【区域】标签，可以看到存在一些未定义的面，说明分型过程中存在不当的地方。

实体中高亮显示分型轮廓线，如图 5-93 所示，观察发现，模型中存在一些交叉竖直面未定义，亦未分割，如图 5-94 需要对其进行分割处理。

（11）单击【退出】按钮，退出图 5-92 所示的对话框，选择【关闭】按钮，退出【分型管理器】对话框。

（12）选择【注塑模向导】工具中的【面拆分】 按钮，出现图 5-95 所示的对话框，选择图 5-96 中显示的面，单击【选择曲线/边缘】 按钮，选择补片面的边界，如图 5-97 所示，单击【应用】按钮，可以鼠标检查面是否分割。

（13）重复上述步骤，对另外 5 个边缘孔处的两个面进行分割。

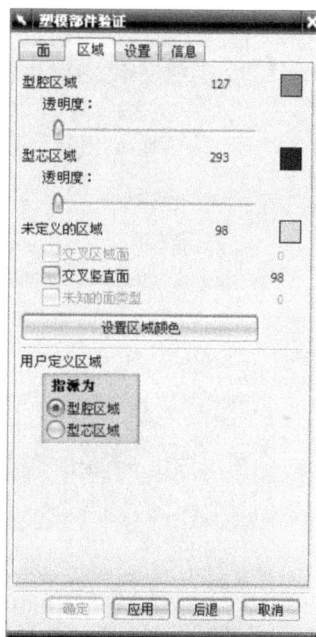

图 5-92

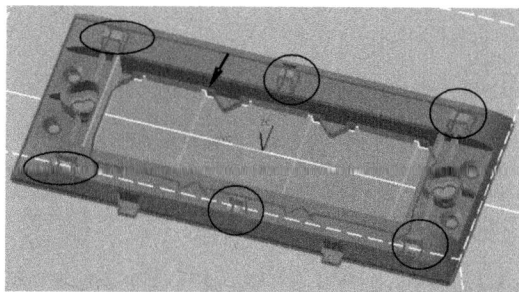

图 5-93

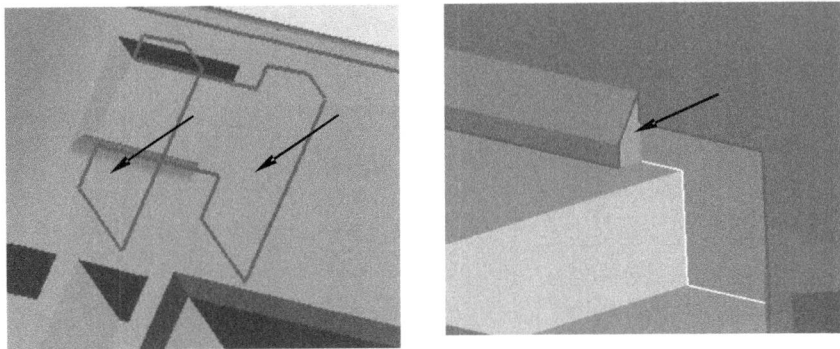

图 5-94

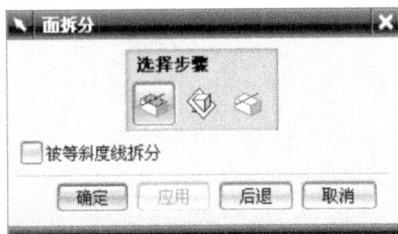

图 5-95

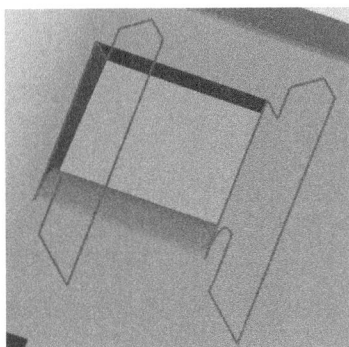

图 5-96

图 5-97

图 5-98

(14)选择产品中心内侧边的面作为拆分面,如图 5-98 所示,单击【选择曲线/边缘】按钮,选择图 5-99 所示的线作为拆分线,单击【应用】按钮。

(15)重复上述步骤,对产品中心内侧相似位置处的平面进行拆分,共 12 处。拆分完成后,单击【取消】,退出【面拆分】对话框。

(16)单击【设计区域】按钮,在图 5-91 中选择【确定】按钮,出现【塑模部件验证】对话框,观察图 5-100 所示的界面,其中有 98 个未定义的【交叉竖直面】,勾选其复选框,在视图中高亮显示。

图 5-99

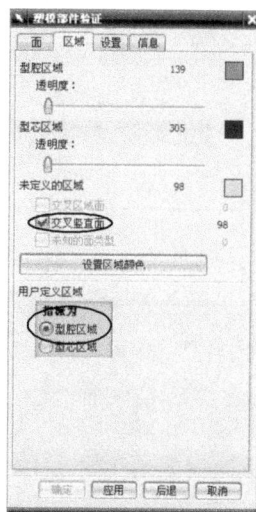

图 5-100

(17)按住【Shift】键取消选择补片面下方的所有竖直面,即边缘方形孔补片下方和梅花形孔补片的下方的面,如图 5-101 所示。单击对话框中的【应用】按钮,将选中的面指定为【型腔区域】。可以看到分型面和补片面上方的竖直面已经着色为型腔区域的颜色。

(18)可以看到【未定义的区域】已经从 98 个降为 18 个,选择上步中取消选择的面,在信息框中查看共 18 个,在对话框下方选择【指派为】【型芯区域】,单击【确定】按钮。可以看到对话框中【未定义的区域】为 0 个,且 18 个面已经着色为型芯区域的颜色。

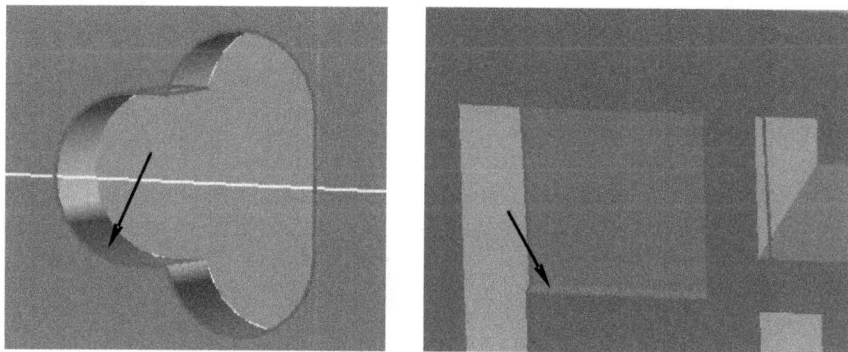

图 5-101

(19)单击【后退】按钮,退回到图 5-91 所示的对话框,单击【取消】按钮,回到【分型管理器】对话框。

(20)在【分型管理器】对话框中选择【抽取区域和分型线】按钮,如图 5-102 所示的【定义区域】对话框,勾选【设置】下面的【创建区域】和【创建分型线】选项,单击【确定】按钮,完成区域的抽取和分型线的创建。

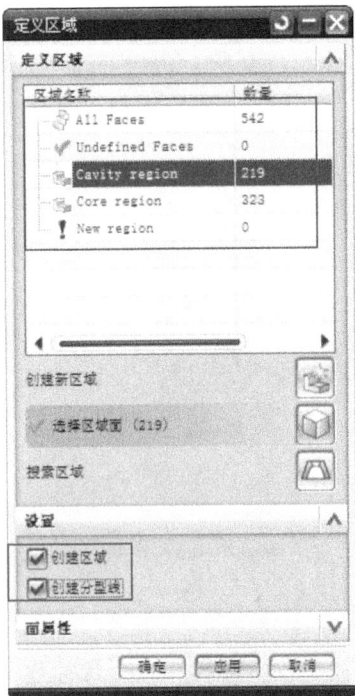

图 5-102

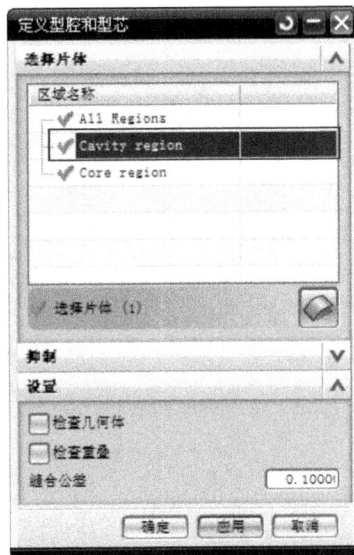

图 5-103

(21)单击【创建型芯和型腔】 按钮，出现图 5-103 的【定义型腔/型芯】对话框。在【区域名称】中单击【Cavity region】，使其被选中，单击【应用】按钮，完成型腔的创建，见图 5-104所示。

(22)用同样的方法创建型芯，结果见图 5-105 所示。

图 5-104

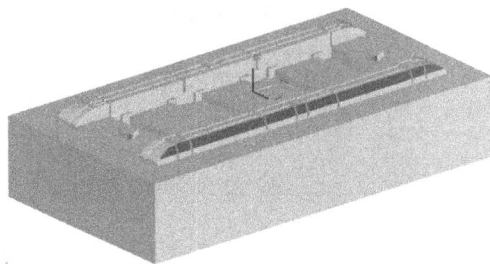

图 5-105

(23)回到【分型管理器】对话框，单击【关闭】按钮。

至此，型芯、型腔创建完毕，整个分型任务完成。

(24)依次选择【文件】|【全部保存】。

5.3 练 习

5.3.1 思考题

(1)试简述使用【分型管理器】进行分模的过程。

(2)分型面创建的方式有几种？它们之间有什么区别？

(3)简述【设计区域】和【抽取区域和分型线】在分型过程中起到的作用。

(4)分型面创建的原则是什么？

5.3.2 操作题

(1)根据本章中实例的步骤,通过使用【分型管理器】,完成如图 5-106 所示的分模。

源文件:配套资源\Unfinished\Sz_top_003.prt

结果文件:配套资源\finished\Sz_top_003.prt

(2)打开如图 5-107 所示的图形文件,完成分型操作。

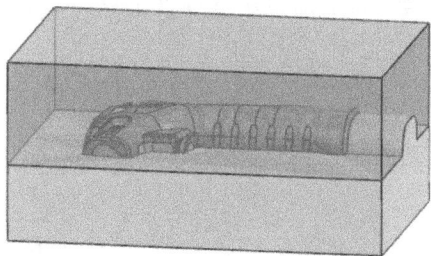

图 5-106

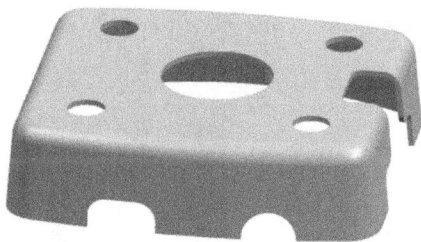

图 5-107

源文件:配套资源\Unfinished\shell_modify.prt

结果文件:配套资源\finished\

(3)打开如图 5-108 所示的图形文件,按照分型面的创建原则,创建合理的分型面。

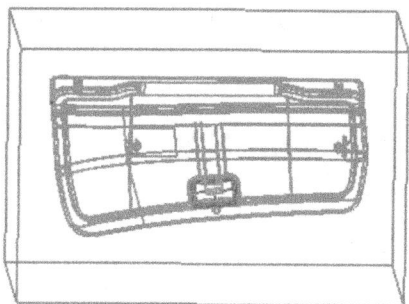

图 5-108

源文件:配套资源\Unfinished\chanpin_top_000.prt

结果文件:配套资源\finished\chanpin_top_000.prt

第6章 模架库及标准部件

➢ 模架加载及参数设置
➢ 标准件管理和加载
➢ 标准件的修剪成型

本章学习目标

通过本章自带的实例,熟悉模架加载的方法以及通过附表中的模架参数,掌握模架参数的修改;熟悉标准件管理器中的各个标准件的目录名称,掌握常用标准件加载方法、参数设置以及自动或手动修剪标准件的方法。

6.1 模具模架库设计

在 Mold Wizard 中将零件分型完毕并生成凹凸模后,将要作装配设计,包括模架的组建、浇口套以及顶针等标准件的装配。

6.1.1 模架(Mold Base)管理界面

在完成分型之后,就应该考虑加载模架了!在注射模向导中,主要包含了 HASCO、DME、LKM、FUTABA 四个大厂的模架目录库。设计者先通过计算产品的投影面积确定模架长宽、A、B 板厚度以及方铁高度、厚度等参数,然后到目录库中选择厂商以及与原先确定的范围内的模架,同时也可以适当修改模架参数,然后加载即可。模架目录见图 6-1 所示。

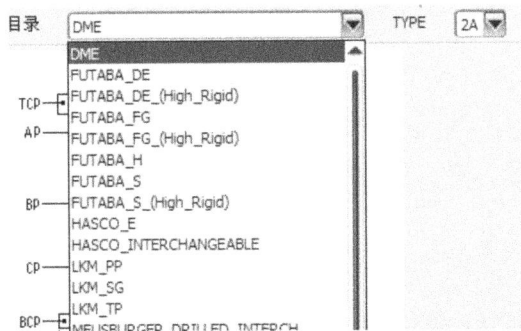

图 6-1

选择【模架】命令,弹出如图 6-2 所示的【模架管理】对话框。

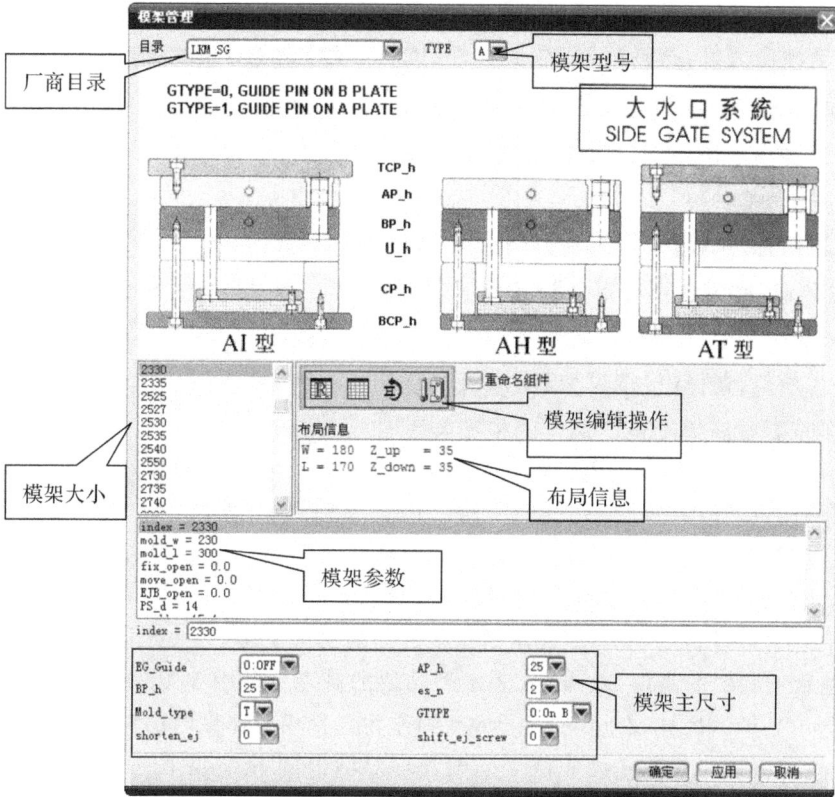

图 6-2

(1)目录。【目录】选择框可以选择模架的供应商,其内容由一个电子表格控制,并可用【编辑注册文件】功能编辑该电子表格。

(2)TYPE(类型)。【TYPE】选择框列出了指定供应商提供的标准模架类型,比如说二板模、三板模等,这些信息同样也可以使用【编辑注册文件】来修改。

(3)示意图。示意图表示了模架的类型以及一些重要尺寸参数,如图 6-3 所示。这些示意图来源于一个位图文件,用户也可以自定义创建模架示意图。

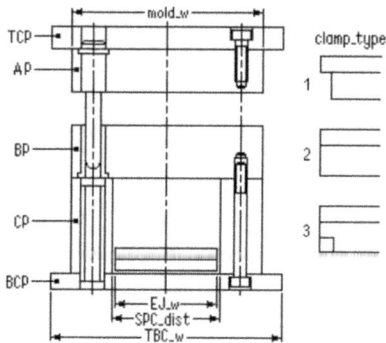

图 6-3

图 6-4

（4）模架索引列表：列表中所示的尺寸是所选的标准模架在 X－Y 平面投影的有效尺寸，系统将根据多腔模布局确定最合适的尺寸作为默认选择，见图 6-4 所示。

（5）编辑注册文件：选择【编辑注册文件】图标 R，打开所选的 MoldWizard 注册标准模架的电子表格，该功能用于执行编辑菜单选项，定制模架选择菜单。

（6）编辑组件：选择【编辑组件】图标 ，将打开如图 6-5 所示的【编辑模架组件】对话框，该功能用来定义标准模架中各个装配元件。

（7）旋转模架：选择【旋转模架】图标 ，该功能是根据多腔模布局情况将已加入的模架装配件旋转 90°。

（8）布局信息：在模架管理对话框中有一信息窗口，显示成型镶件布局的综合尺寸，如图 6-6 所示，这些尺寸信息只有在多腔模布局对话框中做

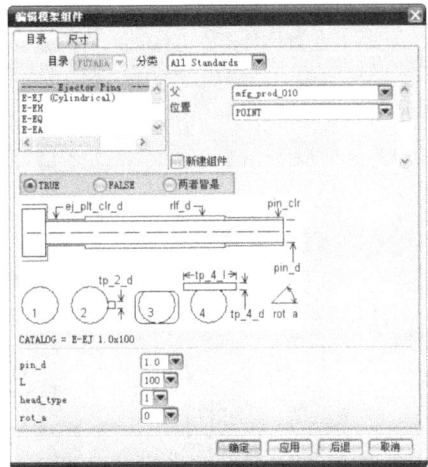

图 6-5

过自动对中之后才能显示。W 表示沿 XC 方向的最大宽度，L 表示沿 YC 方向的最大宽度，Z_up 表示型腔块的高度，Z_down 表示型芯块的高度。其中 W 和 L 用于初选模架索引列表中的 X－Y 平面尺寸，Z_up 和 Z_down 则作为选择模板厚度时的参数。

（9）表达式列表。表达式列表位于模架管理对话框的下部，见图 6-7 所示，包括了标准模架中所有可编辑的参数，列表中高亮显示的表达式，可直接在表达式编辑窗口进行编辑。

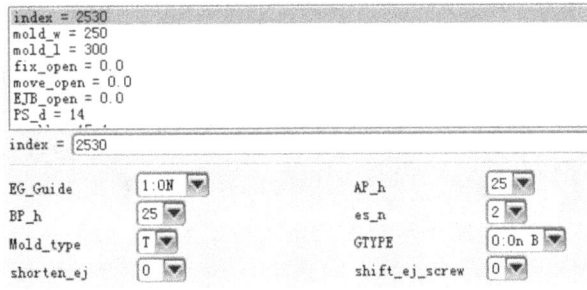

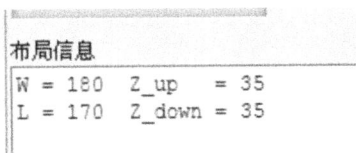

图 6-6   图 6-7

（10）标准尺寸列表：模架管理对话框底部的下拉式列表，是根据所选模架类型列出某些模板厚度的标准值列表，如图 6-7 所示，这些模板厚度只能取列表中的标准值才有效。

6.1.2 模架管理实例

【实例 6-1】 模架

在国内的模具公司有绝大多数都是使用 LKM（龙记）模架，因此，打开如图 6-8 所示的装配文件，以龙记模

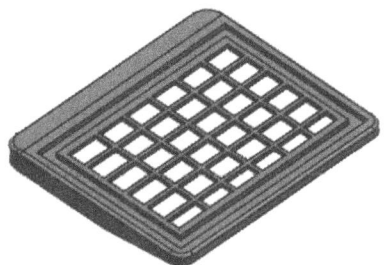

图 6-8

架来讲解模架的加入,具体操作步骤如下所示。

6.1.3 模型前处理

一、打开配套资源\Unfinished\Md.prt 文件,初始化文件如所示的装配文件。

二、设置初始化对话。

系统将弹出【初始化项目】对话框,设置【项目单位】中选择毫米,输入【项目名称】Md,在【材料】列表中选择 ABS,如图 6-9 所示,单击【确定】按钮。系统会根据【配置】选项,自动加载装配文件,打开【部件名管理】就可见到如所示的装配树,单击【确定】按钮完成【初始化项目】对话框。

三、定义和锁定模具坐标系。

在【注塑模向导】工具栏中单击【模具 CSYS】 ,弹出如图 6-11 所示的【模具 CSYS】对话框。选择当前 WCS,单击【确定】按钮。

图 6-9

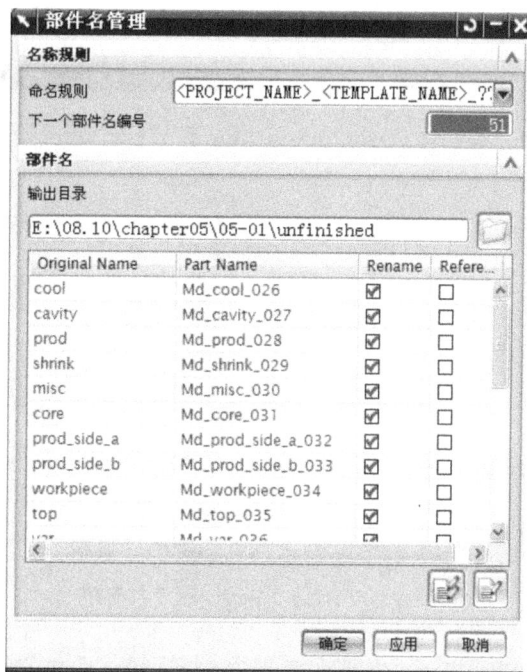

图 6-10

四、创建模具工件

(1)进入【工件】的定义,如图 6-12 下所示。

(2)在【注塑模向导】工具栏中单击【工件】按钮,弹出如图 6-13 所示的【工件】对话框。在对话框中包括类型、工件方法、尺寸等参数,点击【绘制截图】按钮进入【草图】界面,如图 6-14 所示意设置工件尺寸。

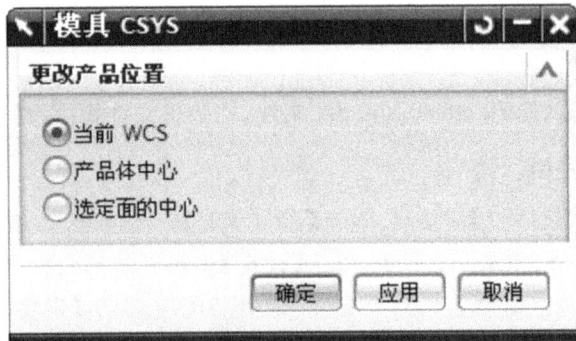

图 6-11

图 6-12

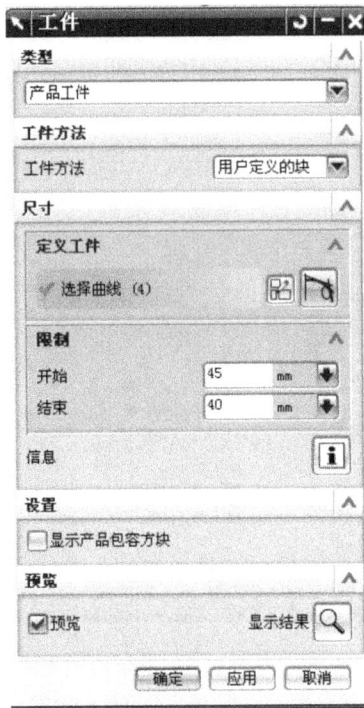

图 6-13

(3)单击【确定】按钮完成模具工件设置。最后结果得到的结果如图 6-15 所示。

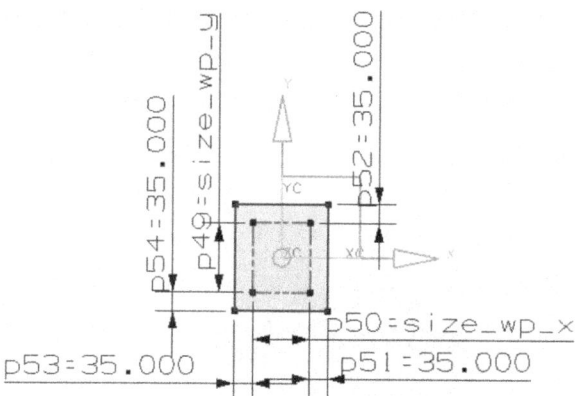

图 6-14

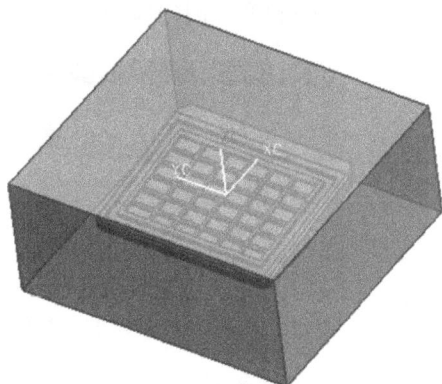

图 6-15

6.1.4　分型管理器

(1)单击【注塑模向导】工具栏的【分型】按钮,如图 6-16 所示。

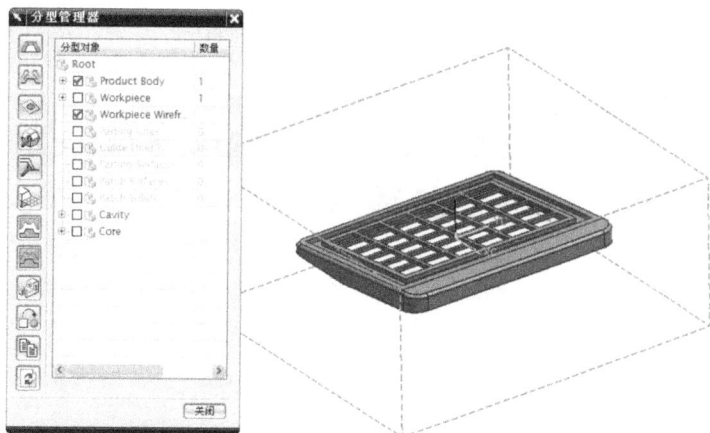

图 6-16

　　单击对话框上【设计区域】选项,弹出【MPV 初始化】对话框,见图 6-17,【区域计算选择】选择【保持现有的】,【脱模方向】默认即可。

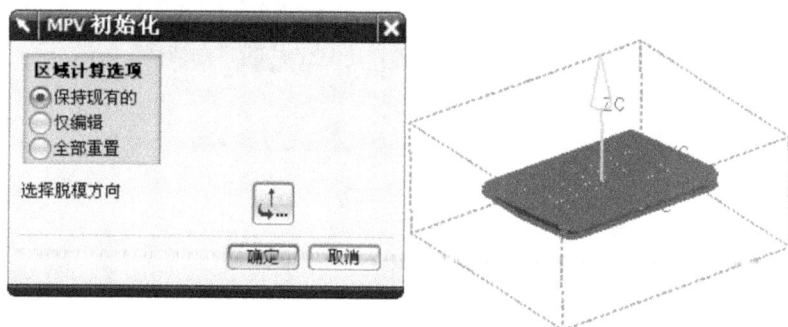

图 6-17

　　单击【确定】后弹出【塑模部件验证】对话框,如图 6-18 所示。单击【设置区域颜色】将产品的型腔侧和型芯侧的面颜色分开。

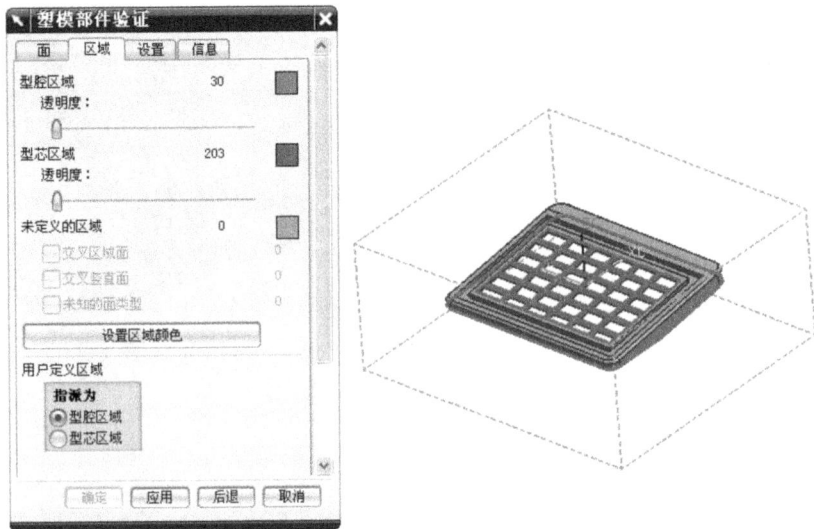

图 6-18

(2)利用【分型管理器】上【抽取区域和分型面】功能抽取出用于分模的产品内外表面和分型线。如图 6-19 所示,勾选【创建区域】和【创建分型线】后,单击【确定】即可。

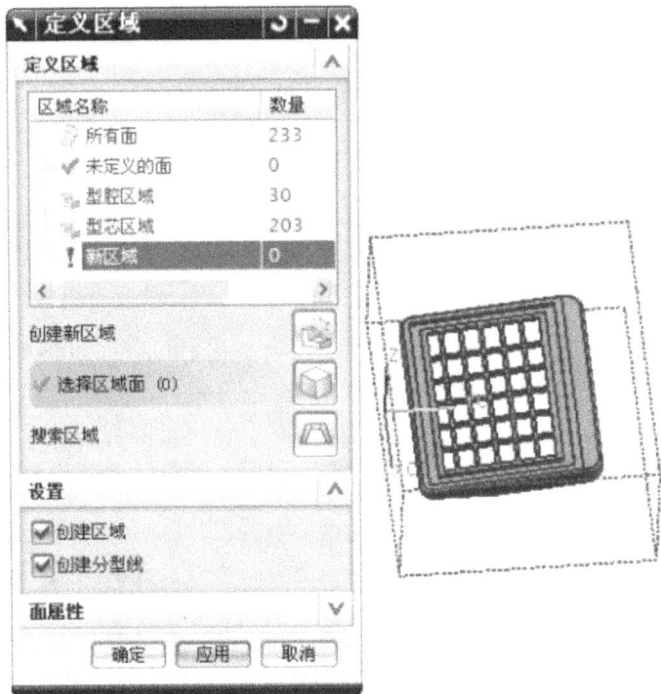

图 6-19

(3)利用【分型管理器】上的【创建/删除曲面补片】功能,将产品内孔的分型面做出。如图 6-20 所示,单击【自动修补】选项后,系统将自动对分型面内孔进行修补。

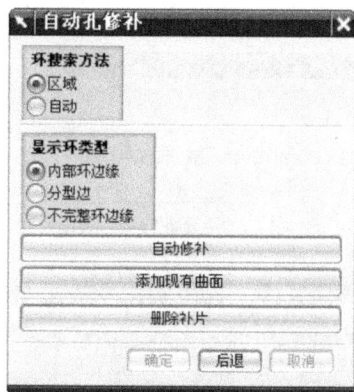

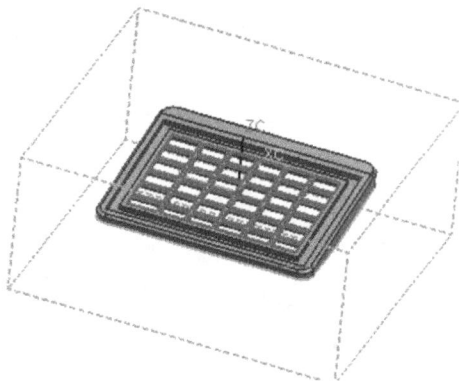

图 6-20

(4)利用【分型管理器】上的【创建/编辑分型面】功能自动创建分型面。如图 6-21 所示，为了方便后续分割型芯和型腔,建议【曲面延伸距离】适当加大,一般要求超过【工件】大小,单击【确定】按钮。

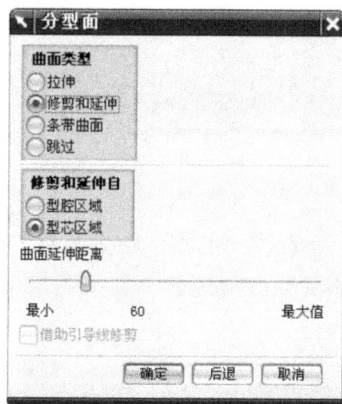

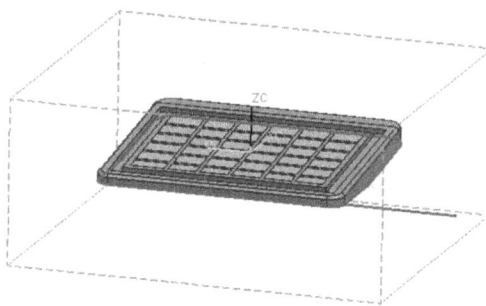

图 6-21

(5)利用【分型管理器】上的【创建型腔和型芯】功能自动创建模具的型腔和型芯。需要注意【型腔区域】和【型芯区域】要分开建立。默认型腔和型芯分别存放于第 7 层和第 8 层。

6.1.5 模架标准件

(1)选择【模架】命令,弹出【模架管理】对话框,在【目录】选项中选择【LKM_SG(大水口系统)】,在【TYPE】选项中选择【C】,见图 6-22 所示。

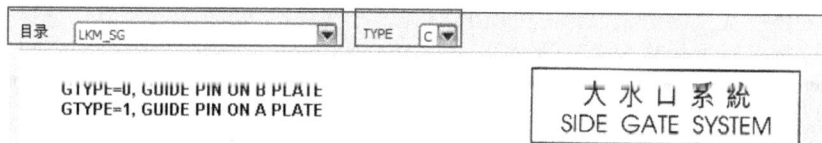

图 6-22

(2)从尺寸列表中选取【2530】,需要进行修改的参数见图 6-23 所示。对于模架尺寸中的各项尺寸的含义可以参考附表1。单击【确定】完成模架调用.

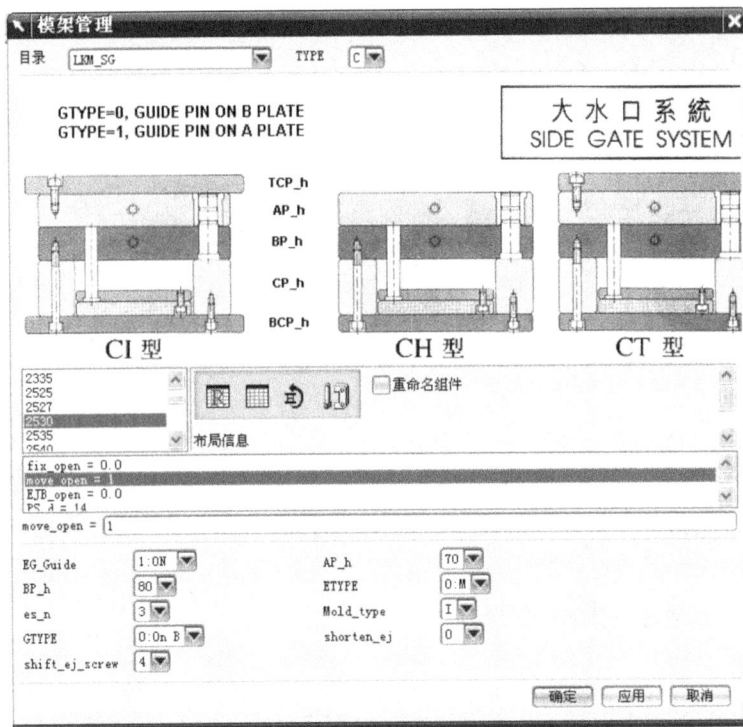

图 6-23

(3)单击【应用】按钮,注射模向导开始加载模架。查看模架的摆放位置与型芯型腔是否一致,如果不一致,可以单击如图 6-24 所示的按钮,对模架进行旋转。如果没有问题,可以单击【取消】按钮,退出【模架管理】对话框。

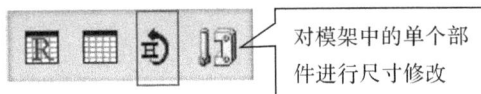

图 6-24

(4)完成后的模架见图 6-25 所示。

(5)由于在调用模架时将【move_open】的值设置为了 1,这将使得模具的动模板和定模板之间有 1mm 的间隙。也就导致复位杆与定模有了 1mm 的间隙,所以要将复位杆加成 1mm,使得复位杆和定模表面接触,具体操作方法如下:首先将复位杆部件设为【工作部件】,然后利用【偏置区域】命令将复位杆加长 1mm,如图 6-26 所示。由于 4 根复位杆引用的文件一样,所以以上操作只需一次即可。

提示:在加载模架的过程中,有可能会出现错误提示等警告消息,这个主要是由于对尺寸列表中修改的尺寸不当,最有可能的情况就是所指定的尺寸在模架库中不存在所造成的。对于这种情况的出现,可以单击【确定】按钮,继续加载模架,然后手工对有问题的部件进行修改即可!

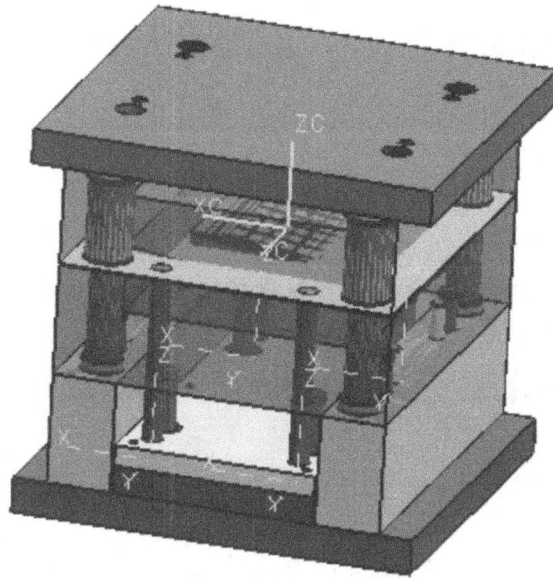

图 6-25

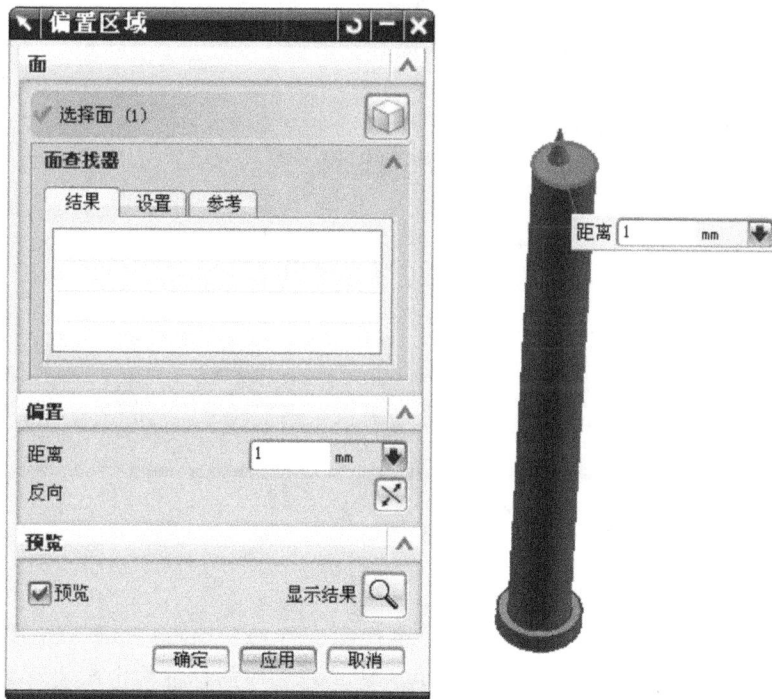

图 6-26

6.2 模具标准件管理（Standard Part Management）

6.2.1 模具标准件

模具标准件是指模具的一部分附件标准化,主要包括浇口套、顶针、螺钉、边锁、弹簧、滑块机构、斜顶机构等。使用 UG 的标准部件功能可以实现标准件的放置和管理。

在【注塑模向导】选择【标准件】命令,弹出如图 6-27 所示的【标准件管理】对话框。虽然选择的标准件种类不同,但有绝大部分共有的选项。

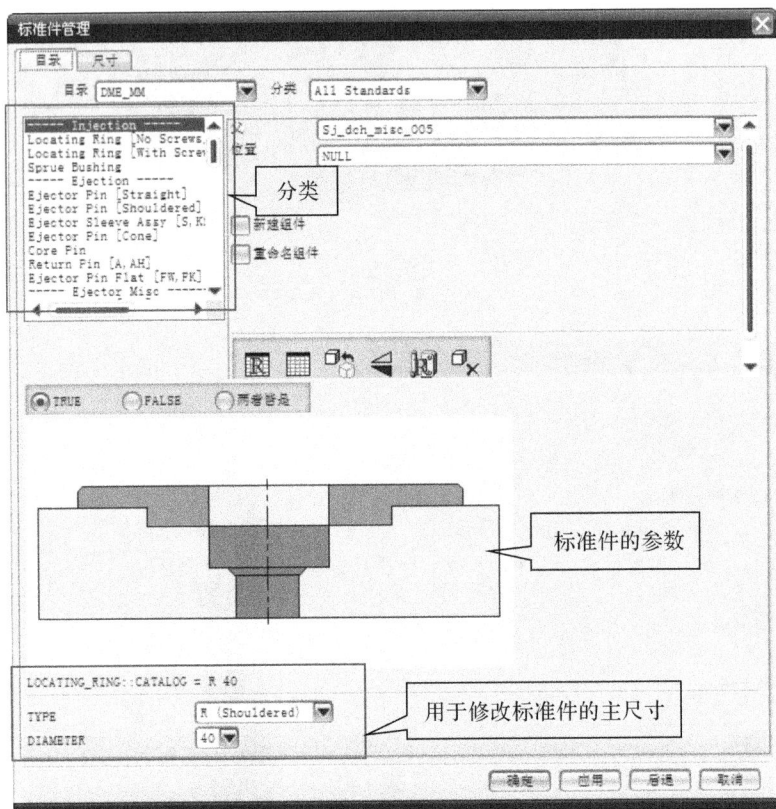

图 6-27

下面对标准件中共有的选项做下解释。

(1)目录:在目录下拉菜单下面,包括了生产标准件的厂商,有 DME、FUTABA、HAS-CO、MISUMI 等厂商。在调入标准件的时候首先选取相应的标准件生产厂商。

(2)尺寸:单击此按钮后,对话框界面切换为如图 6-28 所示。在尺寸对话框中可以修改标准件的具体尺寸,也可以使用【几何表达式链接】和【部件表达式链接】。

(3)分类:对分类菜单下面的类型进行过滤,便于快速选取所需要的标准件型号,默认情况下是:All Standards。

(4)父装配:表示将要加载的标准件在装配树中的位置,即将标准件作为哪个组件的子集。

(5)位置:用于设置标准件的定位方式,在注射模向导中有 9 种定位方式。下面介绍常用的几种。

- ABSOLUTE:标准件的原点与装配树的绝对原点重合。
- NULL:将标准件的绝对坐标系定位到与其父组件的绝对坐标系重合。
- WCS:将标准件的绝对坐标系定位到与显示部件的工作坐标系重合。
- WCS-XY:将标准件的绝对坐标系定位到与显示部件的 WCS 的 X-Y 平面上。
- POINT:将标准件的绝对坐标系定位到在显示部件的 X-Y 平面上的任意选择点。
- PLANE:选择一个模具装配组件上的任意一个平面,标准件的绝对坐标系的 X-Y 面会自动放置到选择的面上,然后要求在选定的面上选择一个原点。
- 重定位:与标准的 NX 装配的重定位方式相同。
- MATE:使用普通的 NX 装配约束条件。

(6)操作菜单:主要是实现对标准件的重定位、翻转和删除等操作,见图 6-29 所示的菜单。

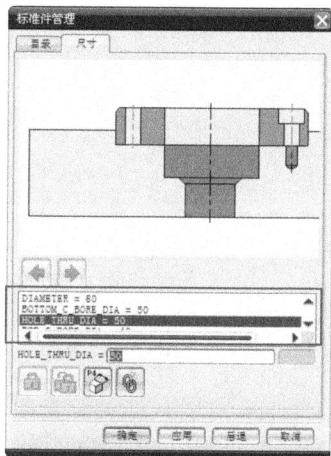

图 6-28

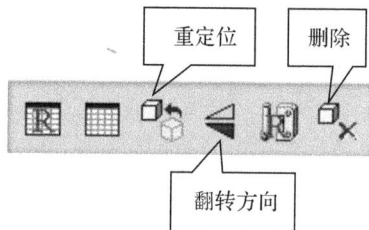

图 6-29

6.2.2 浇口套和定位环

浇口套和定位环是重要的模具标准件,是注塑机与模具连通的通道,本节介绍它们的添加方法。

添加方法:在【标准部件管理】对话框的【分类】列表中选择【Injection】选项,可以向模架中添加选择的浇口套和定位圈,下面通过实例介绍。

【实例 6-2】 模具标准件

(1)打开配套资源\Unfinished\Md_top_010.prt 文件。

(2)打开【注塑模向导】对话框,点击【标准件】图标,得到如图 6-30 所示的【标准件管理】对话框。

在【标准件管理】对话框中,在目录列表中选择【MISUMI】,选择【LRJS】,单击【确定】按钮,模架上将自动装备定位圈,如图 6-31 所示。

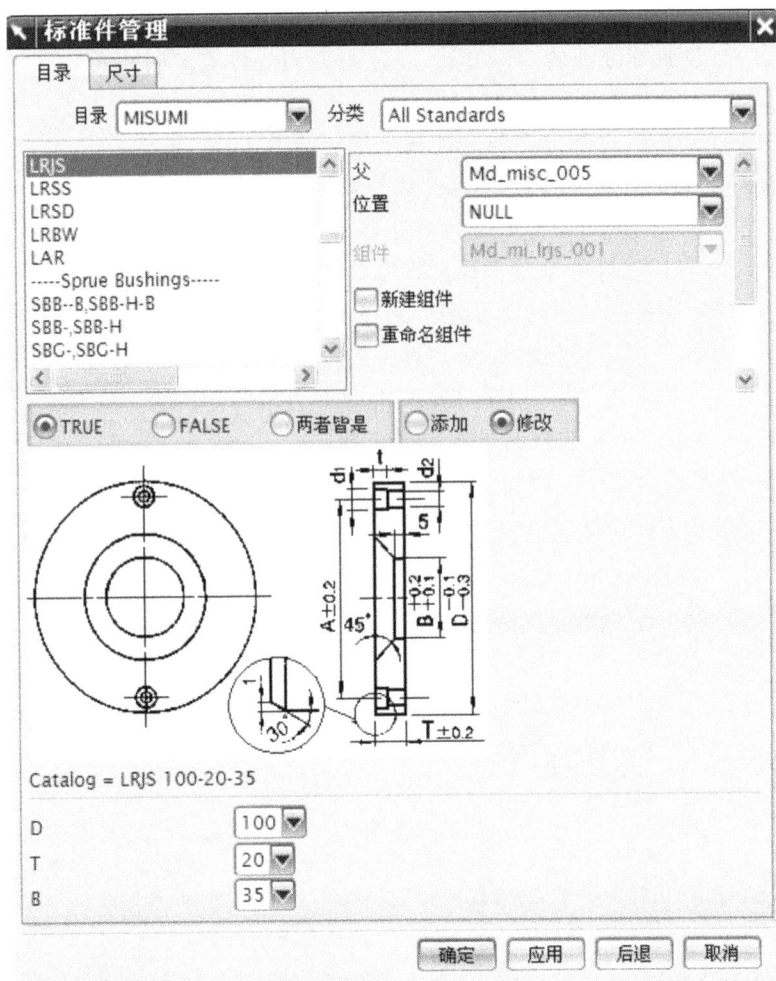

图 6-30

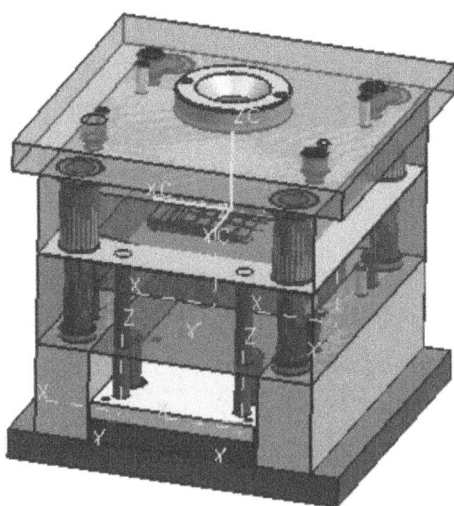

图 6-31

（3）添加定位环打开【注塑模向导】对话框，点击【标准件】图标，得到如图 6-32 所示的【标准件管理】对话框。

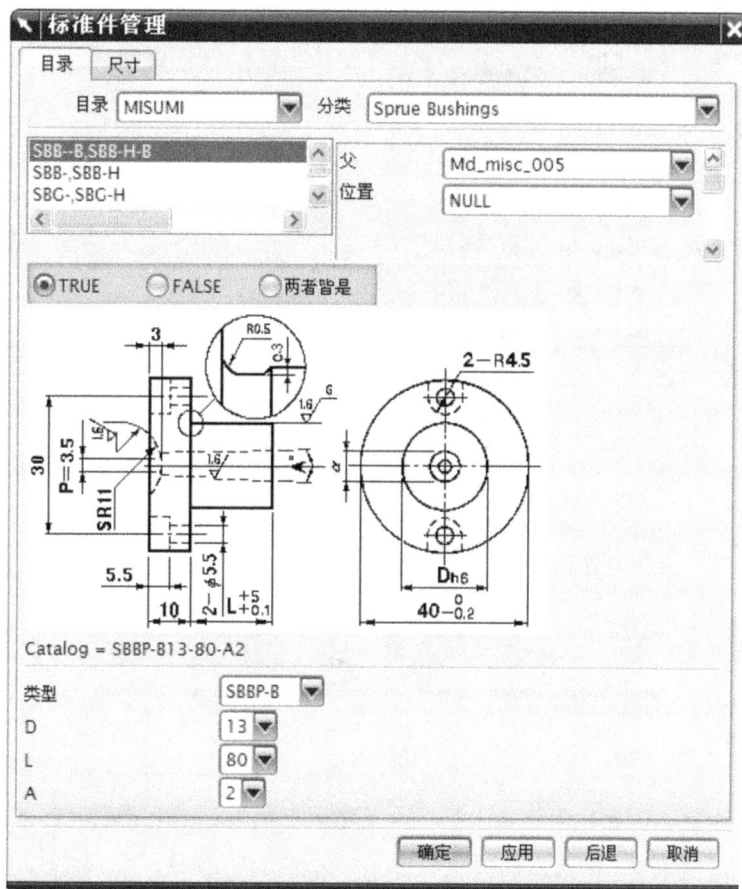

图 6-32

在【标准件管理】对话框中，在目录列表中选择【MISUMI】，选择【SBB－B，SBB－H－B】，单击【确定】按钮，模架上将自动装备浇口套，如图 6-33 所示。

（4）添加螺钉点击【标准件】图标，得到如图 6-34 所示的【标准件管理】对话框。

在【标准件管理】对话框中，在目录列表中选择【EMD】，选择【SHCS】，单击【确定】按钮，弹出如图 6-35 所示：螺钉的定位平面选择定位圈螺钉安装槽的平面，单击【确定】按钮。

弹出如图 6-36 所示：定位点为此处安装孔的圆心，单击【确定】按钮。

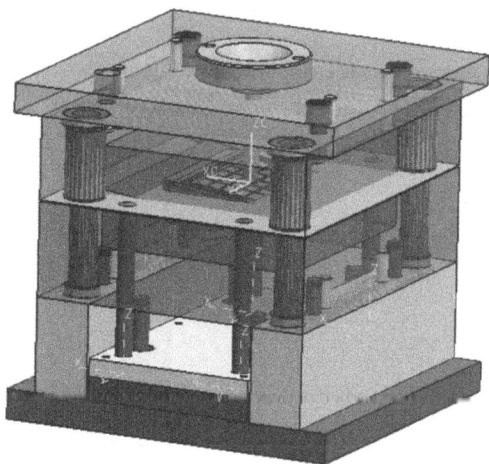

图 6-33

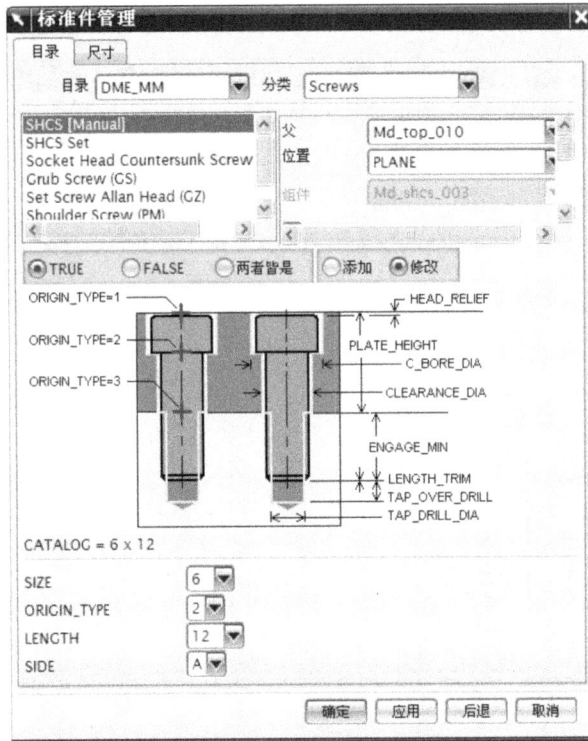

图 6-34

图 6-35　　　　　　　　　　　　　　　　　　　图 6-36

　　弹出如图 6-37 所示对话框。点击【打断关联性】，单击【确定】完成螺钉调用。利用同样的方法依次完成【定位环】和【浇口套】固定螺钉添加。

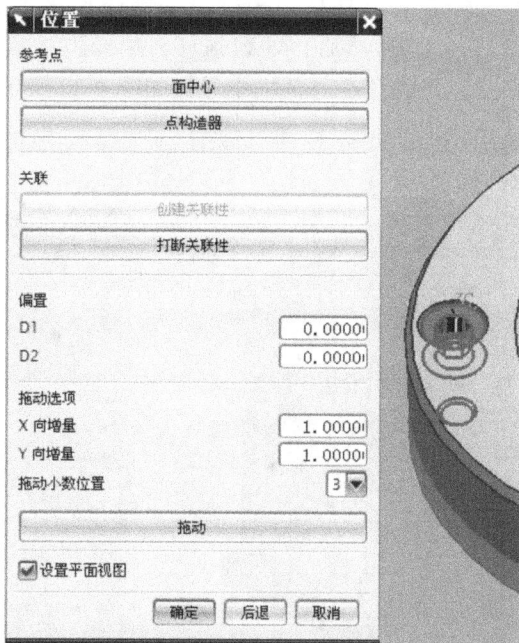

图 6-37

6.3 脱模机构

产品完成一个周期后需要开模,而产品一般被附着在模具的一侧,那么就需要顶出机构来实现产品的取出操作。顶出机构一般主要由顶出、复位和顶出导向三部分组成。

在注射模中,为了使顶出能够顺利实现,避免产品的变形、断裂等,顶出机构的设计在模具中有一些通用的原则,在实际中圆形顶杆最为常用,且成本低廉。

- 顶出位置应设置在顶出阻力最大处,不可离成型镶件或型芯太近。
- 对于对称的产品(阻力平衡)时,顶杆应均衡设置,使顶出平衡。
- 对于存在细而深的加强筋时,一般在其底部设置顶杆。
- 避免在有外观要求的产品表面设置顶杆。
- 在产品进胶口处避免设置顶杆,以免破裂。
- 顶杆与顶杆孔配合,一般采用间隙配合,一般配合长度 10~15mm,其余部分扩孔0.5 ~1mm 成逃孔。
- 顶出系统脱模后,在进行下次注射前,必须先退回原处,主要形式有强制复位、弹簧复位、拉杆复位、油缸复位等。

【实例 6-3】 顶出机构设计

还是引用上一节的那个实例,打开如图 6-38 所示的图形文件,完成顶杆的创建。

(1)打开配套资源\ Unfinished\Md_top_010.prt 文件,初始化如图 6-38 所示的装配文件。

（2）为了确保加载的顶杆之间及顶杆与模架之间的距离为整数或是最小单位为0.5 mm，因此可以通过对 UG 进行设置，然后再加载顶杆。选择【首选项】|【栅格和工作平面】命令，弹出【栅格和工作平面】对话框，在对话框中设置如图 6-39 所示的参数，单击【确定】按钮，完成参数的设置。

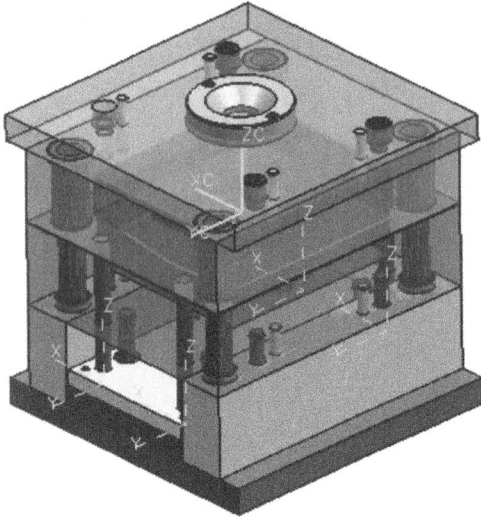

图 6-38

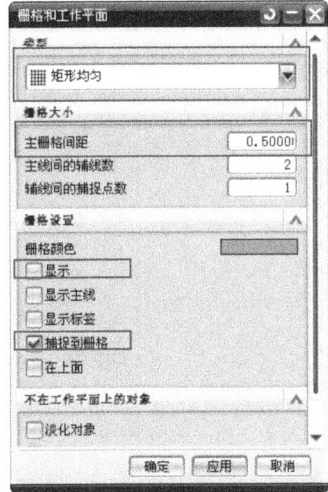

图 6-39

（3）选择注射模向导模块中的【标准件】图标 ，打开如图 6-40 所示的【标准件管理】对话框，从【目录】中选择生产商为【DME－MM】，并在【分类】一项中选择【Ejection】，在往下设置顶杆直径、固定形式、长度等参数，各参数见图 6-40 所示。

（4）单击【尺寸】选项卡，弹出如图 6-41 所示的尺寸设置，具体设置见图 6-41 所示。

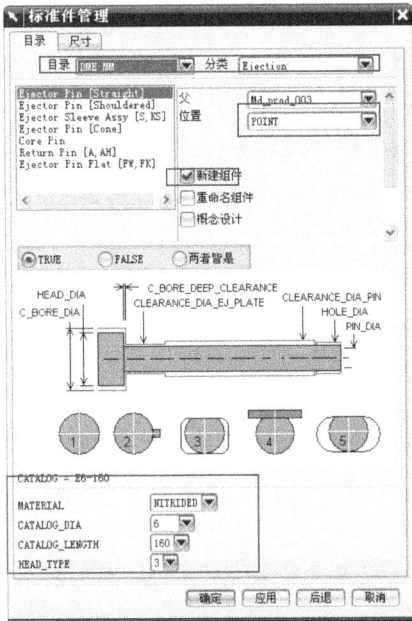

图 6-40

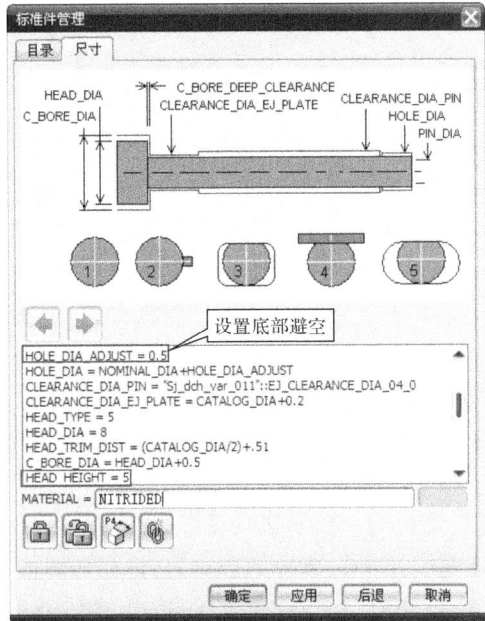

图 6-41

(5)选择【视图】|【方位】命令,弹出视图定向,单击【确定】按钮,视图以模具坐标系摆正。单击设置完参数的【标准件管理】对话框的【应用】按钮,弹出【点】对话框,选取捕捉类型为【光标位置】,依次输入相应顶针位置坐标即可,单击【确定】完成顶针加载。具体见图 6-42 所示。

提示: 由于顶针排布 4 根顶针,排布位置如图 5-42 顶针布局所示,由于修剪之后每根顶针都是不一致的,所以每根顶针都要对应一个独立的文件,在图 6-40 所示的对话框中勾选【新建组件】项。调整好参数后,此时坐标可以连续输入顶针坐标。

---

(6)模具顶出系统如图 6-43 所示.

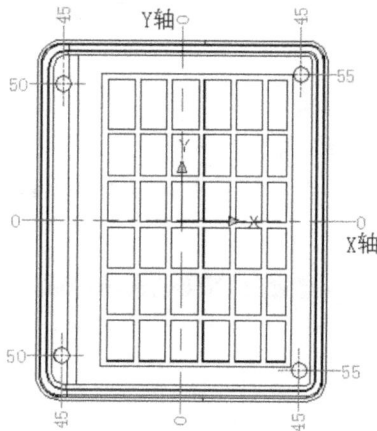

图 6-42

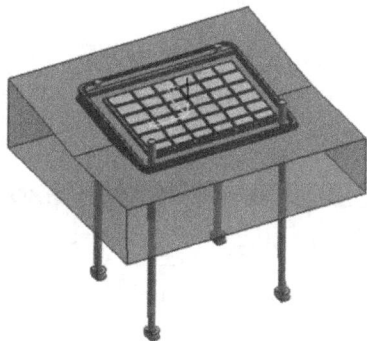

图 6-43

6.4 复位机构

顶杆顶出塑件产品后,必须回到顶出前的初始位置,才能进行下一循环的工作,因此必须设计复位杆来实现这一动作。

顶出系统复位主要是指弹簧辅助复位杆使顶出系统快速回位。复位弹簧具体安装如图 6-44 所示。

【实例 6-4】复位弹簧

顶出机构在完成顶出操作后,在进行下次注射之前,必须返回到原先位置。在实际中,弹簧复位最为常用也较经济。

还是引用上一节的那个实例,打开如图 6-45 所示的图形文件,完成顶杆的创建。

(1)打开配套资源\Unfinished\Md_top_010.prt,打开如图 6-45 所示的图形界面。

(2)选择注射模向导工具条中的【标准件】图标 ,弹出【标准件管理】对话框,在【目录】中选择厂商为【HASCO_MM】,【分类】一项选择【Springs】。一般复位弹簧都是选择矩形截面的那种弹簧,弹簧的类型、直径等参数设置见图 6-46 所示。

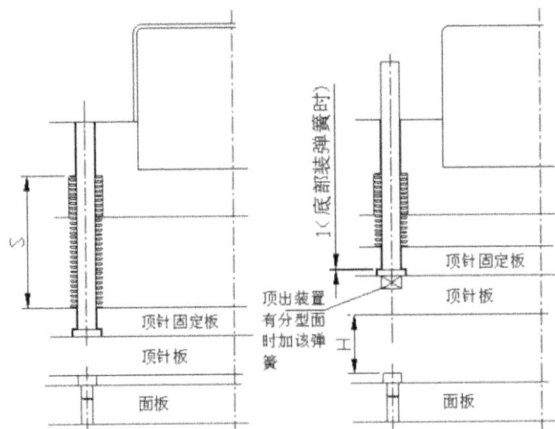

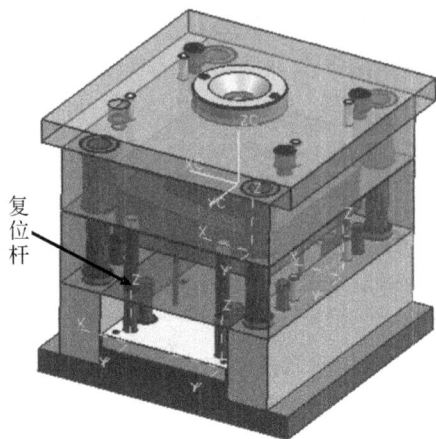

图 6-44

图 6-45

（3）单击【尺寸】选项卡，找到【CATALOG_LENGTH】选项，设置弹簧的长度，输入 70，在【COMPRESSION】选项中设置弹簧压缩量，输入 10，点击键盘上的【ENTER】，参数设置如图 6-47 所示。

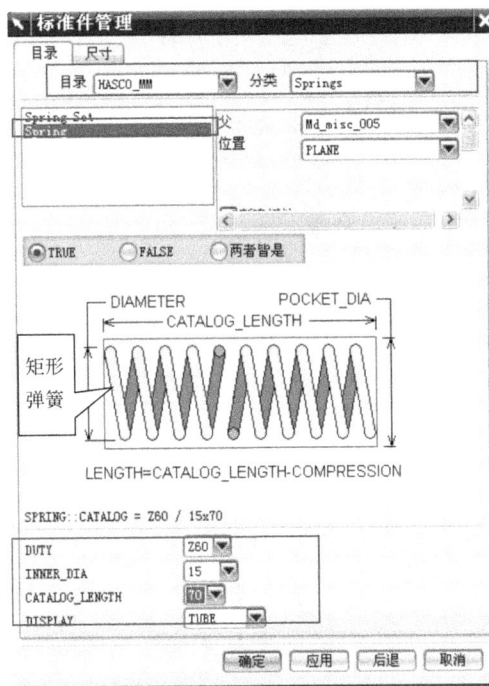

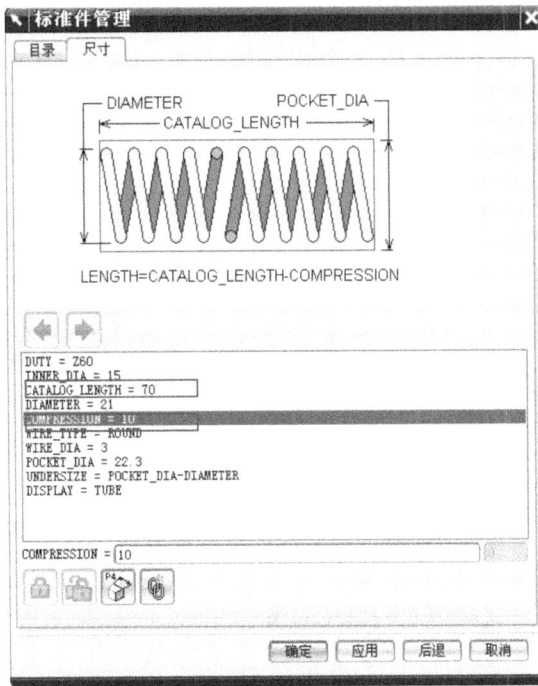

图 6-46

图 6-47

（4）完成以上参数设置后，单击【确定】按钮，弹出【选择一个面】对话框，选取上顶出板的顶面，弹出【点】捕捉器，选取复位杆的圆弧中心，单击【确定】按钮，完成如图 6-48 所示的弹簧的创建。

（5）其他三个复位弹簧的创建方法一样，最后的结果见图 6-49 所示。

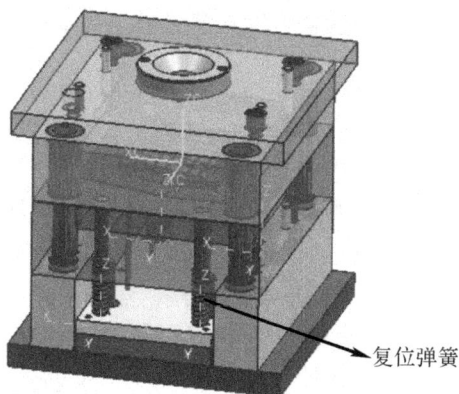

图 6-48

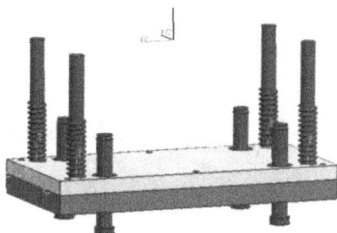

图 6-49

6.5 模具修剪和建腔及顶杆后处理

标准件加载后,还需要对标准件进行修剪和建腔等操作,通常称之为标准件的成型,前面有实例已经用到这两项功能,下面介绍具体选项。

6.5.1 顶杆后处理

在加载好顶杆后,由于加载的顶杆的端部一般都超过成型面,即顶杆的端部还不是一个成型端面,因此需要使用产品的成型面去修剪成型。当然,顶杆不仅是端部成型,而且应给予一个合适的配合长度,其余全部避空,这样才是最终成型的顶杆。

Moldwizard专门为顶杆的处理提供了一个工具——顶杆后处理。选择【注塑模工具】条上的【顶杆后处理】图标,弹出如图 6-50 所示的对话框。

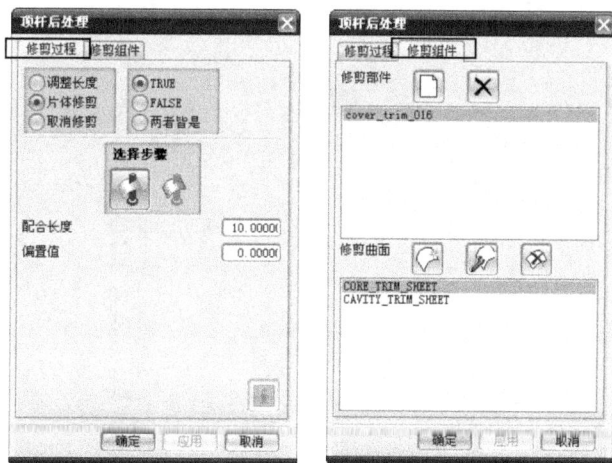

图 6-50

顶杆后处理对话框提供了两种方法:修剪过程和修剪组件。这两种方法的区别主要在于修剪面不同,前者是内部已经定义完成的(型腔面或型芯面等),而后者则是手动去创建修剪面。

一、修剪过程

对于目标体的选择提供了三个选项:

(1)调整长度:不使用修剪面修剪顶杆,而是通过调整长度参数达到修改顶杆长度的目的。

(2)片体修剪:使用修剪面修剪顶杆,直接达到成型的目的。此方法在模具设计中运用的最多。

(3)取消修剪:顾名思义,去除顶杆的修剪,即恢复顶杆到没有修剪前的状态。

TRUE、FALSE 和两者皆是:

TRUE:显示"TRUE"引用集中的目标体顶针。

FALSE:显示"FALSE"引用集中的目标体顶针。

两者皆是:显示"整个部件"引用集的目标体顶针组件。

对于工具片体提供了两种方法:修剪部件和修剪曲面。

(1)修剪部件:使用【修剪部件】来定义包含顶针修剪面的文件。可以通过【修剪组件】添加修剪部件。

(2)修剪曲面:使用【修剪曲面】来定义选择的修剪部件的哪些面用来修剪顶杆。当然也可以通过【选择面】选取任意面作为修剪面,但这些面会被链接到顶针所在的部件文件中。

二、修剪组件

利用【修剪组件】命令定义在【修剪过程】对话框中使用到的【修剪部件】和【修剪曲面】。

【修剪部件】包含了【新部件】和【删除】两个命令。

【修剪曲面】除了有【新建修剪曲面】和【删除】外,还有【编辑修剪表面】命令。

三、配合长度和偏置值

配合长度控制模具顶杆孔最低点到顶杆偏置孔的最高点之间的距离,见图 6-51 所示。

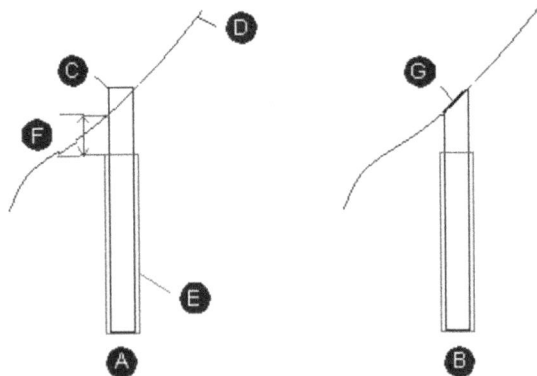

A-调整参数　B-片体修剪　C-顶杆的TRUE体　D-分型面　E-顶杆的FALSE体
F-配合距离　G-修剪头部

图 6-51

偏置值控制成型后的顶杆进入产品的距离值。

【实例 6-5】 顶杆后处理

打开如图 6-52 所示的图形文件,完成顶杆后处理操作。

(1)打开配套资源\Unfinished\Md_top_010.prt,见图 6-53 所示。

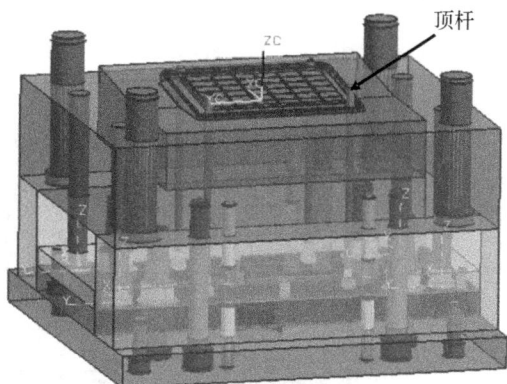

图 6-52   图 6-53

(2)见上图中的顶杆没有成型,其头部应该和型芯一样的形状,因此需要使用型芯表面进行修剪。选择注射模工具条上的【顶杆后处理】图标 ,弹出【顶杆后处理】对话框,选取需要进行修剪的顶杆,在【配合长度】、【偏置值】中分别输入 15 和 0,这表示顶杆与型芯的配合长度为 15mm,其余全部避空以及偏置值为零说明顶杆端部没有进入产品内部,当然也可以适当加一点点。使用鼠标左键单击【工具片体】按钮,切换到可选步骤,确保【修剪部件】和【修剪曲面】为如图 6-54 所示的设置。

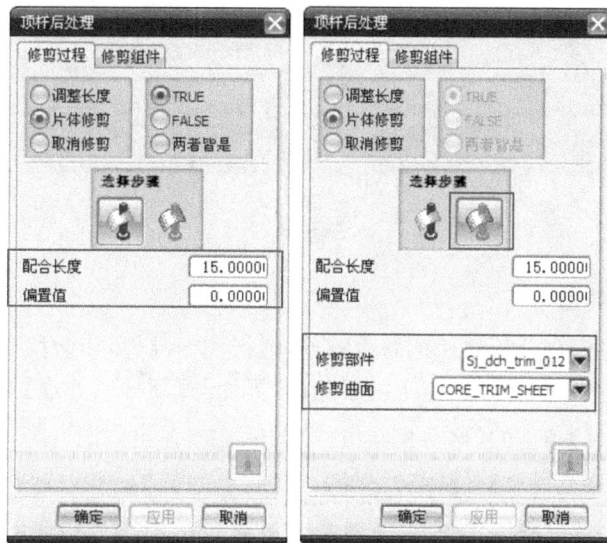

图 6-54

提示:在对顶杆进行修剪时,可以一次对多个顶杆同时进行修剪。但要注意的是被同时修剪的顶杆最好位于同一高度上(或是对称的),这样修剪以后的配合长度才是正确的,否则有些顶杆的配合长度可能大于15mm或小于15mm。

---

(3)在设置完以上参数及选取了同一高度上的顶杆后,单击【确定】按钮,完成如图6-55所示的修剪操作。

修剪完成的顶杆

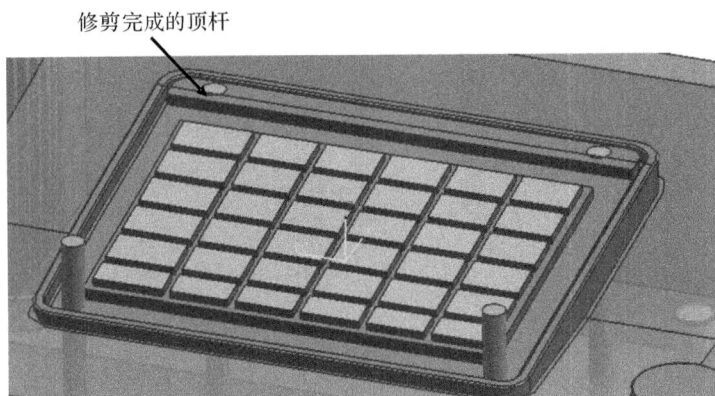

图 6-55

(4)剩余两个顶杆的修剪操作完全一致,操作后得到如图6-56所示的结果。

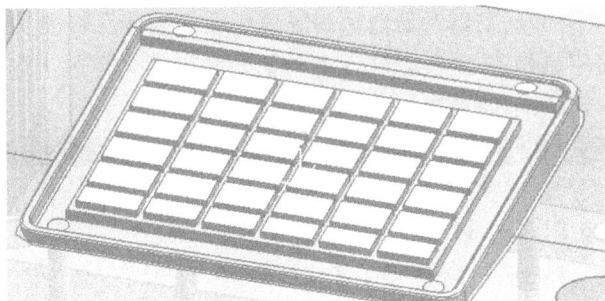

图 6-56

6.5.2 修剪模具组件

修剪模具组件可以自动相关性地修剪镶件,电极和标准件,如滑块、斜顶和镶针,来形成型腔和型芯。此功能修剪 Prod 节点下的子组件,界面与【顶杆后处理】类似。

选择【注塑模工具】条上的【修剪模具组件】图标 ,弹出如图6-57所示的对话框。

此命令也分为【修剪过程】和【修剪组件】,而【修剪过程】也有三种类型:调整长度、片体修剪和取消修剪。其选项绝大部分与【顶杆后处理】一致,因此可以参照上节中的解释去理解修剪模具组件的方法,本节就不再重复讲解了。

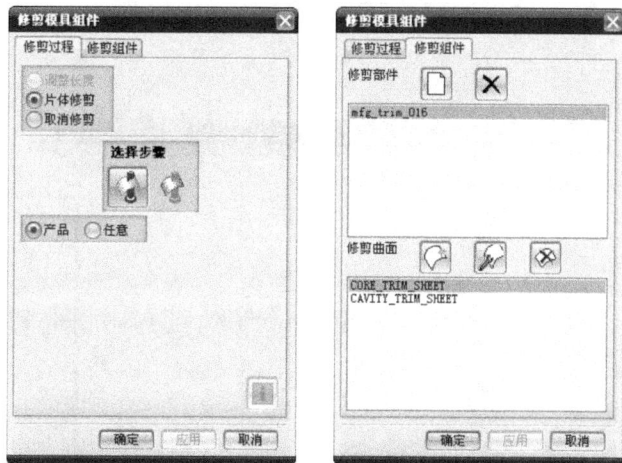

图 6-57

6.5.3 模具建腔

建腔是指将添加的定位圈等标准部件和镶块所安装的模板上减去相应的部分和一定的余量，从而创建必有的标准件安装腔。

一、建腔的概念

建腔是指将标准件或镶件的腔体（引用集为FALSE，用黄色虚线表示）链接到目标部件，并在目标体重将其减去。

> 提示：建腔只有在完成模具设计并坚持确认后，才做建腔操作，只有这样可以将编辑和重定位过后的所需更新的特征数量减到最少，便于更新。

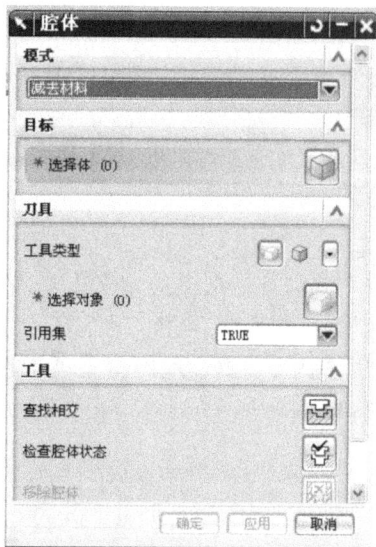

图 6-58

二、建腔的步骤

在【注塑模向导】工具栏中单击 ⚙ 【腔体】按钮，打开如图 6-58 所示的【腔体】对话框。

第一步是选择目标体，目标体是选择模板、或者需要镶件或标准件插入的模具零件，单击【确认】。

第二步是选择工具体，单击【确定】按钮完成建腔。

6.6 视图管理器

【视图管理器】的功能与【装配导航器】在视图操作方面的功能类似，但【视图管理器】的分类方式和【装配导航器】的分类方式不同，因此又多了一种视图操作的方式。

选择注射模工具条上的【视图管理器】图标 ，弹出如图 6-59 所示的【视图管理器浏览器】对话框。

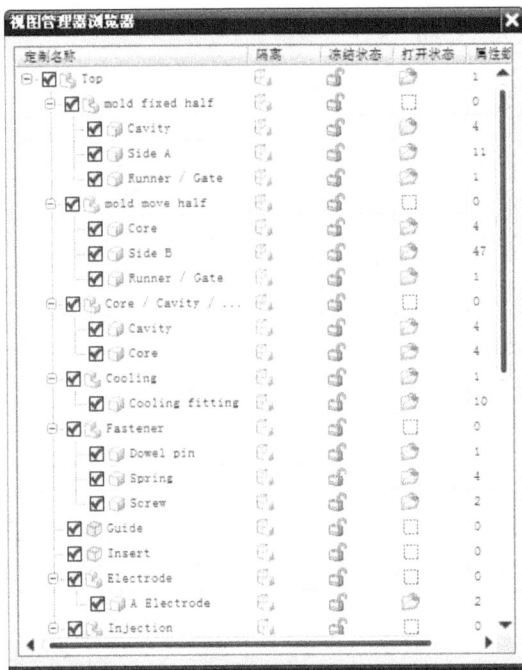

图 6-59

此浏览器把模具分成几大类来进行管理,比如划分成动模部分和定模部分,型芯/型腔/区域,冷却系统,电极,镶件等,可以通过这种分类方式快速进行某个类别的视图操作。

选中【视图管理器浏览器】中的一个组件,单击鼠标右键,弹出如图 6-60 所示的右键菜单。

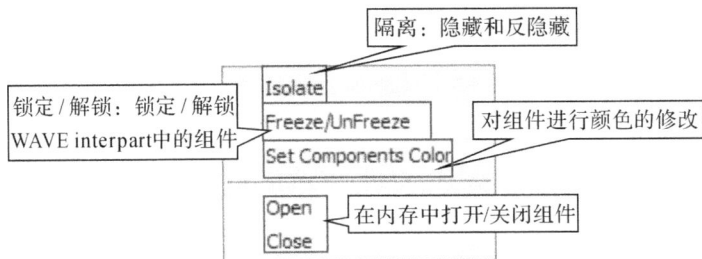

图 6-60

当然也可以在【视图管理器浏览器】中进行以上视图的操作,只需要确定要进行哪个操作(比如隔离、冻结等),然后在需要进行此操作的组件的对应位置双击即可实现。比如要隐藏型腔,可以在如图 6-61 所示的位置双击即可实现。

图 6-61

6.7　删除文件

如果从【装配导航器】中删除掉某个组件后，虽然在导航器中没有显示了，但在模具装配文件夹中还是有此部件的存在，这样不仅增大了模具装配文件的大小，而且部件又多又杂不易于管理，因此需要把这些部件从硬盘上删除。

选择注射模工具条上的【删除文件】图标　，弹出【未使用的部件管理】对话框，如图6-62所示从列表中选取要从硬盘删除的部件名，单击【从项目目录中删除】按钮，弹出【确认】对话框，单击【是】按钮，完成从硬盘上删除此部件的操作。

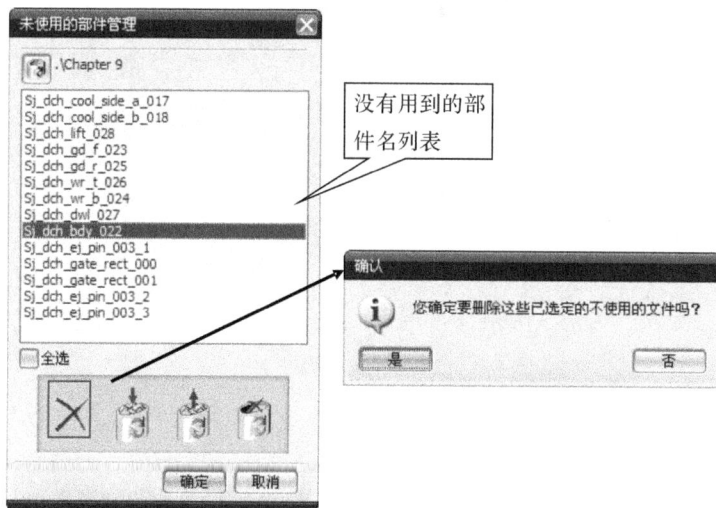

图 6-62

6.8 练 习

6.8.1 思考题

(1)模架与模具坐标系之间的关系怎样？模架管理器中的各个参数代表什么意思？

(2)标准件管理器中对标准件的定位方式有哪几种？

(3)在设计使用顶杆顶出时,应注意哪些问题？

6.8.2 操作题

(1)利用本章中的装配文件,按照创建的步骤,完成如图 6-63 所示的模架和标准件的加载,熟悉模架及标准件的命令的使用。

【实例 6-6】

源文件:配套资源\Unfinished\Sj_dch_top_010.prt

结果文件:配套资源\finished\Sj_dch_top_010.prt

(2)打开如图 6-64 所示的图形文件,利用模架和标准件管理器加载模架和标准件。

图 6-63

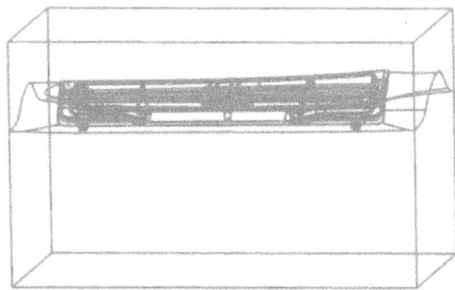

图 6-64

【实例 6-7】

源文件:配套资源\Unfinished\chanpin_top_000.prt

结果文件:配套资源\finished\chanpin_top_000.prt

第 7 章　型腔组件

本章重点内容

➢ 抽芯机构的设计方法

➢ 镶块的设计方法

本章学习目标

当塑件有侧孔和侧凹时,其成型零件必须做成可侧向移动的,或者在型腔的布局设计活动镶件,否则塑件无法脱模。在这些模具中,需要添加各种型芯(滑块、镶块、斜顶)。

本章将介绍注塑模具中的各种成型件在 Mold Wizard 中的实现方法。通过与实例的结合,掌握基本结构设计。并通过本章中的实例及习题的练习熟悉和掌握各种结构的创建过程和命令的用法。

7.1　滑块和内抽芯机构

在模具设计中,经常会碰到产品中存在倒扣的现象。对于这种结构不能采用正常的脱模方式,在实际生产中,滑块和斜顶是常用的处理倒扣的两种方法。Moldwizard 模块的滑块和内抽芯机构功能,本节主要讲解使用 Moldwizard 模块创建滑块和斜顶的方法。

滑块和斜顶由两个主要组成部分:头和体。滑块和斜顶的头与产品形状有关,滑块和斜顶的体由 Moldwizard 定制的标准件组成。

7.1.1　滑块和斜顶头部设计

Moldwizard 提供了两种滑块/斜顶头部设计方法:

一、实体头部

一般可以采用【创建方块】方式创建实体修补块作为滑块头部,创建步骤主要包括以下 4 步:

(1)在型芯或型腔内创建一个头部实体。

(2)加入合适的滑块\斜顶标准体。

(3)用 WAVE 链接头部实体到滑块\斜顶体部件。

(4)将头和体进行布尔求和。

除了上述的创建流程,也可以这样做:可先新建一部件,并将头部文件链接到新建的部件中去,然后与滑块\斜顶体装配固定,这种方法更可取,因为可以独立对头进行加工。

二、修剪体

加入合适的滑块\斜顶标准体到模架后,用【模具修剪】功能,用型芯和型腔的修剪片体修剪所选实体。

7.1.2　滑块和斜顶实体设计

选择【注塑模向导】条上的【滑块和浮升销】图标 ,弹出如图 7-1 所示的对话框,其前半部分的界面选项与【标准件管理】中的界面一致,具体可参考第六章【标准件管理】一节。

切换到【尺寸】选项卡,可以设置和编辑滑块和斜顶的组件尺寸。

一、抽芯机构类型

对话框中列出了 5 种抽芯机构:Push-Pull Slide 机构、Single Cam－Pin Slide 机构、Dual Cam-Pin Slide 机构、Dowel Lifter 机构和 Sankyo Lifter 机构。其中前三种属于滑块抽芯机构,后两种属于斜顶抽芯机构。

当选择合适的类型后,可以通过选择【位置】列表中的选项来定位抽芯机构,同时通过【尺寸】文本框中的数据来定义抽芯机构的形状尺寸。

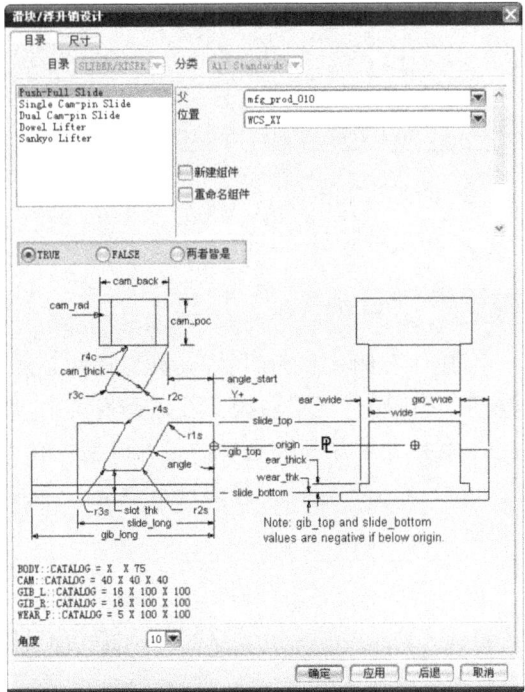

图 7-1

二、2 抽芯机构方位

滑块和抽芯的装配位置是以坐标的原点和坐标轴的方向定义的,所以在装配其标准组件之前必须定义合适的坐标位置及坐标轴方向。

Mold Wizard 规定:WCS 的 YC 轴方向为滑块和抽芯的移动方向,XC_YC 原点与 WCS 原点重合,Y 轴对准 YC＋轴。

添加的滑块机构将子装配的形式加入到模具组件的 Prod 节点下,每个装配包括滑块体、导轨、垫板、滑块驱动部分和根据产品设计形状设计的滑块头等部件。

滑块\斜顶的各个参数都可编辑,可以参照参数示意图,找到各个参数所表达的含义,在【尺寸】对话框中找到需要修改的参数,修改成自己设计的参数值即可。具体参考图 7-2 设置。

7.1.3　滑块机构设计

在【滑块和浮升销】对话框列出的前 3 种抽芯机构属于滑块机构,用于塑件外侧带有孔或凹槽的情况,如图 7-3 所示。

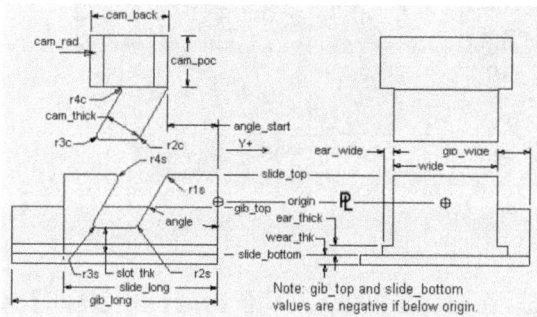

图 7-2

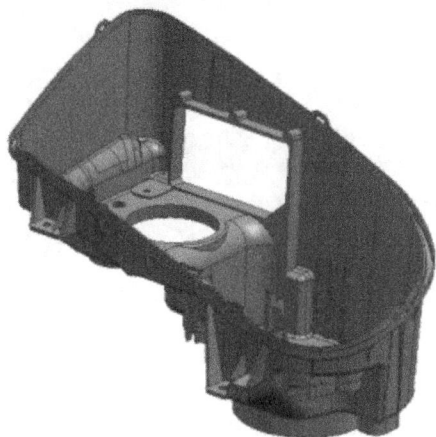

图 7-3

前面介绍了运用 Mold Wizard【滑块和浮升销】创建滑块和斜顶设计的基本方法,本节将以盖子为例,介绍使用 Mold Wizard 模块进行滑块抽芯机构的主要过程。

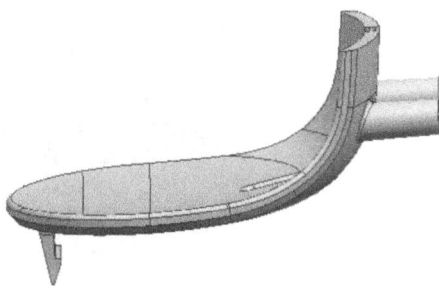

图 7-4

【实例 7-1】 滑块机构设计

(1)打开位于配套资源\Unfinished\CAP－2_top_010.prt 文件。打开【装配导航器】,找到组件名为【CAP－2_CORE_006】的组件,单击鼠标右键,在弹出的菜单中单击【设为显示部件】,视图区域就会切换到只显示此组件中的模型,见图 7-5 所示。

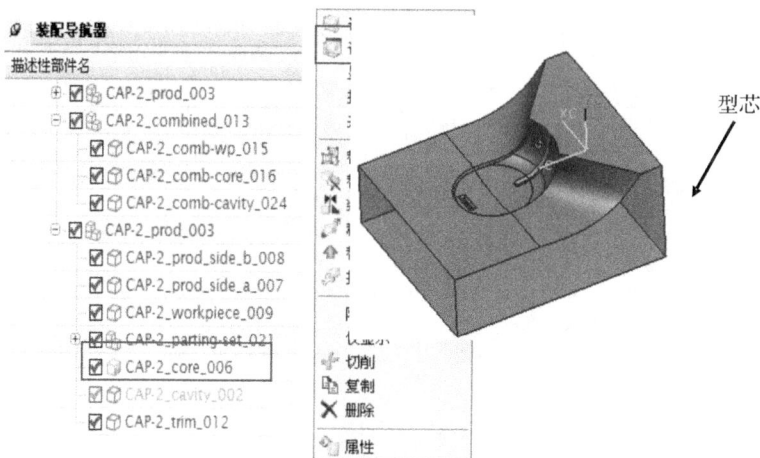

图 7-5

(2)定义坐标。打开【WCS 动态】对话框,将工作坐标原点设置型芯底边中心,如图7-6所示。点击＋YC 在对话框中输入距离值【15】,如图 7-7 所示。点击＋ZC 在对话框中输入距离值【32】,如图 7-8 所示。

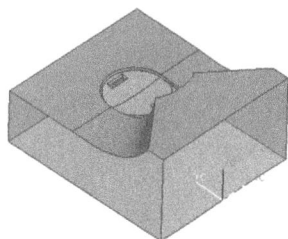 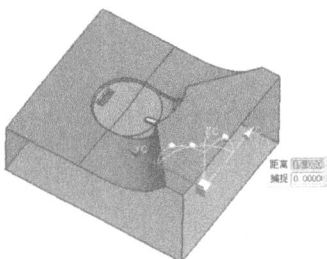 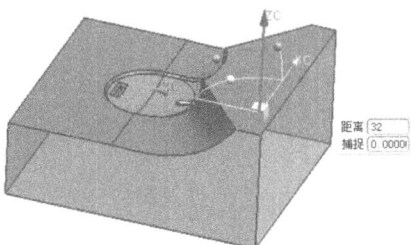

图 7-6   图 7-7   图 7-8

（3）创建滑块头部。点击【长方体】对话框，在对话框中输入 XC 值【12】，YC 值【25】，ZC 值【20】，如图 7-9 所示。

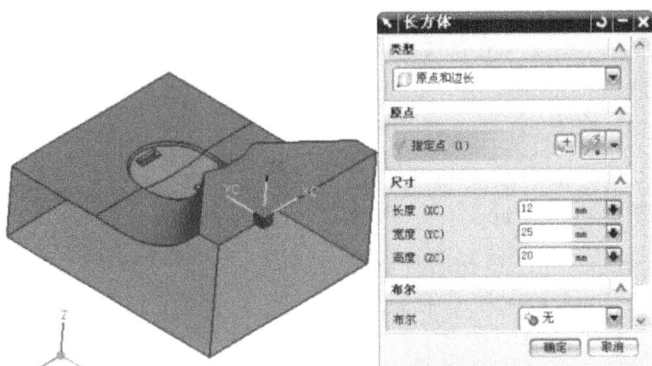

图 7-9

点击【偏置面】对话框，在对话框中输入偏置值【12】，如图 7-10 所示，单击【确定】按钮。

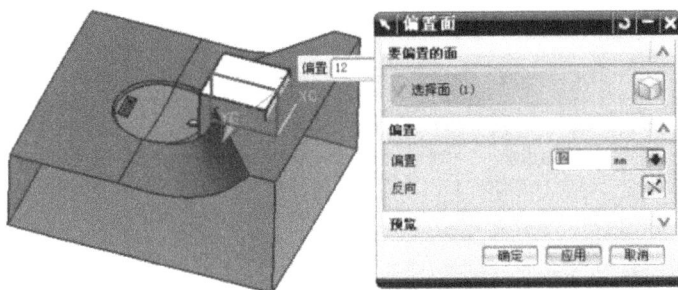

图 7-10

点击【倒斜角】对话框，在对话框中选择横截面【偏置和角度】，距离值【7】，角度值【30°】，如图 7-11 所示，单击【确定】按钮。

点击【边倒圆】对话框，选择方块底部五条边，在对话框中输入值【2】，如图 7-12 所示，单击【确定】按钮。

方块

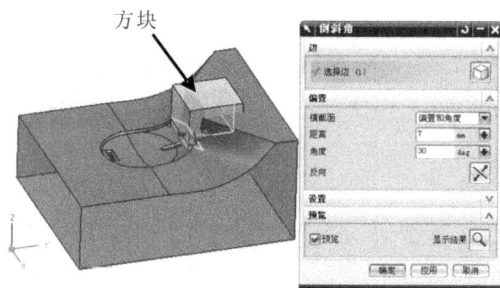

图 7-11

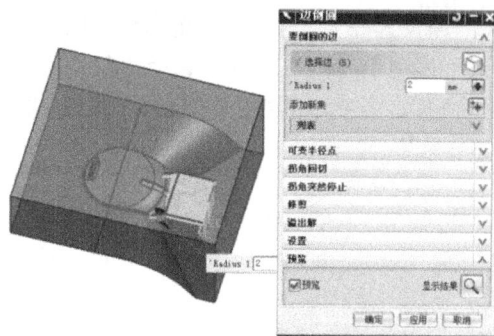

图 7-12

（4）滑块头部裁剪。单击注塑模工具里的【分割实体】按钮，单击选择【型芯】作为目标体。系统将弹出对话框，点击【由实体、片体、基准平面分割】，选择前面创建【方块】作为工具体，如图 7-13 所示，单击【确定】按钮，完成滑块头部的创建。

（5）添加滑块主体机构。打开【WCS 动态】对话框，将工作坐标原点设置分型面边缘中心，如图 7-14 所示。

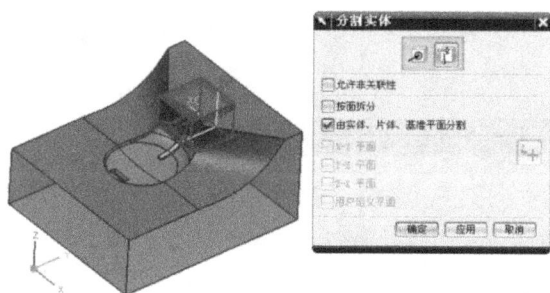

图 7-13

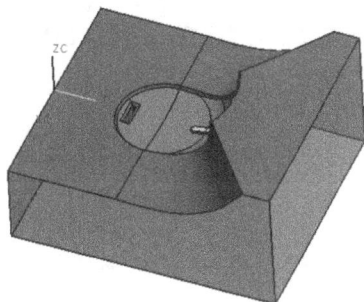

图 7-14

在【注塑模向导】工具栏中单击【滑块和浮升销】图标 ，弹出如图 7-15 所示的【滑块/浮升销设计】对话框。单击【Single Cam－Pin Slide】，然后再单击【尺寸】按钮，弹出斜顶各个参数设置选项，具体参数的设置见图 7-15 所示。

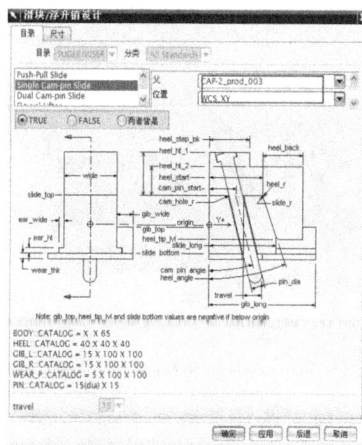

图 7-15

(6)设置完各个参数后,单击【应用】按钮,滑块开始加载,等加载完毕后不退出对话框,结果如图 7-16 所示,可以查看滑块位置不对。

单击对话框中的【重定位】命令按钮,弹出如图 7-17 所示的【组件重定位】对话框。

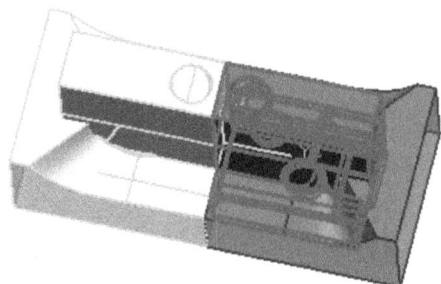

图 7-16

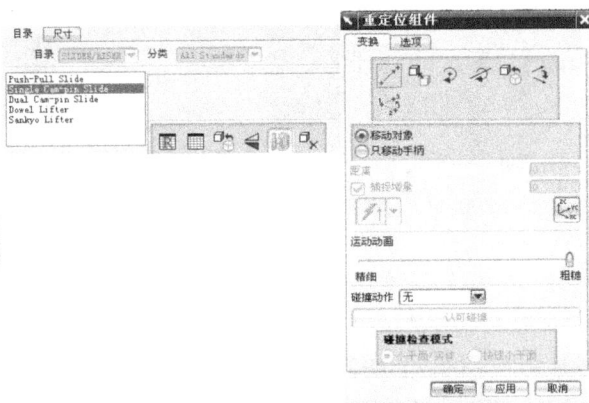

图 7-17

单击【平移】按钮,系统弹出【变换】对话框,如图 7-18 所示,设置 DX 为 0.00,DY 为 85.0,DZ 为 0.00。

图 7-18

单击【确定】按钮,可以查看滑块尺寸是否合适,如果不合适可以直接修改【尺寸】的参数。完成移动后的滑块机构如图 7-19 所示。

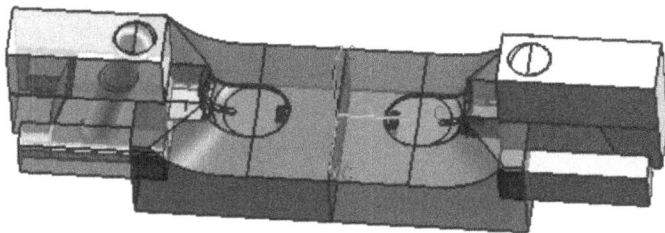

图 7-19

(7)将实体头部链接到滑块本体上,将滑块本体设为工作部件,如图 7-20 所示。

单击【装配】工具栏的【WEVE 几何链接器】按钮,系统将弹出如图 7-21 所示的【WAVE

几何链接】对话框,【选择类型】为体,然后在显示区中单击滑块头部,单击【确定】按钮。

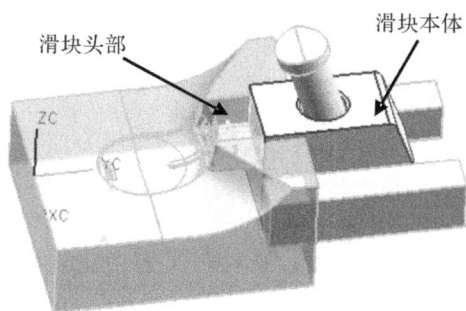

图 7-20   图 7-21

选择主菜单【插入】【联合体】【求和】命令,以滑块本体为目标体,以滑块头部为工具体,进行求和运算。

(8)保存。选择主菜单【文件】点击【全部保存】命令,保存文档并退出。

7.1.4　内抽芯机构设计

当产品模型的内侧有卡钩时,要成型必须采用如图 7-22 所示的内抽芯机构。

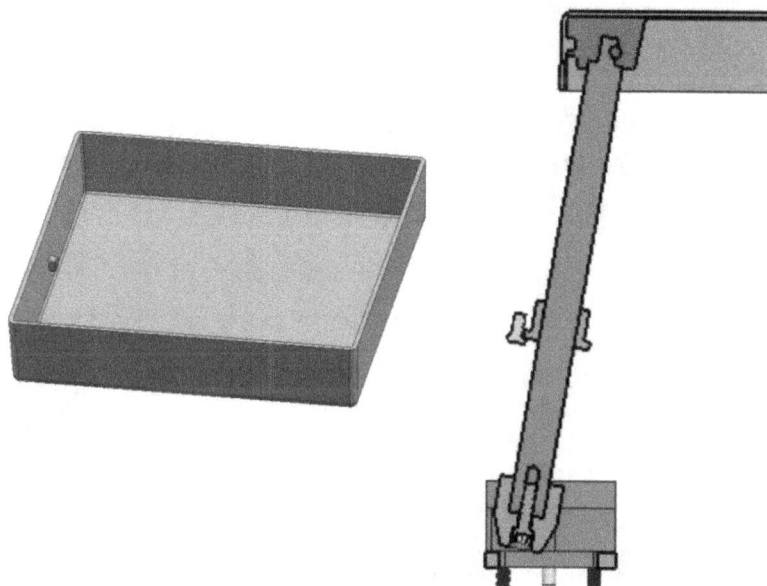

图 7-22

在【Slider and Lifter Design】对话框的名称显示区选择【Dowel Lifter】或者【Sankyo Lifter】,对话框发生改变,显示内抽芯标准组件示意图,切换到如图 7-23 所示的【尺寸】选项卡,可以设计抽芯标准组件的尺寸。

【实例 7-2】　内抽芯机构设计

对图 7-24 进行设计。

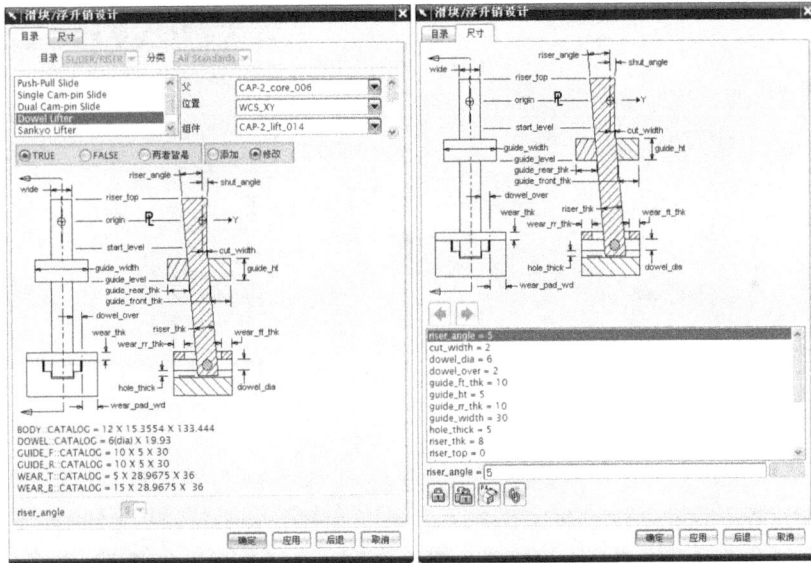

图 7-23

（1）打开位于配套光盘目录 chapter07 \ 7-2 \ Unfinished\CAP-2_top_010.prt 文件。打开【装配导航器】，找到组件名为【CAP-2_CORE_006】的组件，单击鼠标右键，在弹出的菜单中单击【设为显示部件】，视图区域就会切换到只显示此组件中的模型，见图 7-25 所示。

（2）定义坐标。打开【WCS 动态】对话框，将工作坐标原点设置分型面中，如图 7-26 所示。

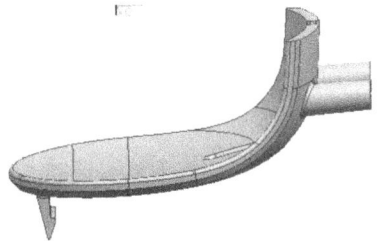

图 7-24

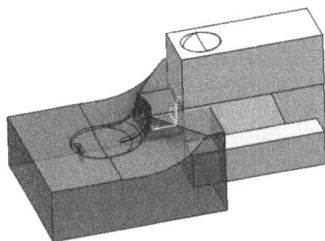

图 7-25

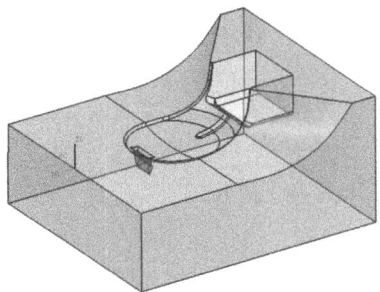

图 7-26

（3）添加斜顶机构。在【注塑模向导】工具栏中单击【滑块和浮升销】图标 🛒，弹出如图 7-27 所示的【滑块/浮升销设计】对话框。单击【Dowel Lifter】，然后再单击【尺寸】按钮，弹出斜顶各个参数设置选项，具体参数的设置见图 7-27 所示。

单击【确定】按钮，如图 7-28 所示，可以看到斜顶标准体位置不对。

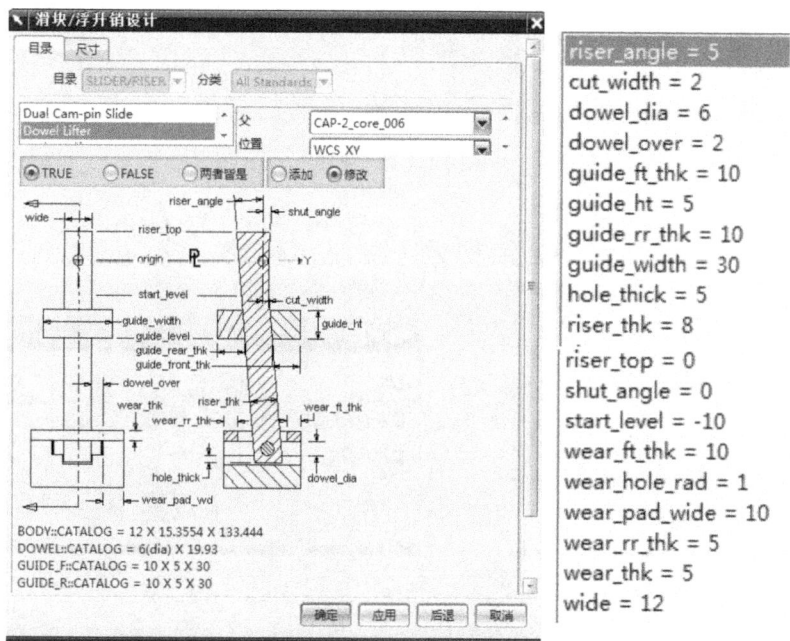

图 7-27

(4)调整斜顶机构。在【注塑模向导】工具栏中单击【滑块和浮升销】图标 ，弹出如图 7-29 所示的【滑块/浮升销设计】对话框。如图 7-29 所示，选择之前的斜顶机构，单击【重定位】按钮，弹出如图 7-30 所示的【重定位组件】对话框。

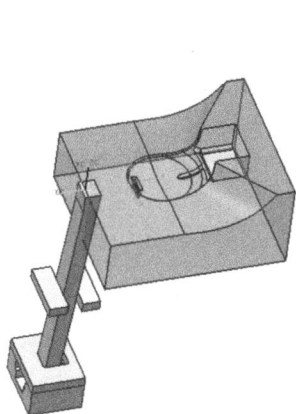

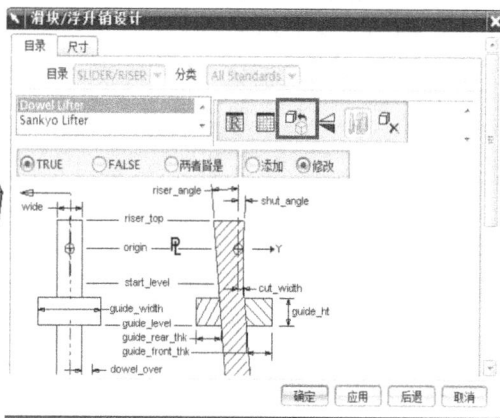

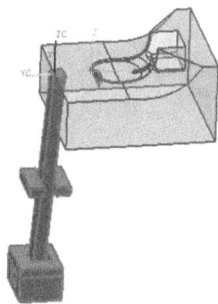

图 7-28   图 7-29

(5)单击【平移】按钮，系统弹出【变换】对话框，设置 DX 为 0.00，DY 为 −36.00，D 为 0.00，如图 7-31 所示。

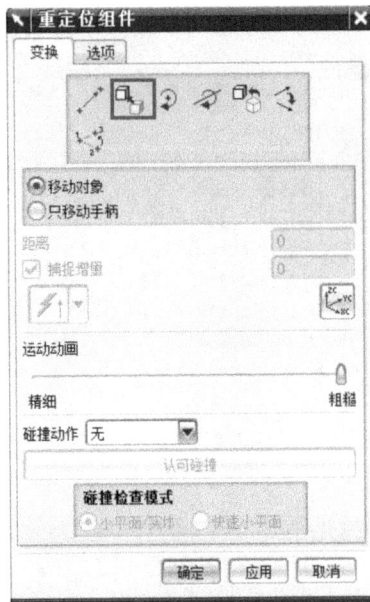

图 7-30

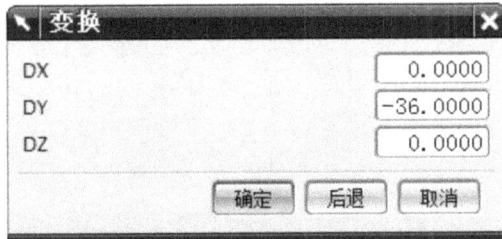

图 7-31

单击【确定】按钮，完成移动后的斜顶机构如图 7-32 所示。

（6）创建斜顶头部。单击注塑模工具里的【创建方块】按钮，选择产品卡扣表面，调整方块大小如图 7-33 所示，单击【确定】按钮完成斜顶方块创建。

（7）调整斜顶头部大小。单击同步建模工具里的【替换面】按钮，如图 7-34 所示选择方块表面与卡扣表面对齐。同样方法替换另外 2 张面，完成斜顶头部的调整。

（8）隐藏型芯本体，点击【边倒圆】对话框，选择斜顶方块底部 2 条边，在对话框中输入值【0.5】，如图 7-35 所示，单击【确定】按钮。

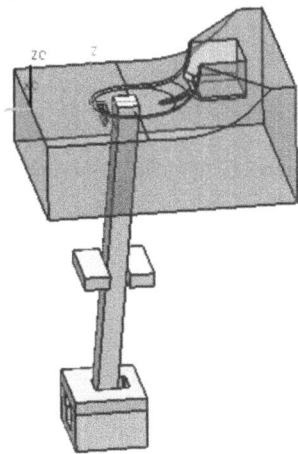

图 7-32

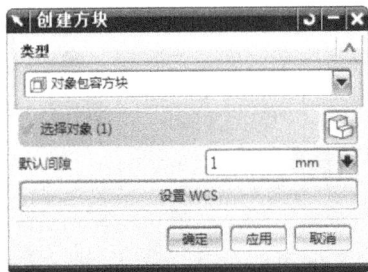

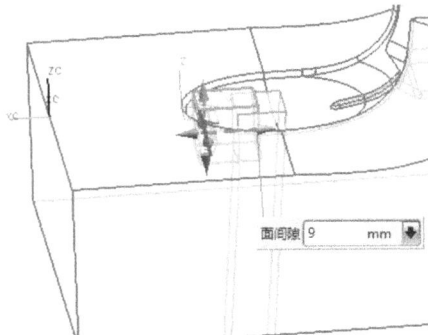

图 7-33

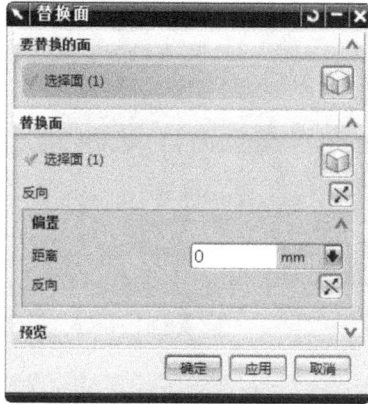
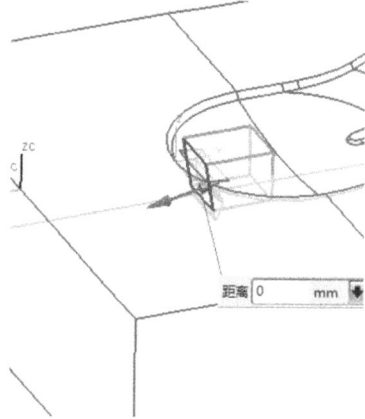

图 7-34

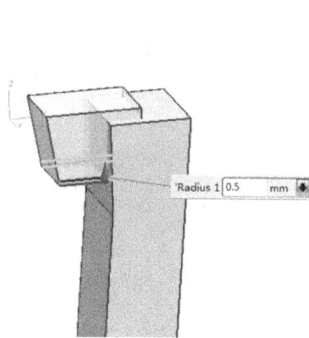

图 7-35

(9)斜顶头部裁剪。单击注塑模工具里的【分割实体】按钮,单击选择【型芯】作为目标体。系统将弹出工具体对话框,点击【由实体、片体、基准平面分割】,选择前面创建【方块】作为工具体,如图 7-36 所示,单击【确定】按钮,完成斜顶头部的创建。

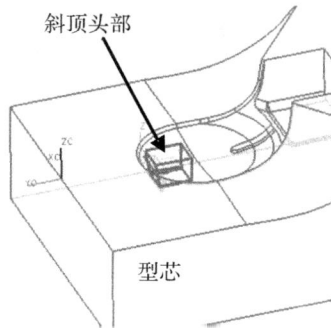

图 7-36

(10)斜顶本部裁剪。将斜顶本体设为工作部件,如图 7-37 所示。选择斜顶本体,右键选择【设为工作部件】。

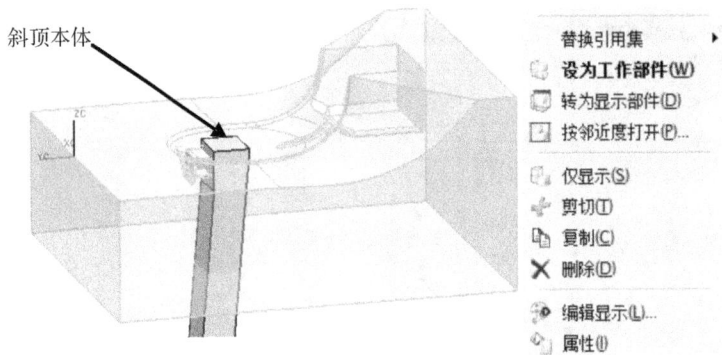

图 7-37

隐藏斜顶本体，单击【装配】工具栏的【WEVE 几何链接器】按钮，系统将弹出如图 7-38 所示的【WAVE 几何链接】对话框，选择类型为面，然后在显示区中选择三张面，单击【确定】按钮。

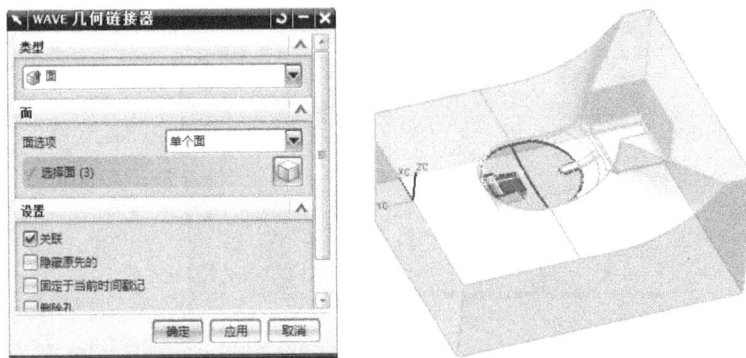

图 7-38

选择主菜单【插入】【组合体】【缝合】命令，如图 7-39 所示，将抽取的三张面缝合成一张面。

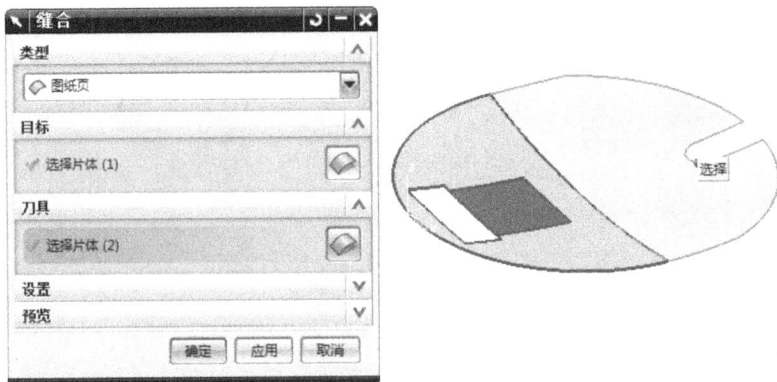

图 7-39

选择主菜单【插入】【修建】【修具体】命令,如图 7-40 所示,选择斜顶本体为目标体,以片体为工具体,单击【确定】按钮,完成斜顶本体裁剪。

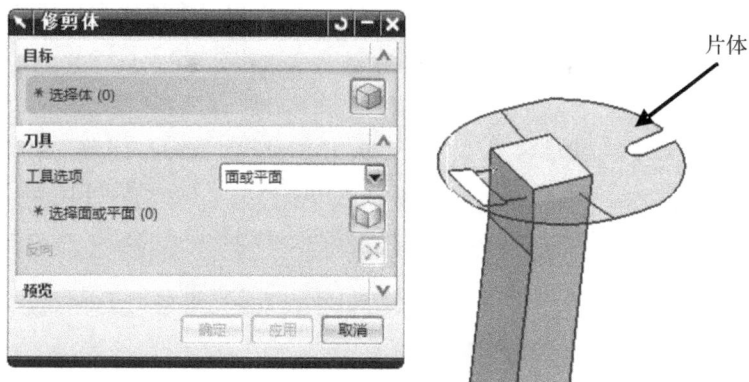

图 7-40

(11)将斜顶头部链接到斜顶本体上,如图 7-41 所示。单击【装配】工具栏的【WEVE 几何链接器】按钮,系统将弹出如图 7-41 所示的【WAVE 几何链接】对话框,选择类型为体,然后在显示区中选择斜顶头部,单击【确定】按钮。

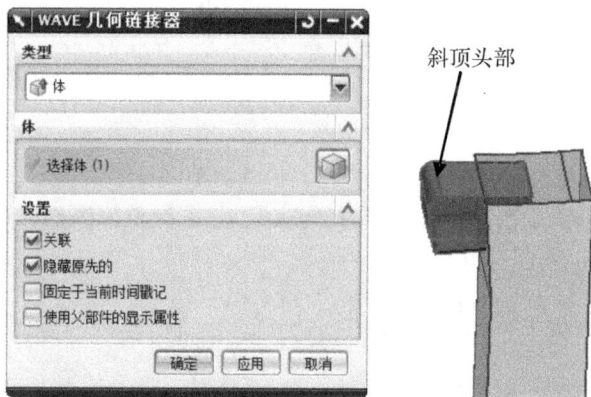

图 7-41

选择主菜单【插入】【联合体】【求和】命令,以斜顶本体为目标体,以斜顶头部为工具体,进行求和运算。

(12)保存。选择主菜单【文件】,点击【全部保存】命令,保存文档并退出。

7.2 镶件设计

在模具设计中,经常会碰到产品中存在孔位及薄钢位。对于这些结构难加工的情况,在实际生产中,设计镶件是常用的处理方法。Moldwizard 模块的【子镶块库】功能,本节主要讲解如何使用 Moldwizard 模块创建镶件的方法。镶件设计用于模具的型芯、型腔的细化设计。

选择【注塑模向导】条上的【子镶块库】图标 ，弹出如图 7-42 所示的对话框，其前半部分的界面选项与【标准件管理】中的界面一致，具体可参考第六章【标准件管理】一节。利用系统提供的镶块目录选项卡和如图 7-43 所示尺寸选项卡，设置标准镶块及其相应的尺寸。

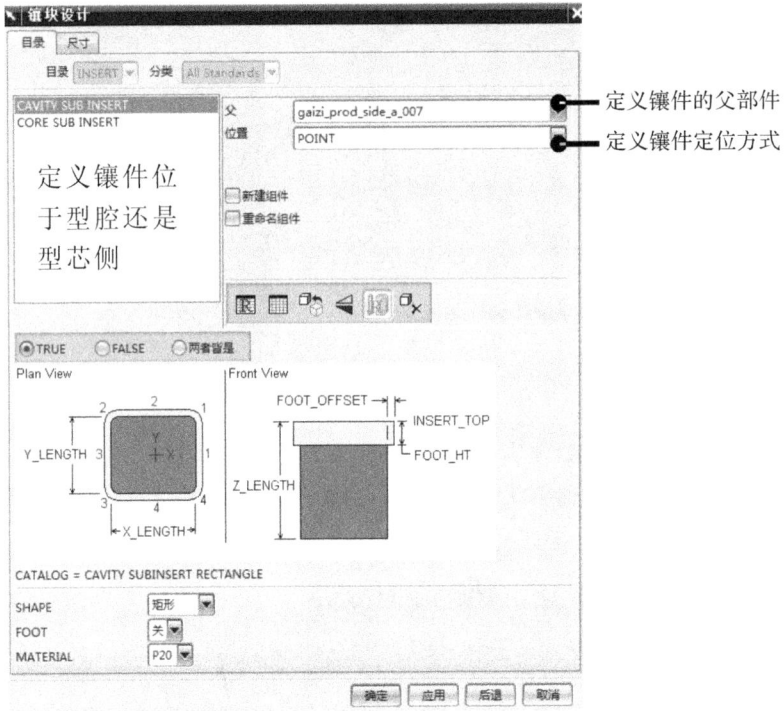

图 7-42

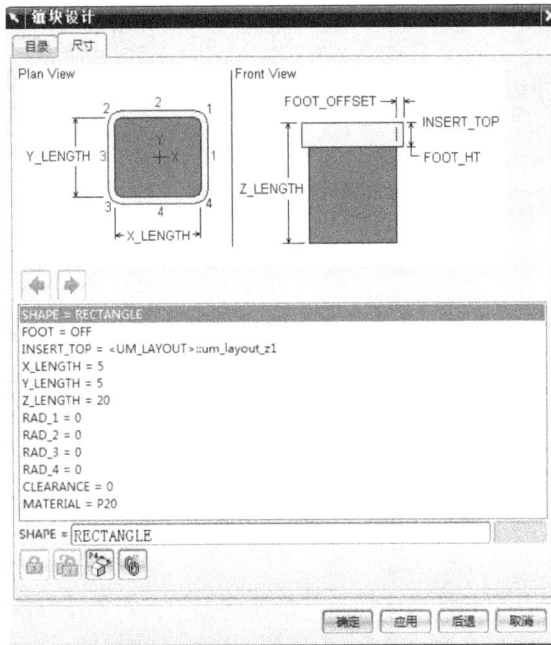

图 7-43

【实例 7-3】 镶件设计

对于图 7-44 电机盖进行设计。

(1)打开位于配套资源\Unfinished\gaizi_top_010. prt 文件。初始化模型,如图 7-45 所示。

图 7-44

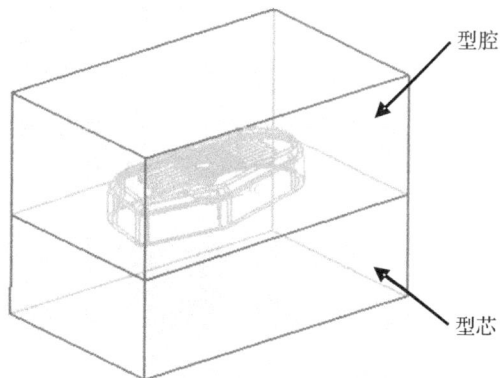

型腔

型芯

图 7-45

(2)分别将型腔或型芯设为显示部件,可以查看型腔和型芯。如图 7-46 所示。

型腔

型芯

图 7-46

(3)如图 7-46 图型腔中间有小圆柱台,需进行镶件处理。选择【注塑模向导】条上的【子镶块库】按钮,打开如图 7-47 所示的【镶块设计】对话框,选择【CAVITY SUB INSERT 选项】,在位置列表中选择【POINT】,在 SHAPE 列表中选择【ROUND】,在 FOOT 列表中选择【开】,选择 MATERIAL(材料)为【H13】。

(4)点击【尺寸】选项卡,如图 7-48 所示设置镶件的尺寸。设置 X_LENGTH＝10,Z_LENGTH＝60,完成镶件尺寸设置。

(5)单击【确定】按钮,弹出如图 7-49 所得【点】对话框,选择型腔中间柱子的圆心点。

(6)单击【确定】按钮。得到如图 7-50 所示镶件。

(7)修剪镶件。单击【注塑模向导】条上【修剪模具组件】按钮,系统弹出如图 7-51 所示对话框,选择【镶件】为目标体。

单击【工具片体】按钮如图 7-52 所示,在修剪曲面中选择【CAVITY_TRIM_SHEET】。

单击【确定】按钮完成修剪镶件,得到如图 7-53 所示结果。

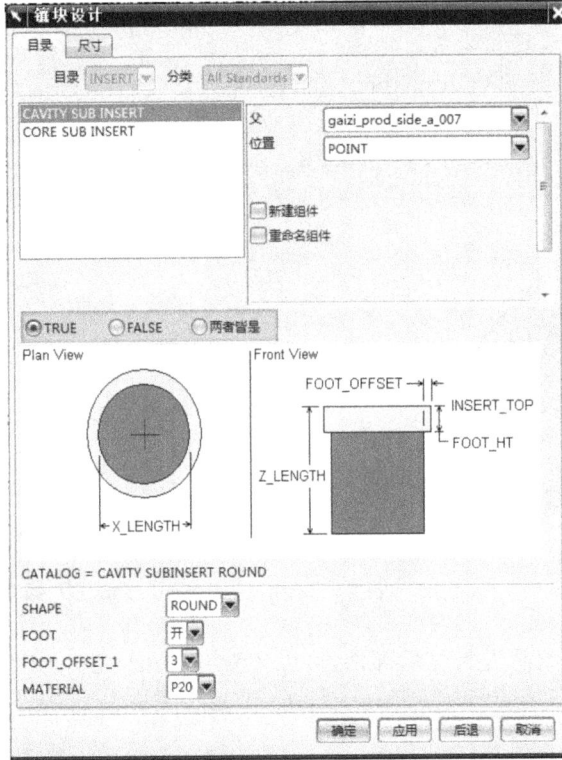

图 7-47

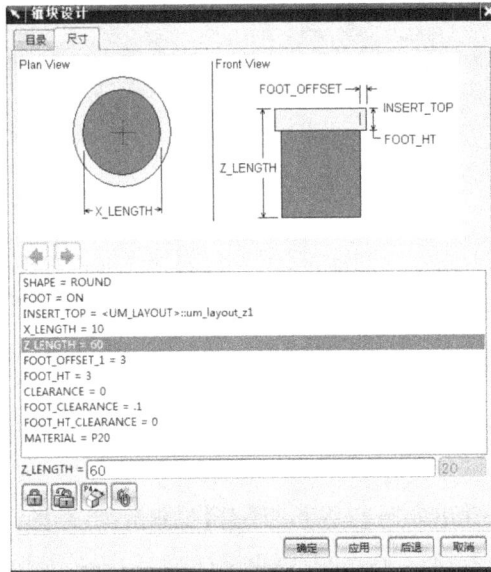

图 7-48

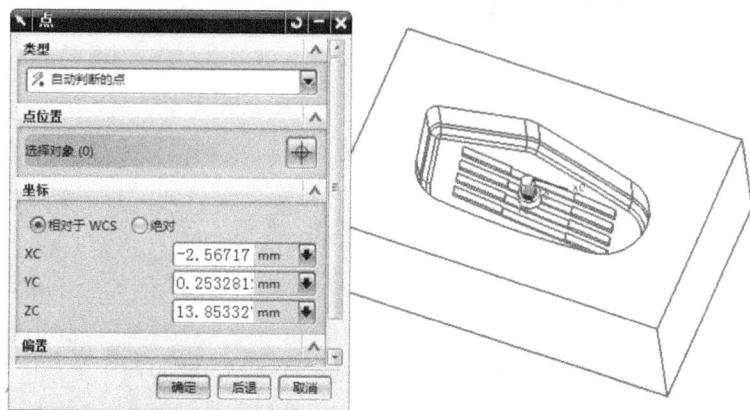

图 7-49

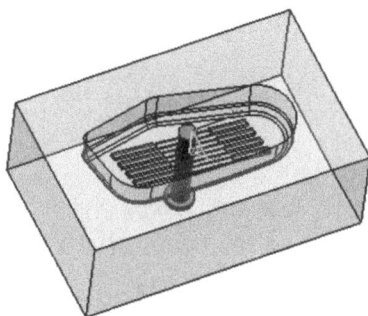

图 7-50

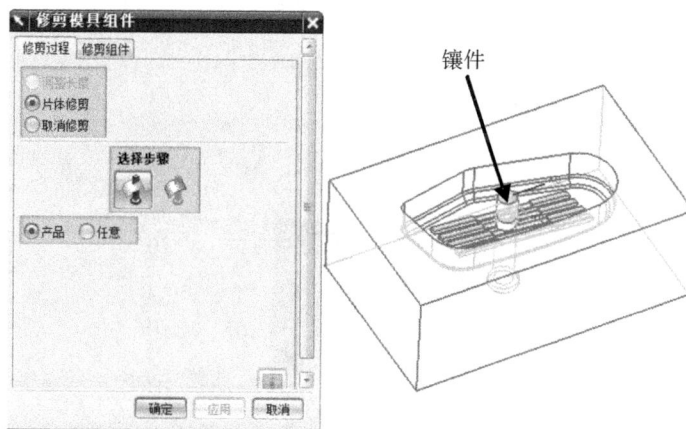

镶件

图 7-51

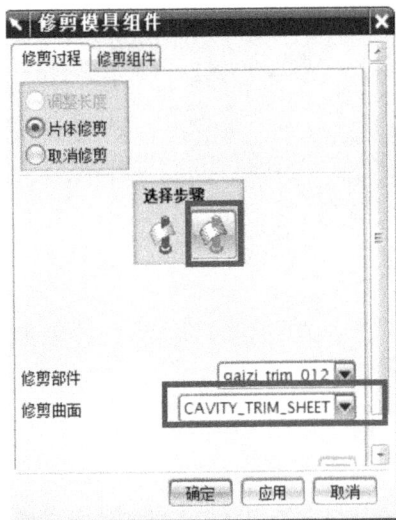

图 7-52

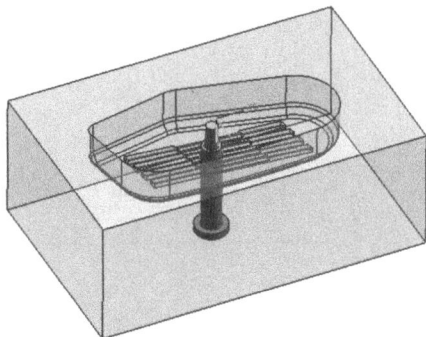

图 7-53

7.3 电极设计

在模具的型芯、型腔或嵌件中,常有一些形状复杂的区域,很难加工,此时往往采用电极来加工这些复杂区域。电极的材料通常采用紫铜、黄铜或石墨。

单击【注塑模向导工具】工具条中的【电极】 按钮,出现如图 7-54 所示的【电极设计】

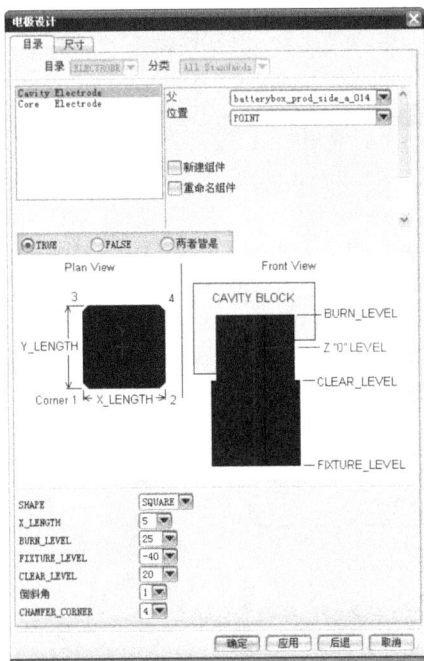

图 7-54

对话框。用户在该对话框中选择电极标准件,可以定义电极加工区(型腔或型芯区域),可以选择电极形状(正方形、矩形和圆形),并可以对电极的部分尺寸修改。

另外,Moldwizard 还提供了【电极设计】的专用模块,用户可以通过【开始】|【所有应用模块】|【电极设计】,激活【电极设计】模块,出现如图 7-55 所示的【电极设计】工具条。

图 7-55

【实例 7-4】 电极设计

打开配套资源\Unfinished\batterybox_top_000,结果如图 7-56 所示,然后在其定模板上创建电极。

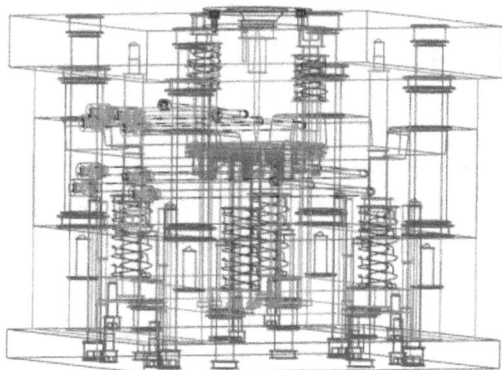

图 7-56

电极设计前,首先要将定模板复制到一个独立的文件夹中,将 BP 板文件【batterybox_b_plate_045】文件复制到【elc】文件夹下。以避免与原始文件混淆,这样电极设计的文件都会保存在【elc】文件夹中。

提示:虽然 Moldwizard 模块提供了【电极】命令,但实用性不是很强,因此本节将采用【电极设计】模块来设计电极。

一、打开 BP 板文件,并调用电极设计工具条。

(1)运行 UG NX 6.0,打开【elc】文件夹下的 BP 板文件。

(2)依次选择【开始】|【所有应用模块】|【电极设计】,出现【电极设计】工具条,如图 7-55 所示。

二、进行初始化操作

（1）单击【初始化电极项目】🔲按钮，出现如图 7-57 所示的【电极项目初始化】对话框。

（2）单击【设置项目路径和名称】📂按钮，出现如图 7-58 所示的【选择项目和名称】对话框，输入文件名称为【elc_1】，单击【OK】。

图 7-57

图 7-58

> 提示：由于动模板中间部位有很深腔，加工时刀具无法到达这些地方，必须电极来完成。而对于整个动模板来说，如果要用一块大的电极加工的话，对电极本身的加工也存在困难，因此采用局部电极的加工方法。
>
> 由于产品是对称的，很多特征是一致的，只需取一边的电极即可。

（3）回到如图 7-57 所示的【初始化电极项目】对话框，单击【新建项目】图标🔲，同时另外三个按钮被激活。

（4）单击【新建设置】🔲图标，新生成一个设定，对话框中的文本框中自动生成【elc_1_mset_001】。

（5）单击【编辑原点和 WCS】🔲图标，来确定工作坐标系。出现如图 7-59 所示的【编辑原点和 WCS】对话框，这里以默认的当前工作坐标系原点为参考坐标系，在对话框中单击【后退】按钮。

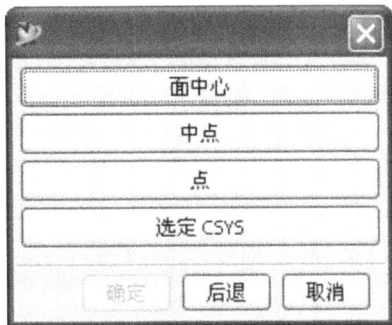

图 7-59

> 提示：确定工作坐标系这步操作不可以省略，否则，在后续设计电极基座时，基座和电极的位置将会分离。

(6)单击【电极项目初始化】中的【链接工作对象】 🧊 图标,来抽取工作物体。

(7)在视图中选中整个动模板,单击【确定】 ✅ 按钮。回到【电极项目初始化】对话框,单击【关闭】按钮,项目初始化就完成了。

提示:动模板和电极的工作部件是相同的实体文件,但是动模板是项目初始化之前的原始文件,而电极的工作部件是初始化时抽取出的部分,因此需要将动模板文件隐藏,以免在提取过程中误操作而提出动模板的区域。

三、提取电极区域

(1)打开【装配导航器】,右击动模板文件,选择【隐藏】。

(2)单击【加工几何体】 🐭 图标,出现如图 7-60 所示的【加工几何体】对话框,其中包括了加工几何体跟面有关的操作,如电极、线切割、车、铣、钻等。

(3)在对话框中,右击电极【EDM】选项,选择【新建组】。在【区域类型】中勾选【手工】方式复选框,将电极形状的区域提取出来。在视图中选择如图 7-61 所示的共九个区域,单击【应用】按钮。

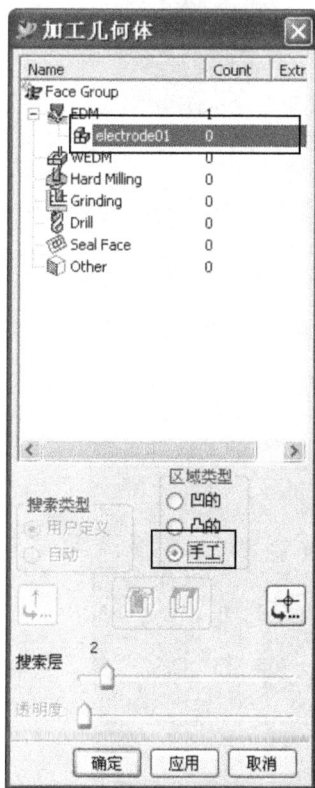

图 7-60

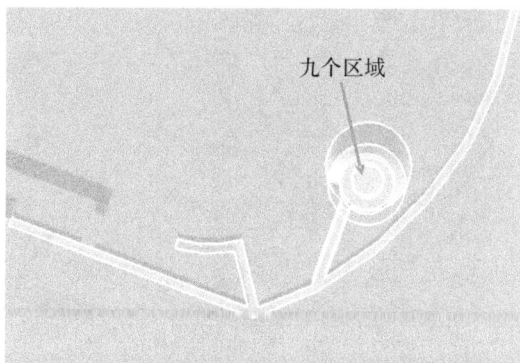

图 7-61

(4)在【加工几何体】的【EDM】树下产生一个【group】树,并显示包含【9】个面。在该对话框中右击【electrode01】文件,选择【抽取区域】命令,如图 7-62 所示。

(5)完成后会在文件后面显示抽取实体的图标 ,单击【确定】退出该对话框。

四、对提取区域电极的形状创建

(1)选择电极的工作部件激活为【转为工作部件】,打开【部件导航器】,可以看到部件包括【实体】和【片体】特征,隐藏【实体】特征,如图 7-63 所示。

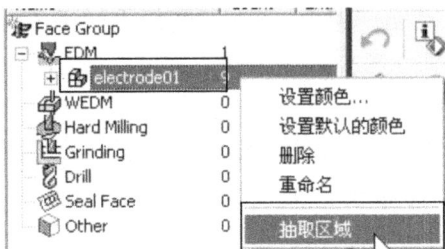

图 7-62

电极的截止位置在如图 7-64 所示的两个片体中间,因此还需要在片体端部创建片体。

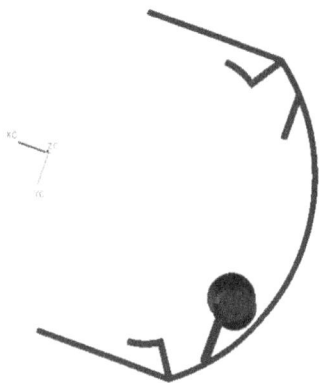

图 7-63

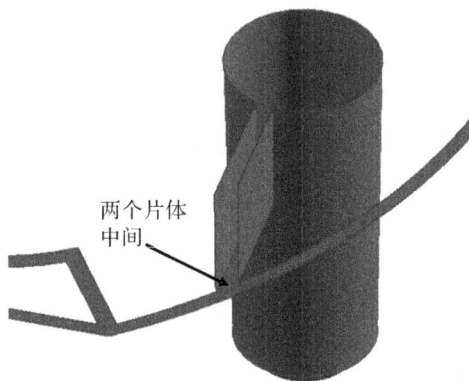

图 7-64

(2)依次选择【插入】|【来自曲线集的曲线】|【桥接】命令,出现如图 7-65 所示的【桥接曲线】对话框,选择图 7-66 中的编号【1】的边缘线为【第一曲线】,编号【2】的边缘线为【第二曲线】,单击【应用】按钮生成编号【3】的桥接曲线。

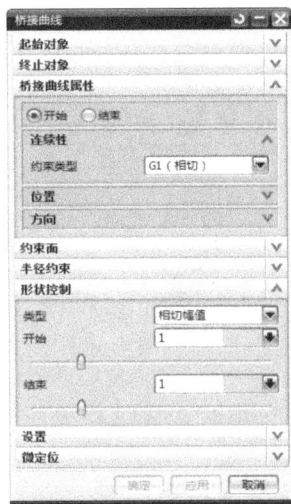

图 7-65

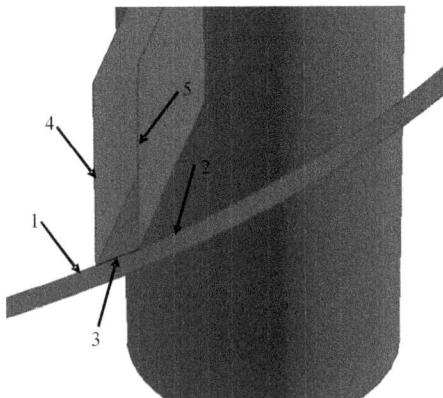

图 7-66

（3）单击【取消】退出对话框。

（4）单击【曲面】工具中的【扫掠】 图标，出现如图 7-67 所示的【扫掠】对话框，选择图 7-66 中编号【4】边缘线，单击【确定】，再选择图 7-67 中编号【5】边缘，单击【确定】，继续选择编号【3】桥接曲线，单击【确定】两次。

（5）单击【确定】，系统生成如图 7-68 所示的面片。

扫掠面创建完成后，利用该扫掠面将电极区域中多余的部分裁剪掉。

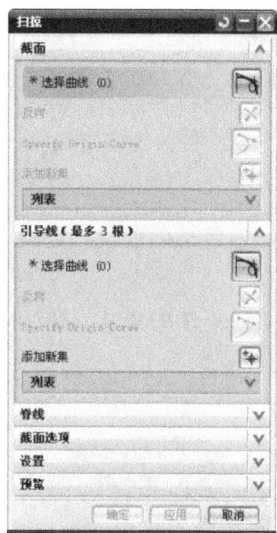

图 7-67

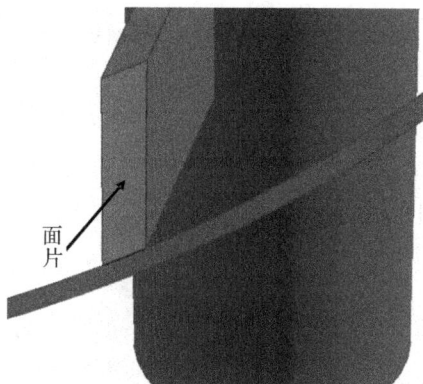

图 7-68

（6）选择【修剪的片体】 按钮，出现如图 7-69 所示的【修剪的片体】对话框，将对话框中【选择区域】的【保持】复选框勾选。选择整个电极区域为【目标】，选择上步中生成的扫掠面为【边界对象】，单击【应用】按钮，单击【取消】退出。电极头的基本形状如图 7-70 所示的封闭区域。

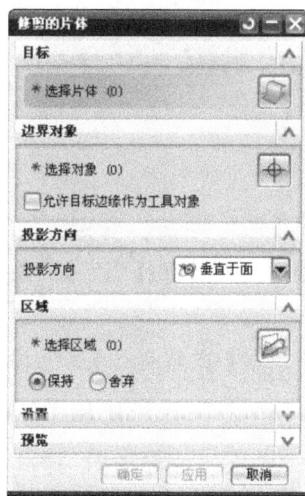

图 7-69

图 7-70

（7）单击【创建方块】 ▣ 图标，出现图 7-71 所示的对话框，同时【选择意图】对话框也被激活。在【选择意图】对话框中，选择【相邻面】工具，在视图中选择电极面。

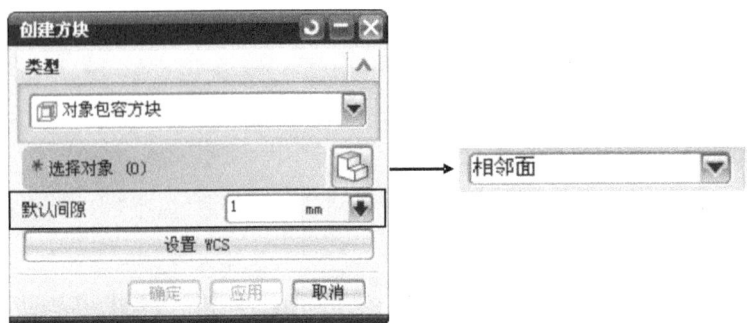

图 7-71

在【创建方块】对话框中，默认产生一个【1mm】的间隙，即选中电极的最小范围向外偏置 1mm，如图 7-72 所示。

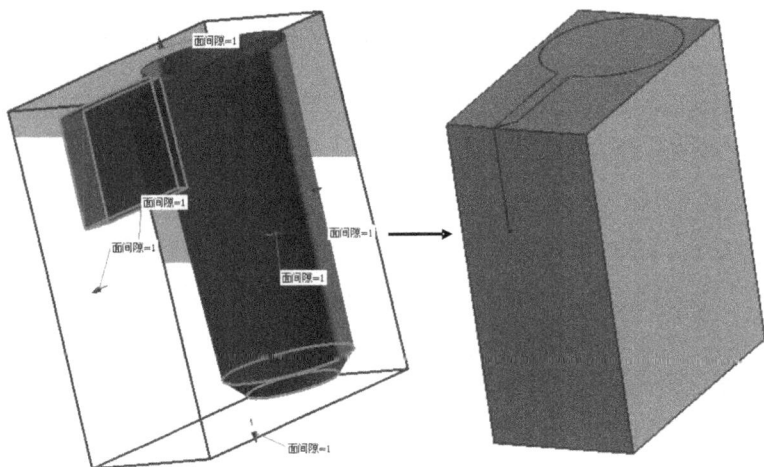

图 7-72

（8）这里需要对其偏置面做细微的调整，单击图 7-72 中箭头所指示的上边面和左侧面浮动框，将偏置距离设置为【0】，单击【回车】键，单击对话框中的【确定】按钮。生成的箱体如图 7-72 右图所示。

（9）单击【修剪实体】 ▣ 图标，出现图 7-73 所示的【修剪实体】对话框，单击【选择面】 ▣ 图标，选择下方【片体】前的复选框，选中视图中图 7-74 所示的片体。单击【创建边框】 ▣ 图标，点选【现有方块】前的复选按钮，如图 7-75 所示。选择视图中的箱体，单击【预览】按钮查看效果。单击【确定】退出对话框。修剪后的实体如图 7-76 所示。

由于实体在图 7-66 所示的部位存在一个斜角，也必须修剪掉。

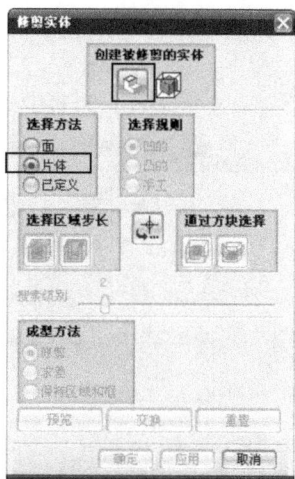

图 7-73

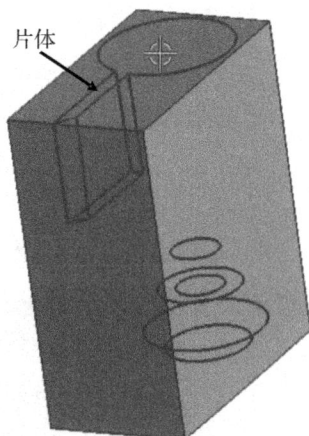

片体

图 7-74

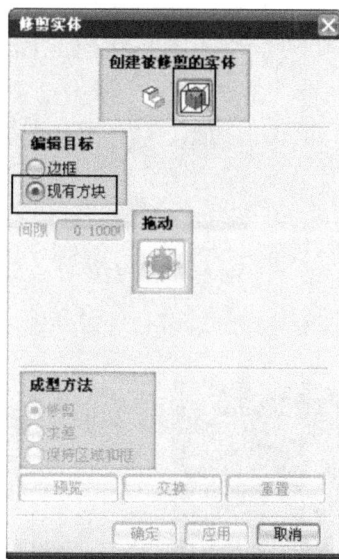

图 7-75

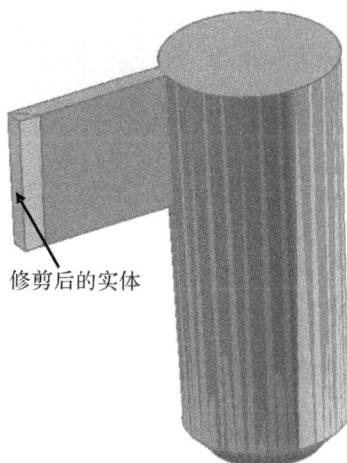

修剪后的实体

图 7-76

(10)单击建模模块下的【修剪体】 工具,选择电极实体为【目标】,选择如图 7-77 所示的面为【刀具】,选择裁剪方向反向,单击【确定】按钮。

(11)依次选择【编辑】|【显示和隐藏】|【显示】命令,取消对动模板的隐藏。下面开始创建电极的基座。

(12)选择【毛坯设计】 图标,出现图 7-78 所示的【毛坯设计】对话框,选择第一种电极模式,选择接头为【拉伸】方式,在视图中选择电极,如图 7-79 所示,单击【应用】。单击【取消】退出对话框,创建结果如图 7-80(左)图所示。

(13)隐藏动模板,电极形状如图 7-80(右)图所示。

至此,电极设计完毕。

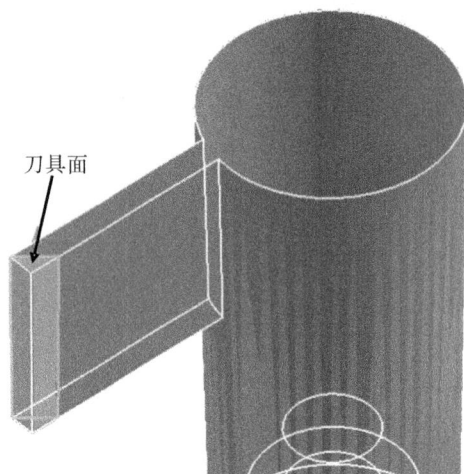

图 7-77

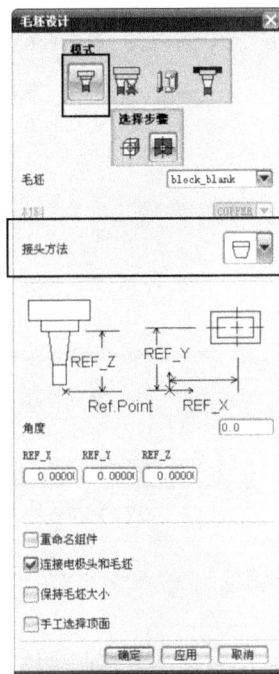

图 7-78

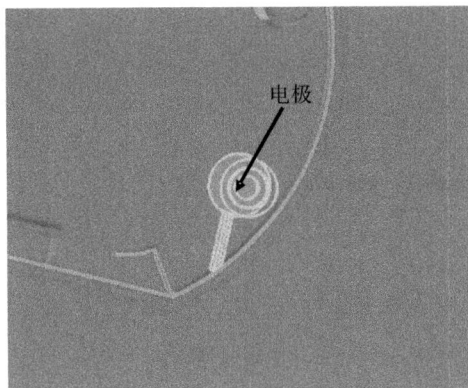

图 7-79

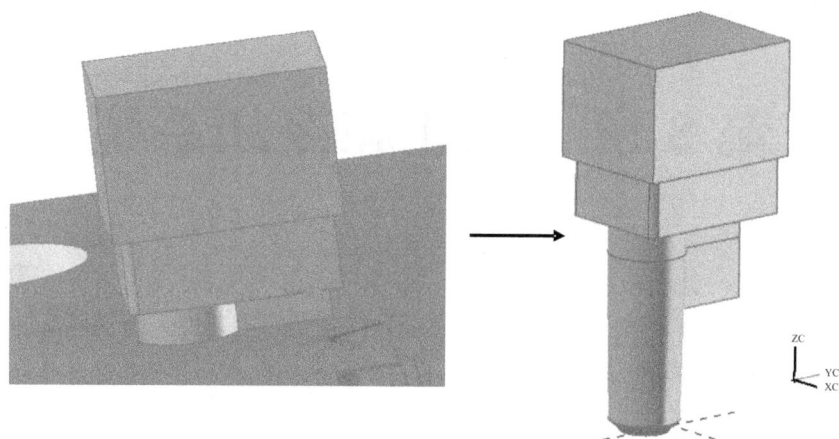

图 7-80

7.4 练　习

7.4.1　思考题

(1)注射模的滑块和斜顶各自起到什么作用及其应有场合？

(2)镶件常用的有几种类型？设计方法有哪些？

(3)电极起到什么作用？电极设计方法有哪些？

7.4.2　操作题

打开配资源\Unfinished\peijian_top_000,如图 7-81 所示的图形文件,结合实例中的操作方法,完成此产品的镶件创建。

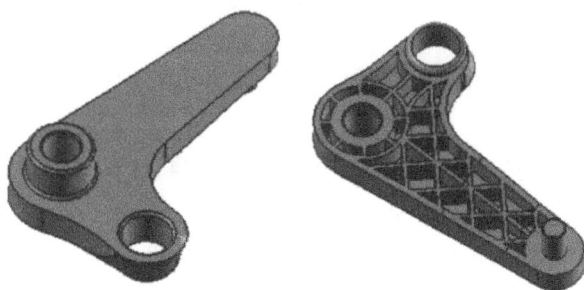

图 7-81

第8章 浇注和冷却系统

本章重点内容

➤ 定位圈、主流道创建

➤ 不同浇口的创建

➤ 分流道的创建

➤ 冷却水路设计原则及方法

➤ 管道设计

➤ 标准件

本章学习目标

了解浇注系统各个标准件的定位方式，通过与实例的结合，掌握浇注系统各个标准件的参数设置，创建方法和步骤，并且通过习题进行更深层次的巩固和加深。在掌握关于冷却水路的设计原则和设计方法的基础上，理解 Moldwizard 模块中设计水路的两种设计方式，并通过本章中的实例及习题的练习，熟悉和掌握冷却水路的创建过程和命令的用法

8.1 浇注系统(Runner System)

塑料模具必须有一个通道引导熔融的塑料进入模具的型腔，这个通道被称为浇注系统。浇注系统一般由三部分组成：主流道、分流道和浇口。

(1)浇口(Gate)：是连接型腔和分流道的一个关键入口，其形状多样，与塑料产品形状、尺寸和分型面等有密切关系。

(2)主流道(Sprue)：是熔料注入模具最先经过的一段流道，在实际生产中，直接采用一个标准的浇口套来成型这一部分。

(3)分流道(Runner)：是熔融塑料从主流道到浇口之间的这一段流道，它位于分型面的一侧或是双侧。

8.1.1 定位圈(Locating Ring)及主流道(Sprue)

定位圈主要用于，进行注射时喷嘴能很好地与浇口套上的主入口对准，提高定位准确性。

主流道是连接喷嘴至分流道入口的一段通道，是熔料最先流经的流道。对于主流道的设计可以参考以下设计原则：

● 浇口套内孔成圆锥形($\alpha=2°\sim6°$)，粗糙度 $Ra=0.8\sim1.6\mu m$。锥度需适当。锥度过

大,压力减小,产生涡流,易混进空气产生气穴;锥度过小,流速增大,造成注射困难。

● 浇口套小端直径应比注射机喷嘴直径大 1~2mm,以免积存残料,造成压力下降。

● 一般在浇口套大端设置倒圆角(R=1~3mm),以利于料流。

● 主流道与喷嘴接触处设计成半球形凹坑,其深度常取 3~5mm,浇口套球形半径应比喷嘴球形半径大 1~2mm,一般 SR=19~22mm,以防漏胶。

● 主流道应尽量短,减少冷料回收,减少压力损失和热量损失。

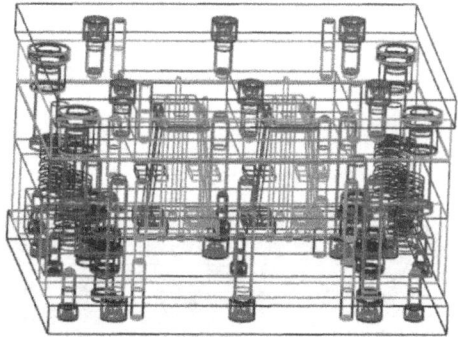

图 8-1

【实例 8-1】 定位圈及浇口套

打开如图 8-1 所示的图形文件,完成定位圈和主流道的创建。

一、定位圈(Locating Ring)

选择注射模工具条上的【标准件】命令,在弹出的【标准件管理】对话框中选择定位圈类型,各项说明见图 8-2 所示。

(1)打开配套资源\Unfinished\Sj_dch_top_010.prt,打开如图 8-3 所示的图形文件。

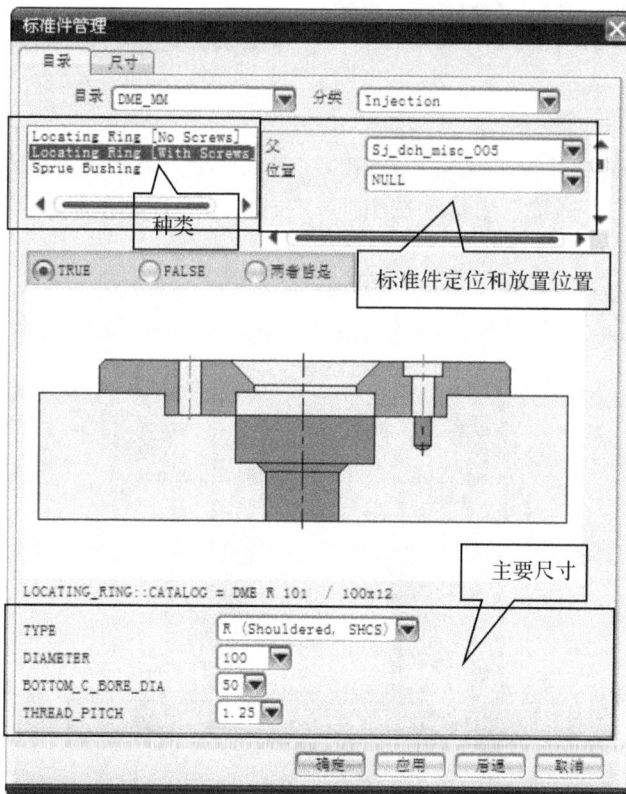

图 8-2

(2)选择注射模工具条上的【标准件】命令,弹出【标准件管理】对话框,在各个选项中设置完参数,见图 8-4 所示。

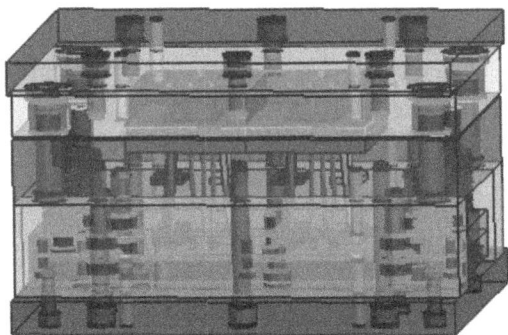

图 8-3

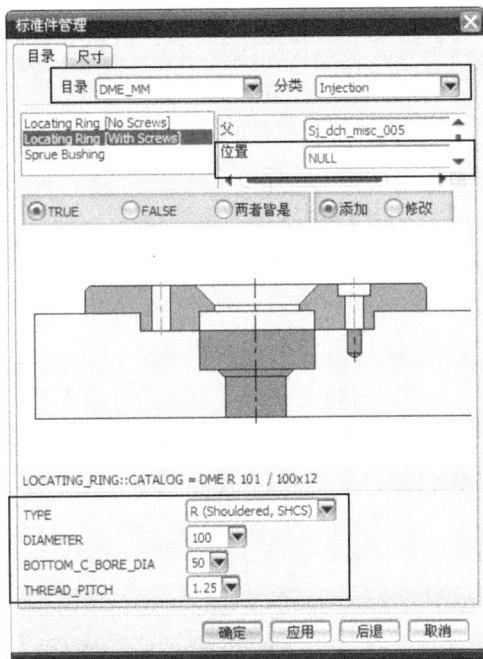

图 8-4

(3)设置完以上参数后,单击【确定】按钮,注射模向导自动加载定位圈至模架,结果见图 8-5 所示。文件不要关闭,接下来继续使用此文件来完成主流道的设计。

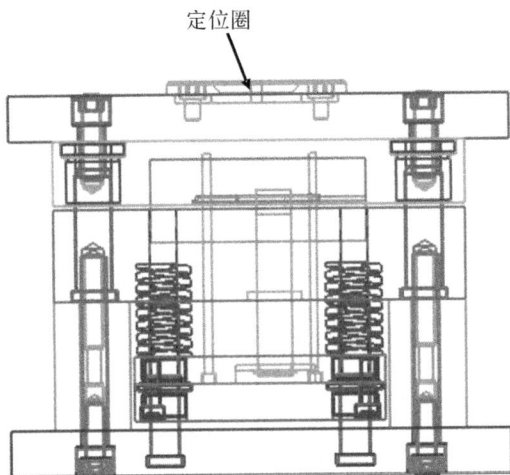

定位圈

图 8-5

二、主流道(Sprue)

根据前面讲到的关于主流道设计的原则,就可以使用【标准件】中的【Sprue】加载到模具中去。打开如图 8-5 所示的图形文件,完成主流道的创建,操作步骤如下所示。

(1)选择【分析】|【测量距离】|【距离】命令,测量模架顶部至分型面之间的距离,结果见图 8-6 所示。

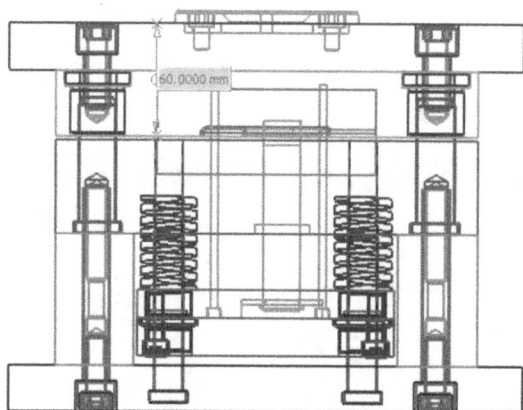

图 8-6

(2)选择注射模工具条上的【标准件】命令,在弹出的【标准件管理器】中设置成如图 8-7所示的参数。

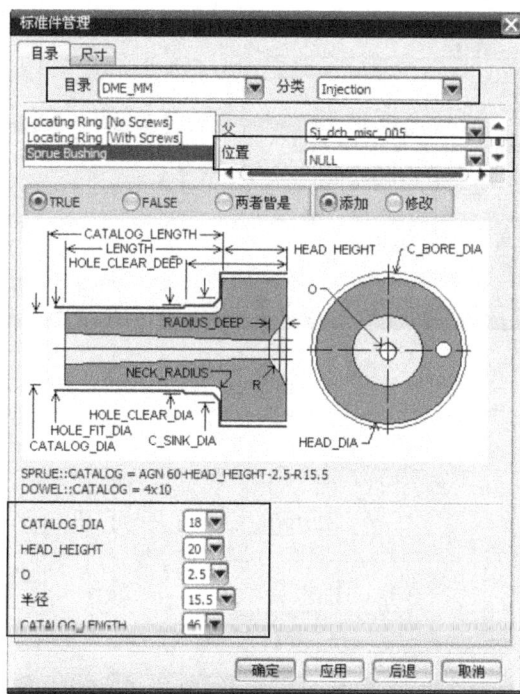

图 8-7

提示：在设置主要尺寸的时候如果其下拉菜单中没有找到想要的标准尺寸，那么先选择一个与想要的尺寸最近的标准尺寸，然后到【尺寸】选项卡中重新设置。这样做会避免由于尺寸设置不当引起的模型加载失败。

（3）单击【尺寸】选项卡，弹出详细的尺寸设置对话框，找到要设置的参数名，修改其参数值，要修改的参数见图 8-8 所示。

（4）设置并检查完上述参数后，单击【确定】按钮，注射模向导自动加载浇口套到模具中，结果见图 8-9 所示。

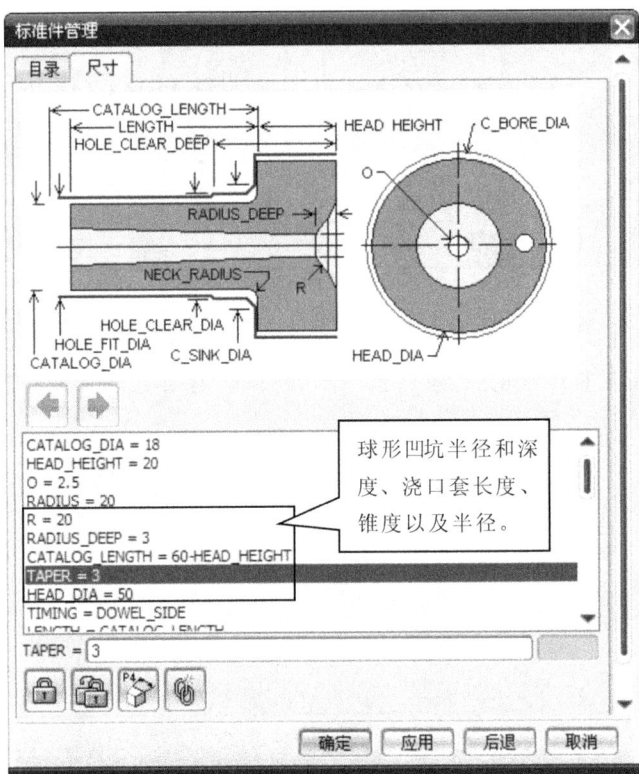

图 8-8

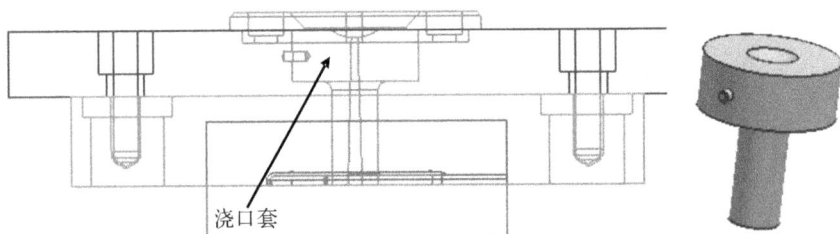

图 8-9

8.1.2　浇口(Gate)

浇口是熔料进入型腔的最后一道关卡,其作用是使塑料以较快速度进入并充满型腔,能很快冷却、封闭,防止型腔内还未冷却的熔料倒流。浇口的种类有很多,有直接浇口、潜伏式浇口、矩形浇口、扇形浇口、环形浇口等,根据产品的形状、成型要求等选择合适的浇口类型。

浇口的选择和设置可以参考的一些原则:

● 进浇口应开设在产品壁厚的部分,便于顺利填充。

● 浇口位置应选择在使充模流程最短的位置,以减少压力损失。

● 大型或扁平产品,建议采用多点进胶,可防止产品翘曲变形和短射。

● 浇口尽量开设在不影响产品外观和功能处,可在边缘或底部处。

● 在细长型芯位置处,应尽量避免开设浇口,以免料流直接冲击型芯,产生变形错位和弯曲。

选择注射模工具条中的【浇口】图标 ▶,弹出如图 8-10 所示的【浇口设计】对话框。

一、平衡

平衡式浇口用于多型腔模具,浇口位置创建于每个阵列型腔的相同位置。当平衡式中的一个浇口被修改、重定位和删除,所有相应的浇口都随之改变。

二、位置

浇口可以安置在型芯侧、型腔侧或是两侧都有,取决于选用的浇口类型。如潜伏式浇口几乎完全放置在型腔侧或型芯侧。圆形浇口可以放置在两侧。

三、方法

当选择了一个浇口后,对话框便自动设置为【修改】方式,所选的浇口参数会在编辑窗口中显示;如果方法设置为【添加】,则可按所选类型加入一个新浇口,并可以在参数对话框中定义参数。

四、类型和位图

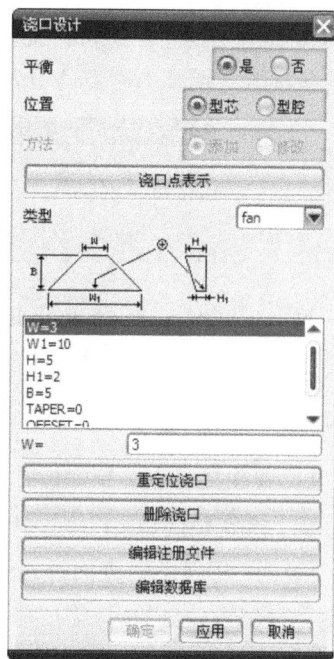

图 8-10

类型选项提供了几种常用的浇口类型,如矩形、扇形和点浇口等,可以直接选取所要的浇口类型,与此同时,在其下面的位图也会进行相应的改变,列出所选浇口的参数位置。注意,每个浇口在位图中都用符号表示浇口的参考原点。

五、浇口点表示

浇口点表示功能确定浇口的参考点,能引导设置浇口,当选择【浇口点表示】功能后,弹出如图 8-11 所示的对话框。

(1)点子功能。用点构造器创建参考点。

(2)面/曲线相交。用选取的面和曲线求交点作为参考点。

(3)平面/曲线相交。用平面和曲线的交点作为参考点。

(4)点在曲线上。在曲线上创建一个点作为参考点。只要选取一条曲线,系统默认以曲线的一端作为参考,创建的点以此参考点进行调整位置,界面见图 8-12 所示。

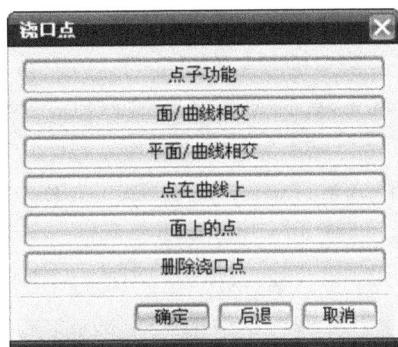

图 8-11

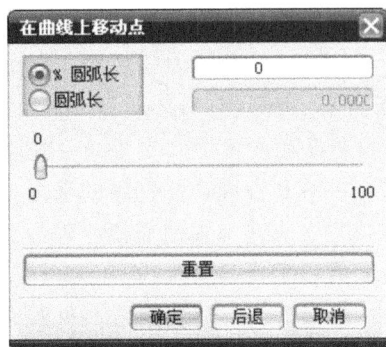

图 8-12

(5)面上的点:在选取的面上创建一个参考点作为浇口的参考点,可以使用如所图8-13示的两种方式调节参考点的位置。

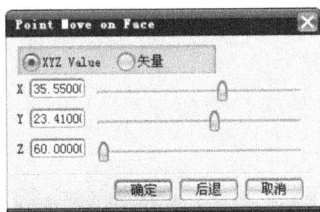

沿X、Y、Z方向调整

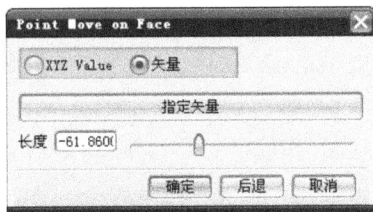

沿矢量方向调整

图 8-13

(6)删除浇口点。删除所选的浇口点。

六、重定位浇口

对于已经创建完成的浇口,如果对于其位置不是很满意,可以选取需要修改的浇口,单击【重定位浇口】按钮,弹出如图 8-14 所示的对话框,提供了变换和旋转功能,类似于【型腔布局】中的功能。

七、删除浇口

可删除非平衡式浇口或平衡式浇口,如果没有其他同名浇口,将关闭相应的文件名。

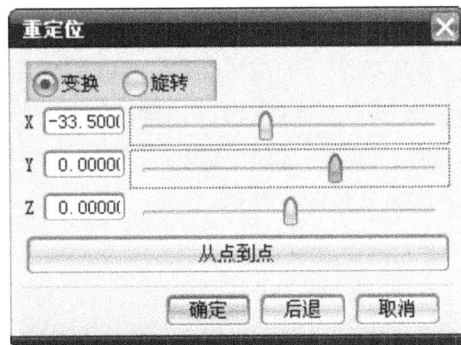

图 8-14

八、编辑注册文件和编辑数据库

该功能与模架、标准件等中的功能相同。

【实例 8-2】 浇口

打开如图 8-15 所示的图形文件,完成浇口的创建。

本例所采用的浇口为矩形浇口,从产品端面进料,且完全开设在型芯侧。矩形浇口的深度 t＝0.5mm,长度 L＝2.5mm,宽度 B＝2mm,搭接重合部分为 1mm。

(1)打开配套资源\Unfinished\Sj_dch_top_010,界面见图 8-16 所示。

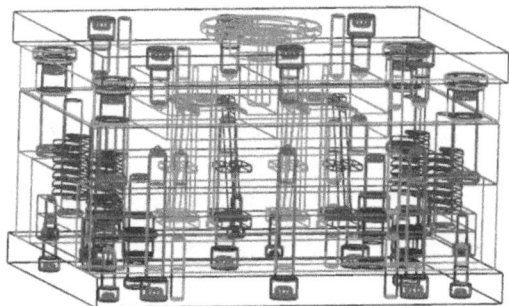

图 8-15

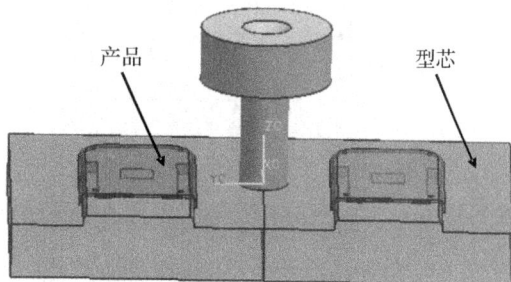

图 8-16

(2)选择注射模工具条上的【浇口】图标 ▉,弹出【浇口设计】对话框,在对话框中设置矩形浇口各尺寸及其他参数,见图 8-17 所示。

(3)设置完以上参数后,单击【应用】按钮,弹出【点】对话框,然后在【坐标】|【YC】一栏里输入 26.6,单击【确定】按钮,弹出【矢量】对话框,选择【YC 轴】作为矩形浇口长边的参考方向,见图 8-18 所示,单击【确定】按钮,创建一个矩形浇口。

(4)按照上面相同的方法,浇口尺寸不变,【YC】上的数值由 26.6 改为－26.6,参考边由 YC 轴改为－YC 轴,最后创建完成的浇口见图 8-19 所示。

8.1.3 分流道(Runner)

分流道是连接主流道和浇口的桥梁,起分流和转向作用。分流道必须在压力损失最小的情况下,将熔料以较快速度送到浇口处充模。对于设计分流道,有一个总的设计原则:必须保证分流道的表面积与其体积之比值尽量小。

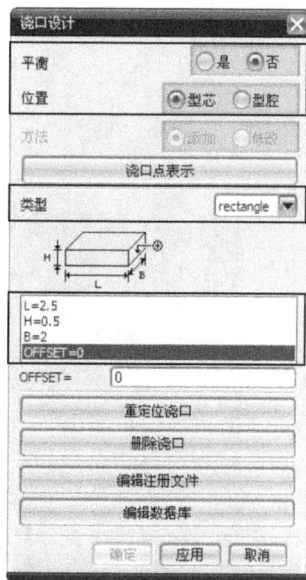

图 8-17

根据塑胶和模具结构的差异,分流道形式也多种多样,常用的截面形状有:圆形、半圆形、矩形、梯形、U 形、正六边形等。

设计分流道时可以采纳的设计原则:

● 在条件允许情况下,分流道截面尽量小,长度尽量短。

● 分流道的表面不要过于光滑(Ra＝1.6 左右),以利于保温。

● 分流道较长时,应该流道的末端设置冷料穴,以防止冷料和空气进入型腔。

● 在多型腔模具中,各分流道应尽量保持一致,主流道截面积应大于各分流道截面积之和。

● 分流道一般采用平衡方式,如果没有采用平衡方式,要求各型腔同时进浇,排列紧凑,流程短。

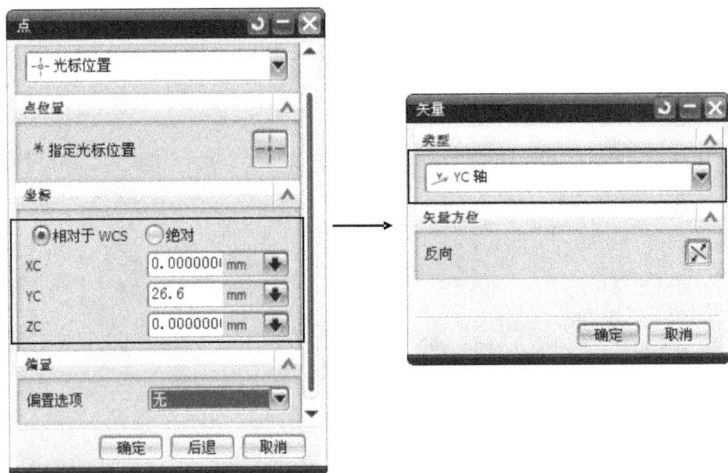

图 8-18

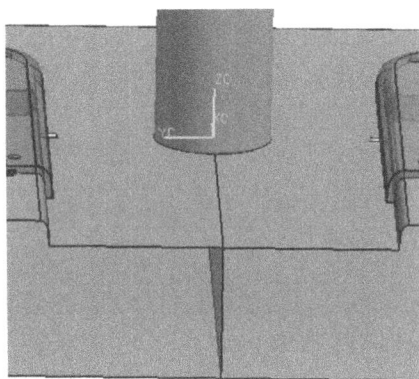

图 8-19

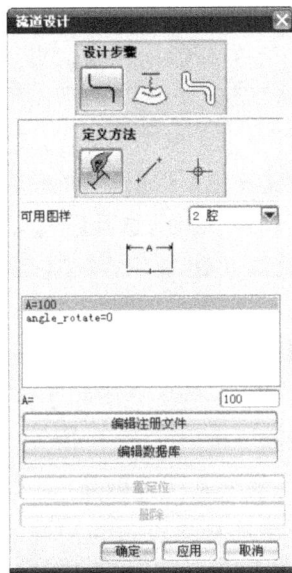

图 8-20

● 流道设计时应先取较小尺寸，以便于试模后有修正余量。

选择【注塑模工具】条上的【流道】图标 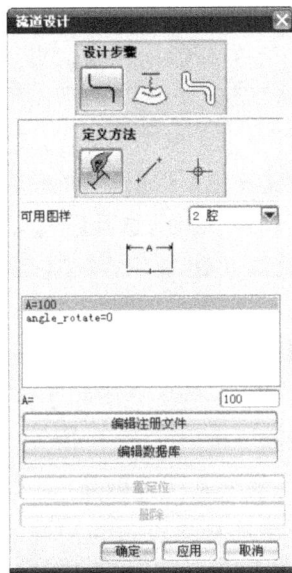，弹出如图 8-20 所示的对话框。使用此命令自动创建的几何体流道被放置在"Fill"部件中。从图 8-20 所示的对话框中不难发现，创建流道分为三个步骤：

● 定义引导线串。

● 在分型面上投影。

● 创建流道通道。

下面按照设计步骤的顺序详细介绍下各个选项。

一、定义引导线串

系统提供了三种方法创建引导线串：草图模式、曲线通过点和从线串中添加/移除曲线。

（1）草图模式

草图模式用内置的 6 种参数化草图模式来定义调整分流道引导图样。单击【可用图样】下拉式菜单，里面内含了 6 种常见的布局形式，见图 8-21 所示。选取布局后，其下面对应的显示参数位图和参数值，通过修改参数值修改布局。

（2）曲线通过点

单击【引导线串形状】下拉式菜单，里面提供了 4 种引导线定义方式，见图 8-22 所示，每一种形式都是需要两个点来定位的。

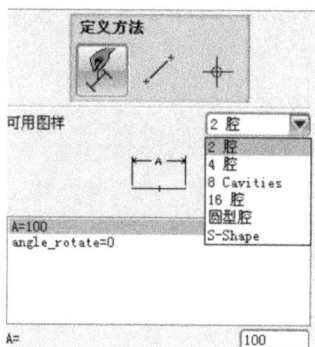

图 8-21

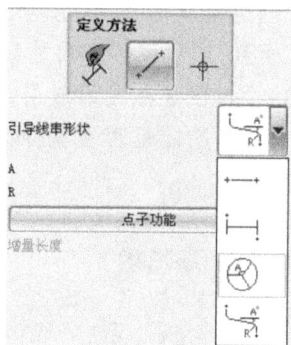

图 8-22

点子功能主要用来定义两个定位点。当选取已经存在的引导线串后，增量长度、重定位和删除选项将会被激活，见图 8-23。

（3）从线串中添加/移除曲线

使用鼠标左键选取已经存在的曲线作为引导线串；当然，使用 Shift＋鼠标左键移除已经被选中的曲线。

二、在分型面上投影

创建的流道必须位于分型面上，对于复杂的分型面（大多数都不是平面），引导线串不会位于其上，因此需要【在分型面上投影】命令，确保创建的引导线串位于分型面上。单击【在分型面上投影】图标，出现见图 8-24 所示的对话框。

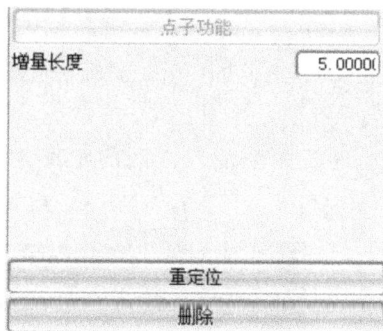

图 8-23

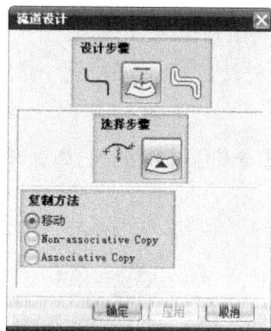

图 8-24

此步骤又包含了两个步骤：选取已经被创建完成的引导线串，然后切换到第二步选取分型面即可。

复制方法：

● 移动：创建投影曲线，原曲线将被删除。

● Non－associatve Copy：创建投影曲线，原曲线被保留，但投影曲线和原曲线之间没有关联。

● Associatve Copy：创建投影曲线，不但原曲线被保留，而且投影曲线和原曲线之间保持关联。

三、创建流道通道

此命令用于创建流道通道，当切换到第二步后，Moldwizard 会自动搜索创建的引导线串，并根据【横截面】的形状设置和尺寸设置，自动生成流道通道，界面见图 8-25 所示。

● 流道位置：设置创建在流道通道位于型芯侧还是型腔侧。

● 注塑冷料位置：决定是否设置冷料穴以及冷料穴生成的位置。

【实例 8-3】分流道

打开如图 8-26 所示的图形文件，完成分流道的创建。

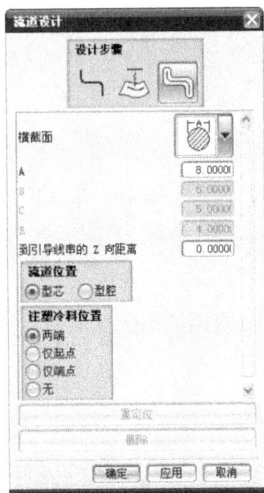

图 8-25

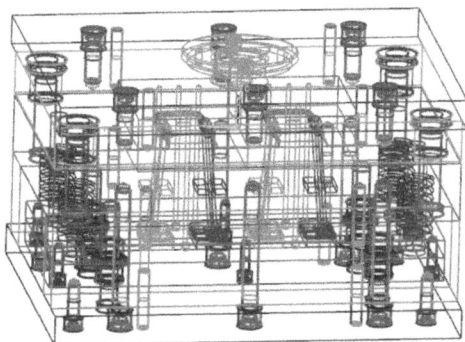

图 8-26

本例所采用的分流道截面为圆形，且产品所使用的塑料为 ABS，因此先考虑使用 D＝5mm 的圆形截面来创建分流道。

（1）打开光盘目录下 chapter08\8－3\Unfinished\Sj_dch_top_010.prt，图形效果见图 8-27 所示。

（2）选择【分析】|【测量距离】|【距离】命令，测量两个浇口之间的距离 48.2mm，见图 8-28 所示。

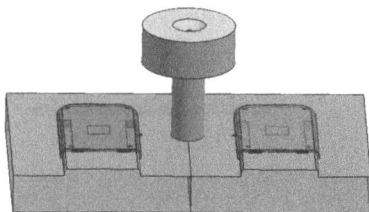

图 8-27

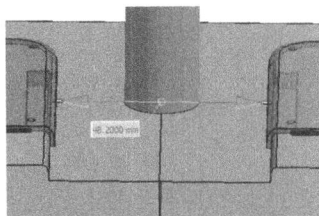

图 8-28

(3)打开【装配导航器】,找到【Sj_dch_fill_014】部件,双击此部件,使此部件被设为【工作部件】。当然,使用右键弹出菜单中的【设为工作部件】是一样的效果,见图 8-29 所示。

(4)选择【插入】|【曲线】|【基本曲线】命令,弹出【基本曲线】对话框,选择【直线】类型,绘制平行与 YC 轴,关于原点对称分布,总长为 44mm 的一条直线,结果见图 8-30 所示。

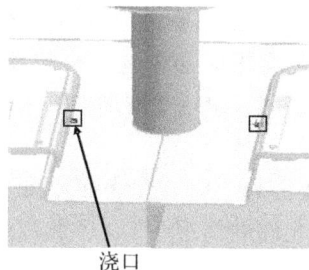

图 8-29

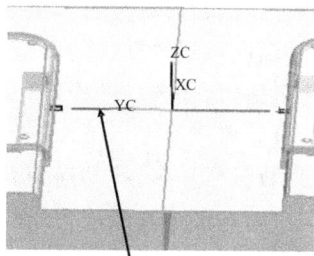

图 8-30

(5)选择注射模工具条上的【流道】图标 ,弹出【流道设计】对话框,在【定义引导线串】时选择【从线串中添加/移除曲线】,选取刚才绘制的直线;按鼠标中键,切换到【在分型面上投影】这个步骤,分别选择要被投影的曲线(刚才绘制的直线)以及分型面;按鼠标中键,切换到【创建流道通道】这个步骤,选择流道截面类型为【圆形】。输入直径值为 5mm,【注射冷料位置】勾选为【两端】。

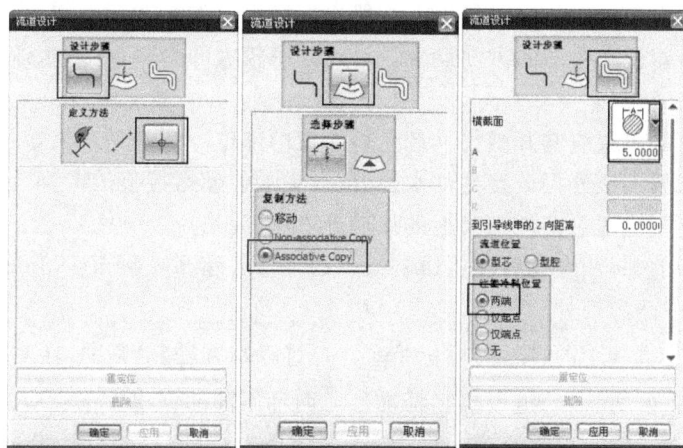

图 8-31

(6)设置完以上参数后,单击【确定】按钮,创建如图 8-32 所示的分流道。

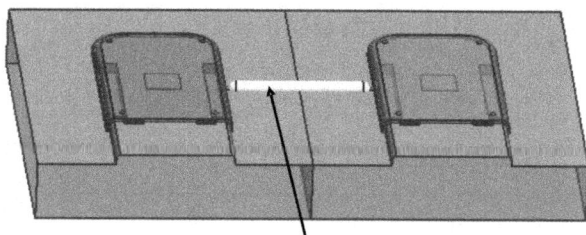

分流道

图 8-32

285

8.2　冷却系统（Cooling System）

　　模具温度（模温）是指模具型腔和型芯的表面温度。不论是热塑性塑料还是热固性塑料的模塑成型，模具温度对塑料制件的质量和生产率都有很大的影响。冷却系统的设计主要是为了在完成注射后，加快产品的冷却，提高生产的效率，缩短成型周期。

　　冷却系统的设计可以参考以下原则：

　　（1）冷却水道数量尽量多、冷却通道孔径尽量大。为了使型腔表面温度分布趋于均匀，防止塑件不均匀收缩和产生残余应力，在模具结构允许的情况下，应尽量多设冷却水道，并使用较大的截面面积。

　　（2）冷却水道至型腔表面距离应尽量相等。一般情况下，冷却水道直径、冷却水道到型腔表面最短距离和冷却水道之间的间距采用1:3:5的原则。水道孔边至型腔表面的距离应大于10mm。

　　（3）浇口处加强冷却。一般在浇口附近温度最高，距浇口越远温度越低，因此浇口附近应加强冷却，通常将冷却水道的入口处设置在浇口附近，使浇口附近的模具在较低温度下冷却，而远离浇口部分的模具在经过一定程度热交换的温水作用下冷却。

　　（4）冷却水道出入口温差应尽量小。一般出入口温差控制在5°～6°，冷却效果最佳。

　　（5）冷却应沿着塑料收缩的方向设置。对收缩率较大的塑料，冷却水道应尽量沿着塑料收缩的方向设置。

　　（6）冷却水道的布置应避开塑件易产生熔接痕的部位。塑件易产生熔接痕的地方，本身温度就比较低，如果在该处再设置冷却水道，就会更加促使熔接痕的产生。

　　（7）冷却水路不应通过镶件与模板的接缝处，以防漏水。

　　（8）水管接头的部位，应设置在不影响操作的位置。堵头藏深至少8mm，喉嘴根据客户要求制造在凹入或凸出模外。

　　选择注射模工具条上的【冷却】图标 ，弹出【冷却方法】对话框，在对话框中又包含了两种创建冷却管道的方式：管道设计和标准件。两种不同的创建方法对应的界面也不一样，见图8-33所示。

　　使用标准件方法创建冷却管道的方式与采用【标准件】命令创建标准件的方式一样，只要通过对照参数图，设置对应的尺寸值即可，因此在这里着重讲解【管道设计】这种方法，图8-34所示的是不同步骤对应的界面。

　　【管道设计】方法创建冷却通道分为两个操作步骤：

　　（1）定义引导线轨迹。

　　（2）生成冷却通道。

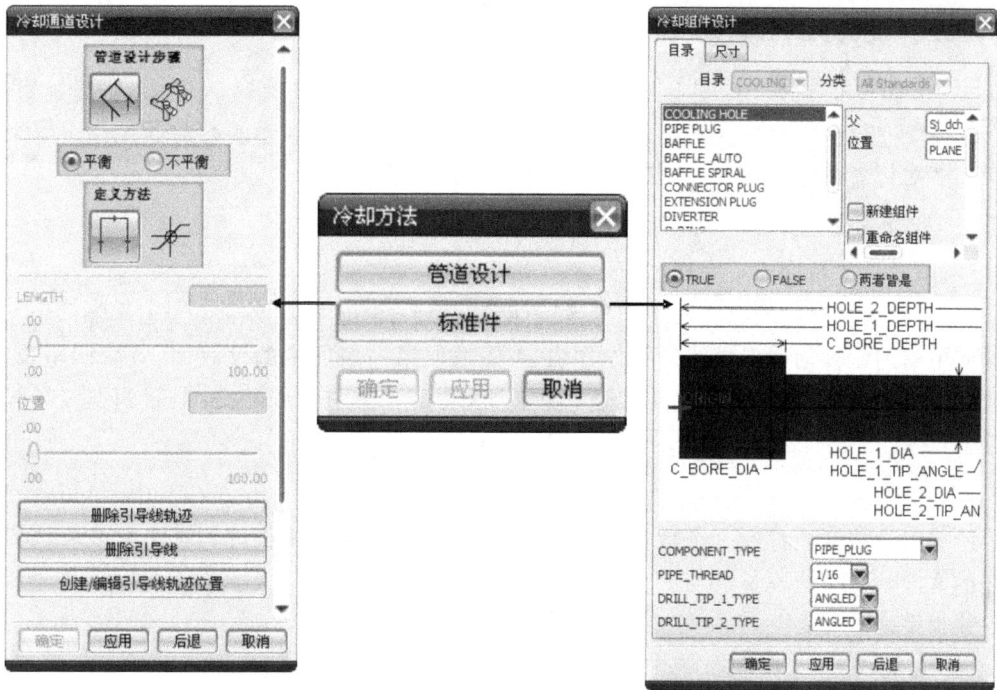

图 8-33

提示：如果对于【文件】|【实用工具】|【用户默认设置】|【注射模向导】|【其他】|【冷却】|【方法】一项没有进行过设置，那么默认状态下只有【标准件】这种创建方法；如果选择【任一】后，就会出现如上的两种创建方式。

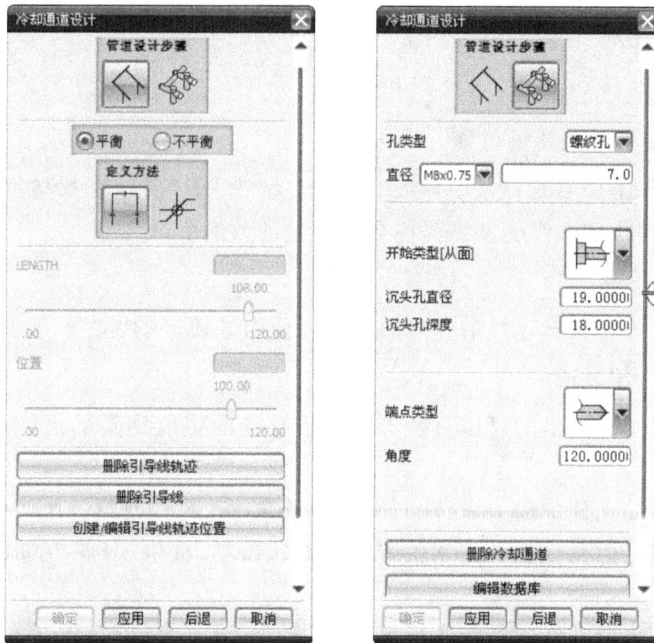

图 8-34

8.2.1　定义引导线轨迹

一、平衡与非平衡

此选项框允许用户选择平衡还是非平衡设计,其区别在于创建的冷却通道位于哪个部件中。平衡式通道创建在 Prod 部件中,而非平衡式通道创建在 Cool 部件中。

二、定义方法

(1)用草图工具创建引导线。

(2)添加已经存在的曲线作为引导线。注意:已经存在的曲线必须位于工作部件中。

使用草图工具创建引导线的操作方法,首先选取第一条通道的钻入面,然后调整长度,再选取第二条通道的钻入面,与第二选择面正交,与第一条引导线相交,最后调整引导线的位置。

三、长度

所有引导线开始都有一个默认的长度,第一条引导线的默认长度等于模板或所选模芯毛坯的宽度。"子"线段长度与所选面的前一条冷却引导线有关。对话框中的滑条用于调整引导线长度。

四、位置

滑块和文本输入框可调整任一"子"引导线的位置,使之沿它们的"父"级引导线移动。

提示:创建第一条引导线时,位置调整滑块没有被激活,第一条引导线位置是由约束控制的。

五、删除引导线轨迹

选择任一成组的引导线,删除完整的引导线轨迹。

六、删除引导线

删除所选引导线中的任意一条"子"引导线。

七、创建/编辑引导线轨迹位置

创建/编辑引导路径中第一条引导线的位置。因为"子"引导线都与第一条引导线(父)相关联,整个引导线轨迹会跟随第一条引导线位置的改变而改变。

八、显示通道关系

在图形显示区域显示引导线的标号以说明当前引导轨迹的"父"、"子"关系。

8.2.2　生成冷却通道

(1)孔类型:螺纹孔给出的管道直径等于所选直径的螺纹钻头的尺寸;为通用尺寸指定间隙孔是第 2 选择。

(2)直径:可在输入框中输入设计直径,也可从通用尺寸中选择。

(3)开始类型【从面】:设置孔开始位置处的形状类型,提供了【平直端】和【沉头孔末端】两种类型。

(4)端点类型:设置孔结束端处的形状类型,提供了【平直端】、【沉头孔末端】、【封闭端】和【延伸的封闭端】四种类型。

8.2.3 删除冷却通道

删除所选的冷却通道实体。

【实例 8-4】冷却系统

打开如图 8-35 所示的图形文件,完成冷却水路的创建。

本例采用 M8 的冷却管道,由于型腔布局没有使用平衡而是线性的,所以冷却管道的放置方式应该采用不平衡,否则就会出现位置上的错误。

(1)打开配套资源\Unfinished\Sj_dch_top_010.prt,如图 8-36 所示。

图 8-35

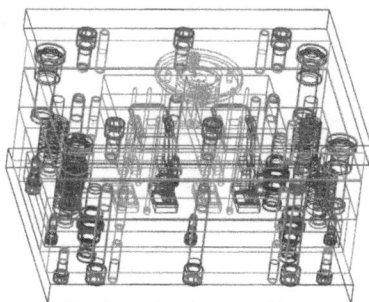

图 8-36

(2)选择注射模工具条上的【冷却】图标 ,弹出【冷却方法】对话框,单击【管道设计】按钮,弹出【冷却通道设计】对话框,放置方式设置为【不平衡】,【定义方法】设置为【创建】,选取型芯的一个侧面作为引导线的参考面,在【LENGTH】对话框中输入 105,单击【创建/编辑引导线轨迹位置】按钮,分别选取型芯的两条互相垂直的边作为尺寸参考边,输入 D1、D2 数值,见图 8-37 所示。

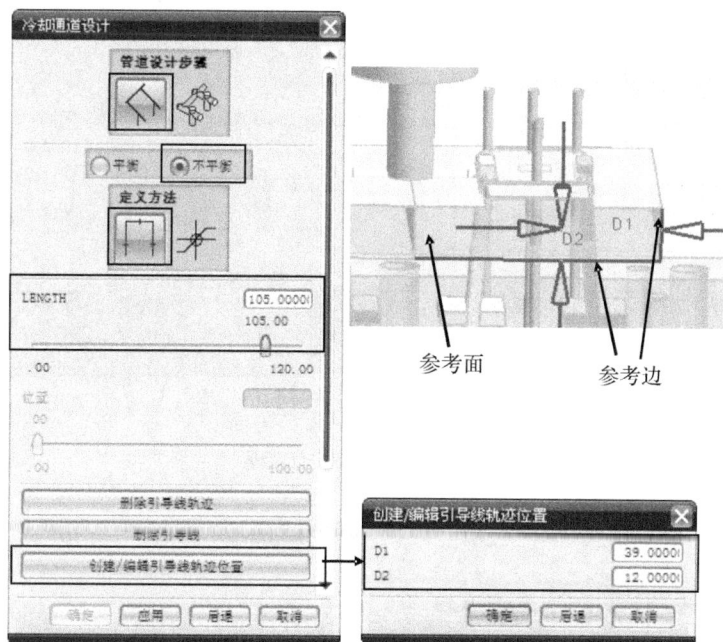

图 8-37

（3）输入完 D1、D2 值后，单击【确定】按钮，又回到了【冷却通道设计】对话框，重新选取型芯的另一个侧面创建引导线，此时【冷却通道设计】对话框中的【位置】选项被激活，在【位置】选项中输入 100，在【LENGTH】选项中输入 70。

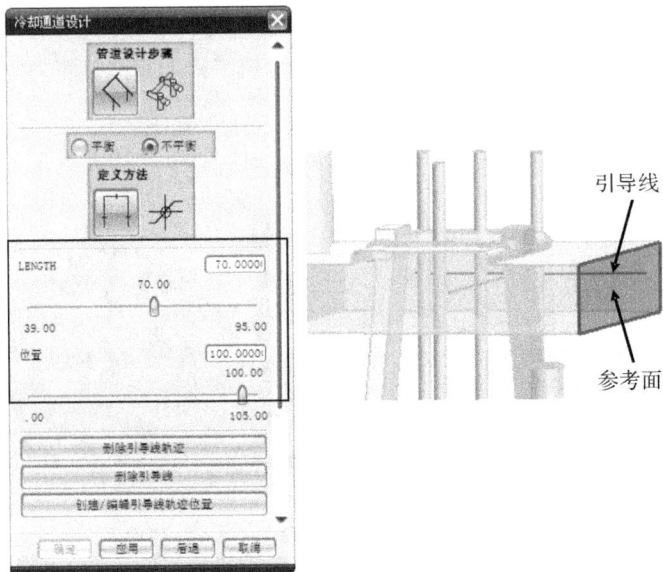

图 8-38

（4）如果结束创建的话，单击【应用】按钮，但在这个例子里面还有一条引导线没有创建，因此只需要重新再去选取一个参考面，然后输入参数值，见图 8-39 所示。

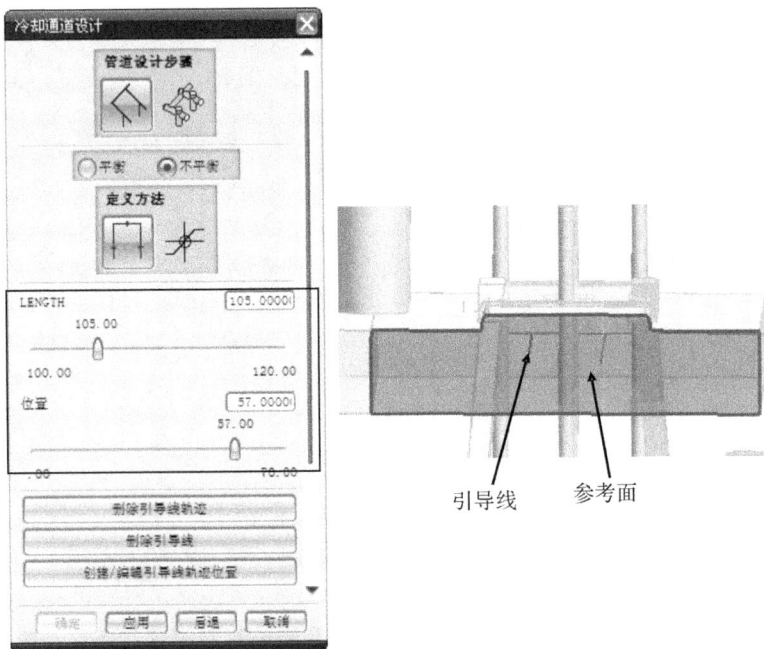

图 8-39

(5)创建完以上三条引导线后,单击鼠标中键,切换到【生成冷却通道】这个步骤。设置【孔类型】为【螺纹孔】,其【直径】为 M8x0.75,设置孔开始\结束的类型,单击【应用】按钮,创建如图 8-40 所示的冷却通道。

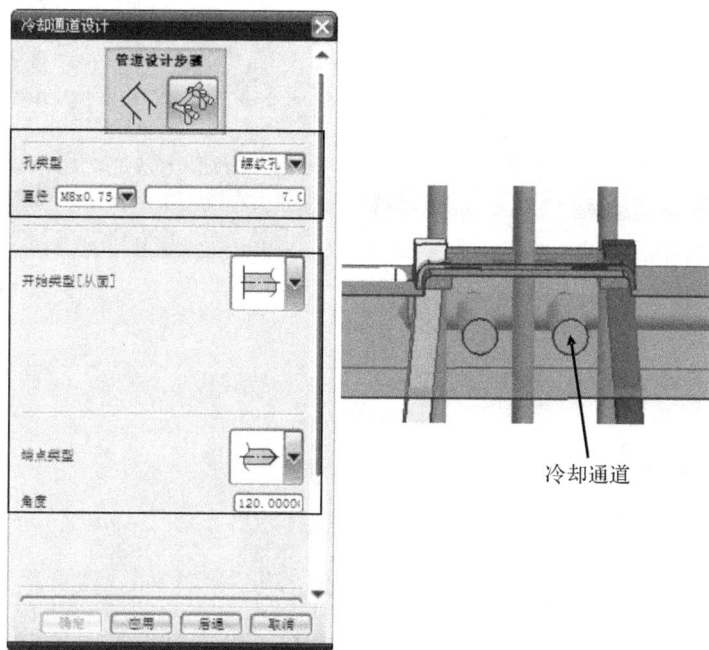

冷却通道

图 8-40

提示:

(1)使用【管道设计】这个方法来创建冷却通道时,被默认激活的组件为 Prod 组件,因此在选取参考面和参考边时只能选择位于 Prod 组件下的对象。比如说应该选取 B 板的表面做参考面,这个操作就不能实现,除非把 B 板链接到 Prod 组件下才能使用。

(2)如果要解决上面的问题,一种方法就是使用【标准件】的创建方式来创建冷却通道。

(3)在使用【管道设计】来创建位于一个平面上且是一个循环水路时,创建完一条引导线后,不要单击【应用】,只要重新选取另外一个面作为参考面即可,注射模向导会自动记录下前面创建的,并且后面创建的引导线保持与前面创建的引导线在一个平面上,只是在平面内的位置需要重新调整下即可。

---

(6)从图 8-41 所示得知,冷却通道的长度不够,还没有到达 B 板的侧面,因此需要进行修改。

(7)选择【分析】|【测量距离】|【距离】命令,选取冷却通道的端面到 B 板侧面之间的距离,结果见图 8-42 所示。

(8)打开【装配导航器】,找到【Sj_dch_cool_001】组件,双击使其成为【工作部件】。选择【插入】|【偏置/缩放】|【偏置面】命令,选取冷却管道的端面,在【偏置】选项中输入 55,单击【确定】按钮,完成冷却通道的延伸。结果见图 8-43 所示。

通道没有到达 B 板侧面

图 8-41

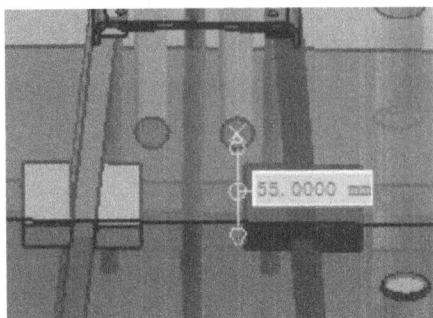

图 8-42

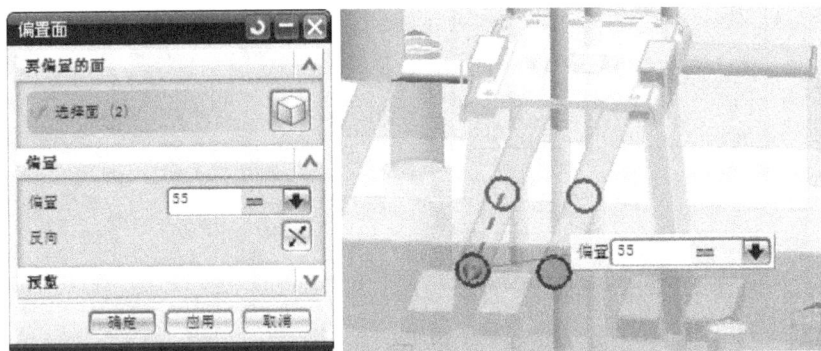

图 8-43

（9）B 板另一侧的冷却通道可以使用相同的方法创建，也可以使用装配模块中的【镜像装配】来完成。A 板侧的冷却水道的创建方式也是大同小异，请读者试着练习。

8.3 综合实例

打开配套资源 Unfinished\mfg_top_000.prt，创建其浇注系统和冷却系统等，最终完成模具的设计。

8.3.1 浇注系统设计

一、定位圈设计

单击【标准件】 按钮，出现如图 8-44 所示的对话框，在分类中选择【Locating Ring Interchangeable】，在类型下拉框中选择【M_LRB】，【尺寸】默认设置，单击【确定】按钮。

系统自动生成并安放定位圈，结果如图8-45所示。

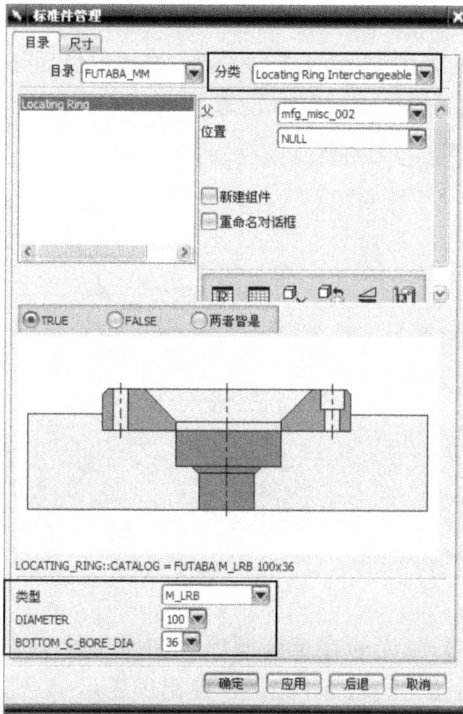

定位圈

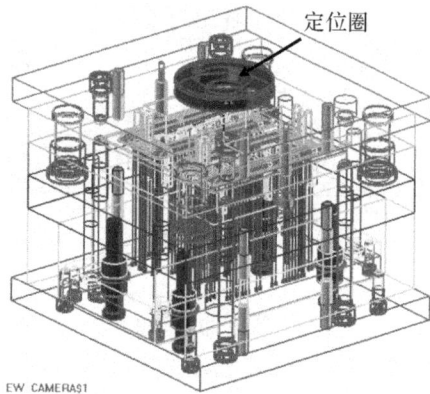

图 8-44

图 8-45

二、浇口套设计

(1)单击【标准件】 按钮，出现图 8-46 所示的对话框，同样选择【目录】下拉框中的【FUTABA_MM】，选择【分类】下拉框中的【Sprue Bushing】。在下方【型号与参数】选择参数【CATALOG_DIA】为【16】。单击【尺寸】标签，设置参数如图 8-46 中所示，单击【确定】按钮。

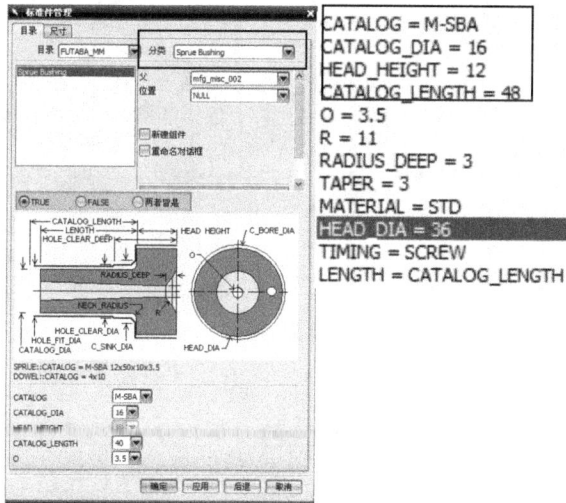

CATALOG = M-SBA
CATALOG_DIA = 16
HEAD_HEIGHT = 12
CATALOG_LENGTH = 48
O = 3.5
R = 11
RADIUS_DEEP = 3
TAPER = 3
MATERIAL = STD
HEAD_DIA = 36
TIMING = SCREW
LENGTH = CATALOG_LENGTH

图 8-46

系统自动生成定位圈,如图 8-47 所示。

(2)可以看到定位圈螺钉过长,不符合要求,需要修改,为方便操作,隐藏定位环。

(3)选中定位圈螺钉,右击选择【删除】。右击定位圈部件,设置其引用集为【FALSE】,显示线框图。可以看到虚线框腔体中仍然含有螺钉的腔体,如图 8-48 所示。

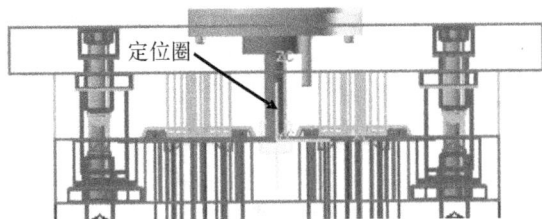

图 8-47

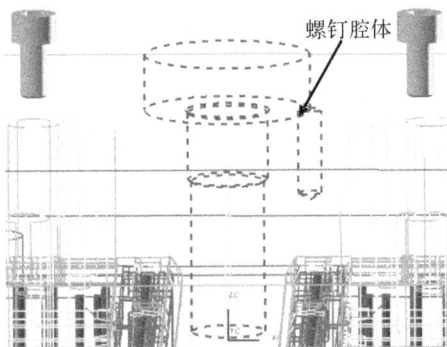

图 8-48

(4)右击定位圈部件,选择【转为工作部件】,将光标在定位圈螺钉处停几秒,在出现的【快速拾取】框中选择如图 8-49 所示的特征,右击,选择【删除】。在弹出的提示信息框中单击【确定】。

(5)打开【装配导航器】,将顶杆、限位杆、定位圈等部件的装配头节点【misc】文件激活设为【工作部件】,设置定位圈的引用集为【TRUE】,进行插入螺钉操作。

(6)单击【基本曲线】 按钮,在【基本曲线】对话框中,选择【点方式】为【圆上的点】,在定位圈上表面创建一条如图 8-50 所示的直线。

图 8-49

图 8-50

(7)单击【标准件】 按钮,在【标准件管理】对话框中,选择【目录】为【HASCO_MM】,【分类】为【Screws】,【结构】为【SHCS[Manual]】,在底部设置参数【LENGTH】为【20】,如图 8-51所示,单击【确定】。

(8)出现【选择一个面】对话框后，选择定位圈上表面，系统自动转换为俯视图，并出现【点构造器】对话框，选择参考线的中点，系统自动生成螺钉，出现【位置】对话框，单击【取消】按钮，删除参考线。

此时，生成的螺钉位置并不正确，依然需要对其重定位操作。另外，该螺钉是属于定位圈这个装配文件的，而在装配导航器中，螺钉并没有在定位圈部件节点下，应当将其拖至定位圈部件下。

(9)打开【装配导航器】，找到螺钉节点拖至定位圈装配文件节点下，如图 8-52 所示。

(10)通过查看装配导航器，可以得到该螺钉处于【非约束】 ⭘ 的状态，可以进行重定位操作。

(11)在视图中选中螺钉，单击【重定位组件】 按钮，手工拖动螺钉，使得螺钉的上表面稍微沉入定位圈上表面中，如图 8-53 所示。

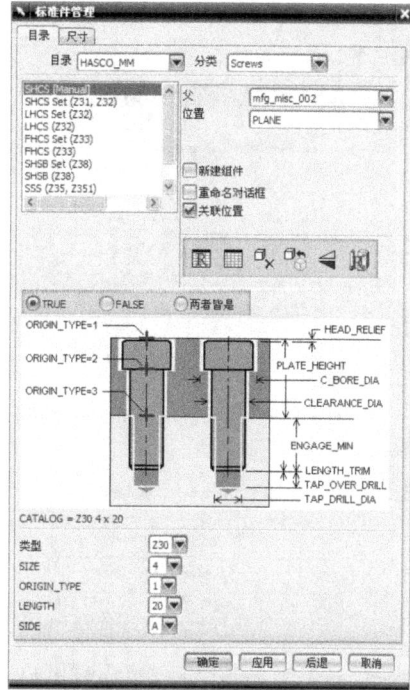

图 8-51

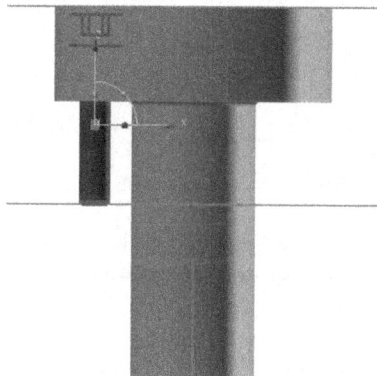

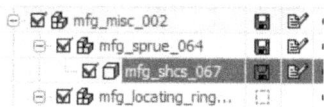

图 8-52

图 8-53

三、浇口设计

(1)【隐藏】模架上板和 AP 板，只显示 BP 板。

(2)在【注塑模向导】工具条中选择【浇口】 按钮，出现图 8-54 所示的对话框，选择浇口【类型】为 rectangle，设置浇口【参数】L=3，H=2，B=5，选择【应用】按钮。

(3)出现图 8-55 所示的对话框，设置 XC、YC 的坐标值分别为—11.5、—23，单击【确定】按钮，出现图 8-56 所示的对话框，在【类型】下拉框中选择—XC 方向为【浇口方向】，单击【确定】按钮。

(4)回到图 8-54 所示的对话框，系统自动生成浇口，如图 8-57 所示，单击【取消】按钮退出。

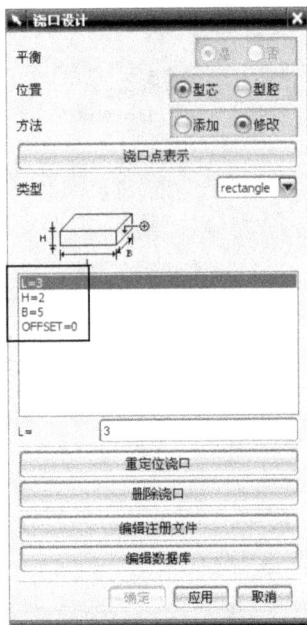

图 8-54

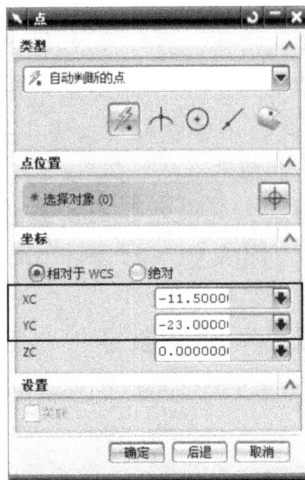

图 8-55

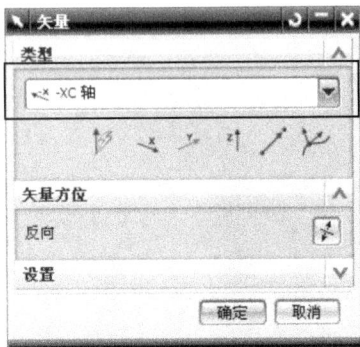

图 8-56

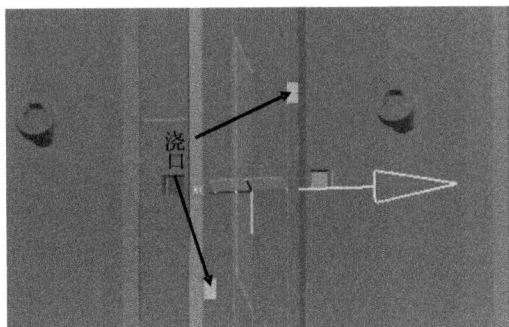

图 8-57

四、流道设计

(1)选择【注塑模向导】工具栏中的【流道】 按钮，出现图 8-58 所示的对话框，设置引导线的 A＝64,angle_rotate＝90，单击【应用】按钮，系统生成如图 8-59 所示的曲线。

(2)选择对话框中的【确定】按钮，出现图 8-60 所示的对话框，选择图 8-59 所示的曲线，单击【分型面】 按钮，选择图 8-61 所示的面，单击【确定】按钮。

(3)出现图 8-62 所示的对话框，设置流道直径为 8，系统自动创建流道通道，如图 8-63 中所示。单击【取消】按钮，退出对话框。

(4)选择【流道】 按钮，在【流道设计】对话框中设置 A＝7,angle_rotate＝0，单击【应用】按钮，系统自动在坐标原点处生成引导线。

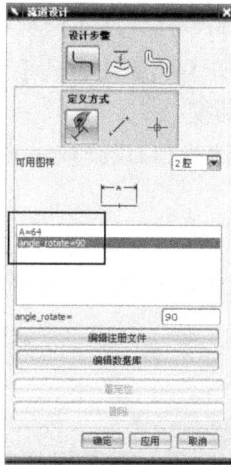

图 8-58

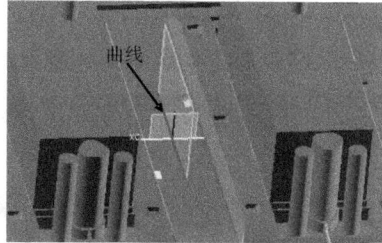

图 8-59

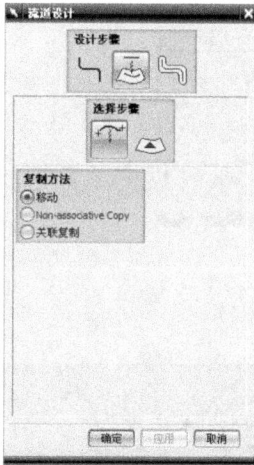

图 8-60

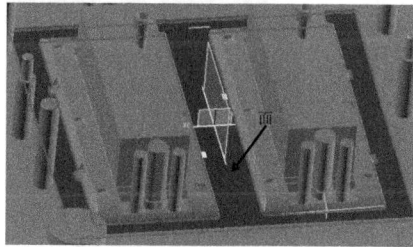

图 8-61

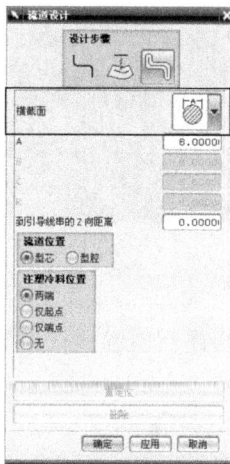

图 8-62

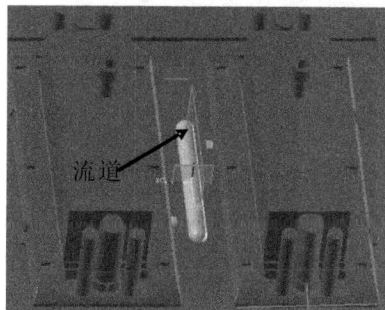

图 8-63

(5)单击对话框下方的【重定位】 **重定位** 按钮,出现图 8-64 所示的对话框,设置重定位转换量 XC、YC 轴分别为 3.5、23,如图中所示,敲击【回车】键,系统自动重新定位引导线,如图 8-65(左)所示。单击【确定】按钮回到【流道设计】对话框。

(6)选择【流道设计】对话框中的【确定】按钮,参照上述步骤,设计流道直径为 6mm,创建流道,结果如图 8-65(右)所示。

提示:在【重定位】对话框中设置变换距离后,一定要敲击键盘上的【回车】键,否则,若直接单击【确定】按钮,将不会实现变换操作。

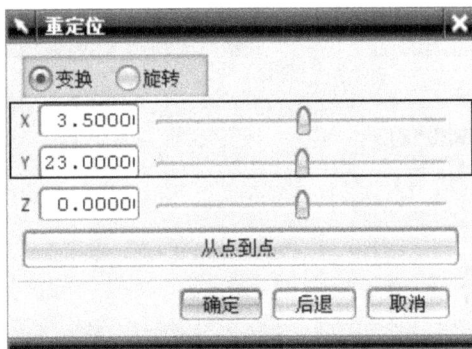

图 8-64

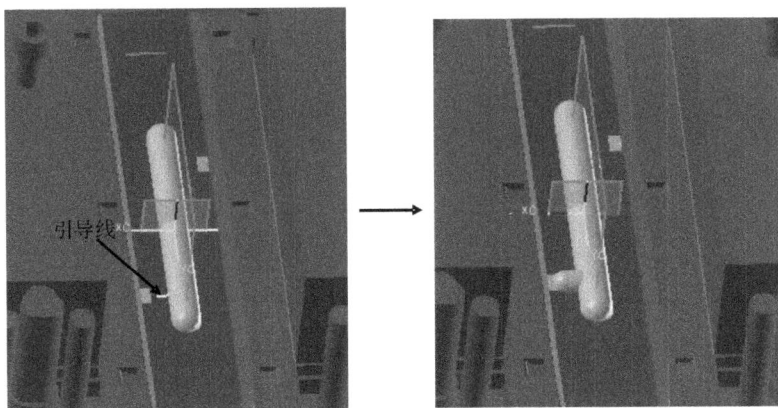

图 8-65

(7)重复上述步骤,在上面分流道关于坐标系对称的位置处创建另一条分流道,完成后如图 8-66 所示。

五、创建腔体

(1)激活顶部节点,选择【腔体】 按钮,出现【腔体】对话框,选择【工具】按钮,单击选择流道和浇口部件,如图 8-67 所示。

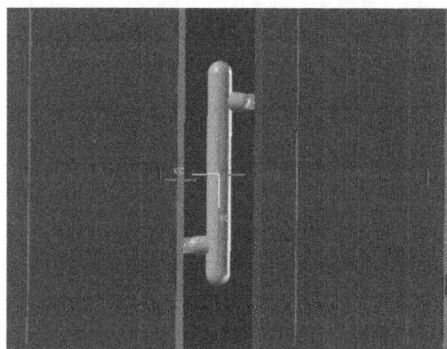

图 8-66

图 8-67

（2）选择对话框中的【查找相关组件】按钮，系统自动搜索出相关的组件作为【目标】，单击【确定】按钮。系统自动完成开腔操作。

（3）依次选择【文件】|【全部保存】按钮。

至此，整副模具的浇注系统创建完毕。

8.3.2　冷却系统设计

一、设置冷却系统参数

Moldwizard 模块中提供的【冷却】　工具，默认情况下单击该按钮，将出现【Cooling Component Design】对话框，即【标准件方法】。实际上，UG 系统提供的冷却系统的设计方法有【管道设计方法】和【标准件方法】两种，可以通过改变参数设置的方法实现两种方法的调用。

其设置步骤为：依次选择【文件】|【使用工具】|【用户默认设置】命令，出现图 8-68 所示的对话框，在左侧导航栏中选择【注射模向导】目录下的【其他】选项，在右侧标签列表中选择

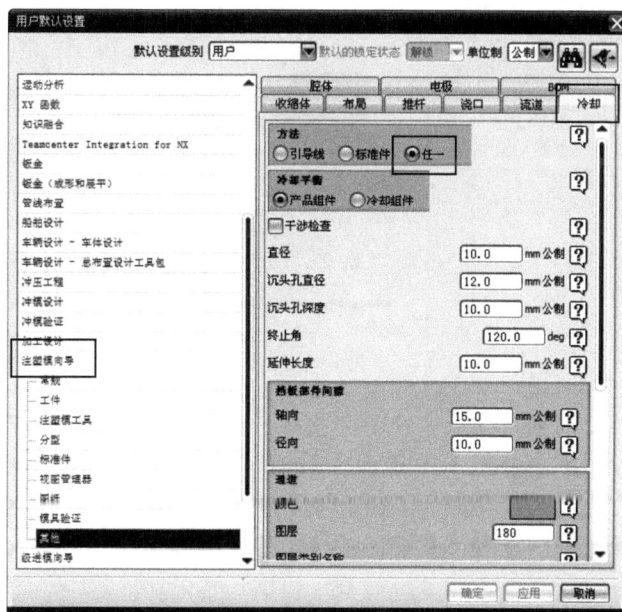

图 8-68

【冷却】标签,选择标签下【方法】中的【任一】单选按钮,单击对话框中的【确定】按钮。

关闭 UG 程序,重新打开使设置生效。

提示:系统参数设置后,需要重新启动 UG 程序才能生效。

二、冷却水路

该产品为薄壁塑料件,对冷却水路的设计要求不高,本文中选用【标准件】方式,创建冷却系统。

(1)隐藏 AP 板和 BP 板,利用【颠倒显示和隐藏】工具仅显示 AP 板和 BP 板。

(2)在【注塑模向导】工具条中选择【冷却】

图 8-69

按钮,出现图 8-69 所示的对话框,选择【标准件】按钮,出现图 8-70 所示的对话框。

(3)设置冷却水路尺寸参数,如图中所示,选择【PIP_HREAD 为 M10】,设置参数 HOLE_1_TIP_ANGLE＝180,HOLE_2_TIP_ANGLE＝180,PIPE_1_DEEPTH＝250,PIPE_2_DEEPTH＝250,单击【确定】按钮。

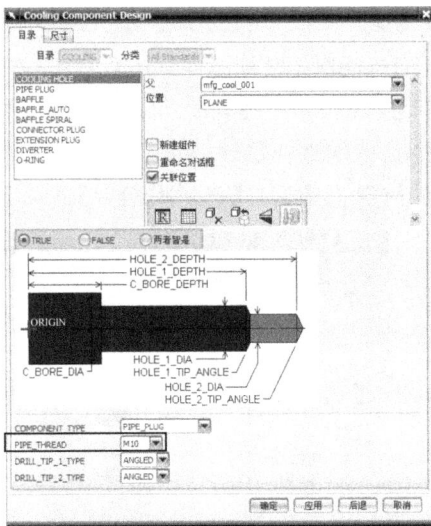

图 8-70

(4)出现【选择一个面】对话框,在视图中选择 AP 板的侧面,如图 8-71 所示。

(5)视图变为放置面正视图,并出现图 8-72 所示的对话框,设置基准点为(25,0,0),单击【确定】按钮,系统自动创建冷却水路如图 8-73 所示。

(6)并出现【位置】对话框,单击【确定】按钮,再次出现图 8-72 所示的对话框,修改 XC 轴坐标值为－25,单击【确定】按钮,系统自动生成第二条水孔。

(7)单击【取消】按钮退出【位置】对话框,单击【取消】按钮,退出【冷却方式】对话框。水路创建结果如图 8-74 所示。

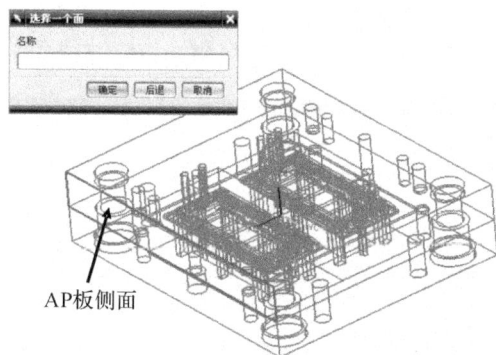

图 8-71

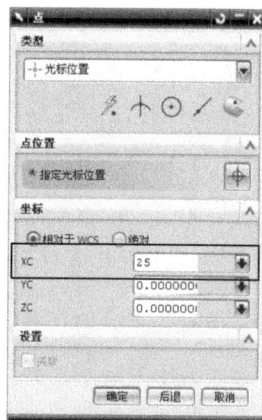

图 8-72

图 8-73

冷却水路

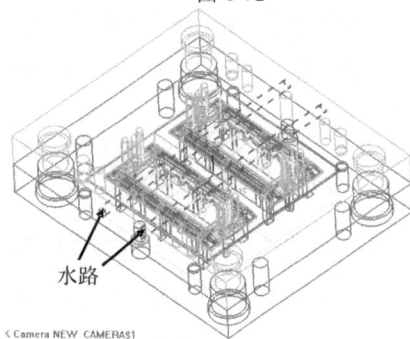

图 8-74

水路

（8）编辑水孔的显示方式为【着色】显示，选中两水孔，依次选择工具栏中的【编辑】|【对象显示】命令，出现图 8-75 所示的对话框，选择【着色显示】复选框，单击【确定】按钮，调整视图【局部着色】显示，如图 8-76 所示。

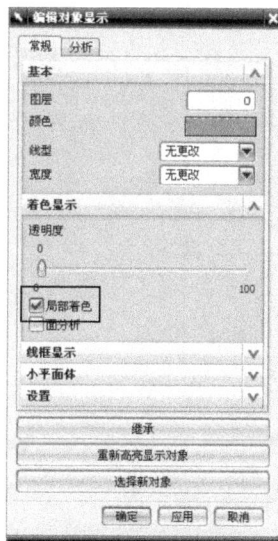

图 8-75

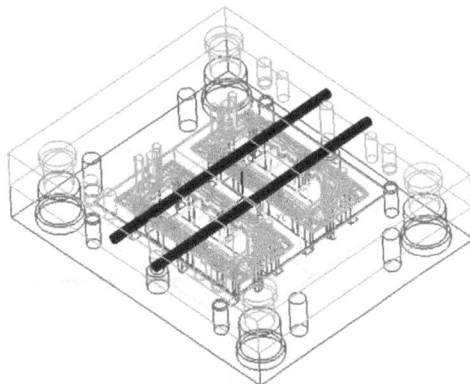

图 8-76

(9)再次选择【冷却】 按钮，选择【设计方式】为【标准件】方式，出现如图 8-77 所示的对话框，选择 CONNECTOR PLUG，选择喉塞的【父部件】为_cool_001,【位置】为 PLANE，选择【供应商 SUPPLIER】为 HASCO，选择【PIPE_THREAD】为 M10，单击【确定】按钮。

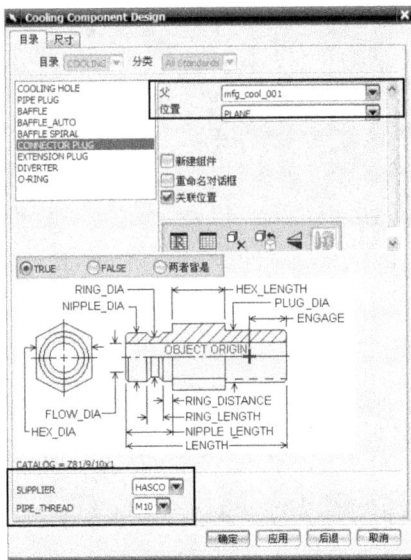

图 8-77

(10)选择图 8-71 为放置面，出现【点】对话框，选择【类型】为【圆心】 方式，水孔在正面的端面圆心为基点，如图 8-78 所示。系统自动生成水嘴，确定【位置】对话框，选择另一水孔的端面圆心，生成另一水嘴，单击【取消】按钮退出【位置】对话框，选择【取消】退出【冷却方式】对话框，结果如图 8-79 所示。

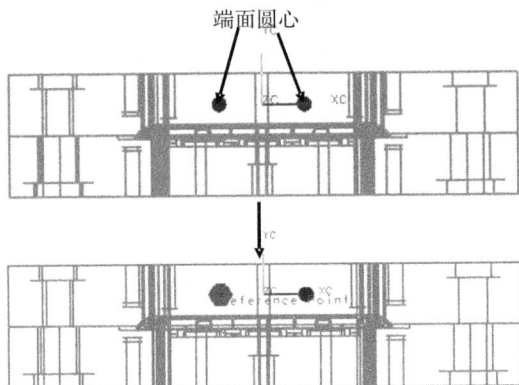

图 8-78

(11)重复上述步骤，在水孔的另一端创建水嘴，结果如图 8-80 所示。

(12)将【_cool_】部件设为【工作部件】，选择【装配】工具条中的【镜像装配】 工具，以 XC—YC 为镜像平面，将 AP 板的一侧水路系统镜像到 BP 板，结果如图 8-81 所示。

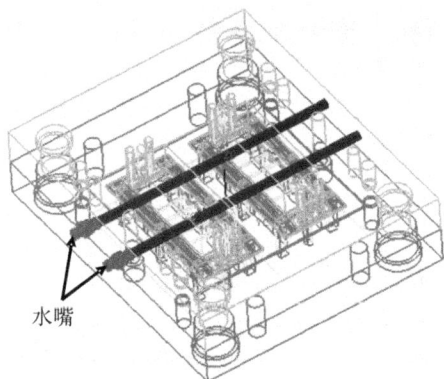

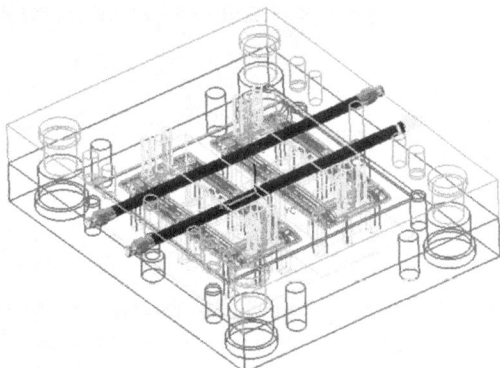

图 8-79   图 8-80

三、冷却系统后处理

显示所有部件，如图 8-82 所示，看到水嘴超出模具表面，这样在操作时，很容易被破坏。所以需要对水嘴的位置进行调整，使之跟表面平齐或者稍微缩进模具表面。

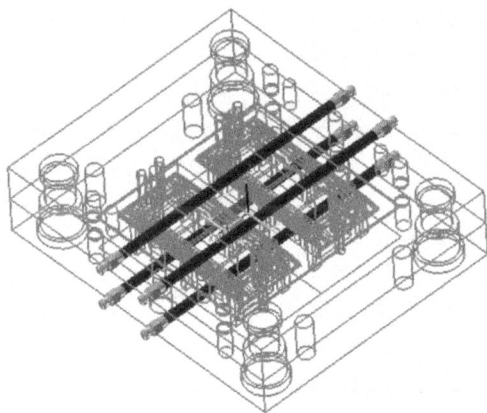

图 8-81   图 8-82

（1）打开【装配导航器】，查看水嘴处于【半约束】 ◑ 状态，如图 8-83 所示。

（2）选择【装配】工具条中的【装配约束】 ⚙ 按钮，弹出【装配约束】对话框，单击【删除所有的配对条件】按钮，删除所有配对条件，见图 8-84 所示。

（3）打开【装配导航器】，可以看到水嘴的约束状态已经变为【无约束】 ○ 状态，可以进行重定位操作了。

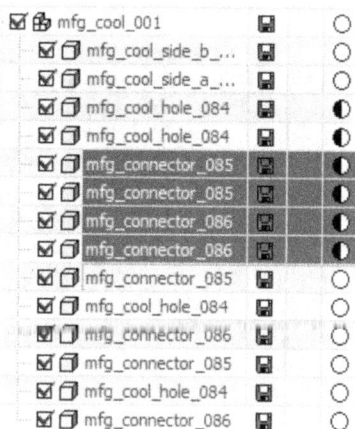

图 8-83

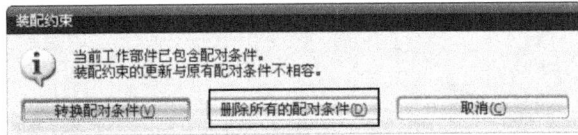

图 8-84

（4）单击【装配】工具条中的【移动组件】 按钮，出现图 8-85 所示的对话框，选择模具同侧的 4 个水嘴，单击【确定】按钮。出现图 8-86 所示的对话框，并在视图中出现动态坐标系，点击 XC 轴方向，在对话框中的【距离】文本框中输入－20，单击【确定】按钮。重定位后的水嘴如图 8-87 所示。

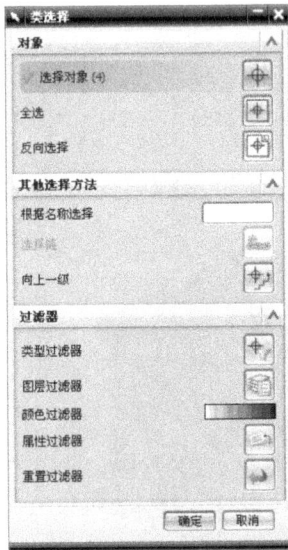

图 8-85

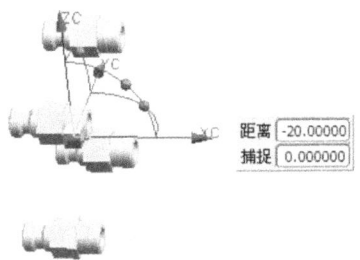

图 8-86

（5）重复上述步骤，重定位另一侧的水嘴，完成后如图 8-88 所示。

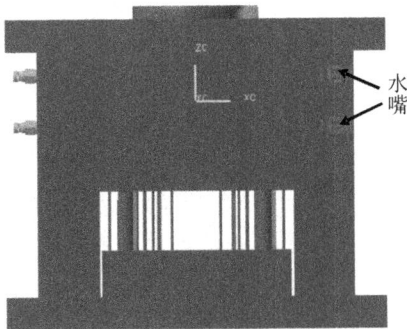

图 8-87

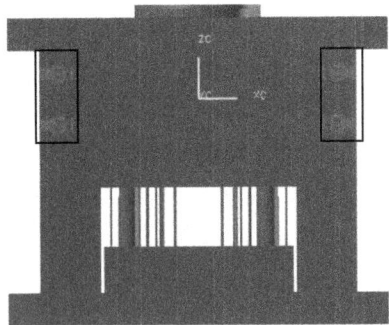

图 8-88

（6）水路系统开腔设计

① 打开【装配导航器】，激活顶部节点，单击【腔体】 按钮，出现【腔体】对话框，选择 AP 板为【目标体】，如图 8-89 所示。选择 AP 板的水路的【FALSE】实体为【刀具体】，单击【确定】。

② 选择 AP 板的两条水孔右击，依次选择【替换引用集】|【空】。

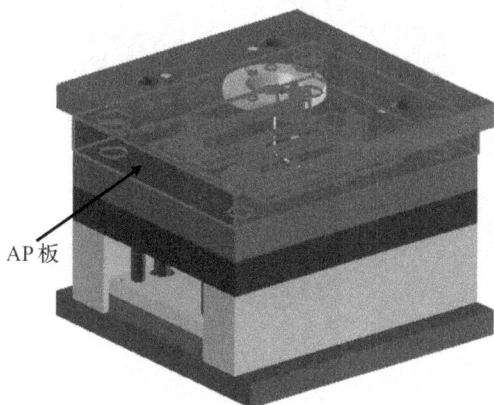

AP 板

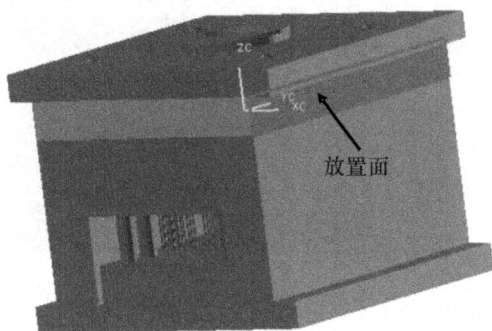

放置面

图 8-89   图 8-90

③ 右击 AP 板选择【转为工作部件】，单击【NX5 版本之前的孔】 按钮，出现【孔】对话框，选择图 8-90 所示平面为放置面，设置孔的【直径】为 15，【深度】为 19，【锥角】为 0，如图 8-91 所示的对话框，单击【确定】。

④ 出现【定位】对话框，选择【点到点】 定位方式，出现【点到点】对话框，在视图中选择图 8-92 所示的圆弧，出现【设置圆弧的位置】对话框，选择【圆弧中心】 圆弧中心 按钮，系统自动生成水嘴沉孔，如图 8-93 所示。

⑤ 重复上述步骤，依次完成对 AP 板上另外水嘴孔的创建。

⑥ 打开【装配导航器】，激活顶部节点，单击【腔体】 按钮，出现【腔体】对话框，选择 BP 板为【目标体】，选择 BP 板的水路的【FALSE】实体为【刀具体】，单击【确定】。

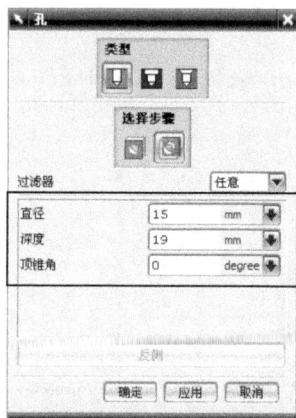

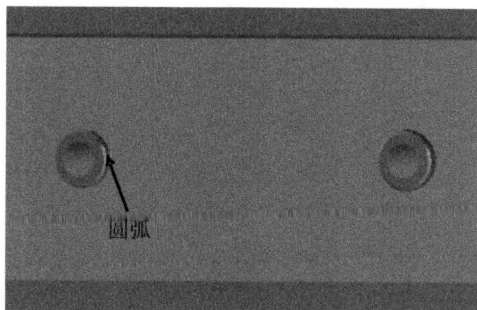

圆弧

图 8-91   图 8-92

⑦ 替换 BP 板的水孔引用集为【空】。

⑧ 右击 BP 板选择【转为工作部件】，单击【NX5 版本之前的孔】 ![按钮] 按钮，操作同 AP 板创建水嘴孔操作。

⑨ 在标题栏中依次选择【文件】|【全部保存】工具，整套模具的视图如图 8-94 所示。

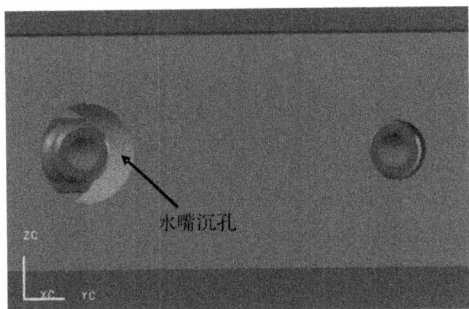

图 8-93

图 8-94

8.4 练 习

8.4.1 思考题

(1) 注射模的浇注系统有哪几部分组成？各自起到什么作用？

(2) 主流道及定位圈与注射机之间有什么关系？

(3) 分流道截面常用的有几种类型？其尺寸应该如何取值？

(4) 流道设计应遵循什么原则以便创建较优的流道？

(5) 浇口设计时可以采用什么原则去设计？

(6) 简述冷却系统在产品质量、成型周期等方面对模具的影响。

(7) 设计冷却水路时应注意哪些问题？

8.4.2 操作题

打开如图 8-95 所示的图形文件，结合实例中的操作方法，完成此产品的浇注系统和冷却系统的创建。

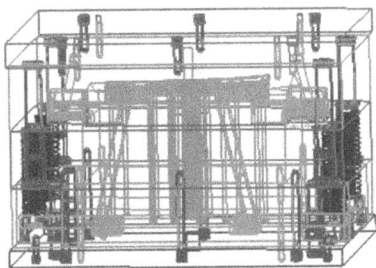

图 8-95

第 9 章　UGNX 注塑模设计实例

　　本章详细解说并实现了简单二板模盖子设计的全过程,并针对本产品特点,插入工件,调入标准模架,标准件、设计水路、顶出系统,对这些调用操作做了详细的讲解。

本章学习目标

➤ 学习整副模具的设计过程及设计细节,熟悉模具设计的流程及设计要点。
➤ 掌握 MoldWizard 设计简单二板模方法,标准模架的设计和调用过程。

9.1　简单二板模:盖子模具设计实例

　　本例通过生活用品盖子的模具设计来讲述简单二板模设计流程。如图 9-1 所示为盖子的数据模型。

　　该套模具采用一模一腔的方式进行分模,即一套模具中一个的型腔。模架的尺寸需要全部重新设置,产品材料采用 PPO,收缩率为 0.1%。

图 9-1

9.1.1　设计流程

图 9-2 设计流程图

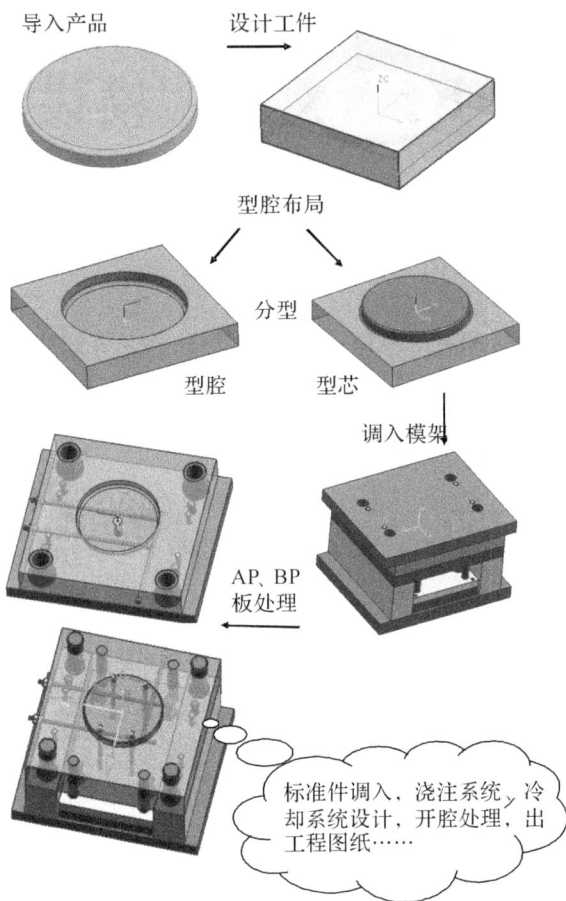

图 9-2

9.1.2 设计前准备

设计前,我们需要整理以下资料:

(1)产品信息

产品名称:cap09;材料:PPo;收缩率:1%;产品重量:64g。

(2)注塑机信息

- 注塑机型号:HTF86/TJ－A;注射重量:119g。
- 合模力:860KN;拉杆内距离(mm):360X360。
- 最大模厚 360mm;最小模厚 150mm。
- 定位圈直径 125mm,喷嘴直径 3mm,喷嘴球头 SR10mm,喷嘴最大伸入高度 50mm。
- 顶棍孔直径 40mm。

(3)模具设计基本信息。

- 模具寿命 20 万。
- 型腔数目:一模一腔。
- 浇口形式:直浇口。

- 取件方式：人工。
- 顶出方式：机械顶出。

提示：设计前首先要了解设计的模具用于哪种注塑机，对注塑机参数的了解直接关系到模具设计是否合理。一般注塑机参数有：厂商名、工场编号、机种名、最大型开距离、型厚、导柱间隔、螺杆直径、射出压力、射出量、成形机定位圈、成形机喷嘴 R，喷嘴直径。

9.1.3 设计准备

一、项目初始化

(1)在 Windows 环境下依次选择【开始】|【所有程序】|【UGS NX 6.0】|【NX 6.0】命令，进入 UG NX 6.0 界面，初始化环境。

(2)在菜单栏中依次选择【开始】|【所有应用模块】|【注塑模向导】命令，调出【注塑模向导】工具条。

(3)单击【项目初始化】按钮，出现所图 9-3 示的对话框，选择 cap09.prt 文件，选择 OK 按钮。

(4)出现【项目初始化】对话框，设置【项目单位】中选择 毫米，输入项目【名称】cap09，在【材料】列表中选择 PPo，如图 9-4 所示，单击【确认】按钮。

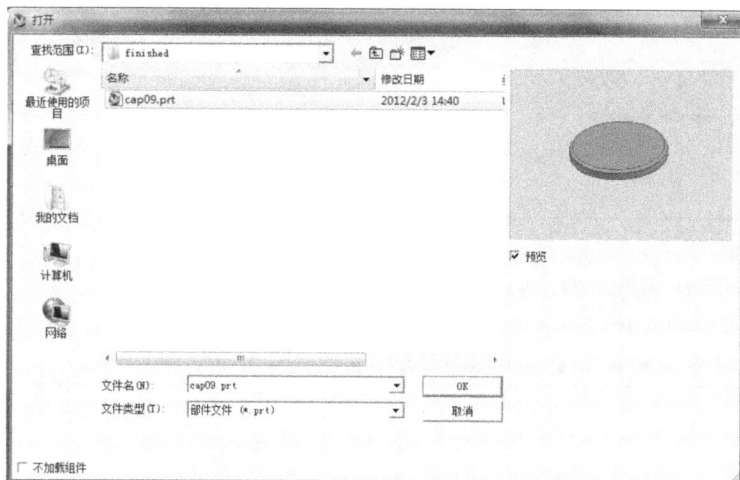

图 9-3

图 9-4

系统会根据【配置】选项，自动加载装配文件，打开【装配导航器】就可见到如图 9-5 所示的装配树。加载完后，UGNX 主窗口显示产品模型，如图 9-6 所示。

提示：材料数据库中主要存放着产品常用材料及其收缩率，用户可以根据产品使用的具体材料，在数据库中新建或编辑材料及其收缩率。

图 9-5

图 9-6

二、模具坐标系设置

（1）【注塑模向导】工具栏中单击【模具 CSYS】，弹出如图 9-7 所示的【模具 CSYS】对话框。

（2）单击【确定】按钮完成模具工件设置。最后得到的结果如图 9-8 所示。

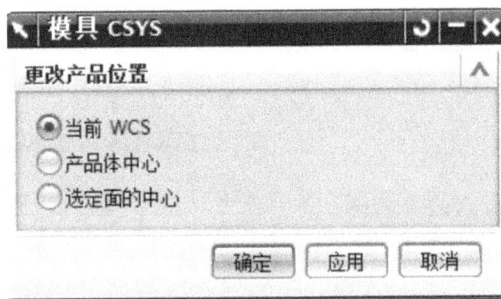

图 9-7

图 9-8

提示：设置模具坐标系是模具设计中相当重要的一步，模具坐标系的原点须设置于模具动模和定模的接触面上，模具坐标系的 XC－YC 平面须定义在动模和定模接触面上，模具坐标系的 ZC 轴正方向指向塑料熔体注入模具主流道的方向上。模具坐标系与产品模型的相对位置决定产品模型在模具中放置的位置，是模具设计成败的关键。

三、设置工件

（1）在【注塑模向导】工具栏中单击【工件】按钮，弹出如图 9-9 所示的【工件】对话框。在对话框中包括工件类型、工件方法、尺寸等参数。

（2）在对话框中选择类型【产品工件】，工件方法选择【用户定义的块】，在尺寸中将限制【开始】的值改为 20mm 和【结束】的值改为 30mm。单击【预览】可以预览显示结果，如图 9-10所示。

（3）单击【确定】按钮完成模具工件设置。最后结果得到的结果如图 9-11 所示。

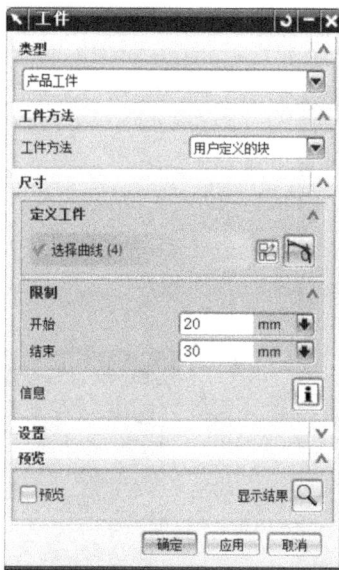

图 9-9

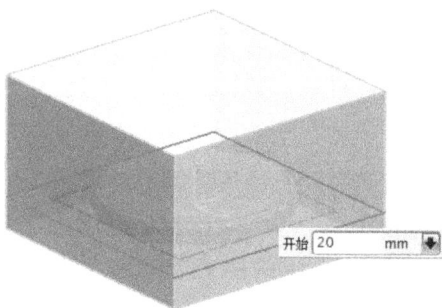

图 9-10

图 9-11

提示:模具型腔和型芯毛坯(简称"模坯")是外形尺寸大于产品尺寸的用于加工模具型腔和型芯的金属坯料。UG NX6.0 模具向导模块(Mold Wizard)自动识别产品外形尺寸并预定义模具型腔、型芯毛坯的外形尺寸,其默认值在模具坐标系 6 个方向上比产品外形尺寸大 25mm,用户也可以根据实际要求自定义尺寸。Mold Wizard 通过"分模"将模具坯料分割成模具型腔和型芯。由于我们这幅模具设计采用整体模,所以我们工件尺寸可以按默认来设计。

9.1.4 分型

点击了【分型】功能以后,出现如图 9-12 所示【分型管理器】对话框,对话框的分型功能可以实现模具的分型。

一、编辑设计区域

(1)单击【设计区域】图标，打开如图 9-13 所示【MPV（模型部件验证）初始化】对话框。

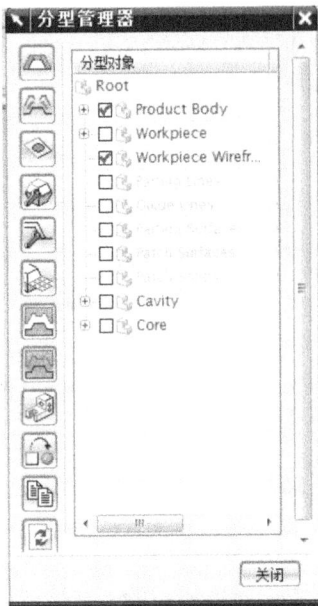

图 9-12

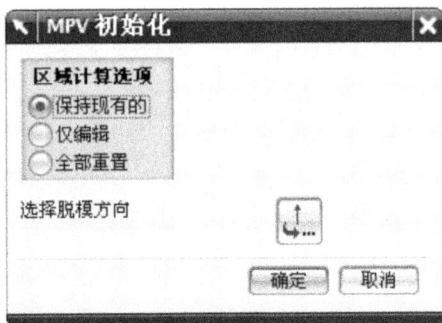

图 9-13

(2)单击【确定】按钮，得到如图 9-14 所示的【塑模部件验证】对话框。单击【设置区域颜色】完成设计区域颜色设置。

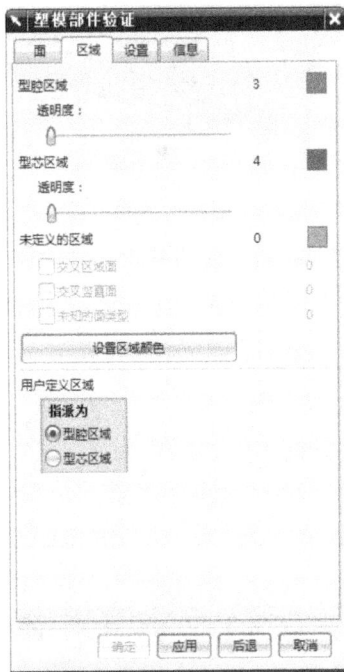

图 9-14

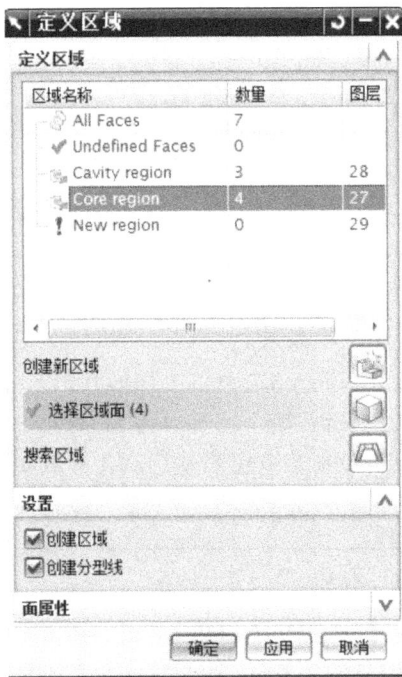

图 9-15

二、提取区域和分型线

单击【抽取区域和分型面】图标,打开如图 9-15 所示【定义区域】对话框。在【定义区域】对话框,选中【Core region】,勾中【创建区域】和【创建分型线】,单击【确定】按钮,回到如图 9-12所示【分型管理器】对话框。

三、创建分型面

(1)在图 9-12 所示【分型管理器】对话框中。点击【创建/编辑分型面】图标,得到如图 9-16 所示【创建分型面】对话框。

(2)点击【创建分型面】图标,得到如图 9-17 所示【分型面】对话框。

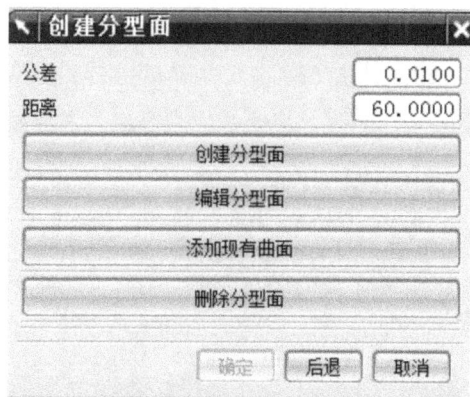

图 9-16

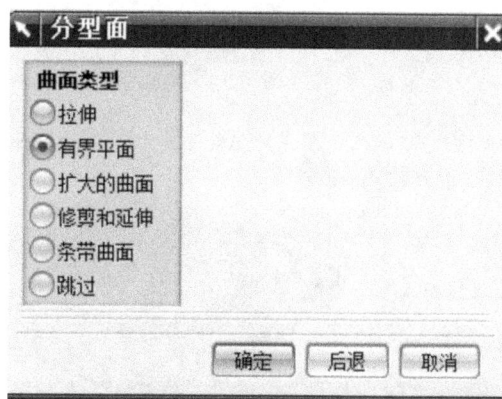

图 9-17

(3)选择【有界平面】,单击【确定】按钮,得到如图 9-18 所示。

四、创建型芯和型腔

(1)在【分型管理器】对话框中,点击【创建型芯和型腔】图标,得到如图 9-19 所示【定义型芯和型腔】对话框。

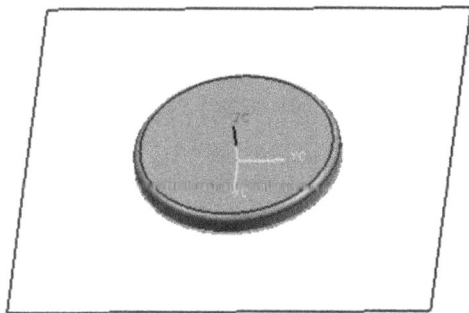

图 9-18

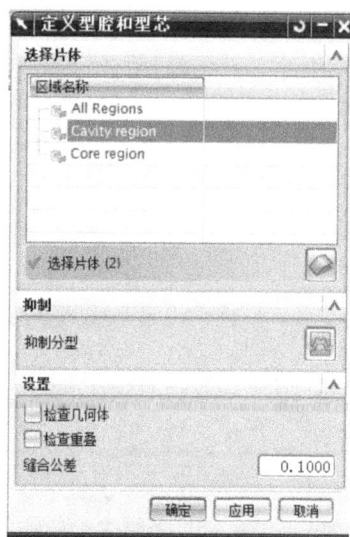

图 9-19

　　(2)在【定义型芯和型腔】对话框中,选择【Cavity region】选项,选择型腔区域面。单击【应用】按钮得到如图 9-20 所示,单击【确定】按钮,完成型腔部分创建。

　　(3)在【定义型芯和型腔】对话框中,选择【Core region】选项,选择型芯区域面。单击【确定】按钮得到如图 9-21 所示,单击【确定】按钮,完成型芯部分创建。

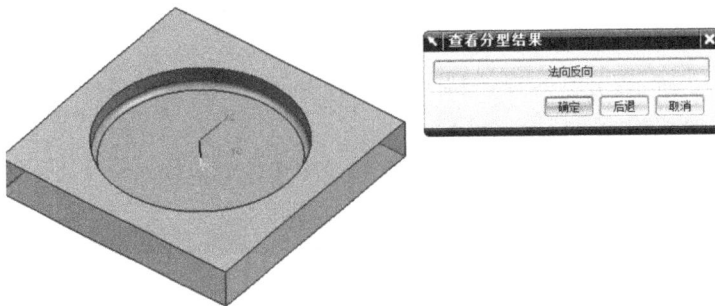

图 9-20

图 9-21

9.1.5　添加模架

一、导入模架

(1)在【注塑模向导】对话框,点击【模架】图标,得到如图 9-22 所示的【模架管理】对话框。

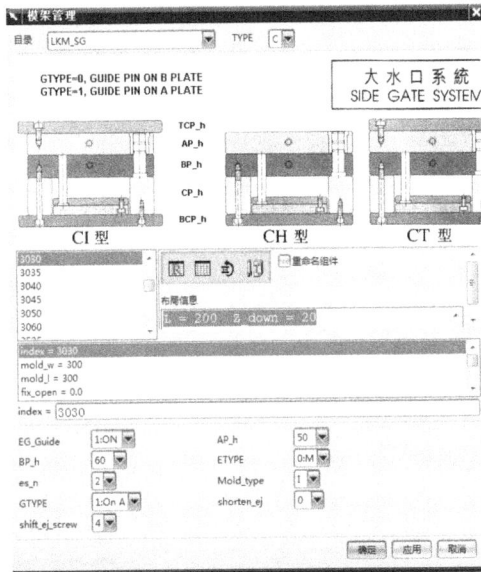

图 9-22

(2)在【模架管理】对话框中,选择目录【LKM PP】系统根据成型镶件的布局尺寸自动选择【3030】规格,AP_h=50、BP_h=60,shorten_ej 设置为 0。其他参数按系统默认设置,单击【确定】按钮,结果如图 9-23 所示。

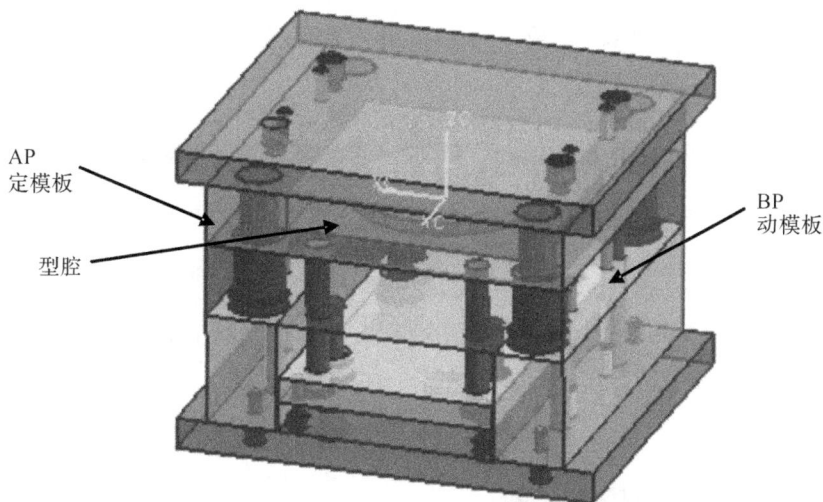

图 9-23

二、定模板【AP】设计

(1)右击 AP 板,选择【隐藏】。选择 AP 板内的型腔,右击,选择【隐藏】,如图 9-23 所示。

(2)依次选择【编辑】|【隐藏】|【颠倒显示和隐藏】命令,得到图 9-24 所示的图形。

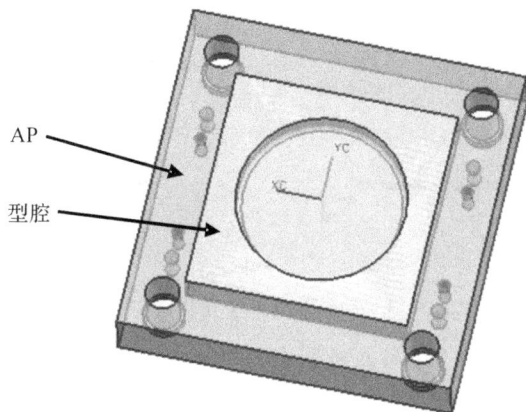

图 9-24

(3)选择 AP,右击,选择【转为工作部件】,如图 9-25 所示。

(4)打开【装配】模块工具条,选择【WAVE 几何链接器】按钮,出现图 9-26 所示的对话框,在【类型】下拉框中选择【复合曲线】,翻转视图中的模型,调整视图为【线框图】,选择一个工件的上表面边界,如图 9-27 所示,单击【应用】按钮。

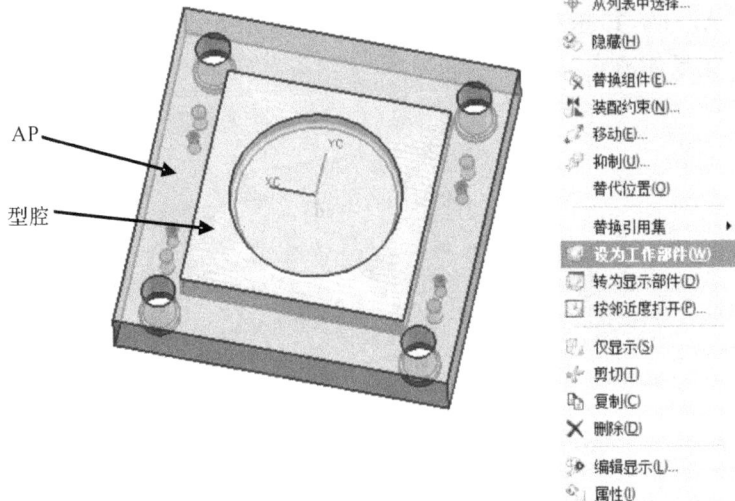

图 9-25

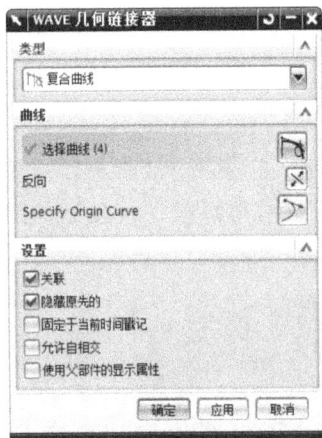

图 9-26

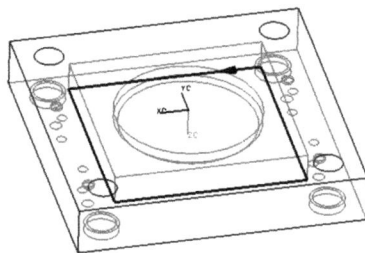

图 9-27

（5）保证【建模】模块已经被激活,选择【拉伸】 按钮,出现【拉伸】对话框,在工具栏下方的【过滤器】的下拉框中选择【单条曲线】,在视图中选择第一次抽取出的工件之一的边界边,设置拉伸方向沿－ZC 轴,设置拉伸长度足够长,以超出 AP 板下表面,选择【布尔】方式为【求差】,选择 AP 板为【求差目标体】,如图 9-28 所示,单击【应用】按钮。

（6）在【装配】工具条中选择【WAVE 几何链接器】 按钮,出现【WAVE 几何链接器】对话框所示的对话框,在对话框中的【类型】下拉框里选择【体】,在【视图】中选择【型腔】,如图 9-29 所示,单击【确定】按钮。

（7）在工具栏中选择【求和 U】 按钮,选择 AP 板为【目标】,选择上步中抽取出的型腔体为【刀具】,如图 9-30 所示,单击对话框中的【确定】按钮。

（8）打开【装配导航器】,展开装配树,找到型腔工件文件【CAP09_CAVITY_002】,选中

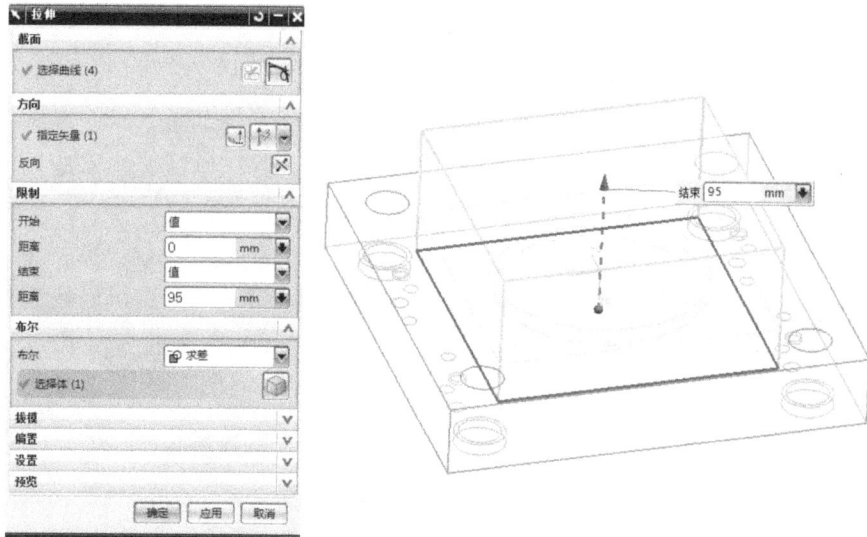

图 9-28

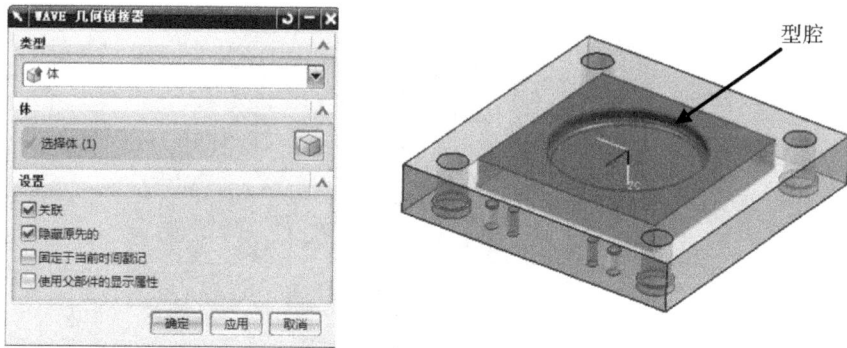

图 9-29

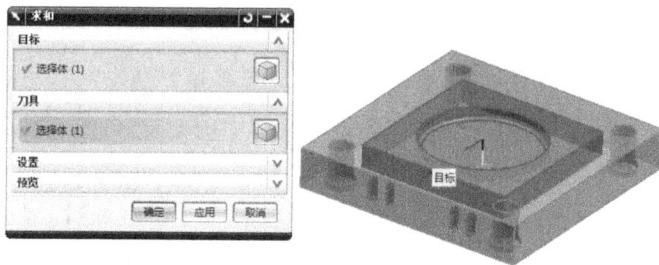

图 9-30

这个文件,右击,依次选择【替换引用集】|【空】,如图 9-31 所示。

AP 板设计完成,定模板如图 9-32 所示。

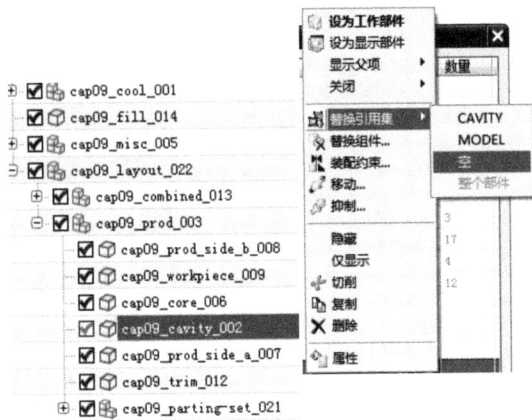

图 9-31

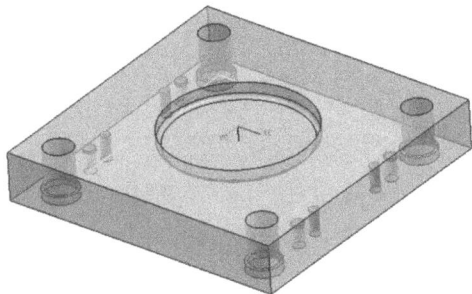

图 9-32

三、动模板 BP 设计

（1）右击 BP 板，选择【隐藏】。选择 BP 板内的型芯，右击，选择【隐藏】，依次选择【编辑】|【隐藏】|【颠倒显示和隐藏】命令，得到如图 9-33 所示的图形。

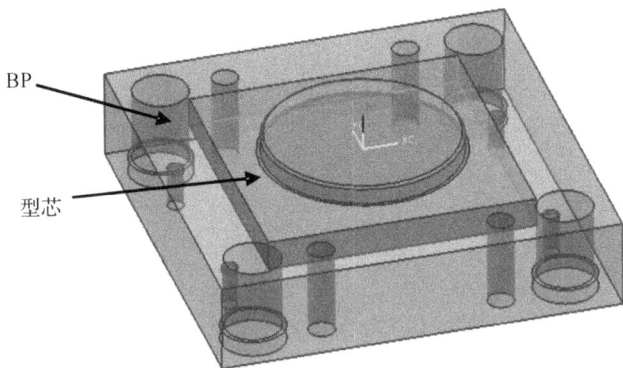

图 9-33

（2）选择 BP 右击，选择【转为工作部件】，如图 9-33 所示。

（3）打开【装配】模块工具条，选择【WAVE 几何链接器】 按钮，出现图 9-34 所示的对话框，在【类型】下拉框中选择【复合曲线】，翻转视图中的模型，调整视图为【线框图】，选择型芯的底部边界，如图 9-35 所示，单击【应用】按钮。

（4）保证【建模】模块已经被激活，选择【拉伸】 按钮，出现【拉伸】对话框，在工具栏下方的【过滤器】的下拉框中选择【单条曲线】，在视图中选择抽取出的型芯的边界边，设置拉伸方向沿－ZC 轴，设置拉伸长度足够长，以超出 BP 板上表面，选择【布尔】方式为【求差】，选择 BP 板为求差【目标体】，如图 9-36 所示，单击【应用】按钮。

（5）在【装配】工具条中选择【WAVE 几何链接器】 按钮，出现【WAVE 几何链接器】对话框所示的对话框，在对话框中的【类型】下拉框里选择【体】，在视图中选择型腔，如图 9-37 所示，单击【确定】按钮。

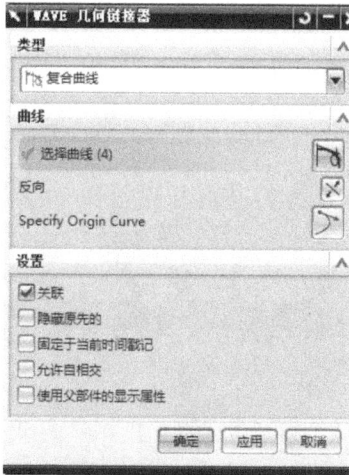

图 9-34

图 9-35

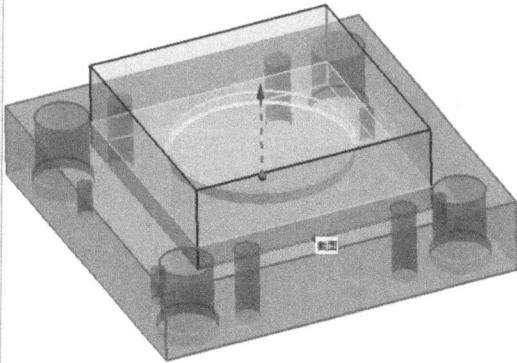

图 9-36

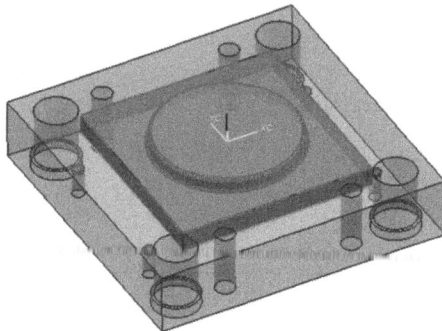

图 9-37

(6)在工具栏中选择【求和 U】 按钮，选择 BP 板为【目标】，选择上步中抽取出的型芯体为【刀具】，如图 9-38 所示，单击对话框中的【确定】按钮。

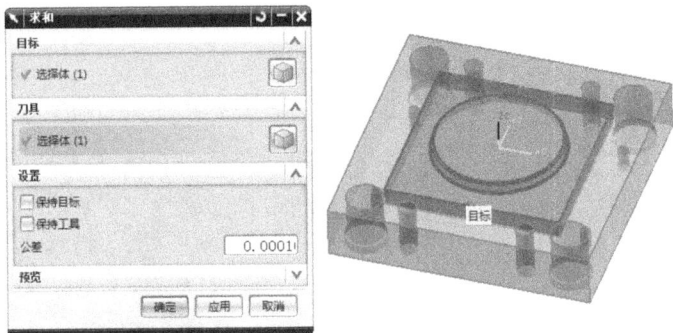

图 9-38

(7)打开【装配导航器】，展开装配树，找到型腔工件文件【CAP09_CAVITY_002】，选中这个文件，右击，依次选择【替换引用集】|【空】，如图 9-39 所示。

BP 板设计完成，动模板如图 9-40 所示。

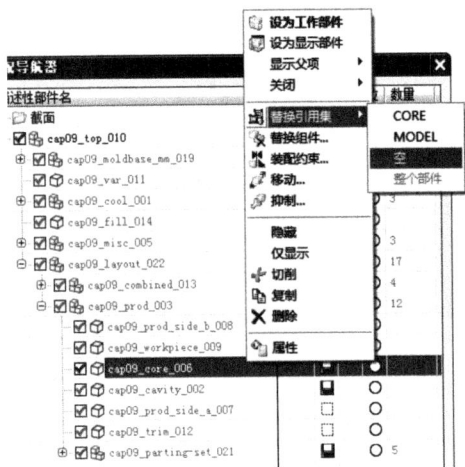

图 9-39

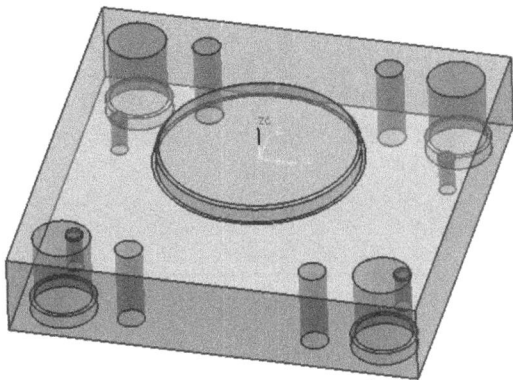

图 9-40

9.1.6　浇注系统设计

由于本产品盖子采用一模一腔，因此我们采用直接中心浇口进浇。

> 提示：浇注系统设计，根据选定注射机型号：定位圈直径 125mm，喷嘴直径 3mm，喷嘴球头 SR10mm，喷嘴最大伸入高度 50mm。确定定位圈的型号、浇口套的型号。

一、定位圈的设计

(1)单击【标准件】 按钮，出现【标准件管理】对话框，选择生产厂商下拉框中的【FU-TABA_MM】，在标准件列表中选择【Locating Ring Interchangeabie】，在类型下拉框中选择

【TYPE】为 M_LRB,【DIAMETER】为 100,【BOTTOM_C_BORE_DIA】为 36,设置定位圈的尺寸如图 9-41 所示,单击【确定】按钮。

系统自动生成并安放定位圈,结果如图 9-42 所示。

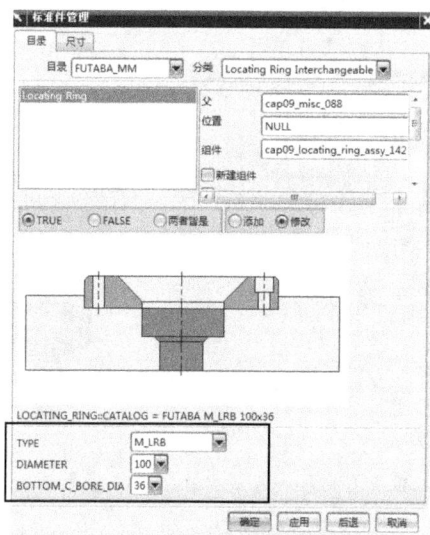

图 9-41

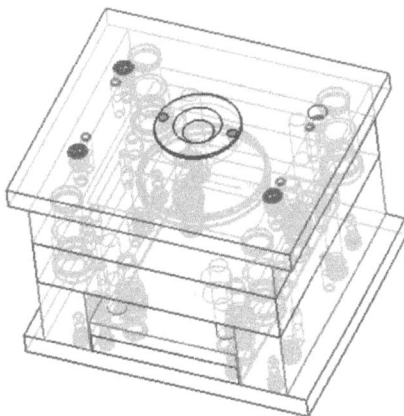

图 9-42

二、浇口套的设计

(1)单击【标准件】 按钮,出现【标准件管理】对话框,同样选择【目录】下拉框中的【MISUMI】,选择【标准件列表框】中的【Sprue Bushing】。在下方【型号与参数】选择类型为 SBBH。单击【尺寸】标签,设置参数如图 9-43 所示,单击【确定】按钮。

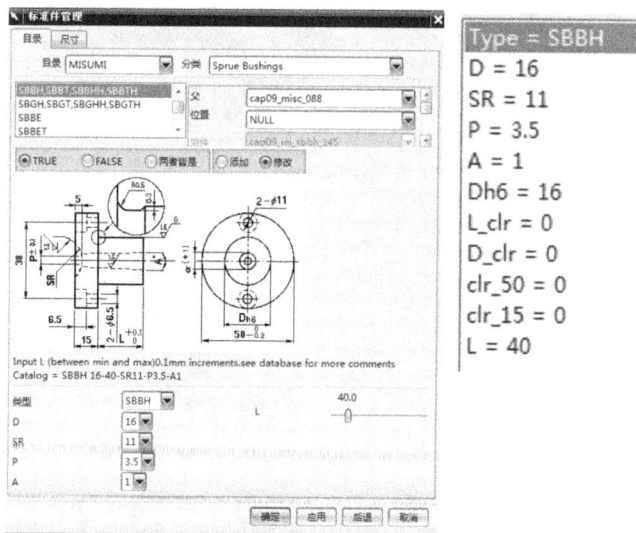

图 9-43

系统自动生成并安放浇口套,结果如图 9-44 所示。

(2)如图 9-44 所示可以看到衬套的定位没有跟定位圈完全配合,需要重定位操作,选择【标准件】 按钮,出现【标准件管理】对话框,在视图中选择【浇道衬套部件】,如图 9-45 所示。

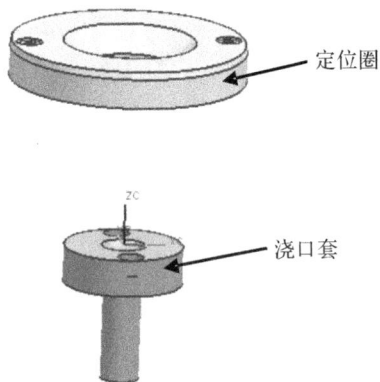

图 9-44

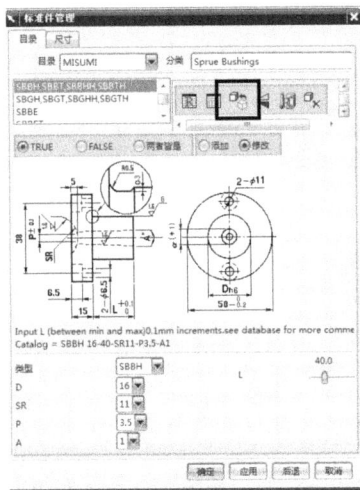

图 9-45

(3)单击对话框中的【重定位】 按钮,出现【重定位】对话框,并在衬套部件上出现动态坐标系,单击 ZC 轴方向箭头,沿 ZC 方向移动 70mm,衬套至与定位环平齐位置,如图9-46 所示。

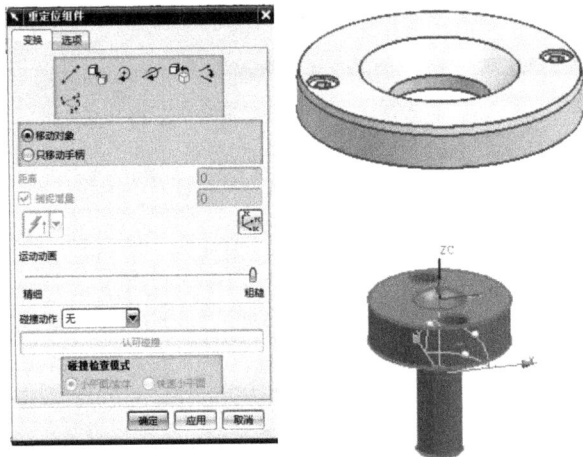

图 9-46

(4)选择【重定位】对话框中的【确定】按钮,单击【标准件管理】对话框中的【取消】按钮,退出对话框。如图 9-47 所示完成浇口套调整。

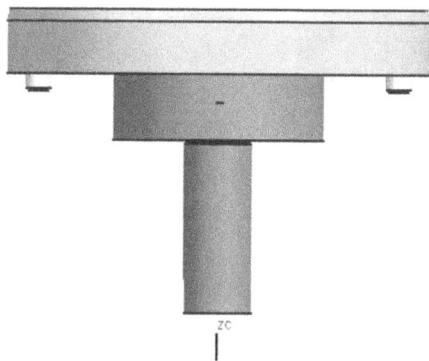

图 9-47

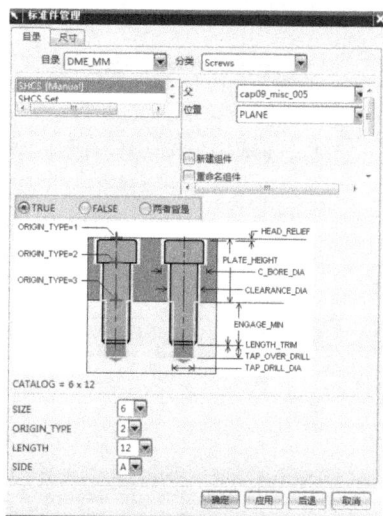

图 9-48

三、添加浇口套固定螺钉

（1）单击【标准件】 ![icon] 按钮，出现【标准件管理】对话框，选择生产厂商下拉框中的【DME
_MM】，在标准件列表中选择【Screws】，在类型下拉框中选择【SIZE】为 6，【ORIGIN—
TYPE】为 2，【LENGTH】为 12，【SIDE】为 A，设置螺钉的尺寸如图 9-48 所示。单击【确定】
按钮，弹出如图 9-49 所示选择面对话框，选择圆柱底面，单击【确定】按钮。弹出如图 9-50
所示选择点对话框。

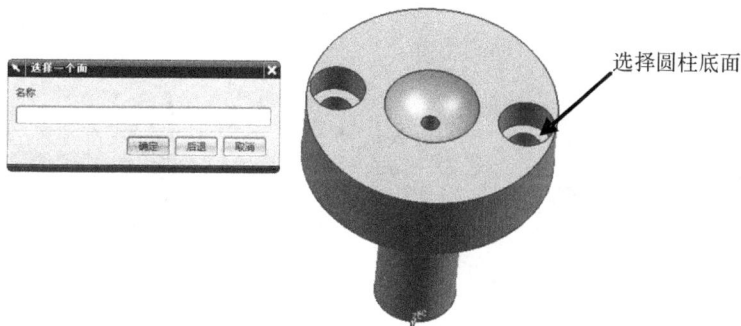

图 9-49

（2）弹出如图 9-50 所示选择点对话框。选择圆柱底面圆心点单击【确定】按钮。
（3）弹出如图 9-51 所示【位置】对话框及加载后的螺钉，单击【确定】按钮。
（4）弹出如图 9-52 所示选择【点】对话框。选择另外一个圆柱底面圆心点，单击【确定】
按钮。如图 9-53 所示完成螺钉的加载。

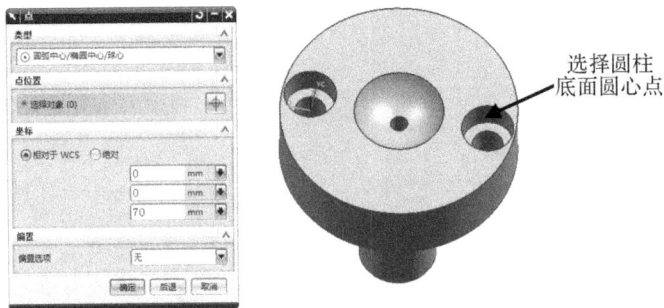

图 9-50

图 9-51

图 9-52

图 9-53

选择圆柱
底面圆心点

9.1.7 顶出系统设计

本产品是盖子，内表面是不可见面，所以可以采用顶杆推出产品的脱模形式。

一、顶针设计

（1）单击【标准件】 按钮，出现图 9-54 所示的对话框，选择生产厂商【目录】下拉框中的【FUTABA_MM】，选择标准件为【Ejection Pin】，设置【CATALOG_DIA】下拉框的尺寸为【8.0】，选择【CATALOG_LENGTH】下拉框为【150】，单击【确定】按钮。

（2）出现图 9-55 所示的对话框,在坐标选择【绝对坐标】,依次输入坐标(X＝－30,Y＝
－55,Z＝0)单击【确定】按钮,系统在该坐标下自动创建顶杆,如图 9-56 所示。

（3）出现图 9-55 所示的对话框,在坐标选择【绝对坐标】,依次输入坐标(X＝30,Y＝－
55,Z＝0);(X＝－30,Y＝55,Z＝0);(X＝30,Y＝55,Z＝0),系统自动创建余下 3 根顶杆,
如图 9-57 所示。

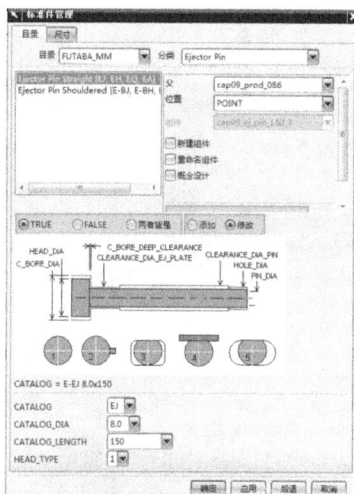
图 9-54

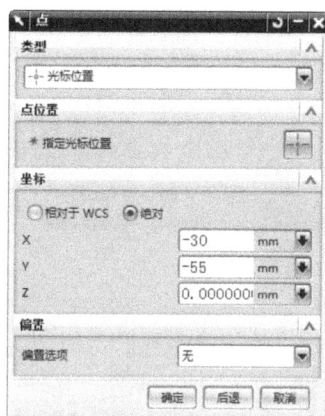
图 9-55

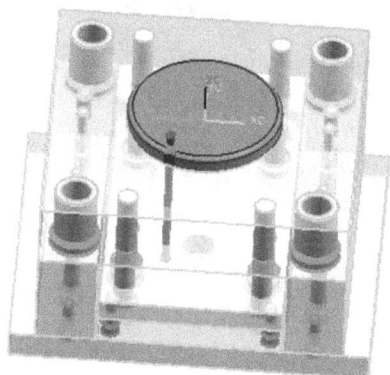
图 9-56

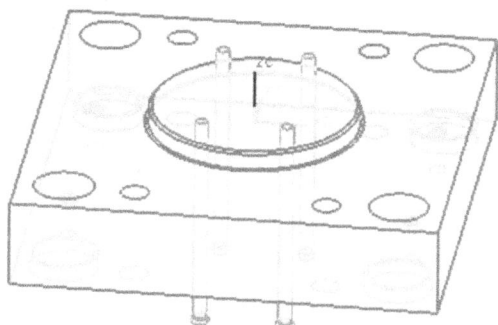
图 9-57

二、修剪顶针

由于插入的顶杆比较长,需要对其进行修剪操作。

（1）单击【推杆】 按钮,出现如图 9-58 所示的对话框。

（2）依次选择产品中的顶杆为【目标体】,单击【工具片体】 按钮,在下方的【修剪曲
面】下拉框中选择【CORE_TRIM_SHEET】,即型芯面片体,单击【确定】。

顶杆修剪结果如图 9-59 所示。至此,顶杆设计完毕。

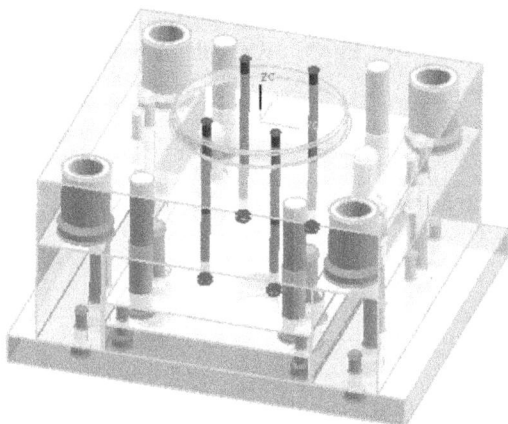

图 9-58

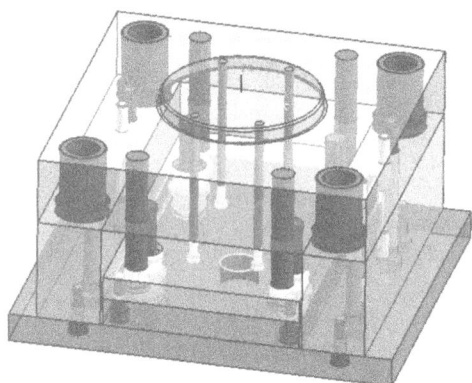

图 9-59

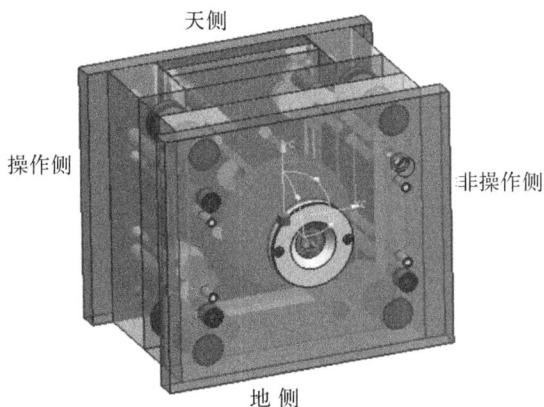

图 9-60

9.1.8 冷却系统设计

根据产品实际情况,我们采用动、定模各一组水路设计。

一、设计冷却水路

(1)在【注塑模向导】工具条中选择【冷却】 按钮,出现【冷却方式】对话框,选择【标准件】按钮,出现如图 9-61 所示的【冷却组件设计】对话框。

设置冷却水路尺寸参数,选择 PIP_HREAD 为 1/8,设置参数 PIPE_1_DEEPTH＝220,PIPE_2_DEEPTH—220,单击【确定】按钮。

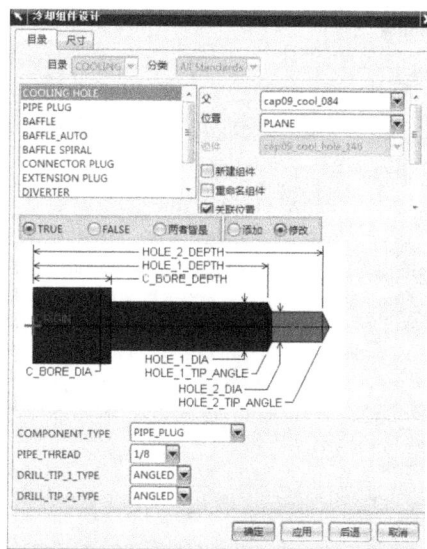

图 9-61

(2)出现【选择一个面】对话框,在视图中选择 AP
板的非操作侧面,如图 9-62 所示。

(3)视图变为放置面正视图,并出现【点】对话框,
如图 9-63 设置【绝对坐标】点为(150,30,35),单击【确
定】按钮,系统自动创建创建 AP 板上的第一条水孔。

(4)出现【位置】对话框,单击【确定】按钮,再次出
现【点】对话框,设置【绝对坐标】点为(150,-30,35),单
击【确定】按钮,系统自动生成 AP 板上第二条水孔。

(5)重复上述步骤,在【位置】对话框单击【确定】
按钮,在【点】对话框中设置【绝对坐标】点为(150,40,
-15),单击【确定】按钮,创建 BP 板上的第一条水孔。

(6)同样的操作,确定【位置】对话框,在【点】对话
框中设置【绝对坐标】点为(150,-40,-15),单击【确
定】按钮,生成 BP 板第二条水孔。

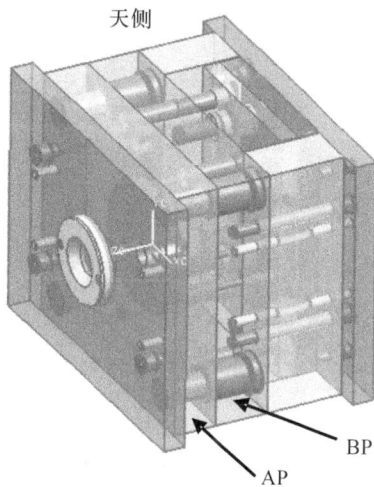

图 9-62

(7)单击【位置】对话框中的【取消】按钮,退出【位置】对话框,单击【取消】按钮,退出【冷
却方式】对话框,非操作侧四根水孔创建结果如图 9-64 所示。

(8)再次选择【冷却】 按钮,出现【冷却方式】对话框,选择【标准件】按钮,如图 9-65
所示,出现【冷却组件设计】对话框,设置冷却水路尺寸参数同 AP 板水孔参数,分别为:选择
PIP_HREAD 为 1/8,设置参数 PIPE_1_DEEPTH=195,PIPE_2_DEEPTH-195,单击【确
定】按钮。

(9)出现【选择一个面】对话框,在视图中选择 AP 板的地侧面,如图 9-66 所示。

(10)视图变为放置面正视图,并出现【点】对话框,如图 9-67 设置【绝对坐标】点为(-
70,-150,35),单击【确定】按钮,系统自动创建 AP 板地侧面上的一条水孔。

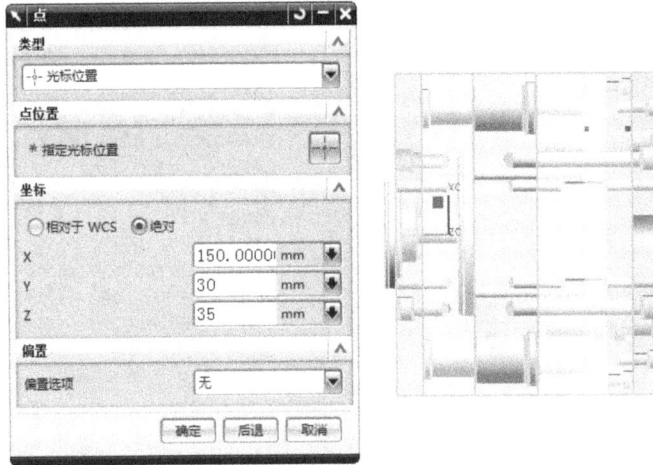

图 9-63

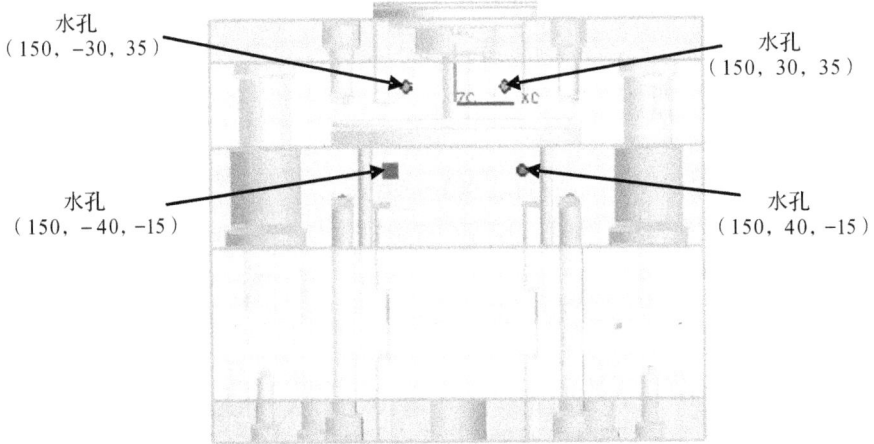

水孔
（150，−30，35）

水孔
（150，30，35）

水孔
（150，−40，−15）

水孔
（150，40，−15）

图 9-64

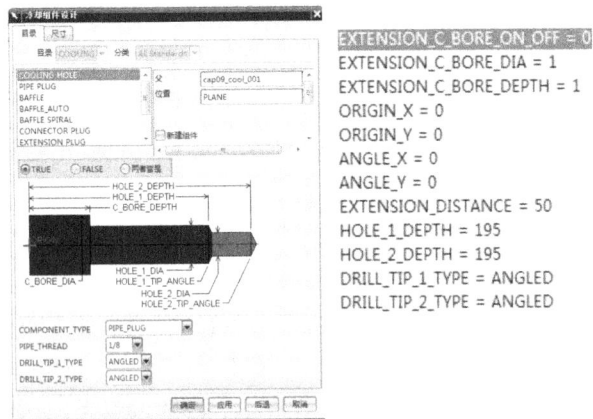

EXTENSION_C_BORE_ON_OFF = 0
EXTENSION_C_BORE_DIA = 1
EXTENSION_C_BORE_DEPTH = 1
ORIGIN_X = 0
ORIGIN_Y = 0
ANGLE_X = 0
ANGLE_Y = 0
EXTENSION_DISTANCE = 50
HOLE_1_DEPTH = 195
HOLE_2_DEPTH = 195
DRILL_TIP_1_TYPE = ANGLED
DRILL_TIP_2_TYPE = ANGLED

图 9-65

第 9 章
UGNX注塑模设计实例

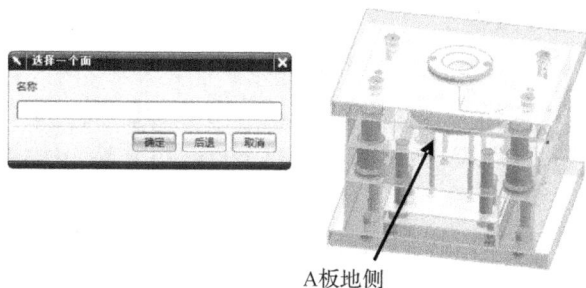

图 9-66

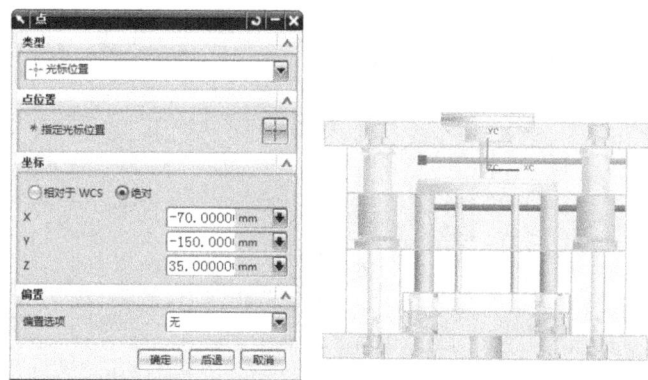

图 9-67

(11)出现【位置】对话框,单击【确定】按钮,再次出现【点】对话框,设置【绝对坐标】点为(−45,−150,−15),单击【确定】按钮,系统自动生成创建 BP 板地侧面上的一条水孔。

(12)单击【位置】对话框中的【取消】按钮,退出【位置】对话框,单击【取消】按钮,退出【冷却方式】对话框,地侧二根水孔创建结果如图 9-68 所示。

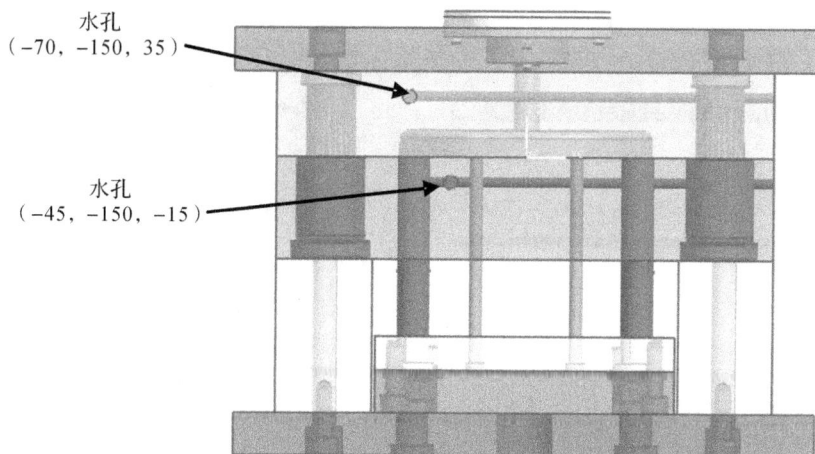

图 9-68

二、水咀、堵头标准件设计

（1）水咀设计。再次选择【冷却】 按钮，选择【设计方式】为【标准件】方式，出现【冷却组件设计】对话框，选择 CONNECTOR PLUG，选择水咀的【父部件】为 cap09_cool_001，【位置】为 PLANE，选择供应商 SUPPLIER 为 HASCO，选择 PIPE_THREAD 为 1/8，如图9-69所示，单击【确定】按钮。

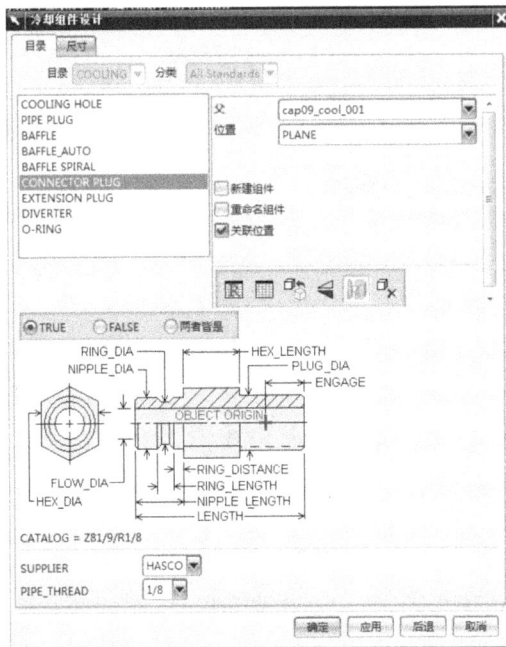

图 9-69

（2）出现【选择一个面】对话框，在视图中选择 AP 板的非操作侧面，如图 9-70 所示。

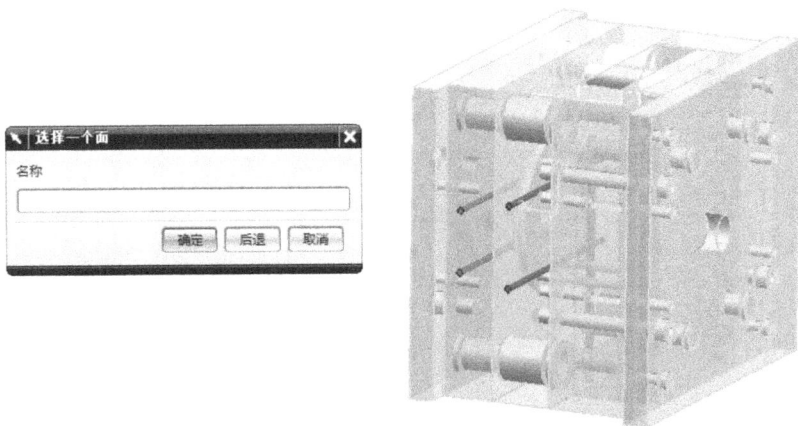

图 9-70

（3）视图变为放置面正视图，并出现【点】对话框，如图 9-71 设置【绝对坐标】点为（150，30,35），单击【确定】按钮，系统自动创建创建 AP 板上的第一个水咀。

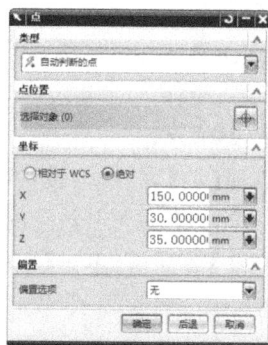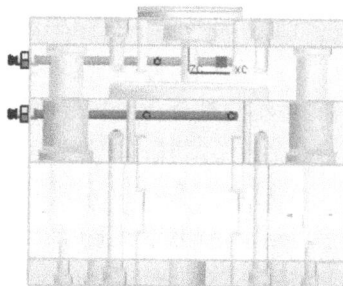

图 9-71

(4)并出现【位置】对话框,单击【确定】按钮,再次出现【点】对话框,设置【绝对坐标】点为(150,−30,35),单击【确定】按钮,系统自动生成 AP 板上第二个水咀。

(5)重复上述步骤,在【位置】对话框单击【确定】按钮,在【点】对话框中设置【绝对坐标】点为(150,40,−15),单击【确定】按钮,创建 BP 板上的第一个水咀。

(6)同样的操作,确定【位置】对话框,在【点】对话框中设置【绝对坐标】点为(150,−40,−15),单击【确定】按钮,生成 BP 板第二个水咀。

(7)单击【位置】对话框中的【取消】按钮,退出【位置】对话框,单击【取消】按钮退出【冷却方式】对话框,模具非操作侧四个水咀创建结果如图9-72所示。

(8)水堵设计。再次选择【冷却】 按钮,选择【设计方式】为【标准件】方式,出现【冷却组件设计】对话框,选择 PIPE PLUG,选择水咀的【父部件】为 cap09_cool_001,【位置】为PLANE,选择【供应商 SUPPLIER】为 HASCO,选择【PIPE_THREAD】为 1/8,如图 9-73 所示,单击【确定】按钮。

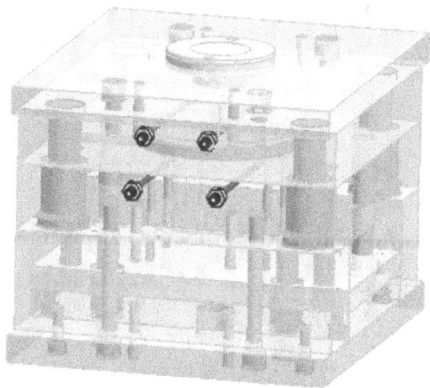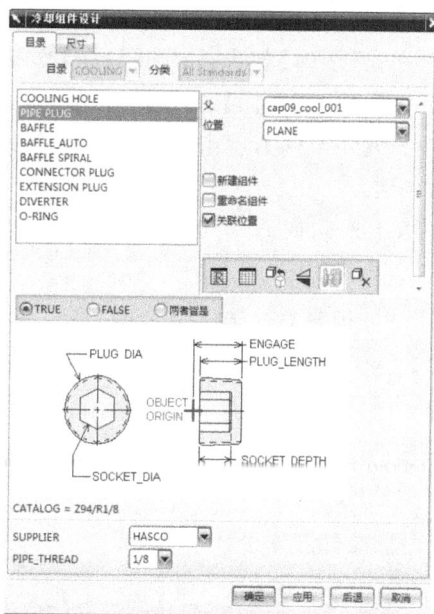

图 9-72 图 9-73

(9)出现【选择一个面】对话框，在视图中选择 AP 板的地侧面，如图 9-74 所示。

(10)视图变为放置面正视图，并出现【点】对话框，如设置【绝对坐标】点为(-70,-150,35)，单击【确定】按钮，系统自动创建 AP 板地侧面上水路的水堵。

(11)出现【位置】对话框，单击【确定】按钮，再次出现【点】对话框，设置【绝对坐标】点为(-45,-150,-15)，单击【确定】按钮，系统自动创建 BP 板地侧面上水路的水堵。

(12)单击【位置】对话框中的【取消】按钮，退出【位置】对话框，单击【取消】按钮退出【冷却方式】对话框，地侧水堵创建结果如图 9-74 所示。

三、水路系统后处理

(1)右击 AP 板、B 板，选择【隐藏】。选择 AP 板、B 板内的 6 根水路，右击，选择【隐藏】，如图 9-75 所示。

(2)依次选择【编辑】|【隐藏】|【颠倒显示和隐藏】命令，得到图 9-75 所示的图形。

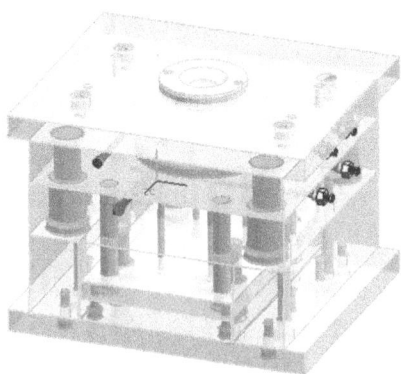

图 9-74

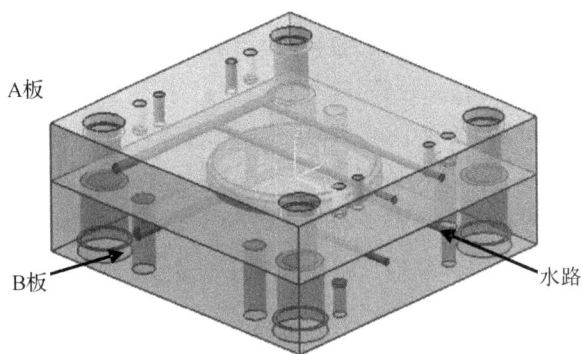

图 9-75

(3)单击【腔体】对话框中的【目标】按钮，选择 A 板和 B 板为【目标】，如图 9-75 所示，选择所有水路为【工具体】，单击【确定】按钮，完成水路孔的创建。

水路开腔完成后的 A 板、B 板如图 9-76 所示。

9.1.9 模具后处理

至此，整副模具设计基本完成了，但有些标准件导入后，没有及时进行开腔操作。在实际加工中模具还需要设计安装吊环的螺丝孔，为了美观需求，需要对整副模具的板进行导角操作等等后处理工作。

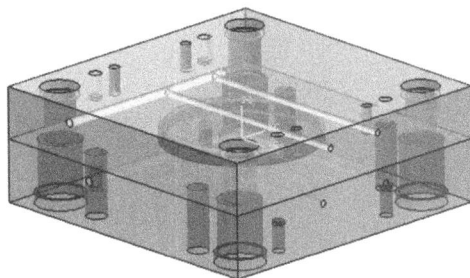

图 9-76

一、标准件腔体设计

(1)设置视图显示方式为【局部着色】显示方式，选择【腔体】 按钮，出现【腔体】对话框，在视图中选择定位圈、浇口衬套、等标准件，作为【刀具】，如图 9-77 所示。

（2）选择对话框中的【查找相关组件】按钮，系统自动搜索查找相关组件，并高亮显示，如图9-77 所示，单击【应用】按钮，完成浇注系统标准件腔体的创建。

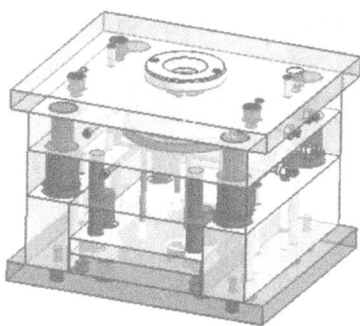

图 9-77

图 9-78

（3）单击【腔体】对话框中的【目标】按钮，选择 B 板和面针板为【目标】，如图 9-79 所示，选择所有顶杆为【工具体】，单击【确定】按钮，完成顶杆腔体的创建。

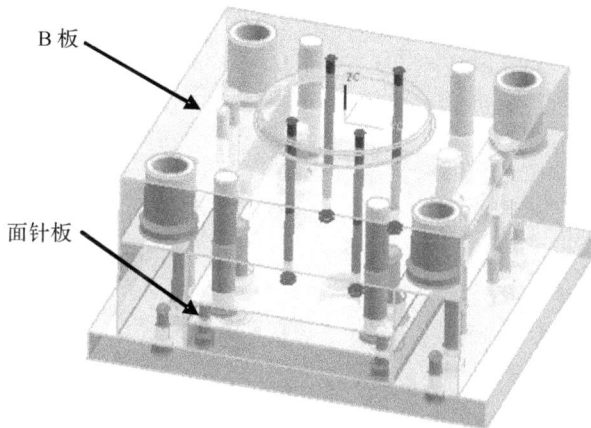

图 9-79

二、主吊环孔的创建

A、B 板吊环孔的尺寸要考虑整副模具的重心位置，同时也要兼顾分开吊装时的平衡。

（1）全部显示部件，设置视图显示方式为【局部着色】显示方式。

（2）点击菜单栏选择【分析】|【测量体】命令，在对象栏中选择整副模具，在结果栏中选择创建主轴，单击【确定】按钮，得到整副模具重量 162kg。如图 9-80 所示的图形。

（3）根据模具重心，创建主吊环位置点。

右击 B 板选择【转为工作部件】，设置 B 板为工作部件。在【曲线】工具条中单击【点】按

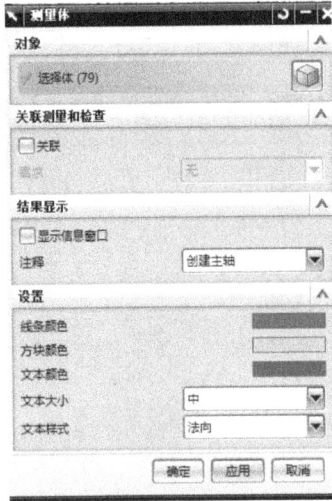

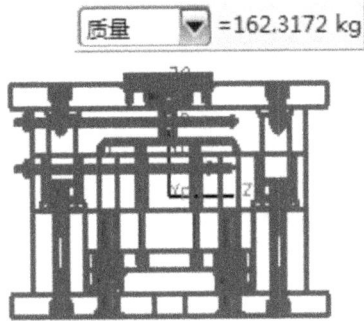

图 9-80

钮,出现【点】对话框,在坐标选择【绝对坐标】依次输入 X＝0,Y＝150,Z＝－40,如图 9-81
所示,单击【确定】按钮。

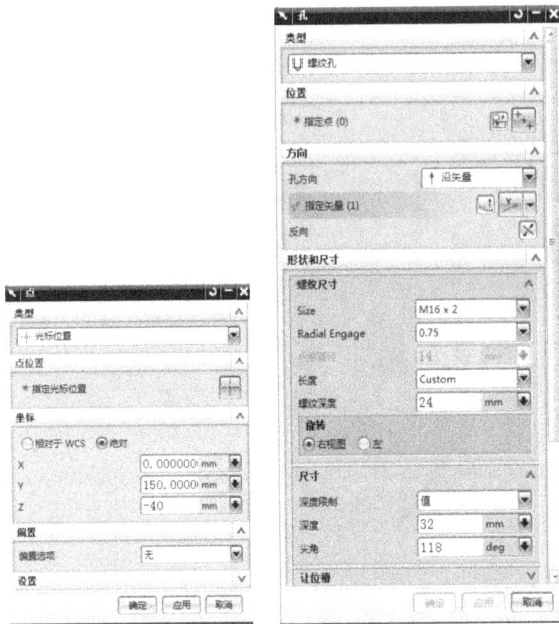

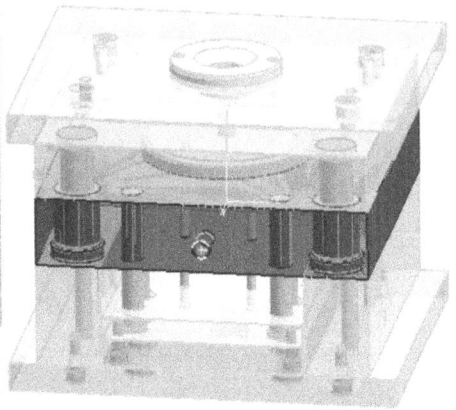

图 9-81   图 9-82

　　(4)根据模具重量及标准模架标准,选择主吊环大小为 M16。
　　在【特征操作】工具条中单击【孔】按钮,出现【孔】对话框,在位置栏中选择前面创建的
【点】,选择孔的方向为 Y 轴,设置孔的大小【M16X2】,如图 9-82 所示,单击【确定】按钮,完
成主吊装孔设计。

三、倒角操作

(1)选择【特征操作】工具条中的【倒斜角】  按钮,对 B 板的直角边缘【距离】为 2 的斜角,如图 9-83 所示,单击【应用】按钮。

(2)分别将 BP 板和模架上的其他板设为【工作部件】,重复上述操作,对板的边缘导距离为 2 的斜角,完成后的视图如图 9-84 所示。

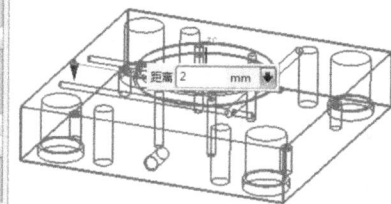

图 9-83

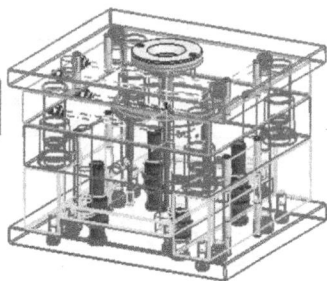

图 9-84

(3)依次选择【文件】|【全部保存】工具,及时保存文件。

9.2 练 习

9.2.1 思考题

(1)在模具设计中,设计前需要准备什么资料?有何好处?

(2)在模具中,为何需要设置拉料杆?其形式有几种?

9.2.2 操作题

按照实例的创建步骤,完成如图 9-85 所示的模具设计。

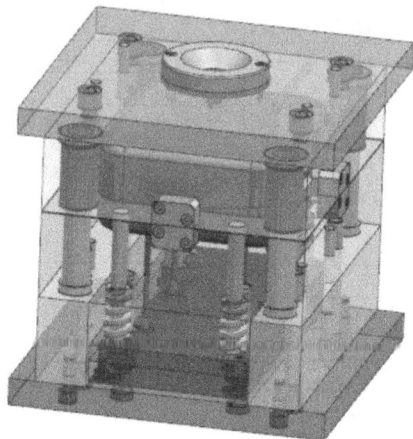

图 9-85

附表1 成型加工温度,模具温度及射出成型过程的一般塑胶收缩率

材料	标称	密度 [g/cm³]	玻璃纤维含量[%]	平均比热 [kJ/k×K]	加工温度 [℃]	模具温度 [℃]	收缩率 [%]
聚苯乙烯	PS	1.05		1.3	180—280	10	0.3—0.6
聚苯乙烯,中.高冲击性	HI—PS	1.05		1.21	170—260	5—75	0.5—0.6
聚苯乙烯-丙烯腈	SAN	1.08		1.3	180—270	50—80	0.5—0.7
丙烯腈-丁二烯-苯乙烯	ABS	1.06		1.4	210—275	50—90	0.4—0.7
苯烯腈-苯乙烯-丙烯酸	ASA	1.07		1.3	230—260	40—90	0.4—0.6
低密度聚乙烯	LDPE	0.954		2.0—2.1	160—260	50—70	1.5—5.0
高密度聚乙烯	HDPE	0.92		2.3—2.5	260—300	30—70	1.5—3.0
聚丙烯	PP	0.915		0.84—2.5	250—270	50—75	1.0—2.5
聚苯烯-GR	PPGR	1.15	30	1.1—1.35	260—280	50—80	0.5—1.2
聚异丁烯	IB				150—200		
聚甲基戊烯	PMP	0.83			280—310	70	1.5—3.0
软质聚氯乙烯	PVC—soft	1.38		0.85	170—200	15—50	>0.5
硬质聚氯乙烯	PVC—rigid	1.38		0.83—0.92	180—210	30—50	0.5
聚氟亚乙烯	PVDF	1.2			250—270	90—100	3.0—6.0
聚四氟乙烯	PTFE	2.12—2.17		0.12	320—360	200—230	3.5—6.0
聚甲基丙烯酸甲酯(丙烯)	PMMA	1.18		1.46	210—240	50—70	0.1—0.8
聚氧甲烯(乙缩烯)	POM	1.42		1.47—1.5	200—210	>90	1.9—2.3
聚苯撑氧或聚氧化亚苯	PPO	1.06		1.45	250—300	80—100	0.5—0.7
聚苯撑氧-GR	PPO-GR	1.27	30	1.3	280—300	80—100	<0.7
醋酸纤维素	CA	1.27—1.3		1.3—1.7	180—320	50—80	0.5
醋酸-丁酸纤维素	CAB	1.17—1.22		1.3—1.7	180—230	50—80	0.5
丙酸纤维表素	CP	1.19—1.23		1.7	180—230	50—80	0.5
聚碳酸醋	PC	1.2		1.3	280—320	80—100	0.8
聚碳酸酯-GR	PC-GR	1.42	10—32	1.1	300—330	100—120	0.15—0.55
聚乙烯对苯二甲酸乙酯	PET	1.37			260—290	140	1.2—2.0
聚乙烯对苯二甲酸乙酯-GR	PET-GR	1.5—1.57	20—30		260—290	140	1.2—2.0
聚丁烯对苯二酸	PBT	1.3			240—260	60—80	1.5—2.5
聚丁烯对苯二酸—GR	PBT—GR	1.52—1.57	30—50		250—270	60—80	0.3—1.2
尼龙6(聚酸胺6)	PA 6	1.14		1.8	240—260	70—120	0.5—2.2
尼龙6-GR	PA 6-GR	1.36—1.65	30—50	1.26—1.7	270—290	70—120	0.3—1
尼龙6/6	PA 66	1.15		1.7	260—290	70—120	0.5—2.5
尼龙6/6-GR	PA66-GR	1.20—1.65	30—50	1.4	280—310	70—120	0.5—1.5
尼龙11	PA 11	1.03—1.05		2.4	210—250	40—80	0.5—1.5
尼龙12	PA 12	1.01—1.04		1.2	210—250	40—80	0.5—1.5
聚醚矾	PSO	1.37			310—390	100—160	0.7
聚硫化亚苯	PPS	1.64	40		370	>150	0.2
热塑性聚亚胺脂	PUR	1.2		1.85	195—230	20—40	0.9
酚 甲醛树脂 GP	PF	1.4		1.3	60—80	170—190	1.2
三聚氰胺甲醛 GP	MF	1.5		1.3	70—80	150—165	1.2—2
三聚氰胺酚甲醛	MPF	1.6		1.1	60—80	160—180	0.8—1.8
聚酯树脂	UP	2.0—2.1		0.9	40—60	150—170	0.5—0.8
环氧树脂	EP	1.9	30—80	1.7—1.9	ca. 70	160—170	0.2

a 注意与流动方向及横向的不同收缩率,制程影响。

b 共聚物

附表 2 模架数据库-ug 参数

变量表达式	说　明
AP_h	A 板厚度
AP_off＝fix_open	A 板偏离＝定模离空
BCP_h	B 板厚度
BP_off＝S_off＋supp_s＊S_h	B 板偏离＝推板偏离＋有无推板＊推板厚度
CP_h	C 板高度
CP_off＝U_off＋supp_u＊U_h	C 板偏离＝托板偏离＋有无托板＊托板厚度
CS_d	C 板螺钉直径
C_w	C 板宽度
Cl_off_x＝－(mold_w/2)＋C_w/2	左边 C 板 X 向偏离＝－半模板宽＋半 C 板宽度
Cr_off_x＝mold_w/2－C_w/2	右边 C 板 X 向偏离＝半模板宽－半 C 板宽度
EF_w	顶出板宽度
EJA_h	面针板厚度
EJA_off＝EJB_off－EJA_h－4＊ETYP E	面针板偏离＝底针板偏离－面针板厚度－4＊ETYPE
EJB_h	底针板厚度
EJB_off＝BCP_off－EJB_h－EJB_open	底针板偏离＝底板偏离－底针板厚度－底针板离空(垫钉高)
EJB_open＝0	底针板离空(垫钉高)
ES_d	面、底针板固定螺钉直径
ETYPE＝0	顶针固定形式：＝0 沉孔固定；＝1 面、底针板离空固定
GP_d	导柱直径
GTYPE＝1	导柱位置：＝1 在 A 板；＝0 在 B 板
H	直身模顶板宽度
I	工边模顶板宽度
Mold_type＝I	模架类型＝工边模架
PS_d	定模、动模螺钉直径＝M1
RP_d	回针(复位杆)直径
R_h	水口板(弹料板)厚度
R_height＝supp_r＊R_h	弹料板高度＝有无弹料板＊弹料板厚度
R_off＝AP_off＋AP_h	弹料板偏离＝A 板偏离＋A 板厚度
SG＝0	模架形式：SG＝0 为大水口，SG＝1 为小水口模架
SPN_L＝floor(ok_spn:,L)	拉杆长度
SPN_TYPE＝0	拉杆位置形式：＝0 拉杆位置在外；＝1 拉杆位置在内
SPN_d	拉杆直径＝20
S_h	推板厚度
S_height＝if(supp_s！＝0)(supp_s＊S_h)else(S_h)	推板高度＝如(无推板)(有无推板＊推板厚度)其余(推板厚度)
S_off＝move_open	推板偏离＝动模离空
TCP_h	顶板厚度

续表

变量表达式	说　明
TCP_off＝R_off＋supp_r * R_h	顶板偏离＝弹料板偏离＋有无弹料板 * 弹料板厚度
TCP_off_z＝TCP_off	顶板偏离 Z 值＝顶板偏离
TCP_top＝TCP_off＋TCP_h	顶板顶面＝顶板偏离＋顶板厚度
TW＝Mold_type	顶板宽度＝模身类型
T_height＝supp_t_plate * TCP_h	顶板高＝有无顶板 * 顶板厚度
U_h	托板厚度
U_height＝supp_u * U_h	托板高度＝有无托板 * 托板厚度
U_off＝BP_off＋BP_h	托板偏离＝B 板偏离＋B 板厚度
cs_bd	C 板螺钉通过孔（在底板上）直径
cs_h＝2 * CS_d	C 板螺钉旋入长度＝2 倍螺钉直径
cs_hd	螺钉沉头孔直径
cs_hh	螺钉沉头孔深度
cs_l＝BCP_h＋CS_d * 1.5－cs_hh	C 板螺钉长度＝底板厚＋1.5 倍螺钉直径－沉头孔深度
cs_tap_d	C 板螺纹底孔直径
cs_x	C 板螺钉 X 向距离
cs_y	C 板螺钉 Y 向距离
es_bd	顶出板螺钉通过孔（在底针板上）直径
es_hd	顶出板螺钉沉头孔（在底针板上）直径
es_hh	顶出板螺钉沉头孔深度
es_l＝EJB_h＋EJA_h－es_hh	顶出板螺钉长度＝底针板厚＋面针板厚－沉头孔深度
es_n	顶出板螺钉数量（单边）
es_tap_d	面针板螺纹底孔直径
es_x	顶出板螺钉 X 向距离
es_y	顶出板螺钉 Y 向距离
fix_open＝0	定模离空
gba2_l＝BP_h	B 板导套长度（简化型小水口模架）＝B 板厚度
gba_bd	导套安装孔直径
gba_hd	导套头部沉孔直径
gba_hh	导套头部沉孔深度
gba_l＝AP_h	A 板导套长度＝A 板厚度
gbb_l＝S_h－1	推板导套长＝推板厚度－1
gp1_l＝AP_h＋AP_off＋BP_h＋BP_off	导柱长度＝A 板厚度＋A 板偏离＋B 板厚度＋B 板偏离
gp_l＝U_off＋R_off－（3＋move_open＋fix_open）	导柱长度＝托板偏离＋水口板偏离－（3＋动模离空＋定模离空）
gp_spn_y0	拉杆 Y 向距离 yo
gp_spn_y1	拉杆 Y 向距离 y1
gp_x	导柱或拉杆 X 向距离

变量表达式	说　　明
gp_y＝if(SPN_TYPE＝＝0)(gp_spn_y0)else if(SPN_TYPE＝＝1)(gp_spn_y1)else(gp_spn_y0)	导柱 Y 向距离＝如(拉杆在外侧)(拉杆 Y 向距离 yo) 其余(如(拉杆在内侧)(拉杆 Y 向距离 y1)其余(拉杆 Y 向距离 yo))
gpa_bd＝GP_d	导柱孔直径＝导柱直径
gpa_hd	导柱沉头孔直径
gpa_hh	导柱沉头孔深度
mold_chamfer＝1	模板倒角
mold_l	模板长度
mold_w	模板宽度
move_open＝0	动模离空
ps_bd	上、下模螺钉通过孔直径
ps_hd	上、下模螺钉沉头孔直径
ps_hh	上、下模螺钉沉头孔深度
ps_l＝BCP_off＋BCP_h−U_off−ps_hh＋PS_d＊1.5	螺钉长度＝底板偏离＋底板厚度−螺钉沉头孔深度＋1.5 倍螺钉直径
ps_n	单边螺钉数量
ps_tap_d	(上、下模螺钉)螺纹底孔直径
ps_x	上、下模螺钉 X 向距离
ps_y	上、下模螺钉 Y 向距离
ps_y1	上、下模螺钉 Y 向距离
ps_y2	上、下模螺钉 Y 向距离
rp_bd＝RP_d＋0.2	回针(复位杆)孔直径＝回针直径＋0.2
rp_hd	回针沉头孔直径
rp_hh	回针沉头孔深度
rp_l＝EJB_off−BP_off	回针长度＝底针板偏离−B 板偏离
rp_x	回针 X 向距离
rp_y	回针 Y 向距离
shift_ej_screw	面、底针板固定螺钉 Y 向距离缩减量
shorten_ej	面、底针板长度缩减量
spn_bd＝SPN_d＋2	拉杆避空孔直径＝拉杆直径＋2
spn_bush_bd	拉杆导套(安装空)直径
spn_bush_hd	拉杆导套沉头孔直径
spn_bush_hh	拉杆导套沉头孔深度
spn_hd	拉杆沉头孔直径
spn_hh	拉杆沉头孔深度
spn_l＝CP_off＋CP_h/2＋TCP_off＋TCP_h	拉杆长度＝C 板偏离＋半 C 板高度＋顶板偏离＋顶板厚度
spn_x＝if(GTYPE＝＝3)(spn_x_tp)else(gp_x)	(拉杆 X 向距离＝如( )( )其余(导柱 X 向距离)
spn_x_tp	

变量表达式	说　明
spn_y＝if(GTYPE＝＝3)(spn_y_tp)elseif(SPN_TYPE＝＝0&&GTYPE!＝3)(gp_spn_y1)elseif(SPN_TYPE＝＝1&&GTYPE!＝3)(gp_spn_y0)elseif(SPN_TYPE＝＝2&&GTYPE!＝3)(gp_spn_y0)elseif(SPN_TYPE＝＝3&&GTYPE!＝3)(gp_spn_y1)else(gp_spn_y0)	
spn_y_tp	
supp_gba＝1	有无导套：＝1有导套；＝0无导套
supp_gbb＝1	有无推板导套：＝1有导套；＝0无导套
supp_gbb_r＝1	有无水口板导套：＝1有导套；＝0无导套
supp_gpa＝1	有无导柱：＝1有导柱；＝0无导柱
supp_pock＝1	模架各模板是否生成各种穿透件(螺钉、导柱、拉杆、导套…)的通孔；＝1生成，＝0无孔
supp_r＝1	有无水口板：＝1有水口板；＝0无水口板
supp_s＝1	有无推板：＝1有推板；＝0无推板
supp_spn＝1	有无拉杆：＝1有拉杆；＝0无拉杆
supp_t_plate＝if(Mold_type＝＝H&&SG＝＝1)(0)else(1)	有无顶板＝如(直身模&&大水口)(无顶板)其余(有顶板))；(＝1有顶板；＝0无顶板)
supp_t_screw＝if(Mold_type＝＝H&&SG＝＝1)(0)else if(SG＝＝0)(0)else(1)	有无顶板螺钉
supp_u＝1	有无托板：＝1有托板；＝0无托板

参 考 文 献

［1］单岩等编著.UGNX6.0立体词典:产品建模.杭州:浙江大学出版社,2010.

［2］吴纬纬,徐勤燕等编著.UGNX6.0模具设计技术教程.北京:清华大学出版社,2009.

［3］张维合等编著.注塑模具设计实用教程.北京:化工工业出版社,2008.

［4］李翔鹏等编著.UGNX4模具设计篇.北京:人民邮电出版社,2006.

配套教学资源与服务

一、教学资源简介

本教材通过 www.51cax.com 网站配套提供两种配套教学资源：

● 新型立体教学资源库：**立体词典**。"立体"是指资源多样性，包括视频、电子教材、PPT、练习库、试题库、教学计划、资源库管理软件等等。"词典"则是指资源管理方式，即将一个个知识点（好比词典中的单词）作为独立单元来存放教学资源，以方便教师灵活组合出各种个性化的教学资源。

● 网上试题库及组卷系统。教师可灵活地设定题型、题量、难度、知识点等条件，由系统自动生成符合要求的试卷及配套答案，并自动排版、打包、下载，大大提升了组卷的效率、灵活性和方便性。

二、如何获得立体词典？

立体词典安装包中有：1)立体资源库。2)资源库管理软件。3)海海全能播放器。

● 院校用户（任课教师）

请直接致电索取立体词典（教师版）、51cax 网站教师专用帐号、密码。其中部分视频已加密，需要通过海海全能播放器播放，并使用教师专用帐号、密码解密。

● 普通用户（含学生）

可通过以下步骤获得立体词典（学习版）：1)在 www.51cax.com 网站注册并登录；2)点击右上方"输入序列号"键，并输入教材封底提供的序列号；3)在首页搜索栏中输入本教材名称并点击"搜索"键，在搜索结果中下载本教材配套的立体词典压缩包，解压缩并双击 Setup.exe 安装。

四、教师如何使用网上试题库及组卷系统？

网上试题库及组卷系统仅供采用本教材授课的教师使用，步骤如下：

1)利用教师专用帐号、密码（可来电索取）登录 51CAX 网站 http://www.51cax.com；
2)单击网站首页右上方的"进入组卷系统"键，即可进入"组卷系统"进行组卷。

五、我们的服务

提供优质教学资源库、教学软件及教材的开发服务，热忱欢迎院校教师、出版社前来洽谈合作。

电话：0571—28811226，28852522

邮箱：market01@sunnytech.cn，book@51cax.com

QQ：592397921